福建气象培训教材

# 福建气候（第3版）

The Climate of Fujian (The Third Edition)

主 编：王 岩 林 昕 吴 滨
策 划：林秀芳

海峡出版发行集团 | 福建科学技术出版社

图书在版编目（CIP）数据

福建气候/王岩，林昕，吴滨主编.—3版.—福州：福建科学技术出版社，2023.12
ISBN 978-7-5335-6940-2

Ⅰ.①福… Ⅱ.①王…②林…③吴… Ⅲ.①气候-研究-福建 Ⅳ.① P468.257

中国国家版本馆CIP数据核字（2023）第033128号

| | | |
|---|---|---|
| 书　　名 | 福建气候（第3版） | |
| 主　　编 | 王岩　林昕　吴滨 | |
| 出版发行 | 海峡出版发行集团 | |
| | 福建科学技术出版社 | |
| 社　　址 | 福州市东水路76号（邮编350001） | |
| 网　　址 | www.fjstp.com | |
| 经　　销 | 福建新华发行（集团）有限责任公司 | |
| 印　　刷 | 广东虎彩云印刷有限公司 | |
| 开　　本 | 787毫米×1092毫米　1/16 | |
| 印　　张 | 23.25 | |
| 字　　数 | 448千字 | |
| 版　　次 | 2023年12月第1版 | |
| 印　　次 | 2023年12月第1次印刷 | |
| 书　　号 | ISBN 978-7-5335-6940-2 | |
| 定　　价 | 180.00元 | |

书中如有印装质量问题，可直接向本社调换

# 前言 PREFACE

21世纪过去的20年，全球气候变化加剧，极端天气事件频发，我国明确提出了"碳达峰""碳中和"的战略目标。为了高质量绿色发展，科学地开发利用气候资源，科学地防御气象灾害，我们应更加持续关注和深入了解人类赖以生存和发展的气候环境，认识福建气候和灾害性天气的特征和规律，发挥气象服务在福建经济建设、乡村振兴、城市安全、防灾减灾中的作用。

《福建气候》（第3版）在2012年《福建气候》（第2版）的基础上做了修编，进行了结构微调、章节增补和资料更新。在舍去方面，《福建气候》（第2版）已有且没有重大更新的内容一般不收入本版，比如，"福建太阳能资源评估""福建风能资源评估"，以及"应用气候""气候区划"和"地方气候"的有关章节、1949～2010年福建主要气象灾害大事记等。在新增部分，气候变化引用了国内外最新的研究结论，延伸分析了福建气候的变化；考虑服务经济社会的需要，将《福建气候》（第2版）的"地方气候"拆分为"山地气候""海洋气候"和"城市气候"，进一步总结城市热岛效应、内涝效应和通风廊道效应；新设"经济气候"一章，将现代农业气象中的设施农业气象、农业气象指数保险、农产品气候品质认证，以及气候福地评价、气候可行性论证等纳入其中，进一步揭示了气候与经济建设的密切关系，体现了与时俱进的气候服务在经济建设中的积极作用。

书中大部分气象要素统计值来自66个国家基准气候站、国家基本气象站（简称国家站，下同）观测到的实况记录，累年平均值为1991～2020年的平均值，极端值为1951～2020年的极值。附录的平均值和极端值气候资料、气象灾害大事记只作为福建气候背景依据，不直接代表气候可行性论证的气候参数，统计结果由Q3X平台（地面气象观测信息化数据统计与分析平台，2017版）提供技术支持。

本书主编为王岩、林昕、吴滨。各章编写分工如下：第一章为何芬、王岩；第二章为林昕、潘航、白龙；第三章为张容焱、邹燕、林昕；第四章至第七章为吴滨、白龙；第八章为林昕、王岩；附录为王岩、邹燕。感谢陈家金正高和黄川容高工撰写"现代农业"章节、曾金全正高撰写"雷电"章节、王宏研究员撰写"雾霾"章节。感谢高建芸、游立军、杨丽慧、陈立、杨林、李欣欣、陈思等为城市气候、经济气候和气候变化相关章节的编写作出贡献。感谢中国气象局姚秀萍教授对本书架构给予具体指导。感谢许金镜、池艳珍、江晓南、杨凯、高珊、苏同华等专家提出宝贵的修改意见。本书作为福建省气象现代化能力提升工程气象科技创新能力建设之气象科技科普和培训项目气象教学资源开发项目的系列教材之一，由该项目负责人林秀芳牵头策划与统筹，孔令强、叶洋、林晶、吴正龙、赖青莉等参与组织实施。

2020年在福建气象史志馆建设中，我们发现早在1976年福建省气象部门就和福建师范学院地理系合作编写出版了《福建气象浅说》，1982年鹿世瑾编写《福建的气候》。20世纪90年代福建气象部门相关专家又陆续编著了《华南气候》《福建旱涝灾害》《福建海岛气候》《福建气候》等有关专著。2012年鹿世瑾和福建省气候中心的同事们修编了《福建气候》（第2版）。由此可见，《福建气候》是福建气象科技工作者与时俱进、持续实践探索和研究总结的成果。《福建气候》（第3版）编写时，特别吸纳了"90后"的年轻同事参与。几代气象科技工作者数十年坚持不懈地编写一本专业书，如果没有传承创新的意识、互助协作的风格、精益求精的工匠精神是很难做到的。应该说《福建气候》（第3版）依旧是凝集几代福建气象科技工作者智慧和辛勤付出的共同结晶。在此，谨向所有为《福建气候》编写作出贡献的前辈和同仁致敬。

# 前言

  本书既是气象培训教材，又是气象专业工具书，适用于从事气象等相关行业的科技工作者，也供需要了解福建气候的读者参考。受编者水平局限，本书若有不妥和遗漏之处，敬请指正。

编者

2023 年 12 月

# 目录 CONTENTS

## 第一章 气候特征与气候成因

### 第一节 气候特征 / 2
一、气候类型与气候特点 / 2
二、自然天气季节 / 3
三、四季气候特征 / 4

### 第二节 地理环境 / 5
一、地理位置 / 5
二、地形地貌 / 6
三、土壤植被 / 9
四、水系洋流 / 11

### 第三节 影响福建气候的主要因子 / 14
一、影响福建的主要天气系统 / 14
二、副热带高压 / 18
三、热带大气季节内振荡 / 22
四、ENSO 对福建气候的影响 / 25
五、四季环流形势 / 31

## 第二章 气象要素特征

### 第一节 辐射和日照时数 / 36
一、太阳辐射 / 36
二、日照时数 / 42

## 第二节　气温 / 46

一、平均气温 / 46

二、极端气温 / 49

三、高温日数 / 51

四、低温日数 / 52

五、积温 / 54

## 第三节　降水 / 56

一、降水量 / 56

二、降水日数 / 60

三、暴雨日数 / 61

四、降水强度 / 63

五、极端降水 / 63

## 第四节　相对湿度 / 66

一、平均相对湿度 / 66

二、最小相对湿度 / 67

## 第五节　风 / 67

一、风向 / 67

二、平均风速 / 70

三、最大风速 / 74

四、极大风速 / 76

五、大风日数 / 77

# 第三章　气象灾害

## 第一节　福建气象灾害特点 / 81

一、灾害种类多 / 81

二、时空范围广 / 82

三、活动频率高 / 82

　　四、持续时间长 / 82

　　五、群发比率大 / 83

　　六、灾情危害重 / 83

第二节　台风 / 83

　　一、登陆和影响福建台风的统计标准 / 83

　　二、台风气候统计特征 / 84

　　三、台风风雨特征 / 88

　　四、台风的风暴潮和巨浪 / 92

　　五、典型台风案例 / 94

　　六、台风致灾因子危险性评估 / 101

　　七、台风灾害风险评估和区划 / 107

第三节　区域性暴雨 / 112

　　一、区域性暴雨过程的定义 / 112

　　二、区域性暴雨过程综合强度评估 / 112

　　三、区域性暴雨过程的气候特征 / 114

　　四、区域性暴雨过程的典型案例 / 116

　　五、暴雨灾害综合风险评估 / 118

第四节　区域性高温 / 122

　　一、区域性高温的定义 / 122

　　二、区域性高温过程强度评估 / 122

　　三、区域性高温过程气候特征 / 123

　　四、典型区域性高温过程 / 125

第五节　气象干旱 / 125

　　一、气象干旱指数和过程定义 / 126

　　二、气象干旱的年际变化 / 127

　　三、气象干旱的季节变化 / 129

四、气象干旱的区域分布 / 129

　　五、典型干旱事件 / 133

　　六、气象干旱致灾因子危险性评估 / 136

第六节　低温冷害 / 140

　　一、寒潮 / 140

　　二、倒春寒 / 145

　　三、五月寒 / 148

　　四、寒露风 / 150

第七节　强对流天气 / 153

　　一、冰雹 / 153

　　二、雷电 / 160

　　三、龙卷风 / 167

第八节　雾霾 / 172

　　一、雾霾的定义和分级 / 172

　　二、雾霾和霾的分布特征 / 173

　　三、雾霾天气的气候成因 / 174

　　四、雾霾天气的减缓对策 / 174

# 第四章　山地气候

## 第一节　地形对气温的影响 / 176

　　一、气温直减率 / 176

　　二、坡向与气温直减率 / 177

　　三、海拔高度与气温直减率 / 178

　　四、海拔高度与 ≥ 10℃积温 / 179

　　五、山区逆温与暖带 / 179

第二节　地形对降水的影响 / 182
　　一、海拔高度与降水量 / 182
　　二、坡向与降水量 / 183
　　三、海拔高度与降水强度 / 184
　　四、最大降水高度 / 184

第三节　地形对日照的影响 / 185
　　一、海拔高度与日照时数 / 185
　　二、坡向与日照时数 / 187

第四节　地形对风的影响 / 187
　　一、山谷风成因 / 187
　　二、山谷风特征 / 188

# 第五章　海洋气候

第一节　海陆风 / 191
　　一、海陆风成因 / 191
　　二、海陆风特点 / 192
　　三、海陆风的发展高度与水平范围 / 198
　　四、海陆风的形势背景与气象要素分布 / 199
　　五、海陆风的利弊影响 / 201

第二节　海雾 / 201
　　一、海雾的类型与成因 / 201
　　二、海雾的季节变化 / 202
　　三、海雾的日变化 / 203
　　四、有利海雾形成的天气形势 / 203

第三节　海上大风 / 204
　　一、海上大风日数 / 204
　　二、海上大风极值 / 204
　　三、海上大风阵风系数 / 206

# 第六章　城市气候

第一节　城市热岛 / 208
　　一、城市热岛评估方法 / 209
　　二、热岛效应特点 / 210

第二节　城市风环境 / 214
　　一、城市风环境与城市规划 / 214
　　二、城市通风廊道 / 217
　　三、福州通风廊道研究部分成果 / 220

第三节　城市内涝 / 222
　　一、城市暴雨强度公式 / 223
　　二、设计暴雨雨型 / 231
　　三、部分城市暴雨强度公式及设计暴雨雨型 / 234
　　四、海绵城市设计降水量 / 238

# 第七章　经济气候

第一节　现代农业气象 / 241
　　一、设施农业气象 / 241
　　二、农业气象指数保险 / 248
　　三、农产品气候品质认证 / 253

### 第二节 旅游气候 / 255

一、气象景观及福建主要风景区 / 256

二、气候舒适度 / 258

三、气候福地 / 261

四、代表性景区的气候特点 / 267

### 第三节 气候可行性论证 / 270

一、气候可行性论证范围 / 270

二、区域气候可行性论证 / 271

三、电力行业气候可行性论证 / 275

四、气候与交通 / 292

## 第八章 气候变化

### 第一节 气候变化背景 / 298

一、全球气候变化 / 298

二、中国气候变化 / 303

三、华东区域气候变化 / 305

### 第二节 福建省气候变化 / 306

一、百年台站的气候变化特征 / 306

二、近60年主要气象要素变化特征 / 308

三、高影响天气变化事实 / 310

### 第三节 气候变化的应对 / 313

一、中国应对气候变化的减缓目标 / 313

二、中国应对气候变化的行动措施 / 315

三、福建应对气候变化的主要措施 / 315

参考文献 / 317

附录1　福建省10市（区）主要气象要素统计表 / 321

附录2　福建省气象之最 / 333

附录3　福建省雨季序列一览表 / 334

附录4　福建省1961～2020年气候年景评价 / 337

附录5　福建省2011～2020年主要气象灾害大事记 / 339

附录6　蒲福风力等级表 / 347

附录7　问答题参考答案 / 348

# 第一章　气候特征与气候成因

气候是地球与大气之间长期的能量交换与质量交换过程所形成的一种自然环境因子，是人类赖以生存的自然条件，是经济社会可持续发展的重要基础资源。

气候是大气热量、水分及空气运动综合状态的统计特征，既包括平均状况，也包括极端状况、概率分布状况和空间分布状况。主要反映一个地区的冷暖、干湿等基本特征和气象灾害发生的强度、频率等时空分布。

现代的气候概念，已成为大气科学和其他自然科学、社会科学相联系的重要领域。1992年5月9日世界各国在纽约签订了《联合国气候变化框架公约》，从气候形成机制的角度提出更全面、更客观、更富内涵的"气候系统"。20世纪末期以来，气候变暖和应对气候变化成为国际社会普遍关注的热点问题。

气候系统是指大气圈、水圈、冰雪圈、岩石圈（陆面）和生物圈的整体及其相互作用（图1.1）。进入大气圈的太阳辐射是大气运动最根本的能源，大气环流决定了地球气候的最基本特征，是造成气候要素不同时空分布的直接原因；水圈主要指海洋，它是热容量最大的成员，是整个气候系统的热量储藏库与调节器，海洋与大气通过动量、热量及辐射的传输而相互作用，是气候系统物理状况的主要决定因素；岩石圈即陆面状况，包括不同地形地貌和物理性质的下垫面引起的热力作用和动力作用，以及火山活动的影响，是产生气候地理差异的重要原因；生物圈中当以人类活动的影响最为显著，人类活动大量排放温室气体，大规模的砍伐森林、过度放牧，不合理的垦荒和围海造地，破坏了植被和生态平衡，从而改变地表物理状况，是气候变化最为关心的对象。冰雪覆盖面会改变地表反照率，影响地气与海气之间的热量交换。冰雪覆盖面既受气候变化的影响，又影响气候的变化。

对地球气候基本特征有重要影响的因子主要包括：一是太阳辐射；二是下垫面状况产生的热力、动力差异；三是大气环流，它是造成气候要素不同时空分布的直接原因；四是人类活动的影响，最突出的是温室气体辐射强迫作用，以及人类大规模改造自然活动所引起的地面环境变化对气候的影响。

现代气候学家公认，只有以全局的观点研究整个气候系统，才能正确认识气候的形成及其变化。同样，科学认识气候系统，才能正确认识气候的基本气候特征和变化趋势。

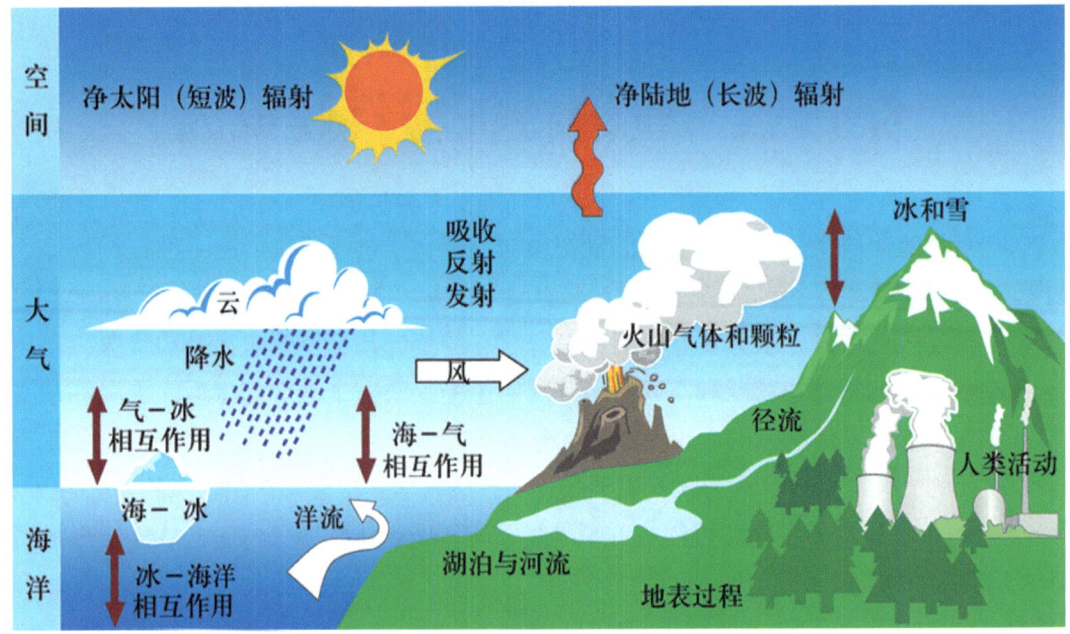

图 1.1　气候系统组成部分及相互影响示意图

## 第一节　气候特征

### 一、气候类型与气候特点

#### （一）气候类型

据气候成因和特点的不同，对区域气候分类的结果称气候类型。

福建位于欧亚大陆东南边缘，面临太平洋，处温带—热带的过渡地带，冷暖干湿与盛行风向因季节而异。由于地处著名的东亚季风区的突出部位，所以，福建气候属典型的亚热带海洋性季风气候。

#### （二）气候特点

福建气候有两个突出特点：

一是气候资源丰富，总体表现为气候温和，雨水充沛，兼有立体气候明显、海陆差异显著的基本特点。年平均气温 15.4～22.2℃，冬少严寒，夏有酷暑。平均年降水量 1088.4～2081.9 mm，平均年降水日数 104～202 天。降水量和降水日数时空分布不均，地理分布特征是：内陆多，沿海少，东南沿岸地带、大陆突出部以及一些岛屿为全省少雨地区，也是风大、蒸发强、气候干旱多发的地区；鹫峰山脉、武夷山脉等山区是多雨地区。季节分布特征是：春季雨水集中，夏季次之，秋冬雨水最少，3～9月降水量占全年降水量的81%。福建有两个多雨的时期，4～6月通称前汛期，其中5～6月通称雨季；7～9月通称夏季，又称台风季或后汛期，前后汛期常有洪涝灾害发生。

10月至翌年2月秋冬季为少雨期,降水量仅占年降水量的19%,是缺水易旱的季节。详细介绍见本书第二、四、五章。

二是气象灾害多发,具有灾害性天气种类多、范围广、频次高、危害大等特点。暴雨洪涝、台风(本书无特别说明,均用台风通称热带气旋)和气象干旱是福建省最主要的气象灾害,尤其雨季的暴雨主要危害内陆地区,夏季的台风主要危害沿海地区,是福建防灾减灾的主要对象。就四季而论,春季多有强对流天气,易受暴雨、飑线大风、雷电冰雹和倒春寒袭击;雨季闽江流域常发生暴雨洪涝灾害;夏季有台风、暴雨、高温和干旱;秋季有寒露风、秋旱和沿海大风;冬季主要是寒潮或低温雨雪冰冻灾害和沿海大风危害。登陆福建的台风平均每年1.7个,影响福建的台风平均每年5.3个。就多年平均而言,气象干旱每年都会发生,主要出现于中南部沿海地区。

## 二、自然天气季节

### (一)自然天气季节的定义

自然天气季节是根据天气气候特点划定的季节。它是大气环流和盛行天气过程在某一时期具有相对稳定性的反映,一旦跨越这一时期,环流形势将出现重大调整,天气与气候相应发生明显变化,季节随之更替。

划分福建自然天气季节着眼点,着重考虑东亚地区中、低纬对流层环流形势的季节调整和地面天气过程及其气象要素的变化,尤以500 hPa西太平洋副热带高压(以下简称副高)位置的南北进退最具有标志意义。

### (二)副高的南北季节进退

500 hPa 120°E处的副高每年有4次季节性南北跳跃。

第一次季节性北跳:脊线由20°N跳至25°N,多年平均日期是6月28日,此后福建梅雨季结束,夏季开始。

第二次季节性北跳:脊线由25°N跳到30°N附近,平均日期是7月20日,此后福建进入台风活跃期。而两次北跳之间,福建在副高笼罩下,是气候上常见的初夏少雨期。

第一次南撤:副高脊线由30°N或以北重回25°N附近,平均日期是9月10日,标志福建台风盛期已至尾声,冬季风即将开始,福建沿海将进入东北季风的稳定期。

第二次南撤:脊线由25°N附近再退至20°N~22°N,平均日期是10月7日,至此福建登陆台风的季节基本结束,气候进入秋季,闽北寒露风开始出现。在脊线两次回跳之间,副高又处福建上空,秋暑多见,被民众喻之为"秋老虎"时期。

### (三)福建的自然天气季节

从环流形势、天气过程和要素特征的转折划分福建的自然天气季节为:3~6月为春季(其中,把3~4月称为早春季,5~6月为雨季),7~9月为夏季,

10～11月为秋季，12月至翌年2月为冬季。

根据《中华人民共和国气候图集》的四季起止期标准（冬季：5天滑动平均气温＜10℃。春季和秋季：10℃≤5天滑动平均气温＜22℃。夏季：5天滑动平均气温≥22℃）：福建大部地区（除鹫峰山等高海拔地区外），春季2月6～11日开始；夏季4月26日～5月21日开始；秋季10月1日～11月1日开始；冬季12月1～21日开始，莆田以南沿海大部地区冬季很短，甚至没有冬季。

依此气温标准，福建5～6月已是夏季，但从大气环流形势和降水集中的特点来看，把5～6月称为雨季是贴切的。

### 三、四季气候特征

#### （一）春季

春季的气候特点是多雨寡照，冷暖无常，强对流天气活跃，暴雨洪涝比较频繁。根据降水的性质和强度的不同，福建有早春雨（3～4月）和梅雨（5～6月）之分。

早春雨的降水属变性冷空气与新南下冷空气及副高南侧转向水汽交绥所形成的锋区降水，雨势相对小，比较稳定均匀，3～4月的降水量占全年降水量的19%，暴雨和洪水开始发生，这一时期天气冷热多变，有的年份还会出现倒春寒天气以及冰雹等强对流天气。另外，早春季的少雨造成的气象干旱现象，在南部地区概率较大，少数年份还相当严重。

梅雨是北方冷空气与来自低纬的暖湿气流交汇于南岭—武夷山一带形成的极锋性降水。它是西南季风、东南季风爆发挺进华南的产物。由于南北两种气团的水、热性质迥然有异，所以，这一时期的锋区很强，且位置又常徘徊于华南北部，构成气候上的多雨时期，雨势较强，暴雨频繁，5～6月的雨季是全年降水集中的季节，其降水量占全年降水量的31%，是福建暴雨洪涝及地质灾害多发季节，闽江、汀江等水系的严重洪水主要集中在这一时期，闽南各水系往往也会出现超警戒水位的汛情。但少数年份，由于副高势力强大并提早北进，福建6月就会出现初夏旱；另有一些年份，西太平洋台风活动季节提早，甚至4月就有台风影响。

#### （二）夏季

夏季是福建省气候最炎热、台风活动最频繁的季节。常见的天气类型有4种：一是副高控制下的炎热少雨天气；二是台风影响下的狂风暴雨天气；三是辐合区控制下的局部或区域性雷阵雨天气；四是北方冷空气南下时的短暂锋面过境天气。上述4种类型天气又各有季内的相对多见期。夏季3个月的降水量占全年降水量的31%，但降水多少主要受台风制约。台风多，降水就多；台风少，降水也少，降水变率较大。再加气象高温和蒸发强的影响，水资源的供需常有矛盾。夏季的灾害天气主要有台风、洪涝和干旱，均以沿海地区频率为高，成灾为重。另外，热浪也是这一季节常见的现象，它常与气候干旱匹配而同步出现。

### （三）秋季

秋季是福建省风和日丽，秋高气爽，气候宜人的季节。也是降水量骤然减少、波动较大，容易出现秋旱，沿海大风频繁的季节。2个月的降水量仅占年降水量的7%。入秋以后，冷空气开始活跃，气温日趋下降，且昼夜温差加大。

秋季常见的不利气候是季节异常提早的寒露风与初霜冻，主要危及农业。个别年份会出现夏秋冬连旱和晚台风的侵袭以及连绵秋雨带来的"烂冬"现象。此外，台湾海峡这一时期东北大风日数最多、风速最大、持续时间最长。

### （四）冬季

冬季是福建省气温最低、降水量很少的季节。3个月的降水量占全年降水量的12%，常出现秋冬旱和低温雨雪冰冻灾害。如果夏季已经少雨，秋冬季再持续久晴少雨，导致的气候干旱会给工农业生产和水力发电带来严重的影响。

冬季常见的灾害天气主要是寒潮与强冷空气造成的低温雨雪冻害。闽北曾有大雪封山的实例，闽南也有热带、亚热带经济作物大量冻死的史实。尽管20世纪90年代以来福建省暖冬明显增多，但个别年份冬季仍出现了极端冷事件，造成较大影响，如2008年1月下旬至2月上旬，福建省西部、北部遭受罕见的低温雨雪冰冻灾害，给电力输送、交通运输、农业生产、林业、民众生活等各方面造成严重的影响和经济损失。

## 第二节 地理环境

### 一、地理位置

福建省位于欧亚大陆东南边缘，地处亚热带南沿，东临太平洋，气候上兼受大陆与大洋的剧烈影响，其宏观地理位置使福建成为东亚四大"大气活动中心"影响最敏感的地区。由于海陆热力差异是季风形成的最根本的原因，所以，福建成为东亚和中国季风气候最显著的地区之一。

福建陆地介于东经115°50'～120°43'，北纬23°32'～28°19'；北连浙江，西邻江西，南接广东，东隔台湾海峡与台湾相望，南北最大间距550 km，东西最大间距540 km；陆地面积12.4万 $km^2$，其中，山地9.10万 $km^2$，丘陵1.82万 $km^2$，平原1.22万 $km^2$；海域面积13.6万 $km^2$，其中200 m等深线以内近海渔场面积为12.5万 $km^2$，沿岸海域生物资源种类多，数量大，具有经济价值的各类生物资源400多种。

福建素有"八山一水一分田"之称。山地坡度大，海岸线全长3752 km，占全国海岸线总长的18.3%，居全国第二位。全省共有面积500 $m^2$以上的岛屿1546个，总面积1324.13 $km^2$，岸线长2811.75 km。闽江、九龙江、汀江、晋江、交溪为全省五大河流。

2020年户籍人口数3921.61万人，平均人口密度316人/ $km^2$，人口密度沿海地区大于内陆地区，福州—厦门沿海地市是人口密度最大的地区。2020年国民生产总值43903.9亿元（人均地区生产总值11.19万元），其中，第一产业2732.32亿元，第二产业20328.80亿元，第三产业20842.78亿元。①

## 二、地形地貌

### （一）地形特点

福建的大地构造属新华夏系巨型构造的第二隆起带，居南岭纬向构造体系的东端。境内山峦起伏，河谷与盆地穿插其间，其特点如下。

第一，地势西北高，东南低，横剖面近似马鞍形。

地形骨架由闽西、闽中两大山带构成，主要山体是东北—西南走向。

蜿蜒于闽赣边界的闽西大山带由武夷山脉、杉岭山脉组成，它北接浙江仙霞岭，南连广东九连山，长约530 km，平均海拔1000多米，是闽赣两省水系的分水岭。该山带北高南低，北段有不少1500 m以上的山峰，主峰黄岗山位于武夷山市境内，海拔2158 m，是中国大陆东南沿海诸省的最高峰。

斜贯福建中部的是闽中大山带，它被闽江、九龙江分隔为断续相连的三部分：闽江干流以北为鹫峰山脉，分布于政和县至古田县之间；闽江与九龙江之间是戴云山脉，耸立于德化县、大田县一带；九龙江以南称博平岭，由漳平市、南靖县延伸至广东省境内。闽中大山以中段的戴云山最高、最宽，位于德化境内的戴云山主峰海拔1856 m。

福建两大山系的架构与布局，对气候有重要影响：第一可阻滞与削减南下冷空气的强度；第二可对暖湿气流的运行产生动力抬升作用，从而影响降水的强度；第三海拔高度的影响，形成相应的温、雨立体分布。

第二，山丘多、平原少，俗称"八山一水一分田"。

以闽西、闽中两大山带的主要山脉为脊干，分别向各个方向延伸出许多山脉，形成纵横交错的峰岭，山地外侧与沿海地带分布着不同层次的丘陵；海拔800 m以上的中山和500～800 m的低山，占全省面积的75%，主要分布于闽西、闽中和闽东北地区；海拔250～500 m的高丘陵和50～250 m的中低丘陵，占15%，主要分布于山地外侧和沿海一带；全省平原面积占10%，主要分布于江河的下游地带，如福州平原、莆仙平原、泉州平原和漳厦平原，另有一些串珠状的孤小平原散布于山地丘陵之间和河流两岸。

第三，海岸曲折，港湾众多，滩涂丰富，海域辽阔。

福建海岸线长达3752 km，占全国海岸线总长的18.3%（仅次于广东省），海岸曲折率为1∶7，居全国之首。曲折的海岸形成了众多的天然港湾，全省总计125个，

---

①《福建统计年鉴》（2020）福建省统计局，国家统计局著，中国统计出版社。

包括沙埕港、福宁湾、三沙湾、三都澳、罗源湾、马尾港、福清湾、兴化湾、湄洲湾、泉州湾、深沪湾、后渚湾、厦门港、旧镇湾、东山湾、诏安湾等，而厦门港、马尾港、秀屿港、肖厝港、东山港、沙埕港和三都澳是5万～10万吨级泊位的深水良港。

沿海岛屿众多，面积500 m² 以上的岛屿共有1546个，其数量仅次于浙江省，居全国第二。大而著名的有平潭、厦门、东山、金门、南日和马祖。主要半岛有东冲、龙高、笏石、东周、崇武、围头、古雷、宫口半岛等。

福建沿海属亚热带大陆浅海，居沿岸南下冷流与台湾暖流交汇之区。海水温度介于12～26℃，盐度为26‰～33‰，水质肥沃，营养丰富，是中国主要渔场之一，包括闽东、闽中、闽南三大渔场，有经济价值较高的鱼类1000余种。

### （二）地形地势对气候的影响

#### 1. 屏障阻挡作用

闽西、闽中两大山带对气流的阻挡作用是明显的。冬半年冷空气南侵至此，常被削弱；暖流北上也会受到阻滞。锋面移动到此往往减速，有时还会停滞少动，"武夷山静止锋"就是冷暖空气势力相当，再加这一特定地形、地势而形成的地方性天气系统。它多见于春季，带来阴雨连绵天气，也是福建常见的一种暴雨天气形势。闽南之所以"三冬无霜，四时常花"，除纬度因素之外，两大山系对冷空气势力的削减也是重要原因之一。

夏季正面登陆福建的台风，往往先越过台湾省的中央山脉，由于其屏障作用，强度与风力已受削弱，穿过海峡再登陆福建又有鹫峰山脉、戴云山脉和博平岭山脉的阻挡，所以强风很少刮及内陆，强降水也主要落在闽中山系东侧的沿海地带，南平、三明、龙岩三市台风风雨强度一般较弱。

#### 2. 机械动力作用

地形对大气活动的动力作用，主要包括气流的分支，爬坡和摩擦影响。

地形所致气流分支现象最著名的实例，莫过于西藏高原造成的西风分支现象，形成南支急流与北支急流。在福建也有地形因素形成的气流分支现象：冬半年冷空气南下，在武夷山以西的湘赣两省移速较快，在台湾海峡移速更快，而在武夷山中段，受地形顶托，移速减慢，于是出现冷锋弯曲变形，并产生相应的地域天气，这也是地形所致气流分支效应的反映。

动力爬坡是指迎面而来的气流，遇山脉而强迫爬升，加强垂直上升运动，其结果是迎风坡的降水明显加大。武夷山北段有年降水量1900 mm以上的高值中心，其原因就是地形动力作用助长上升气流，加大凝结，强化降水的结果。福建沿海地区自北而南有三个多雨中心，则是台风上岸气流在鹫峰山脉、戴云山脉、博平岭山脉东侧产生动力抬升的结果。

关于山体不同海拔高度和不同坡向产生的降水差异，是很明显的。据林之光对武夷山的黄岗山 1958～1960 年梯度观测资料的分析结论，不论年雨量或月雨量，均随海拔高度的增加而增加，每 100 m 的年雨量的垂直梯度平均为 81～89 mm，而且上部大于下部；就季节而言 4 月的垂直梯度最大，7 月次之，1 月较小，10 月最小。武夷山南段的情况，福建省水文总站曾分析龙岩万安溪雨量随高程的变化所示，从海拔 100 m 的白沙至海拔 1000 m 的大东溪，年雨量由 1600 mm 增至 2000 mm 以上，每升高 100 m 大约增加 50 mm 的降水，但 1000 m 以上高度的年雨量却随高度的增加而减少，至 1500 m 的将军山，雨量减至 1600 mm，其雨量廓线呈抛物线形态，华安附近的情况也相似，但最大降水的高度要低一些。

另外，据 1983～1985 年武夷山南、北坡 4 个梯度点的观测资料可以看出（表 1.1），在相近的海拔高度，东南坡年降水量大于西北坡的年降水量，但垂直梯度并不单纯为正值。

表 1.1　武夷山南、北坡平均年降水量对比

| | 测点 | 高州 | 姚家 | 禹溪 | 揭家 |
|---|---|---|---|---|---|
| 西北坡 | 海拔高度 /m | 290 | 470 | 770 | 980 |
| | 降水量 /mm | 1755 | 1944 | 2130 | 2121 |
| 东南坡 | 测点 | 黄坑 | 老虎场 | 三港 | 场头 |
| | 海拔高度 /m | 300 | 500 | 750 | 940 |
| | 降水量 /mm | 2174 | 2721 | 2422 | 2885 |
| 南北坡雨量差 /mm | | 419 | 777 | 292 | 764 |

以上观测事实与环流的季节特征、大气层水汽的垂直分布以及高湿层的季节位置有关。据高空水汽平均输送量，武夷山上空水汽充沛的季节在春季和初夏，高值层大致位于 850～700 hPa，其值为 3～5 g/(cm·s·hPa)。东南坡之所以较西北坡多雨，就是暖湿气流爬坡加强了动力抬升作用的结果。

地形动力摩擦作用在气象要素上的反应是山区的风速较平地为小，风向也很不规则，寒潮大风与台风大风比较少见。当然，地形摩擦对天气系统的移速也有减慢的效应。

3. 热力差异作用

大气温度随高度而降低，一般气温垂直递减率是 0.5～0.6 ℃ /100 m。福建山区气温差异大，具有"立体气候"特征，地势高度就是一个主要原因。其次，坡向不同也会给气温分布带来明显差异。再次，热力差异还会产生地形逆温现象。

地形热力差异还会产生局地环流现象，如山谷风。任何一个高地直接从太阳辐射获得的热量与同高度的自由大气所获得热量是不同的，白天山地获得的太阳辐射多，

因而比同高度的自由大气要暖，于是产生上升运动，而周围的大气相对较凉，产生下沉运动，这样就形成了由谷地吹向山坡的"谷风"；夜间相反，山地冷却快，出现下沉运动，周围大气产生上升运动，结果形成顺山而下的"山风"。这种由于下垫面热力不均所造成的以 24 h 为周期的山谷风现象，在福建山区还是比较多见的。在沿海还有海陆风现象，它是海陆热力属性差异造成的局地环流现象。

除此，地形热力差异还会对水分平衡产生影响，造成蒸发量的地域差异。

4.哑口溢流作用

武夷山脉有许多与山体正交或斜交的隧道、哑口，如浦城的枫山溢、武夷山的分水关、光泽的铁牛关、邵武的黄土溢、宁化的五里亭、长汀的古城口、武平的背寨等。这些特殊的地形缺口，冬半年会造成较强的冷空气溢流现象，风口的小气候特征是风大、天冷。

台湾海峡东北—西南走向，被福建的武夷山系与台湾中央山脉（主峰玉山高达 3997 m）所挟持，这是一个更大的宏观隧口与通道。台湾海峡的盛行风向与海峡走向相当一致，冬半年盛行东北风，夏半年盛行西南风，而且风速很大，是中国风能密度高值区，就是这一特殊大地形造成的结果，人们形象地称这里的风像"弄堂风"，这就是狭管效应。

### 三、土壤植被

#### （一）土壤类型

福建有 12 种土类，红壤占全省土地面积的 63.3%，砖红壤性红壤占 5.3%，黄壤占 7.2%，水稻土占 8.8%，其他为紫色土、石质土、黑色石灰土、滨海盐土以及潮土、冲积土、风沙土、山地草甸土，总计 15.4%。其地理分布，山区以红壤、黄壤、紫色土为主，砖红壤性红壤主要分布于东南滨海的低丘台地，水稻土、冲积土多分布于盆地、河谷和海滨平原，风沙土和滨海盐土多见于海滨和岛屿。

红壤类土壤一般呈酸性，质地以黏壤为多，为块状和碎块状结构；黄壤类一般为中酸性，质地多为中壤至重壤或轻黏土；紫色土大多质地疏松也带酸性。由于各类土壤的物理属性不同，不但对农林布局、种植结构有一定影响，对福建各地的蒸发、径流和水旱频率与强度的地域分布，以及地质灾害也有重要影响。

#### （二）植被分布

福建的植被主要是森林，是中国森林覆盖率最高的省份，2020 年全省森林覆盖率达 66.8%。全省植被大致可分为南亚热带雨林地带和中亚热带阔叶林地带，前者位于戴云山脉以东的丘陵、平原和沿海岛屿，后者位于戴云山东麓以西的广大地区，包括武夷山、戴云山两大山带及其间的盆地，即福建的西部、中部地区。福建的树种以壳斗科、樟科、茶科和木兰科的常绿树种为主，包括常绿阔叶林、马尾松次生林、人工栽培的杉木林、灌木丛林以及草场、人工经济林、果树林和各类竹林。

（三）森林对气候的影响

森林对地表辐射平衡、水分平衡、热量平衡以及局地小气候的形成具有重要影响。

1. 森林对太阳辐射的影响

森林对太阳辐射有两个作用面，一个在林冠，主要是叶面对太阳辐射的吸收、反射和透射；另一个在林冠以下的地面，主要是林株大小和数量对太阳辐射的影响。就林种而言，阔叶林中透入的太阳辐射比针叶林要大。另外，在森林中各个高度上的辐射强度也是不同的，一般是越接近地面，太阳辐射减弱越厉害。就日变化而言，白天林冠层的辐射平衡量（收入的总辐射能与支出的总辐射能之差额）大于林冠下的辐射平衡量，而夜间则相反。

2. 森林中的温度变化

如前所述，森林中由于辐射受到林冠的吸收和阻挡，所以白天林地土壤表面的温度比开阔地带低，夏季比开阔地带要凉，结果气温的日变化与年变化都比开阔地带要小。

3. 森林中的湿度变化

森林中由于土壤和林木本身蒸发作用的增加，以及湍流交换的减弱，所以湿度总是比田野要高，尤以夏季的白天更为明显。森林中湿度的日变化不大，其变化一般都在10%以内，季节相比冬季小些，夏季大些，而开阔地的湿度日变化要明显大于林地。

4. 森林对降水的影响

雨水在森林中降落时，一部分被树冠阻留而蒸发，一部分透过树冠到达地面，通常中纬度地区的森林平均阻拦的降水约占25%，而热带地区由于气温高，其阻留、蒸发量相应为大。因为森林内50%～80%的降水可渗透地下，而径流不到10%，所以林区空气湿润，夜晨还可从雾、露、霜、雨等凝结物中获得可观的水平降水，这就是人们常说的"森林夜雨"，其量可占年总降水量的近10%。福建雨季暴雨中心的三明、南平两市也是全省森林覆盖率最高的地市，对减少水土流失，减轻暴雨洪涝的强度发挥了重要作用。

5. 森林中风的变化

气流经过森林，风速大减，但林冠之上气流会变得密集，风速相应增大。另外林冠并不平坦，所以还会产生涡流现象，此类局地环流有时也会助长雨势。

6. 森林影响气候的综合效应

森林的存在可使当地的气候变得比较温和湿润；树冠对降水的截留与缓冲可减少对土壤的冲刷；枯枝落叶形成的腐烂层和林木活跃的根系能增加渗透，减少30%～60%的径流。据计算，森林遭破坏地区土壤流失量比良好森林环境的地区要多

6～8倍，人们常说"山上种了树，好比修水库，雨多它能吞，天旱它能吐"。观测说明每亩林地比无林地能多蓄水 20 m³，这样 5 万亩的林地就相当于一座百万立方米的水库，可见森林对防洪抗旱的巨大效益。

森林不但能调节气候、涵养水源、改良土壤、防风固沙、减少水土流失，还能通过光合作用吸收二氧化碳、减轻温室效应，抑制气候恶化，净化大气，具有保护地球环境的功能。福建是林业大省，森林对福建气候的形成与优化，对缓解自然灾害、维护生态平衡具有十分重要的意义。

## 四、水系洋流

### （一）河流特点

福建河流众多，水系发达，集水面积在 50 km² 以上的河流有 597 条，集水面积达 11.28 万 km²，干流长度总计 3134 km，包括支流在内河网总长度 13569 km，河网密度为每平方千米 0.11 km，属全国少见。全省 12 条主要河流整体水质为优。Ⅰ～Ⅲ类水质比例为 97.9%。

受地形与气候的制约和影响，福建的河流有以下 4 个特点。

（1）福建的河流多发源于省内，并在本省独流入海。

数百条大小河流中，仅闽东北的交溪（赛江，下同）源于浙江；进入外省的仅闽西的汀江，经广东而入海。其他河流均发源于境内并在本省入海。福建河流主干多与山脉走向垂直，支流又多与山脉走向平行，因而水系结构带有明显的格状和扇状特征。福建的洪汛主要取决于省内降水，基本无外域的径流干预，这是福建河流的一大特点。

（2）水量丰富，含沙量少。

全省河川平均年径流总量为 1168 亿 m³，占全国的 4.3%，年径流模数为 30～40 s·l/km²，含沙量平均为 0.13～0.42 L/m³，与全国相比，属少沙河流。

（3）河床比降大，源短流急，洪水易暴涨暴落。

福建的河床普遍呈河谷盆地和河曲型峡谷相间的形态，比降介于万分之五至万分之四十，峡谷险滩多，水流湍急，这是山洪多见、洪峰迅猛、地质灾害频发的一个重要原因。

（4）径流量的年际变幅不大，但季节差异十分明显。

由于福建年降水总量一般变化并不太大，所以年径流总量也相对稳定，但各自然季节的雨量分布差异较大，因而径流常显示出明显的季节性丰枯现象。梅雨季和台风季是气候上的丰水时期，而秋冬季是盛行的少雨枯水期。丰水期的最大月平均流量与枯水期的最小月平均流量相差达 5～12 倍。

## （二）五大河流

福建流域面积在 5000 km² 以上的河流有 5 条（表 1.2）。

### 1. 闽江

闽江是福建省最大的河流，发源于武夷山脉的杉岭南麓，流域总面积 60992 km²，占全省总面积的 50.48%。干流全长 541 km，流经 35 个县市。上游有建溪、富屯溪、沙溪三大支流，分别发源于武夷山市的铜钹山、光泽县的岱坪村和宁化县的枫树排，三支流于延平汇合。延平以下为下游，有尤溪、古田溪、大樟溪等主要支流汇入，而后流经福州，于马尾注入东海。

闽江的平均年径流量为 586 亿 m³，比黄河的平均年径流量还多 10%。历史上闽江最大年径流量发生在 1937 年，为 942 亿 m³，新中国成立后最大年径流量是 1975 年的 913 亿 m³。闽江最小年径流量为 319 亿 m³，出现于 1971 年，最大值与最小值之比为 2.95∶1，年径流变异系数为 0.28。

由于闽江上游遍布闽西北，正是福建暴雨中心区，再加河道比降大（万分之五），所以水患比较突出。洪水频率高，季节集中（前汛期），来势凶猛是闽江洪涝的突出特点，致洪暴雨主要为锋面暴雨，一般上游三大支流 3 天内降水 150～200 mm 或两个支流 3 天内降水 200～300 mm 就会出现大洪水，对沿江下游特别是省会福州一带威胁最大。闽江上游建溪、富屯溪、沙溪年径流量分别为 156 亿 m³、142 亿 m³、110 亿 m³，其比值为 1.44∶1.29∶1.00。

### 2. 九龙江

九龙江是闽南最大的水系，发源于博平岭山脉东麓和戴云山脉的南端，流域面积为 14741 km²，占全省土地面积的 12.14%，干流长度为 285 km。河道比降为万分之二十。九龙江在龙海市的长洲以上分北溪和西溪，汇合后流经石码、海澄于浮宫纳入南溪支流，经厦门注入台湾海峡。

九龙江平均年径流量为 144.4 亿 m³，最大年径流量为 235 亿 m³（1975 年），年最小径流量为 103 亿 m³（1967 年、1971 年），最大值与最小值之比为 2.28∶1，年变异系数为 0.27。

九龙江的严重洪涝是台风造成的，属台风型暴雨洪涝，威胁最大的地区是漳厦平原。

### 3. 汀江

汀江是闽西的主要河流，发源于宁化的上坪村，在省内流域面积为 9022 km²，干流长 285 km，河道比降为万分之十五，沿途有旧县河、黄潭河、永定河汇入，于永定的峰市出省进入广东的韩江。汀江的平均年径流量为 85.9 亿 m³，极大值 158 亿 m³ 出现在 1975 年，极小值 44.4 亿 m³ 出现在 1963 年，极大值与极小值之比为 3.56∶1，年径流变异系数为 0.34。汀江的主汛期与闽江相似，在梅雨季节，致洪暴雨以锋面暴雨为主。

## 4. 晋江

晋江是发源于戴云山脉东麓永春县一都坑头，流域面积 5629 km², 干流长 182 km, 河道比降为万分之十九。晋江的上游为东溪和西溪，汇合于南安市双溪口，经石砻、晋江入泉州湾而后进入台湾海峡。晋江平均年径流量为 53.3 亿 m³, 最大年径流量为 94.6 亿 m³（1961 年），最小年径流量为 33.0 亿 m³（1967 年），最大值与最小值之比为 2.87 : 1, 年径流变异系数为 0.30。晋江严重的洪涝与九龙江相似，主要是台风暴雨造成的。

## 5. 交溪

交溪是闽东北最大的河流，发源于浙江省的洞宫山脉，在闽集水面积为 5549 km², 干流长 162 km。河道比降为万分之三十七。交溪上游分东溪、西溪，于福安市的湖塘板汇合，南流经白马港进三都澳入东海。平均年径流量为 73.0 亿 m³, 最大年径流量为 99.6 亿 m³（1962 年），最小年径流量为 38.5 亿 m³（1971 年），最大值与最小值之比为 2.59 : 1, 年变异系数为 0.28。交溪大洪水的致洪系统，以台风暴雨为主，锋面暴雨为次。

表 1.2 福建省一级河流表

| 河名 | 闽江 | 九龙江 | 汀江（石下坝以上） | 晋江 | 交溪 | 鳌江 | 霍童溪 |
| --- | --- | --- | --- | --- | --- | --- | --- |
| 集水面积 / km² | 60992 | 14741 | 9022 | 5629 | 5549 | 2655 | 2244 |
| 河长 / km | 541 | 285 | 285 | 182 | 162 | 137 | 126 |
| 占全省面积 / % | 50.48 | 11.66 | 7.47 | 4.66 | 4.59 | 2.20 | 1.86 |
| 径流量 / 10⁸ m³ | 586 | 144 | 86 | 53 | 73 | 30 | 27 |
| 河名 | 木兰溪 | 诏安东溪 | 漳江 | 秋芦溪 | 鹿溪 | 龙江 | |
| 集水面积 / km² | 1732 | 1127 | 961 | 709 | 615 | 538 | |
| 河长 / km | 105 | 89 | 58 | 60 | 58 | 62 | |
| 占全省面积 / % | 1.43 | 0.93 | 0.8 | 0.59 | 0.51 | 0.45 | |
| 径流量 / 10⁸ m³ | 16 | 12 | 10 | 4 | 6 | 4 | |

## （三）冷暖洋流

台湾海峡、福建沿海有两股洋流，一股是自南北上的黑潮，又称台湾暖流；一股是自北南下的大陆沿岸冷流。

黑潮是北太平洋中部（10°N～40°N）顺时针旋转的大洋环流的一部分，它是北赤道流西行受阻，于菲律宾东部北上的一股洋流，因水体呈黑蓝色而得名黑潮。通常人们把由 12°N～14°N 向北到巴士海峡的一段海流称为黑潮源地，又称吕宋海流；称流经台湾两侧的黑潮（主流在东侧）为台湾暖流，该暖流于台湾东北海域汇合再向东北流去，并进入日本南部海域。

黑潮来源于信风流，温度高，盐度大，是世界大洋中最著名的暖海流之一，与大西洋的墨西哥暖流并称世界"姊妹流"，黑潮流经之区多有丰富的渔场。由于黑潮宽厚，流量又大，所以对海洋与大气交换及能量输送具有重要意义，并在气候上有明显反映，台北与泉州纬度相近（25°N），冬春的平均气温，台北偏高 2.7℃，就是台湾暖流主脉在台湾东侧，而次脉在台湾海峡造成的差异；而福州、泉州冬春的平均气温又远高于湘、赣同纬度且海拔相差不大的地区，穿越台湾海峡的台湾暖流也是贡献因素之一。台湾暖流的存在不仅带来温暖的气候、丰盛的渔场，而且对降水也有影响。鹿世瑾曾研究发现黑潮轴北界偏北者，福州年雨量往往偏少；黑潮轴北界偏南者，福州年雨量往往偏多。

### （四）沿岸流

沿岸流，它是由于风力作用或河流入海而形成的一股沿着局部海岸流动的海流。

福建的沿岸流是由内陆径流入海而引起的密度流、东北季风形成的近岸漂流以及由北向南的冷海流三者的叠加。

## 第三节 影响福建气候的主要因子

### 一、影响福建的主要天气系统

天气变化是各种不同时空尺度天气系统相互作用，交替影响的结果。下面以高空、地面分类列举对福建密切相关的主要天气系统。

#### （一）高空天气系统

1. 副高

副高是太平洋上空半永久性的高空环流系统，一般以 500 hPa 图上西太平洋地区 588 位势什米等高线（以下简称 588 线）所包围的范围为代表，它是影响我国天气的最重要环流系统之一。大范围雨带的月季分布与副高的强度，位置摆布有密切关系。

2. 东亚大槽、中高纬西风槽

东亚大槽是冬半年，位于亚洲大陆东岸，由泰米尔半岛南伸至日本上空的准静止低槽，平均位置在 140°E 附近。东亚大槽是海陆分布及青藏高原大地形对大气运动产生热力和动力影响的综合结果。但年际间、月际间强度不同，稍东、稍西也有差异。东亚大槽是冬季影响亚洲及西北太平洋地区的主要天气系统，在槽后偏北气流引导下，西伯利亚的冷空气不断向南爆发。东亚大槽偏强、偏西者，福建往往是冷冬年；偏弱、偏东者，为暖冬年，这是槽后西北气流强度与槽底所及南限位置不同决定的。

中高纬西风槽，形如正弦波的波谷，波长一般为 5000～7000 km，振幅 10～20 纬距，平均移动速度10经度/天。西风槽东移，会带来冷空气及降温过程，有时还会带来降水，甚至寒潮和暴雨。西风槽对福建的影响以冬半年最明显。

3. 南支西风槽

当西风越过青藏高原时，由于高原的阻挡作用，被分为南、北两支西风。南支槽是指产生于低纬南支急流和南支西风气流中的短波天气系统，即活动于 $20°N \sim 30°N$、$70°E \sim 120°E$ 区域的短波小槽，波长一般为 $2000 \sim 3000$ km，平均移动速度 $10 \sim 15$ 经度/天。季节多见于春季，其天气特征是盛行阴雨。福建一些早春多雨年和春寒、倒春寒年多与此类系统比较活跃有关。当来自副高北缘的低纬暖湿气流充分时，还会产生较强的降水，最突出的年例是1983年和1998年。南支槽秋冬相对少见，而夏季基本没有这类系统。

4. 西南低涡

它是源于我国西南地区的低空冷性气旋式涡旋，半径一般 $200 \sim 300$ km，属中尺度天气系统。西南低涡一年四季都会出现，以春季和初夏为多，盛夏为少，它主要活动于 $25°N \sim 35°N$，沿长江流域或稍南、稍北东移，带来的天气主要是降水，尤以低涡的东部和南部雨势为强。它是福建春季，特别是梅雨季节的主要暴雨天气系统之一，低涡影响时，沿海还会出现较强的西南大风。

5. 低空急流

在 $850$ hPa 等压面上 $30°N$ 以南，$105°E \sim 120°E$，常有风速 $\geq 12$ m/s，长度大于 $500$ km 的强西南风带，称低空急流。它是四川盆地低压发生、发展或西风槽东移与加强西伸中的副高之间形成的强梯度带，出现季节也以 $3 \sim 6$ 月为多。低空急流的风速有明显的超地转风特征，即实际风速大于地转风（一般超过20%，甚至一倍以上）。低空急流的左侧主要是上升气流，而右侧为下沉气流。低空急流的气流多来自热带海洋上空，是动量、热量和水汽的集中带，是输送大气能量和水汽的通道，容易产生暴雨、冰雹等激烈天气，落区主要在急流轴的左侧。低空急流是福建前汛期暴雨天气常见的形势之一，约80%的急流会引发暴雨。

6. 切变线

切变线是 $700$ hPa 和 $850$ hPa 等压面上出现的气旋性风向不连续线，分冷式切变和暖式切变两类，属西风带的短波系统。切变线常有地面静止锋与之配合，天气特点是降水持续时间长，雨区比较稳定。对福建有影响的切变线多见于春季，稳定于 $25°N \sim 29°N$、$105°E \sim 120°E$ 地区的切变，是连阴雨常见的环流形势，武夷山静止锋就以此类低空形势为背景，常有连续性的大暴雨天气出现。切变线的轴向不同（东北—西南向、东—西向、西北—东南向），福建的雨带分布与轴向有异。如西北—东南向的暖式切变，其强降水多落在闽南、粤东，且范围较小。

### 7. 台风

台风是高空、地面兼有的天气系统，天气表现在地面，详见第三章"气象灾害"中的"台风"。

### 8. 东风波

它是副高南侧深厚东风带里的一种天气尺度波状扰动，是自东向西移动的倒V形低槽，波长一般为2000～4000 km。东风波的高度在对流层中下部，强者可伸展到对流层上部，波轴随高度向东倾斜，其活动季节主要在夏季，尤以8月为多，强者可发展成台风。东风波槽前有低层辐散，产生下沉运动，槽后有低层辐合，产生上升运动，坏天气主要出现于波槽区和槽后。东风波移速一般为每小时20～25 km。东风波影响福建时会带来雷雨天气，有的风雨还很强烈，如1971年7月31日一次来自西太平洋的东风波给福建带来强对流天气，海面还出现了龙卷风和9～12级狂风。

### 9. 热带辐合带（ITCZ）

它是热带对流层低层风场上的辐合带，又称赤道辐合带。热带辐合带是东—西向的长云带，由断续的对流云团组成，南北宽度一般为200～300 km，其位置有明显的季节变化，5～6月平均位于10°N左右，7～9月可达15°N～20°N，有的甚至可达25°N以北，10月又南落到10°N左右。热带辐合带内有较强的上升运动，是台风形成的温床，台风的发生、发展与它有密切的关系，统计事实表明，有70%～80%的台风来自热带辐合带。由于带内积云、积雨云活跃，对流旺盛，所以常见不稳定性雷雨天气，福建不少凉夏年就与热带辐合带的影响有关。

### 10. 热带云团

从卫星云图上常发现在热带地区有直径为100～1000 km（平均约4个纬距）的中尺度对流云体组成的云团，而天气图上并无明显的天气系统与之配合，它也会产生强烈的降水，有时还伴有大风。对热带云团的风场研究表明，其涡度散度的垂直分布与台风有许多相似之处。热带云团多出现在春夏季节。由于云团内水汽含量很大，一旦高空气流适宜就会北上登陆、影响福建，带来可观的降水。

## （二）地面天气系统

### 1. 锋面

（1）冷锋

冷锋与高空低槽相配合，是冬半年福建最常见的地面天气系统。其相伴的天气是降温、降水和沿海大风。冷锋路径不同，福建天气有异：冷空气从西北南下，冷锋呈东北—西南向，经向成分大，天气特点是降温明显；若冷空气从河套经两湖盆地南下，锋面为近东—西向，南下缓慢，降温不重，天多阴沉。当高空经向环流明显发展或阻塞高压崩溃时，会引导冷空气大举南侵，强寒潮冷锋横扫福建，造成强降温、降雪，并伴西北大风，此类过程多见于隆冬。春季的急行冷锋还会引发飑线、冰雹等强对流天气出现。

（2）静止锋

静止锋是冷、暖空气势力相对均衡、界面少动的表现，它与低空切变相配合，尤以春季多见。如武夷山静止锋。静止锋的坡度一般在 1/200 以下，其典型天气是阴雨范围较广而且维持比较持久，有的雨势还相当强烈，但降温不重，极端气温并不太低。

（3）武夷山锢囚锋

锢囚锋是两个锋面相遇而合并形成的锋面，包括两个冷锋相遇、山脉阻挡、冷锋和暖锋相遇 3 种形式。

武夷山锢囚锋属于山脉阻挡形成的。它是冷空气经东南推进时，受到武夷山脉阻挡，一部分冷空气会从浙江南部率先南下到达福建沿海，之后福建沿海的冷空气会向内陆灌入，而武夷山以西的冷空气也会堆积并翻过武夷山，最终在福建中部汇合，形成"人"字形锋面，产生地形锢囚锋。3～5 月偶见，降水也比较明显，有的还会出现冰雹、飑线等强对流天气。

2. 台风

台风是高空、地面兼有的天气系统，天气表现在地面，具体参第三章"气象灾害"中的"台风"。

3. 台湾地形槽

包括冬半年东北季风受台湾中央山脉阻挡，在台湾西南部背风区形成的地形槽；以及夏季台风外围的东南气流影响福建时，在台湾海峡北部背风区形成的地形槽。前者，地形槽内既无大风，也无降水，后者，相伴的天气是闽北沿海先起风，且风力很强，而相对靠近台风中心的闽南沿海风力却不大，其差异是不同的环境气压梯度场造成的。

4. 台湾东部海面气旋

这里所指的气旋是产生或发展于 20°N～30°N、120°E～130°E 海区的锋面气旋，高频区在台湾北部的东北侧海面，它隶属东海气旋，多见于冬春季节，尤以 2～3 月相对为多，夏秋两季很少出现。该气旋一旦形成，台湾海峡的大风随即减弱消失，这是地面气压梯度变化所致。由于气旋后部吹西北风，福建及其沿海的降水也随之消散。

5. 江淮气旋

它是形成于 115°E 以东，28°N～35°N 江淮中下游地区的气旋，平均每年可见 12～14 次，多发生在 3～6 月，特别是早春。福建受其影响，当处在暖区时，沿海常见西南大风，当江淮气旋入海，带动冷锋南压过境时，福建常有明显降温过程，甚至出现寒潮，也会带来降水。

## 二、副热带高压

副高是东亚季风系统主要成员之一,是太平洋上空半永久性的高空环流系统,一般以 500 hPa 等压面上西太平洋地区 588 线所包围的范围为代表,它是影响中国天气的最重要环流系统之一,特别对地处中国东南沿海的福建具有举足轻重的意义。对福建最为关键的是副高的西环,如本章第一节所述,福建自然天气季节的更替及其各季节的特色天气多与该高压的季节变化有密切关系。副高的南北进退,不但是福建自然天气季节更替的标志,而且它的年际变化对福建的气候也具有重要影响。

副高不但有季节变化,更多见的是几天至十几天的周期变化,其位置和强度对福建的天气,特别是晴雨、降水强度、台风路径等都至关重要,因而成为福建春夏、尤其是汛期天气分析、预报的关键着眼点之一。

### (一)副高的表征量月际变化

表 1.3 是副高的几个特征量,包括面积指数、强度指数、脊线位置(°N)、西脊点位置(°E)和 588 线北界位置(°N)。从中看出:强度上,副高夏强冬弱;位置上,副高 8 月最为偏北,1 月最为偏南;西伸经度夏秋偏西,冬春相对偏东。对于副高的范围、强度和位置,常以副高指数等表征量来描述。

表 1.3　副高的 5 个特征量的多年平均值(1951～2019 年)

| 月份 | 1 | 2 | 3 | 4 | 5 | 6 | 7 | 8 | 9 | 10 | 11 | 12 |
| --- | --- | --- | --- | --- | --- | --- | --- | --- | --- | --- | --- | --- |
| 北界 | 18.09 | 18.45 | 18.25 | 19.78 | 22.26 | 26.63 | 31.06 | 33.79 | 31.3 | 26.84 | 23.63 | 20.52 |
| 脊线 | 15.23 | 14.8 | 15.28 | 16.44 | 18.24 | 21.79 | 26.65 | 29.13 | 26.4 | 22.58 | 19.7 | 17.14 |
| 西脊点 | 152.42 | 135.69 | 143.36 | 133.75 | 138.42 | 131.53 | 133.36 | 133.66 | 129.41 | 128.61 | 129.78 | 136.33 |
| 面积 | 16.12 | 14.61 | 18.02 | 24.67 | 31.97 | 59.96 | 52.27 | 50.41 | 53.23 | 45.75 | 38.23 | 29.42 |
| 强度 | 29.66 | 28.52 | 33.11 | 43.65 | 52.88 | 125.48 | 111.68 | 102.4 | 124.85 | 96.12 | 73.43 | 55 |

### (二)副高强弱变化的阶段性

副高是行星尺度的天气系统,副高强度的变化与位置的南北振动与地气系统净辐射通量的变化有关。赤道低压带加深时,副高加强;反之则减弱。而且有近半年的时相差,其关系可能是通过哈得莱环流完成的。副高强度与赤道太平洋海温 3.5 年的耦合振荡十分明显,而且海温提早 5 个月左右。副高的长期时序变化有趋势上的相对稳定性,1951～2019 年对应福建早春季、梅雨季、台风季、秋季和冬季 5 个自然季节副高面积指数的距平累积曲线（分别以 $\Delta G_1$、$\Delta G_2$、$\Delta G_3$、$\Delta G_4$、$\Delta G_5$ 标记），其共性特点是1951年到20世纪70年代中期，副高在各季节盛行偏弱，各季面积指数多为负距平；70年代中期至2019年的40多年间，保持升势，各季面积指数多为正距平，特别是进入新世纪以后，正距平幅度加大。这显示了行星尺度的大型系统在时序变化上的稳定性及其气候波动上的背景意义。

### （三）各季副高面积指数的相关性

以1951～2019年的副高资料，统计各季副高面积指数距平的相关性（表1.4）。从该表中看出：各季均为正相关，在所计算的10个交叉相关系数中，≥0.7者有4个；0.5～0.7者5个；≤0.5者1个。持续性最强的季节为：早春—雨季、早春—台风季、雨季—台风季和早春—冬季。总的来看年内相邻季节和间隔1季的相关系数较大，平均为0.67；间隔2个季节的相关系数较小，平均为0.6。

表1.4 各季西太平洋副高面积指数距平相关方程

| 回归方程 | 相关系数 |
| --- | --- |
| $\Delta G_2=-0.0096+1.0303\Delta G_1$ | 0.766 |
| $\Delta G_3=0.0042+1.3242\Delta G_1$ | 0.756 |
| $\Delta G_3=0.0149+1.0832\Delta G_2$ | 0.831 |
| $\Delta G_4=0.0004+0.5843\Delta G_1$ | 0.562 |
| $\Delta G_4=0.0055+0.5216\Delta G_2$ | 0.675 |
| $\Delta G_4=-0.0012+0.3933\Delta G_3$ | 0.663 |
| $\Delta G_5=-0.8141+0.6488\Delta G_1$ | 0.760 |
| $\Delta G_5=-0.7257+0.4068\Delta G_2$ | 0.641 |
| $\Delta G_5=-0.1899+0.2892\Delta G_3$ | 0.596 |
| $\Delta G_5=-0.337+0.3563\Delta G_4$ | 0.437 |

图1.2是近59年西太平洋副高5个特征量的变化。显而易见，副高面积指数（$a$）和强度指数（$b$）呈增强的趋势，西脊点向西推进（$d$），脊线纬度（$c$）基本稳定，588线北界（$e$）南落。总的来说，副高呈增强的趋势。

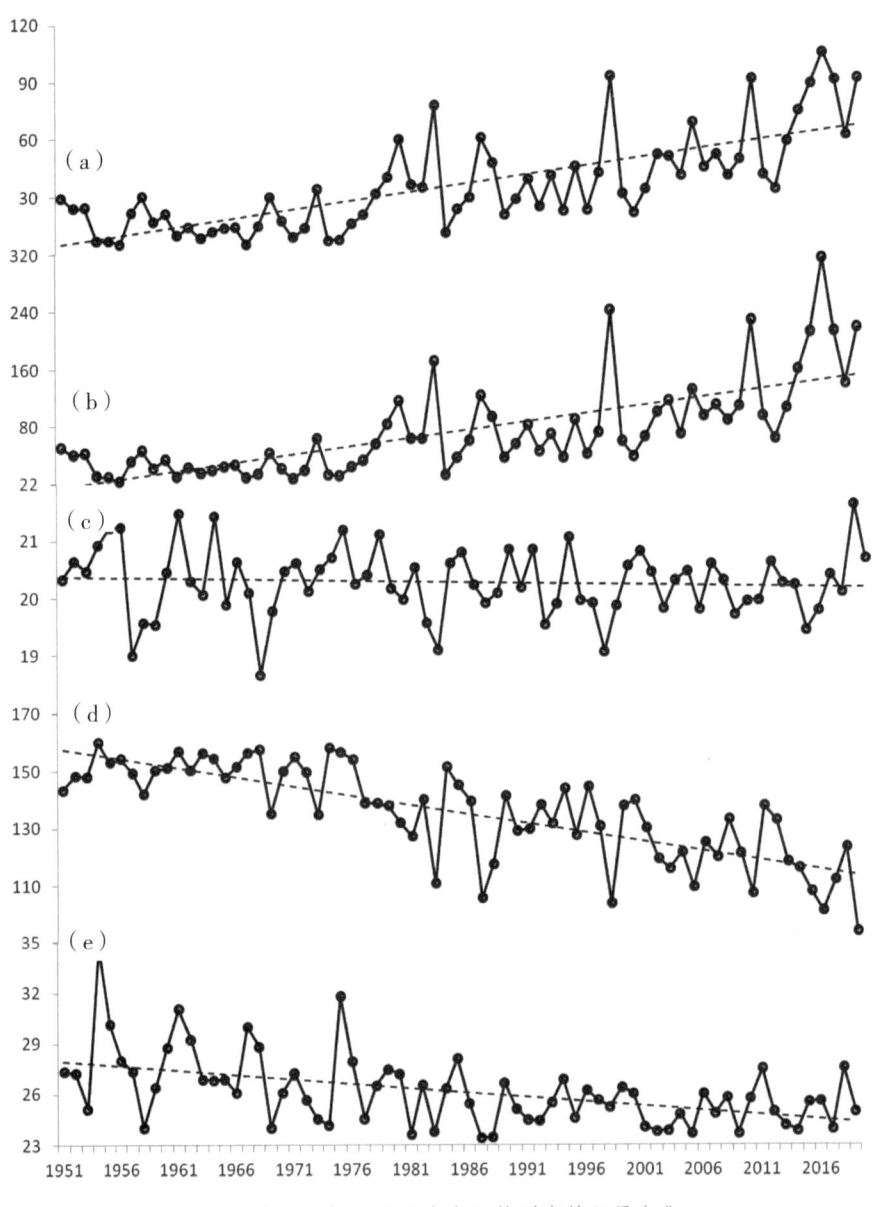

图 1.2　1951～2019 年年平均副高特征量变化

[（a）为面积指数，（b）为强度指数，（c）为脊线位置，（d）为西伸脊点，（e）为北界。
（根据国家气候中心资料绘制）]

## （四）副高对福建气候的影响

这里仅以春雨量的变异和冬季冷暖的发展为例，作一说明。

### 1. 早春季降水量与副高西伸脊点的关系

早春季西太平洋副高西伸时，福州、建阳、龙岩、漳州 4 站早春季平均雨量偏多；反之则偏少。相关系数为 $-0.404$。

$$\Delta R_{3\sim4}=-0.7143-0.1242\Delta G_{3\sim4} \quad r=-0.404 \quad n=59 \text{ 年}$$

图 1.3 是 1961～2019 年两个变量的距平累积曲线，其时程变化的大波动趋势是一致的：即 1961～1980 年间，副高偏东，早春季降水偏少；20 世纪 80 年代至新世纪初，副高西伸，早春季降水偏多；但新世纪以来，副高仍保持西伸趋势，但雨量有所减少，这可能与副高西伸脊点呈线性西伸的气候变化有关。

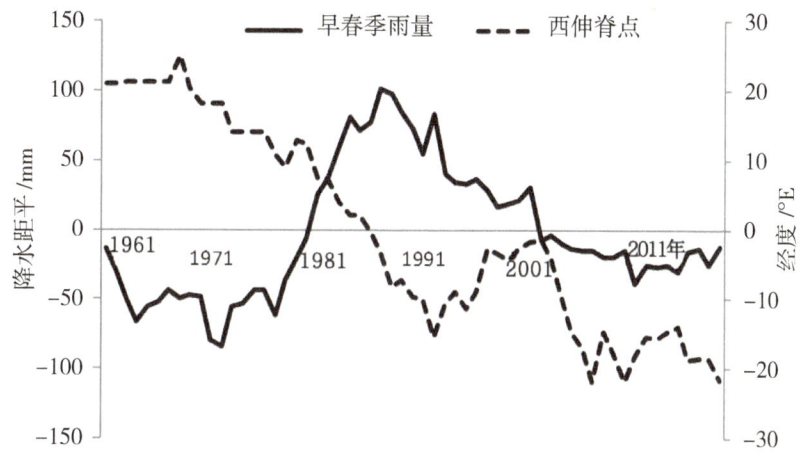

图 1.3　早春季副高西伸脊点距平与福建早春季降水量距平累积曲线

该事实的天气学意义是相当清楚的，早春季副高西伸，有利暖湿气流的输送。福建上空的锋区明显于常年，春雨比较活跃；而副高偏东，则是相反的状态，春雨偏弱，降水偏少。

2. 福建冬冷强度与同期副高面积指数的关系

以福州、建阳、龙岩、漳州 4 站冬季最冷月的平均气温之距平，反映福建冬季强度，它与 12 月至翌年 2 月西太平洋副高面积指数距平呈明显的正相关：副高偏强年，福建往往为暖冬；偏弱年，多对应冷冬，相关系数为 0.634。

$$\Delta T = -1.5873 + 21.837 \Delta G_{12\sim 2} \quad r=0.634 \quad n=59 \text{ 年}$$

图 1.4 是两个变量的距平累积曲线，其波动的大趋势是以 20 世纪 90 年代为转折，

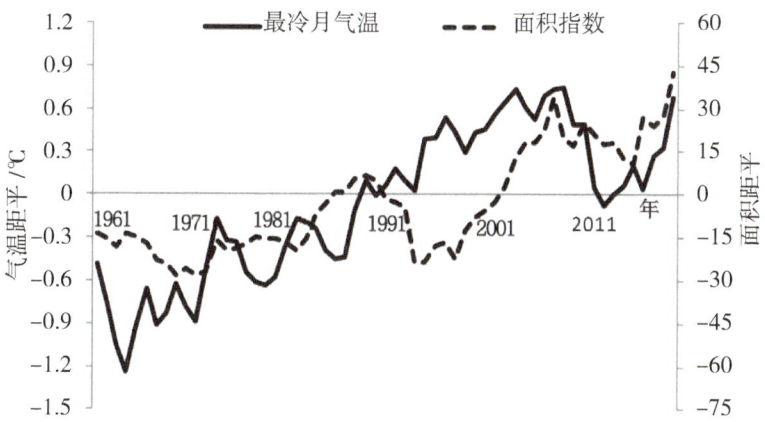

图 1.4　冬季副高面积指数距平与福建冬冷强度距平累积曲线

其前主冷，其后主暖。冬季副高强，北方冷空气影响华南的势力就弱，因而气温偏高。近20余年福建所以盛行暖冬，副高的强度起着决定性的作用。

### 三、热带大气季节内振荡

#### （一）MJO的定义

1971年，Madden和Julian通过对热带中太平洋坎顿岛（3°S，172°W）近10年的逐日探空资料进行谱分析和交叉谱分析，发现850 hPa纬向风、150 hPa纬向风、地面气压以及对流层温度都存在明显的41～53天周期的振荡；其中站点气压异常与对流层温度异常非常一致：正的站点气压的正异常总是对应整个对流层温度的负异常。次年，他们发现这种振荡在全球热带大气中普遍存在，周期为30～80天，平均周期为45天。此后，这种热带大气的季节内振荡现象被命名为MJO（Madden-Julian Oscillation，MJO）。

#### （二）MJO指数

MJO指数采用Wheeler和Hendon提出的实时复MJO指数（real-time multivariate MJO series，RMM）。对15°S～15°N范围内的850 hPa纬向风、200 hPa纬向风以及卫星观测对外长波辐射（OLR）的复合场进行EOF分析，然后将逐日观测资料投影到EOF1与EOF2上，再去掉年循环以及年内变化量，得到随MJO变化而变化的时间指数，称为RMM1和RMM2。根据RMM1与RMM2在复平面上的位置，把MJO分成8个相位。相位的变化代表MJO从西印度洋产生，向东传播，最后在中太平洋消失的整个过程。根据不同的相位，大致可以判断MJO对流强中心的位置。RMM的绝对值表征MJO的强度，定义强度小于1（$\sqrt{RMM1^2+RMM2^2}<1$）的日期处于MJO弱相位，表示MJO信号不显著。

#### （三）MJO应用于延伸期预报的业务现状

MJO具有准周期性，故MJO活动有可能提前15～20天的可预报性，其特征为延伸期预报提供了理论可行性。

美国气候预测中心（Climate Prediction Center，CPC）的MJO监测主要基于RMM指数、OLR、纬向风和速度势等时空分布来进行；预测采用经验统计模式（包括组合相似法CA、自回归模型ARM、滞后线性回归PCL、经验位相传播EWP）和动力模式（全球集合预报系统GEFS、全球预报系统GFS/NCEP、气候预报系统CFS）来进行MJO实时业务预报。相关的监测预测产品参见https://www.cpc.ncep.noaa.gov/products/precip/CWlink/MJO/mjo.shtml

国家气候中心（National Climatic Center，NCC）也建立了MJO监测预测一体化业务，把RMM指数作为监测指标，采用滞后线性回归和自回归模型，利用NCEP、Grapes和FY3C等观测资料、不同动力模式输出和经验统计预测数据、监测RMM指数空间位相和 RMM 指数振幅时间序列，MJO 影响预报包括 MJO 降尺度模式输出的实时未来 6 候的候平均温度和降水异常产品，并且建立了相应的评估业务（图 1.5）。相关的监测预测产品参见 http：//cmdp.ncc-cma.net/Monitoring/cn_mjo_impress.php

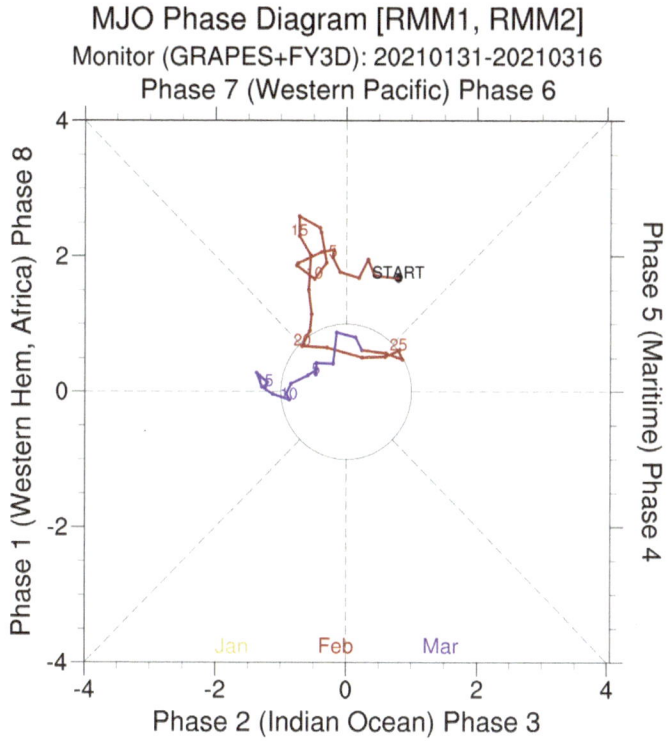

图 1.5　国家气候中心 2012 年 1 月 31 日至 3 月 16 日 MJO 监测图

### （四）MJO 对华南气候的影响

MJO 对热带外天气有滞后影响，MJO 某种位相后的天气通常会低于 / 高于气候型（图 1.6）。当 MJO 活跃中心位于印度洋 – 海洋性大陆时（第 3～4 位相）副高加强西伸，西北太平洋位势高度升高，中国东南部出现异常南风，从热带向华南地区输送的水汽增加，同时华南地区的上升运动也加强，这种形势有利于华南前汛期降水增强。当 MJO 活跃中心东移至西太平洋时（第 7 位相），副高减弱东撤，西北太平洋位势高度降低，中国东南部出现异常东风或东北风，华南地区的偏南水汽输送减少，同时上升运动亦减弱，这种形势不利于华南前汛期降水增强。

MJO 对全球的台风活动有调制作用，MJO 处于对流活跃位相或活跃位相通过时有利于热带气旋（Tropical Cyclon，TC）形成、频数增多和增强，并且 TC 增强区域随着 MJO 东传而东移；对流抑制位相会导致 TC 活动减少。图 1.7 为 MJO 各位相对应的福建省 TC 活跃天数，当 MJO 位于第 6 位相时，福建省 TC 活跃的天数最多，第 5 位相次之；而位于第 3 位相时，福建省的 TC 活跃的天数最少。

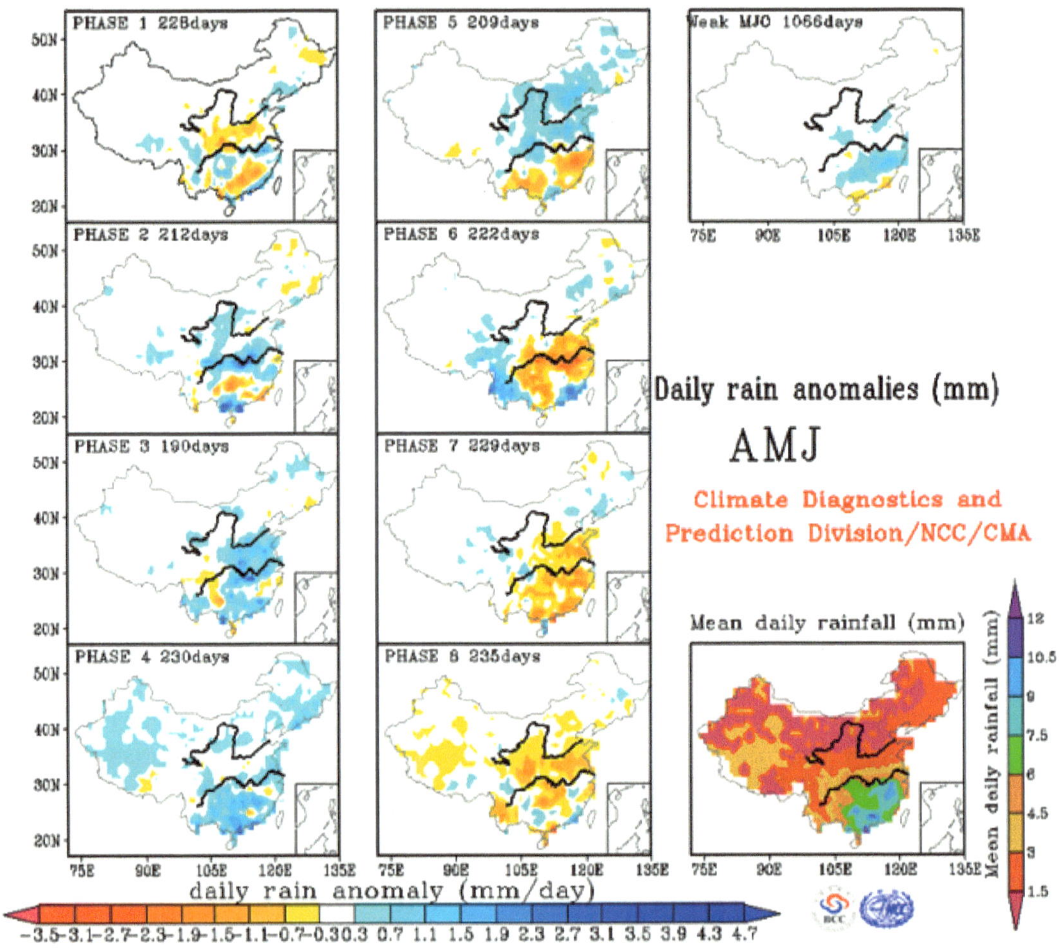

图1.6 MJO不同位相对中国4～6月降水的影响

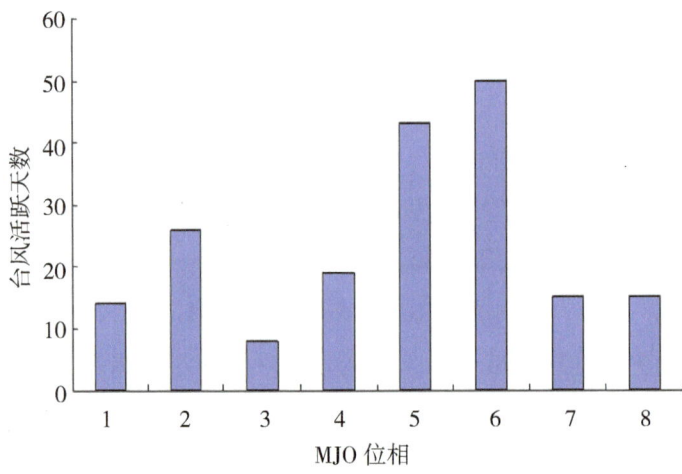

图1.7 MJO各位相对应的福建省TC活跃天数

## 四、ENSO 对福建气候的影响

### （一）ENSO 的定义

ENSO 是"厄尔尼诺"与"南方涛动"的简称。厄尔尼诺系赤道东太平洋出现的大范围海温（Sea Surface Temperature，SST）异常增暖现象；南方涛动是指东南太平洋高压与印度洋低槽，气压反向变化的"跷跷板"现象。厄尔尼诺与南方涛动往往匹配出现，称海气耦合，活动周期为 2～7 年，以 3～4 年者居多。在大气环流遥相关物理机制的研究中，除关注准定常行星波的传播外，作为外源强迫的异常表现，ENSO 的作用是研究的焦点。

厄尔尼诺是西班牙语，本意"圣婴"。现在用来指发生在厄瓜多尔南部和秘鲁北部沿海海面温度异常升高的现象。观测发现厄尔尼诺现象出现时，整个赤道中、东太平洋海区的海面温度均异常升高，形成暖水事件。海洋、气象学家规定当赤道中部、东部太平洋地区海温距平的 3 个月滑动平均的绝对值达到或超过 0.5℃，并持续 5 个月以上，就称为一次厄尔尼诺/拉尼娜事件（≥ 0.5℃ 为厄尔尼诺事件，≤ -0.5℃ 为拉尼娜事件）。

表 1.5 是近 70 年的厄尔尼诺/拉尼娜事件。其中 1982 年 4 月～1983 年 6 月、1997 年 4 月～1998 年 4 月和 2014 年 10 月～2016 年 4 月的厄尔尼诺事件是 3 次超强厄尔尼诺事件，峰值强度（海温距平的 3 个月滑动平均的绝对值达到最大）分别为 2.7℃、2.7℃ 和 2.8℃。1988 年 5 月～1989 年 5 月的拉尼娜事件为仅有的强拉尼娜事件，峰值强度为 -2.1℃。

表 1.5  1961 年以来厄尔尼诺/拉尼娜事件

| | 序号 | 起止时间 | 长度/mon | 峰值时间 | 峰值强度/℃ | 强度等级 | 事件类型 |
|---|---|---|---|---|---|---|---|
| 厄尔尼诺事件 | 1 | 1963 年 7 月～1964 年 1 月 | 7 | 1963 年 11 月 | 1.1 | 弱 | 东部型 |
| | 2 | 1965 年 5 月～1966 年 5 月 | 14 | 1965 年 11 月 | 1.7 | 中等 | 东部型 |
| | 3 | 1968 年 10 月～1970 年 2 月 | 17 | 1969 年 2 月 | 1.1 | 弱 | 中部型 |
| | 4 | 1972 年 5 月～1973 年 3 月 | 11 | 1972 年 11 月 | 2.1 | 强 | 东部型 |
| | 5 | 1976 年 9 月～1977 年 2 月 | 6 | 1976 年 10 月 | 0.9 | 弱 | 东部型 |
| | 6 | 1977 年 9 月～1978 年 2 月 | 6 | 1978 年 1 月 | 0.9 | 弱 | 中部型 |
| | 7 | 1979 年 9 月～1980 年 1 月 | 5 | 1980 年 1 月 | 0.6 | 弱 | 东部型 |
| | 8 | 1982 年 4 月～1983 年 6 月 | 15 | 1983 年 1 月 | 2.7 | 超强 | 东部型 |
| | 9 | 1986 年 8 月～1988 年 2 月 | 19 | 1987 年 8 月 | 1.9 | 中等 | 东部型 |
| | 10 | 1991 年 5 月～1992 年 6 月 | 14 | 1992 年 1 月 | 1.9 | 中等 | 东部型 |
| | 11 | 1994 年 9 月～1995 年 3 月 | 7 | 1994 年 12 月 | 1.3 | 中等 | 中部型 |
| | 12 | 1997 年 4 月～1998 年 4 月 | 13 | 1997 年 11 月 | 2.7 | 超强 | 东部型 |

续表

| | 序号 | 起止时间 | 长度/mon | 峰值时间 | 峰值强度/℃ | 强度等级 | 事件类型 |
|---|---|---|---|---|---|---|---|
| 厄尔尼诺事件 | 13 | 2002年5月～2003年3月 | 11 | 2002年11月 | 1.6 | 中等 | 中部型 |
| | 14 | 2004年7月～2005年1月 | 7 | 2004年9月 | 0.8 | 弱 | 中部型 |
| | 15 | 2006年8月～2007年1月 | 6 | 2006年11月 | 1.1 | 弱 | 东部型 |
| | 16 | 2009年6月～2010年4月 | 11 | 2009年12月 | 1.7 | 中等 | 中部型 |
| | 17 | 2014年10月～2016年4月 | 19 | 2015年12月 | 2.8 | 超强 | 东部型 |
| | 18 | 2018年09月～2019年6月 | 10 | 2018年11月 | 1.0 | 弱 | 中部型 |
| | 19 | 2019年11月～2020年3月 | 5 | 2019年11月 | 0.6 | 弱 | 中部型 |
| 拉尼娜事件 | 1 | 1964年5月～1965年1月 | 9 | 1964年11月 | -1.0 | 弱 | 东部型 |
| | 2 | 1970年7月～1972年1月 | 19 | 1971年1月 | -1.6 | 中等 | 东部型 |
| | 3 | 1973年6月～1974年6月 | 13 | 1973年12月 | -1.8 | 中等 | 中部型 |
| | 4 | 1975年4月～1976年4月 | 13 | 1975年12月 | -1.5 | 中等 | 中部型 |
| | 5 | 1984年10月～1985年6月 | 9 | 1985年1月 | -1.2 | 弱 | 东部型 |
| | 6 | 1988年5月～1989年5月 | 13 | 1988年12月 | -2.1 | 强 | 东部型 |
| | 7 | 1995年9月～1996年3月 | 7 | 1995年11月 | -0.9 | 弱 | 东部型 |
| | 8 | 1998年7月～2000年6月 | 24 | 2000年1月 | -1.6 | 中等 | 东部型 |
| | 9 | 2000年10月～2001年2月 | 5 | 2000年12月 | -0.8 | 弱 | 中部型 |
| | 10 | 2007年8月～2008年5月 | 10 | 2008年1月 | -1.7 | 中等 | 东部型 |
| | 11 | 2010年6月～2011年5月 | 12 | 2010年12月 | -1.6 | 中等 | 东部型 |
| | 12 | 2011年8月～2012年3月 | 8 | 2011年12月 | -1.1 | 弱 | 中部型 |
| | 13 | 2017年10月～2018年3月 | 6 | 2018年1月 | -0.8 | 弱 | 东部型 |

注：计算海温异常涉及的气候标准值（或称气候态），采用世界气象组织推荐的30a滚动气候态的国际气候业务标准。即对1950～1990年间的指数计算，均采用1951～1980年的30a平均作为气候态，1991～2000年间的计算使用1961～1990年气候态，以此类推，2011年以来，采用1981～2010气候态。1950～1981年采用英国Hadley Centre Sea Ice and Sea Surface Temperature data（HadISST）数据，1982年至今采用美国NOAA 1° monthly Optimum Interpolation Sea Surface Temperature（OISST v2）数据。

### （二）ENSO与福建的雨季降水

ENSO对福建雨季降水的影响机制比较复杂，具有非对称性，同时受到其他一些因素如青藏高原的前冬积雪等的影响，故在 SST 异常影响福建天气气候的过程中，对主要环流系统的影响及其对福建气候影响的稳定性，需要进一步的研究。统计 ENSO 事件与福建雨季降水的对应关系，强-超强厄尔尼诺事件发生的次年，雨季降水均偏多（表1.6）；中部型拉尼娜事件的次年，雨季降水也以偏多为主（表1.7）。

表1.6　厄尔尼诺年与福建雨季降水距平百分率的关系

|  | 1963年7月~1964年1月 | 1965年5月~1966年5月 | 1968年10月~1970年2月 | 1972年5月~1973年3月（强） | 1976年9月~1977年2月 | 1977年9月~1978年2月 | 1979年9月~1980年1月 | 1982年4月~1983年6月（超强） | 1986年8月~1988年2月 | 1991年5月~1992年6月 |
|---|---|---|---|---|---|---|---|---|---|---|
| 当年 | / | 16.6% | / | -3.2% | / | / | / | 0.2% | / | -25.6% |
| 次年 | 13.5% | -3.9% | 5.0%<br>-0.7% | 24.7% | 23.5% | -0.1% | -39.5% | 0.9% | -11.1%<br>-10.2% | -9.4% |

|  | 1994年9月~1995年3月 | 1997年4月~1998年4月（超强） | 2002年5月~2003年3月 | 2004年7月~2005年1月 | 2006年8月~2007年1月 | 2009年6月~2010年4月 | 2014年10月~2016年4月（超强） | 2018年9月~2019年6月 | 2019年11月~2020年3月 |
|---|---|---|---|---|---|---|---|---|---|
| 当年 | / | 15.0% | -11.2% | / | / | -25.4% | / | / | / |
| 次年 | 8.4% | 18.6% | -20.6% | 53.3% | -8.5% | 41.1% | 2.1%<br>10.4% | 22.1% | -13.6% |

表1.7　拉尼娜年与福建雨季降水距平百分率的关系

|  | 1964年5月~1965年1月 | 1970年7月~1972年1月 | 1973年6月~1974年6月（中部型） | 1975年4月~1976年4月（中部型） | 1984年10月~1985年6月 | 1988年5月~1989年5月 | 1995年9月~1996年3月 |
|---|---|---|---|---|---|---|---|
| 当年 | 13.5% | / | 24.7% | 29.0% | / | -13.2% | / |
| 次年 | 16.6% | -3.2% | 14.0% | 6.9% | -18.4% | 9.6% | -20.6% |

|  | 1998年7月~2000年6月 | 2000年10月~2001年2月（中部型） | 2007年8月~2008年5月 | 2010年6月~2011年5月 | 2011年8月~2012年3月（中部型） | 2017年10月~2018年3月 |
|---|---|---|---|---|---|---|
| 当年 | / | / | / | / | / | / |
| 次年 | -1.8%<br>2.8% | 3.8% | 3.0% | -13.1% | 4.3% | -18.3% |

## （三）ENSO 与福建的冬季气温

20 世纪 90 年代中期之前，厄尔尼诺与冬季气温的关系不显著，厄尔尼诺发生年的冬季出现冷冬较常见，20 世纪 90 年代中期之后，厄尔尼诺发生年的冬季气温偏高概率大（表 1.8）。拉尼娜发生年的冬季，气温往往易于偏低，但随着全球变暖的加剧，20 世纪末的拉尼娜年也会出现冬季气温偏高的情况（表 1.9）。

表 1.8　厄尔尼诺年与福建冬季温度距平的关系

| | 1963年7月~1964年1月 | 1965年5月~1966年5月 | 1968年10月~1970年2月 | 1972年5月~1973年3月 | 1976年9月~1977年2月 | 1977年9月~1978年2月 | 1979年9月~1980年1月 | 1982年4月~1983年6月 | 1986年8月~1988年2月 | 1991年5月~1992年6月 |
|---|---|---|---|---|---|---|---|---|---|---|
| 次年 | -0.75℃ | 0.54℃ | 0.57℃ -0.97℃ | 0.64℃ | -1.8℃ | 0.29℃ | -0.31℃ | -1.29℃ | 0.70℃ -0.33℃ | -0.48℃ |
| | 1994年9月~1995年3月 | 1997年4月~1998年4月 | 2002年5月~2003年3月 | 2004年7月~2005年1月 | 2006年8月~2007年1月 | 2009年6月~2010年4月 | 2014年10月~2016年4月 | 2018年9月~2019年6月 | 2019年11月~2020年3月 | |
| 次年 | 0.15℃ | 0.74℃ | 0.79℃ | -0.42℃ | 1.1℃ | 0.76℃ | 0.07℃ 0.35℃ | 1.72℃ | 1.96℃ | |

表 1.9　拉尼娜年与福建冬季温度距平的关系

| | 1964年5月~1965年1月 | 1970年7月~1972年1月 | 1973年6月~1974年6月 | 1975年4月~1976年4月 | 1984年10月~1985年6月 | 1988年5月~1989年5月 | 1995年9月~1996年3月 |
|---|---|---|---|---|---|---|---|
| 次年 | -0.75℃ | -0.63℃ -0.64℃ | -2.1℃ | -1.3℃ | -0.61℃ | -0.37℃ | -1.2℃ |
| | 1998年7月~2000年6月 | 2000年10月~2001年2月 | 2007年8月~2008年5月 | 2010年6月~2011年5月 | 2011年8月~2012年3月 | 2017年10月~2018年3月 | |
| 次年 | 1.5℃ -0.29℃ | 1.55℃ | -0.34℃ | -1.32℃ | -0.77℃ | 0.07℃ | |

## （四）ENSO 与福建的气候干旱

表 1.10 为 1961 年以来的厄尔尼诺事件与福建气候干旱的对应关系。

厄尔尼诺事件发生当年，福建年内有气候干旱概率为 15/19，中旱以上概率为 4/19；厄尔尼诺发生于春季，无旱概率为 3/7、春旱概率为 2/7、春夏旱概率为 1/7、夏秋旱概率为 1/7、秋旱概率为 1/7；厄尔尼诺发生于夏季，无旱概率为 1/9、春夏旱概率为 2/9、秋旱概率为 3/9、秋冬旱概率为 2/9、冬旱概率 1/9；厄尔尼诺发生于秋季，出现秋旱概率为 1/3、秋冬旱概率为 2/3。

跨度 3 年的厄尔尼诺事件有 3 次，第二年出现春旱概率为 1/3，夏旱概率为 2/3，无秋冬旱。

厄尔尼诺事件的结束年，福建年内有气候干旱概率为 17/19，中旱以上概率为

6/19；厄尔尼诺现象的结束于冬季，春旱概率为 3/8、夏旱概率为 6/8、夏秋旱概率为 1/8、秋冬旱概率为 2/8、冬旱 1/8；厄尔尼诺结束于春季，无春旱，夏旱概率为 1/11，夏秋旱概率为 1/11，秋旱概率为 1/11，秋冬旱概率为 4/11，夏秋冬旱概率为 2/11，冬旱概率为 2/11。

表 1.10　厄尔尼诺与福建气候干旱的关系（1961～2019 年）

| 厄尔尼诺起止时间 | 1963 年 7 月～1964 年 1 月 | 1965 年 5 月～1966 年 5 月 | 1968 年 10 月～1970 年 2 月 | 1972 年 5 月～1973 年 3 月 | 1976 年 9 月～1977 年 2 月 | 1977 年 9 月～1978 年 2 月 | 1979 年 9 月～1980 年 1 月 |
|---|---|---|---|---|---|---|---|
| 发生年旱指数 | ○秋 | 无 | ○秋冬(68) ○夏(69) | 无 | 无 | ○秋 | ○秋冬 |
| 结束年旱指数 | ○春 ○夏 ○秋冬 | ○秋冬 | ○夏 | ○冬 | ●春 ○夏 | ○夏秋 | ○夏 |
| 厄尔尼诺起止时间 | 1982 年 4 月～1983 年 6 月 | 1986 年 8 月～1988 年 2 月 | 1991 年 5 月～1992 年 6 月 | 1994 年 9 月～1995 年 3 月 | 1997 年 4 月～1998 年 4 月 | 2002 年 5 月～2003 年 3 月 | |
| 发生年旱指数 | ○秋 | ○冬（86）○夏（87） | ●春夏 | ○秋冬 | 无 | ●春 | |
| 结束年旱指数 | ○夏 ●秋冬 | ○夏 | ○秋冬 | ●夏秋冬 | ○秋 | ★夏秋冬 | |
| 厄尔尼诺起止时间 | 2004 年 7 月～2005 年 1 月 | 2006 年 8 月～2007 年 1 月 | 2009 年 6 月～2010 年 4 月 | 2014 年 10 月～2016 年 4 月 | 2018 年 9 月～2019 年 6 月 | 2019 年 11 月～2020 年 3 月 | |
| 发生年旱指数 | ○春夏 | ○秋 | ○春 ○夏秋 | ○秋（14）○春（15） | ●春夏 | ●秋冬 | |
| 结束年旱指数 | ○冬 | ○春 ○夏 ○秋冬 | 无 | 无 | ●秋冬 | ●夏秋 ○冬 | |

说明：★特旱　☆大旱　●中旱　○小旱，下同。

表 1.11 为相应时段拉尼娜事件与福建气候干旱的对应关系。拉尼娜事件发生当年，福建年内有气候干旱概率为 10/13，中旱以上概率为 3/13；拉尼娜发生于春季，无旱的概率为 2/5、春旱概率为 1/5、夏旱概率为 2/5、秋冬旱概率为 1/5、冬旱概率为 1/5；拉尼娜发生于夏季，夏旱概率为 3/5、秋旱概率为 2/5、秋冬旱概率为 2/5；拉尼娜发生于秋季，无旱、秋旱和冬旱的概率各 1/3。

跨度 3 年的拉尼娜事件有 2 次，第二年出现春旱的概率为 1/2，夏旱为 1/2，均出现秋冬旱。

拉尼娜事件的结束年，福建年内有气候干旱概率为 9/13，中旱以上概率为 2/13；拉尼娜现象的结束于冬季，无干旱出现；拉尼娜结束于春季，无旱概率为 1/10、春旱概率为 2/10、春夏旱概率为 1/10、夏旱概率为 2/10、夏秋旱概率为 1/10、秋旱概率为 2/10、秋冬旱概率为 1/10、冬旱概率为 2/10。

表 1.11  拉尼娜与福建气候干旱的关系（1961～2019 年）

| | 1964年5月～1965年1月 | 1970年7月～1972年1月 | 1973年6月～1974年6月 | 1975年4月～1976年4月 | 1984年10月～1985年6月 | 1988年5月～1989年5月 | 1995年9月～1996年3月 |
|---|---|---|---|---|---|---|---|
| 发生年旱指数 | ○春<br>○夏<br>○秋冬 | ○夏（70）<br>●春（71）<br>○夏（71）<br>○秋冬（71） | | ○冬 | 无 | ○冬 | ○夏 | ●夏秋冬 |
| 结束年旱指数 | 无 | 无 | ○夏秋 | 无 | ○冬 | ○夏 | ○秋冬 |
| | 1998年7月～2000年6月 | 2000年10月～2001年2月 | 2007年8月～2008年5月 | 2010年6月～2011年5月 | 2011年8月～2012年3月 | 2017年10月～2018年3月 | |
| 发生年旱指数 | ○秋（98）<br>○秋冬（99） | 无 | ○夏<br>○秋冬 | 无 | ●春<br>○夏<br>○秋 | ○秋 | |
| 结束年旱指数 | ○春 | 无 | ○冬 | ●春<br>○夏<br>○秋 | ○秋 | ●春夏 | |

### （五）ENSO 与福建的台风

据 1991～2020 年的资料统计，厄尔尼诺的当年，福建登陆台风的个数偏少，偏少的概率为 4/6；厄尔尼诺的次年，福建以台风偏少居优势，总频数台风的个数偏少的概率为 8/11，登陆台风的个数偏少的概率为 6/11。拉尼娜的当年，福建总频数/登陆台风的个数偏少，偏少的概率为 3/4；拉尼娜的次年，福建总频数台风的个数偏多，偏多的概率为 5/8。（表 1.12、表 1.13）

如上统计事实的物理机制在于：

第一，厄尔尼诺年，沃克环流出现异常，主要积云对流活动区东移至 180° E 附近，而西太平洋台风常规的源地区域有异常的下沉运动，不利于台风的形成与发展。

第二，台风主要形成于热带辐合带，而厄尔尼诺年，副高位置偏南，热带辐合带相应偏南，地转偏向力因素不利台风形成与发展。

第三，厄尔尼诺年西太平洋区域海温为负距平，热力条件也不利台风的形成。

第四，厄尔尼诺年热带西太平洋大气层结稳定度大，对热带系统的扰动发展不利。

基于以上因素，厄尔尼诺年往往是西太平洋台风生成偏少年。源地台风少，登陆中国者也少。福建台风活动少，既与源地台风数有关，更与副高的位置与强度有关，厄尔尼诺年西太平洋副高偏南，引导气流不利台风登陆、影响福建，所以福建台风总频数/登陆个数均为偏少状态。

表 1.12 厄尔尼诺年与福建台风个数（总频数/登陆）的关系

| | 1991年5月~1992年6月 | 1994年9月~1995年3月 | 1997年4月~1998年4月 | 2002年5月~2003年3月 | 2004年7月~2005年1月 | 2006年8月~2007年1月 | 2009年6月~2010年4月 | 2014年10月~2016年4月 | 2018年9月~2019年6月 | 2019年11月~2020年3月 |
|---|---|---|---|---|---|---|---|---|---|---|
| 当年 | 8/0 | / | 6/1 | 6/0 | 9/1 | 8/2 | 7/3 | / | / | / |
| 次年 | 5/2 | 6/0 | 5/1 | 5/1 | 6/3 | 8/1 | 6/5 | 6/2 7/3 | 9/1 | 6/1 |

表 1.13 拉尼娜年与影响/登陆福建台风个数（总频数/登陆）的关系

| | 1995年9月~1996年3月 | 1998年7月~2000年6月 | 2000年10月~2001年2月 | 2007年8月~2008年5月 | 2010年6月~2011年5月 | 2011年8月~2012年3月 | 2017年10月~2018年3月 |
|---|---|---|---|---|---|---|---|
| 当年 | / | 5/1 | / | 8/1 | 6/5 | 5/1 | / |
| 次年 | 5/3 | 8/2 8/1 | 8/2 | 9/2 | 5/1 | 7/1 | 10/1 |

## 五、四季环流形势

### （一）冬季

图 1.8 是北半球 1 月 500 hPa 平均高度场，其主要特点是深厚的极涡中心位于格陵兰附近，强度为 504 位势什米。西风带中、高纬有 3 个平均超长波槽，即北美大槽、

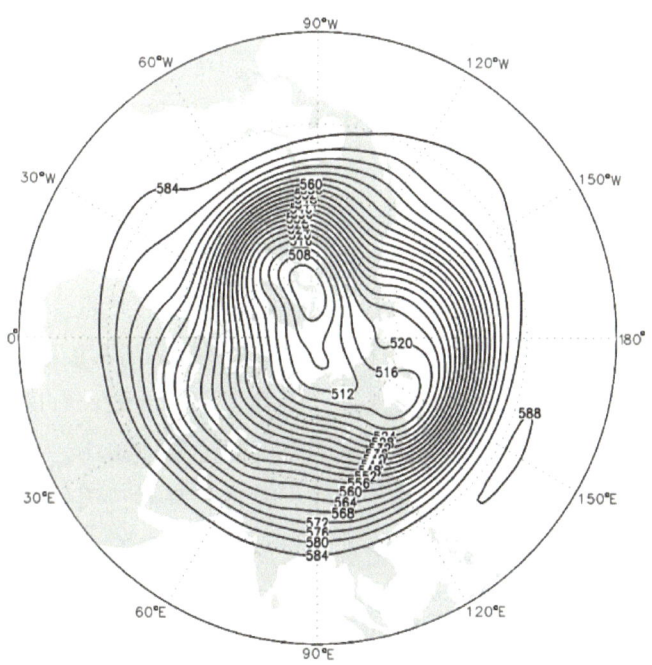

图 1.8 1 月北半球 500 hPa 平均图

欧洲东部大槽和东亚大槽，其间是3个平稳的高脊，总的来看是三波流型，这一时期，副高很弱，位置最为偏南，588位势什米环流中心位于西北太平洋上。图1.9是1月海平面平均气压场，蒙古高压盘踞在亚洲大陆，中心强度1036 hPa，冷高压楔沿西藏高原东侧伸向华南，太平洋北部为阿留申低压所控制，中心气压1000 hPa，两大活动中心之间形成强大的气压梯度，使中国大部地区盛行偏北气流，是全年最冷的时期。

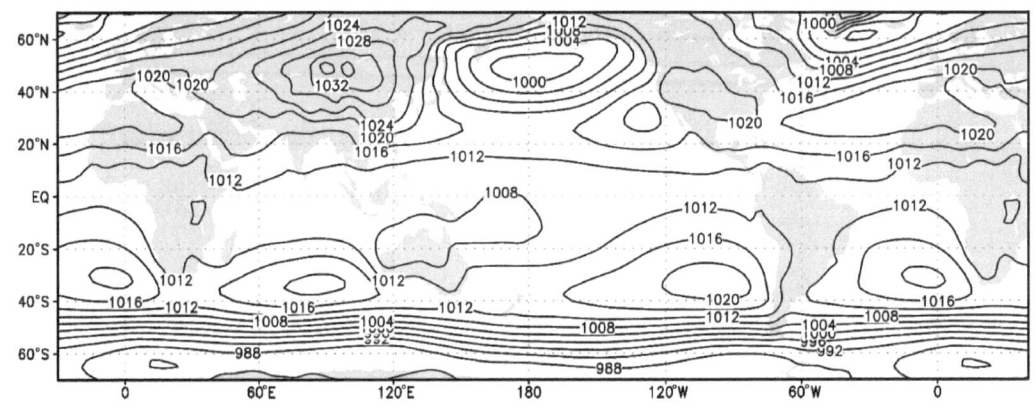

图1.9 1月平均海平面气压分布图

福建整个冬季均处于东亚大槽槽底稍偏西的位置，高空吹西北偏西风，与春、夏、秋三季相比气候干冷，随高空不断东移的西风波，平均三五天就有一次冷空气南下，当经向环流明显加强时，会爆发寒潮天气过程，尤以乌拉尔高压崩溃东移和两槽一脊流型所致寒潮比较多见。从图1.9可见，冬季台湾海峡等压线相当密集，走向呈东北—西南向，福建沿海盛行东北风，不但风日多，风速也强。就具体天气过程而言，冷空气路径不同，天气特色有异：西路寒潮降温严重，而风力较弱；东路寒潮相反，风力很强，但气温并不太低。有些冷空气过程，在低纬暖湿气流配合下，还会给福建带来较明显的降水，北部有时还会下雪。

（二）春季

春季是由冬转夏的过渡季节，早春季的基本环流形态与冬季相似，但极涡已明显减弱，西风带上的槽脊尺度也比冬季减小，移速相应加快。此时，东亚大槽已经变得比较平浅，而南支波动和低纬暖湿气流已相当活跃。从4月的海平面平均气压分布来看，蒙古高压和阿留申低压虽仍然存在，但强度已比隆冬大为减弱，印度闭合低压环流已经形成，台湾海峡气压梯度明显减小，大风频率与强度相应减小，福建降水较冬季明显增大。福建的早春季既有春寒、倒春寒天气，也常见强对流天气过程，是冷、热多变的季节，有的年份还会出现严重的春旱现象，少数年份还有早至的洪水。早春季的气候既和中高纬西风带形势有关，又与南海高压、副高的强度和位置以及南支波动的活动情况有密切关系。

雨季环流的特点是副高进一步增强，脊线已至18°N～20°N，500 hPa 588线北界位于23°N附近，西风带的冷空气与低纬暖流交汇于华南上空，"极锋"雨带控制福建，雨势强弱取决于西风带与副高强度及其位置的配置，中亚阻塞高压和乌拉尔阻塞高压容易导致连续性暴雨。有些年份，副高过强，其中心或中心边缘已控制福建，就会出现晴热无雨天气，一些季节提早的年份，6月已有台风影响福建。

（三）夏季

图1.10是7月的北半球500 hPa平均高度场形势，特点是极涡大为减弱，强度仅为548位势什米，西风带显著北移，中高纬是四波流型，亚洲中部、太平洋中部、北美东岸和西欧有4个平均超长波槽，但比冬季平浅，亚洲的南支急流已经消失，环球的副高相当强盛，以西非、大西洋高压更强，副高相对为弱，脊线位于25°N，西脊点伸至120°E，广东、福建、台湾处于脊线外延处，除台风影响外，主要盛行炎热少雨天气。

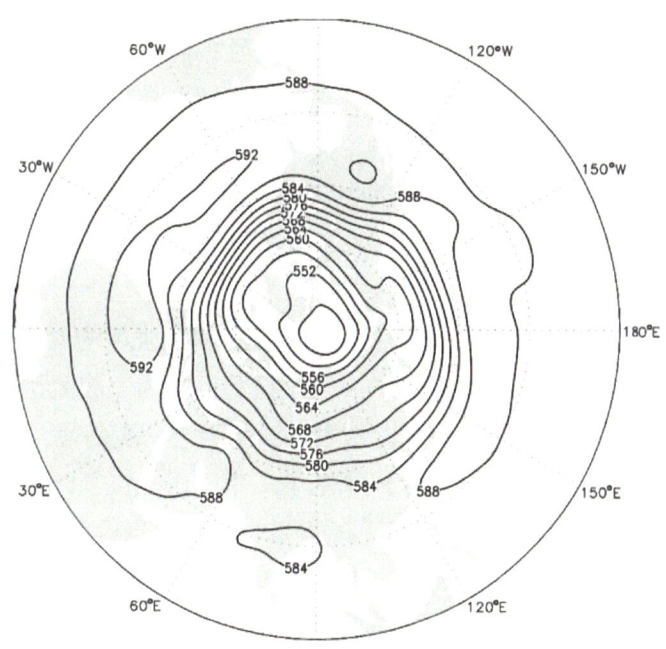

图1.10　7月北半球500 hPa平均图

图1.11是7月海平面平均气压分布，亚洲为庞大的低压控制，中心位于印度西北部，强度1000 hPa，另一盛夏的大气活动中心是太平洋高压，中心位于东太平洋37°N，150°W，强度1024 hPa。8月的流场，副高更为北抬，脊线伸至30°N、120°E附近，热带辐合带相应北移，西太平洋台风相当活跃，在高空偏东引导气流作用下，登陆与影响福建的台风进入盛期。9月北半球的行星风带开始南压，副高长轴退至25°N附近，台风路径相应南回，北方冷空气渐趋活跃，冬季风从此建立，福建沿海迈入东北大风季节。

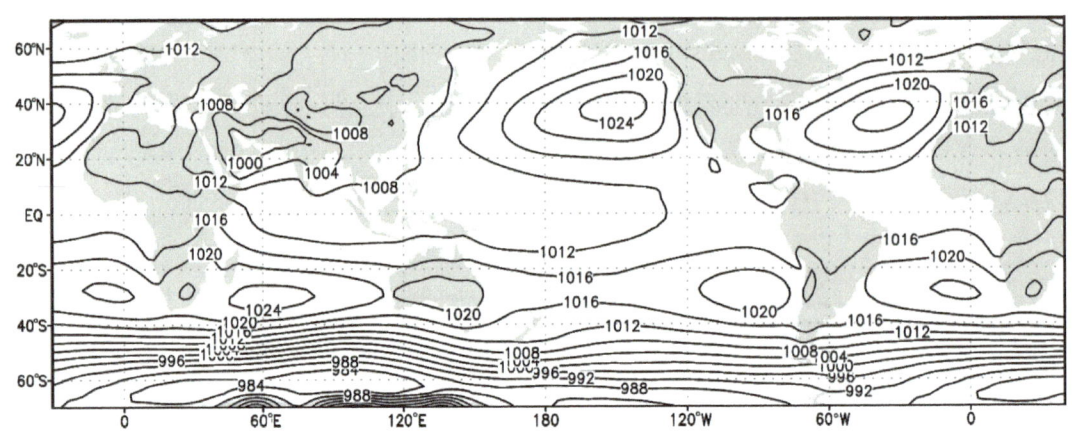

图 1.11　7 月平均海平面气压分布图

福建夏季常见 4 类流型：第一类是受副高控制，盛行晴热少雨天气；第二类是受台风环流影响，出现狂风暴雨天气；第三类为辐合区形势，常出现局部或区域性雷雨天气；第四类为低槽冷锋活动，出现短历时过程性的降水、降温天气。这 4 种类型的天气，常有相对多见的时期：第一类多见于初夏，即副高第一次季节性北跳（25°N）至第二次季节性北跳（30°N）之间；第二类多见于盛夏，即第二次北跳至第一次回跳（25°N）之间；第三类活动期无明显的季节优势，主要由流场的短期变化与系统的相互配置所决定；第四类多见于副高明显的衰减过程之后。

### （四）秋季

从 10 月开始，东亚大气环流已初具冬令特征，极涡强度为 520 位势什米，其主要表现是高空西风带明显南压，夏季的四波流型至此已转为三波流型。亚洲的最大变化是东亚大槽相应加深，南支急流建立，西太平洋副高进一步南落，脊线已退至 22°N，西脊点东撤至 135°E 附近，福建的台风季基本结束，而冷空气开始活跃。该月的地面气压场，冬季的两大活动中心蒙古高压（1025 hPa）、阿留申低压（1008 hPa）已经形成，而夏季的活动中心印度低压大为减弱（1010 hPa），地面冷高压楔已伸向华南沿海，台湾海峡的东北大风不论概率或风力都明显增多、增强，而降水较夏季显著减少，低温活动增加，少数年份闽北已能见霜。11 月的环流形势与 10 月没有本质的差别，仅是冬季的大气活动中心更为增强，副高进一步减弱，其天气是冷空气更为频繁，气温继续下降，降水又有减少。

### 问答题

（1）气候系统由几大圈组成？
（2）福建气候特点及四季气候特征是什么？
（3）福建地形特征是什么？

(4)影响福建气候的主要天气系统有哪些?

(5)副高对福建气候的影响有哪些?

(6)ENSO对福建气候的影响有哪些?

(7)为什么春季多阴雨绵绵,秋季多秋高气爽?

# 第二章 气象要素特征

## 第一节 辐射和日照时数

### 一、太阳辐射

太阳是个高温灼热的气体球,它表面的温度约6000℃,中心的温度约2000万℃。地球上的一切自然现象,都直接或间接地受到来自太阳的光和热的支配,一年四季的气候变化、大气环流运动都源自太阳辐射的季节和地理差异。

地球是离太阳第三远的星球,由于处在合适的位置,地球得到有效的太阳辐射,形成适应生物生存的气候环境。太阳辐射是地球气候系统获得能量并驱动气候系统运转的最主要能源,到达地表面的太阳辐射能的时空分布及其变化决定了地球气候的最基本特征。到达地球大气层顶的太阳总辐射强度变化很小,基本上可视为稳定不变,故称为太阳常数,这也决定了同一地理位置气候基本的稳定。但是太阳并不宁静,它常发生激烈的变化,太阳黑子就是太阳活动的重要标志。

福建之所以有暖热的气候是因为地处亚热带,太阳辐射能比较富足。

#### (一)太阳总辐射

地面所接收的太阳总辐射,包括直接辐射和散射辐射两部分,前者是太阳辐射通过大气层而直达地面的部分,后者是被大气中的空气分子和大气中悬浮的微粒散射至地面的部分。太阳总辐射是地球表面热量的主要提供者,也是大气层温度场、气压场分布及其变化并随之产生相应的天气气候现象的主要制约因子。

影响太阳总辐射的因素是天文辐射量、大气透明度及云量、云状。由于观测太阳辐射的气象台站稀少,所以通常是以经验公式来计算各地的太阳总辐射。

$$Q=S_0(a+b*S/S_1)$$

式中:$Q$为太阳总辐射,$S_0$为天文辐射,$S$为太阳实照时数,$S_1$为太阳可照时数,$a$、$b$是与云量、云状、大气透明度有关的经验系数(参见表2.1)。

福建省气候中心2008~2009年在福建省太阳能资源评估中,根据实测,推算了福建省平均年太阳总辐射量3800~5400 MJ/m²,自东南沿海向内陆递减,高值区在闽南地区,南平地区北部辐射量也相对为大,闽东北和三明地区西部是低值区。分布能大体上解释出福建年平均气温的空间走势。

福建太阳总辐射年变化呈单峰型，最大值出现于7月，最小值多在2月，有的在12月。

表2.1 福州各月太阳辐射经验系数

| 月 | 3～4 | 5～6 | 7～9 | 10～2 |
|---|---|---|---|---|
| a | 0.112 | 0.114 | 0.136 | 0.115 |
| b | 0.611 | 0.634 | 0.534 | 0.608 |

（二）辐射平衡

辐射平衡是表示地球表面对太阳辐射收支状况的描写量，它是总辐射和反射辐射及有效辐射的差额。辐射平衡方程可用下式表示：

$$R=Q(1-\alpha)-E$$

式中：$R$为辐射平衡量，$Q$为太阳总辐射，$\alpha$为地表反射率，$E$为有效辐射（地面的长波辐射与大气逆辐射之差）。

从辐射平衡方程可知，地面辐射平衡因地区、季节、昼夜、地面特征、大气温湿状况与云状的差异而不同。

在低纬度$Q$很大，$R$为正值，不断有热量积累，并向高纬度输送。

在高纬度$Q$很小，$R$为负值，不断有热量亏损，需接受来自低纬度的热量补充。

湿度与云量对辐射平衡值的影响很大，所以就是同一纬度，由于距海洋远近、地形高低和湿度、云量状况的不同，辐射平衡会有很大差别。

由于地表反射率的差异，对辐射平衡值也会有很大影响，这正是因地域、地形、植被不同而形成局地小气候的重要因素。

（三）太阳总辐射量

1. 年总辐射量

直接辐射与散射辐射之和称总辐射。福建平均年总辐射量4146.5 MJ/m$^2$（福州市区）～5275.3 MJ/m$^2$（东山），其中，平均年直接辐射量1822.2 MJ/m$^2$（邵武）～2816.7 MJ/m$^2$（东山）。总辐射和直接辐射的空间分布相似，均为东南沿海向内陆递减（图2.1、图2.2）：莆田至诏安的沿海平原和岛屿是全省的最高值区域，年总辐射量4700～5300 MJ/m$^2$；武夷山和鹫峰山之间的闽江上游河谷盆地是全省的次大值区，年总辐射量4500～4700 MJ/m$^2$；位于武夷山、鹫峰山、戴云山、玳瑁山和博平岭海拔较高的区域年总辐射量少，北部沿海的年总辐射量亦少，为全省低值区，年总辐射量少于4400 MJ/m$^2$。与全国相比，福建属太阳总辐射偏少省份，这与福建云雨多有关。此外，福建地形复杂，太阳辐射受地形影响大。

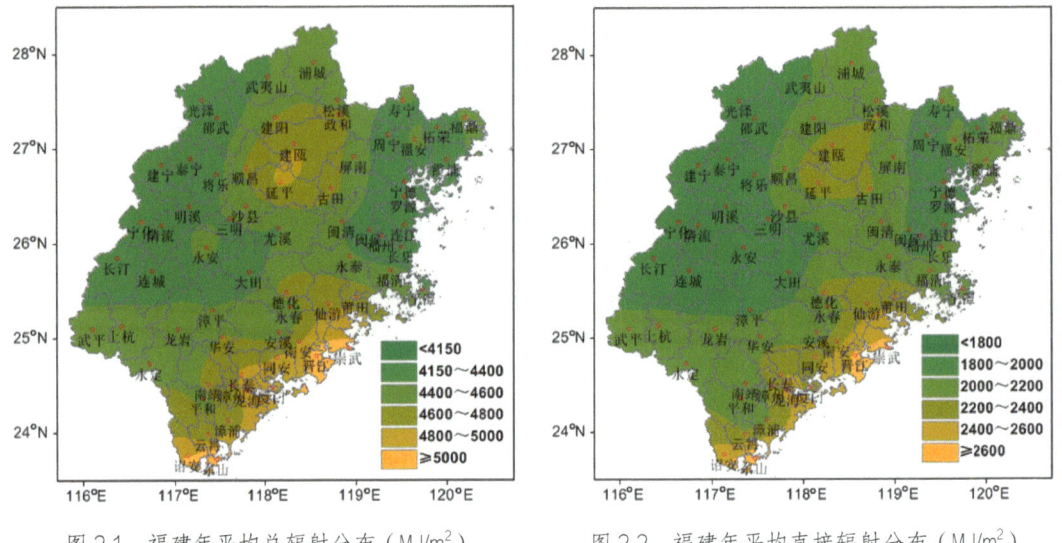

图 2.1　福建年平均总辐射分布（MJ/m²）　　　图 2.2　福建年平均直接辐射分布（MJ/m²）

**2. 辐射量的季节分布**

从全省平均总辐射量的季节变化上看，辐射量从小到大分别为早春季、秋季、冬季、雨季、夏季（图2.3）。全省累年各月平均总辐射量表明：辐射量最高的季节是夏季，辐射量为 1559.4 MJ/m²，约占年太阳总辐射的 34%；其次是雨季，辐射量为 843.1 MJ/m²，占年太阳总辐射的 18.6%；其余三个季节辐射量相差不大，为 665.9～754.7 MJ/m²，占年辐射总量的 14.7%～16.7%，冬季平均月总辐射量最少。

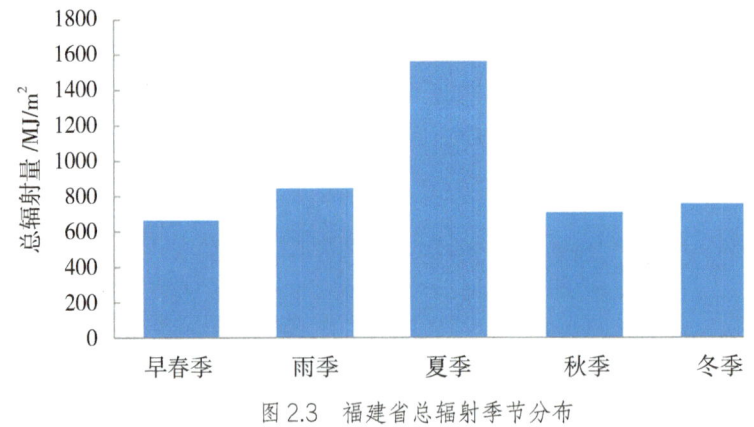

图 2.3　福建省总辐射季节分布

太阳高度角是决定辐射季节差异的主要因素，冬季太阳高度角最小，平均月总辐射量也最小；夏季太阳高度角最大，所以，各月平均的总辐射量最大。

各个季节的空间分布也略有不同。早春季节总辐射量自东南沿海地区向内陆递减，各县市日辐射总量 9.3～12.7 MJ/m²。雨季日辐射总量 12.6～15.8 MJ/m²，泉州、漳州、莆田三市和南平局部是高值区，低值区分布在福州、宁德、龙岩、南平西部和戴云山区域。夏季日辐射总量在 15.2～19.6 MJ/m²，高值区主要在南平、莆田和泉州沿海地区，低值区的分布在福州、宁德和龙岩市。秋季日辐射总量 9.9～14.2 MJ/m$^2$，高值区主要在龙岩、厦门、漳州和南平市，而宁德和福州大部为低值区。冬季日辐射总量 7.3～10.9 MJ/m$^2$，分布特征呈现自南向北递减趋势，高值区位于惠安县以南沿海，低值区分散在南平、三明、福州和宁德市。

辐射总量的空间差异表明，海拔的影响在早春季、雨季和夏季很明显，这是因为海拔较高，受山地影响云雾较多，因此低海拔的沿海平原地区和内陆的河谷盆地总辐射量要比海拔较高的地方大，而在秋季和冬季空间分布主要受太阳高度角支配。

各季总辐射量的年际间差异以夏季最大，雨季最小（表 2.2）。夏季总辐射量年际变率大的原因是：有的年份频繁受热带辐合带影响，云雨较多，具有凉夏特征；有的年份受强大的副高控制，加上太阳高度角最大，会出现旷日持久的晴热少雨的天气。可见，福建太阳辐射季节变化还体现了地方性气候特征。

表 2.2　福建省各季平均太阳总辐射年际差异（MJ/m$^2$）

| 季节 | 早春季<br>（3～4月） | 雨季<br>（5～6月） | 夏季<br>（7～9月） | 秋季<br>（10～11月） | 冬季<br>（12～2月） |
| --- | --- | --- | --- | --- | --- |
| 年平均最大值 | 776 | 965 | 1803 | 865 | 978 |
| 年平均最小值 | 569 | 767 | 1401 | 603 | 655 |
| 差值 | 207 | 198 | 402 | 262 | 323 |

3. 辐射量的月分布

福建省各月平均总辐射量，以 1 月最小，7 月最大（图 2.4）。空间分布上，4～9 月出现明显的 2 个高值中心，第一高值区在中部以南沿海地区，第二高值区位于鹫峰山脉和武夷山脉之间的闽江上游河谷盆地区域，各月的最大和最小辐射值列于表 2.3，其中，全省辐射空间分布 2 月差异较小，7 月差异最大。

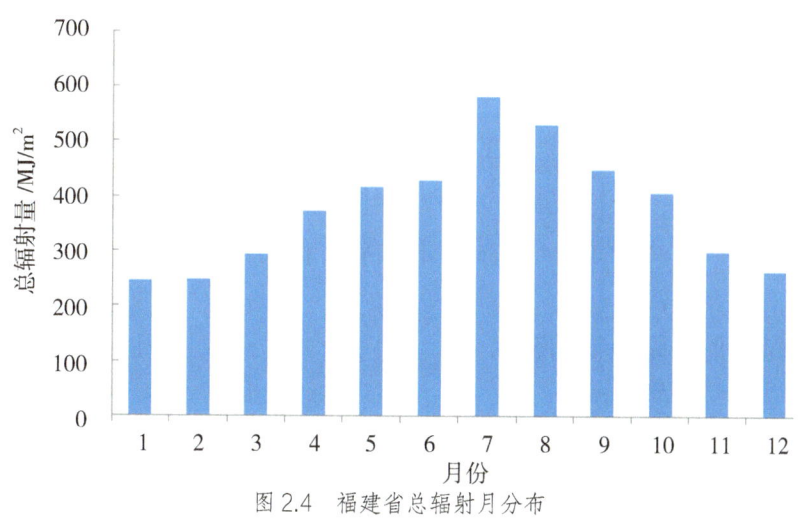

图 2.4　福建省总辐射月分布

表 2.3　福建省各月平均太阳总辐射空间差异（MJ/m²）

| 月份 | 1月 | 2月 | 3月 | 4月 | 5月 | 6月 |
|---|---|---|---|---|---|---|
| 最大值 | 331 | 306 | 359 | 423 | 476 | 504 |
| 最小值 | 201 | 220 | 249 | 320 | 375 | 380 |
| 差　值 | 130 | 86 | 109 | 103 | 101 | 124 |
| 月份 | 7月 | 8月 | 9月 | 10月 | 11月 | 12月 |
| 最大值 | 668 | 615 | 520 | 488 | 377 | 341 |
| 最小值 | 516 | 475 | 391 | 361 | 237 | 219 |
| 差　值 | 151 | 140 | 129 | 127 | 140 | 122 |

以福州站为例（表 2.4），累年各月平均总辐射量，7月和8月为最高的月份，都在 450 MJ/m² 以上，其中，又以7月最高；最少月份则在1月、2月和12月，月总辐射量在 250 MJ/m² 以下。

表 2.4　福州累年各月平均总辐射量（MJ/m²）

| 月 | 1 | 2 | 3 | 4 | 5 | 6 | 7 | 8 | 9 | 10 | 11 | 12 |
|---|---|---|---|---|---|---|---|---|---|---|---|---|
| 总辐射量 | 223 | 223 | 283 | 348 | 384 | 400 | 551 | 487 | 391 | 361 | 259 | 235 |

4. 辐射量的日变化

选择 18 个加密辐射站和 2 个长期辐射观测站分析辐射日变化特征，按季节统计各时次平均辐射总量，研究不同季节太阳总辐射日变化特征。

太阳总辐射日变化呈单峰型，早晚最小，午时最大，峰值出现在 12～13 时；在早春季至夏季期间，6 时太阳升起，19 时太阳落山，而秋季和冬季太阳升起或落山都要比早春至夏季迟或早 1 h；前汛期和夏季太阳总辐射量随时间增加快，上午 9～10 时就可达 15 MJ/m²，其余季节随时间增加较缓慢；夏季午时辐射总量最大，除九仙山外，都在 20 MJ/m² 以上，冬季最小；午后，随太阳西下辐射总量减少，其中秋－冬季节减小速度较早春－夏季快。

（四）地形对太阳辐射的影响

1. 太阳总辐射的垂直分布

晴天状况下，太阳直接辐射随高度而递增，而散射辐射则递减，由于在太阳总辐射的比重中前者为大，所以高海拔山区一般比平原获得更多的太阳辐射能资源。

云量对太阳总辐射有明显影响，表现在两个方面，第一是使直接辐射减小；第二是使散射辐射增加。但前者的作用更明显，所以山区的总辐射是随总云量的增加而减小的。

宁德市西北部的鹫峰山区和三明市的建宁、泰宁等地是福建比较常定的太阳总辐射低值区，就与这一带的总云量多有关，年平均总云量：屏南、泰宁7.6成，为全省最多值；周宁、建宁7.5成，属次高；寿宁7.4成，为第三多。在4月的太阳总辐射量图中，武平一带是全省的最低值，同期该站的平均总云量为8.4成，为全省次多。

2. 坡向、坡度对太阳总辐射的影响

坡地全年接受的太阳总辐射量，在赤道附近的低纬度地区是东坡和西坡受热最多，南坡和北坡最少。到北回归线以北的地区受热最多的是南坡，且辐射总量随坡度的增加而增加；相反，在偏北的坡地上，辐射总量随坡度的增大而减小。

福建群山起伏，辐射随地形变化差异大，归纳起来山区光资源基本属两种类型：第一，深谷遮蔽，云雾掩荫，多散射光；第二，南坡与山顶开阔向阳，日照强度大，多直射光。就季节而论，冬半年山顶多光照，山麓少光照；夏半年山顶少光照，山麓多光照。海拔与坡向的影响造就了山区光能资源多样化的特点，从而为发展多种经营提供了有利的条件。

3. 不同下垫面的太阳辐射状况

（1）林区的太阳辐射

森林对太阳辐射有两个作用面，一个是林冠，一个是林冠以下的地面。森林接受的太阳总辐射与森林的郁闭度有关，更具体地讲是与林木品种、林龄、密度有关。一般而言，阔叶林中透入的太阳辐射比针叶林要大。有关观测研究指出，森林中的太阳总辐射量只有空旷地区的40%左右。

（2）农田中的太阳辐射

太阳光进入农田植被，一部分被作物茎叶反射，一部分被茎叶吸收，另一部分穿过茎叶间隙而透射到地面。农田中的辐射，不论直射辐射、散射辐射和总辐射都是由作物顶部向下递减。观测显示，从日出至正午，作物吸收辐射能最大的层次，逐步由上而下移，其吸收太阳辐射最多的层次，也就是作物光合作用最强的层次。

（3）水体中的太阳辐射

水面对太阳辐射有反射作用，其值除与太阳高度有关外，还与水面静稳状况，水体浑浊度以及云量、云状有关；水面对太阳辐射还有散射与吸收作用，水分子对太阳辐射光谱中的短波部分所起的散射作用较长波部分大，而吸收作用是随波长的增加而加大；水面对太阳辐射有透射作用，海水对辐射光的透射能力是很强的，10 m深处还有25%的短波辐射可以透过。

（4）城市中的太阳辐射

影响城市太阳辐射的因素，一个是城市下垫面状况，包括建筑物的密度、高度、街道排列、绿地、水体比例，以及地面平坦度；再一个是城市上空大气品质，即污染物状况。一般而言，城市上空的烟尘杂质对太阳辐射的短波部分有较大影响，太阳直接辐射可减少10%～20%。虽然城市的总辐射会少于郊区，但城区的逆辐射大，另外建筑物的反射辐射很强，这都是形成城市热岛现象的原因之一。

## 二、日照时数

### （一）日照时数

所谓日照时数，就是在垂直于太阳光线的平面上的辐射强度≥120 W/m² 的时间长度。

福建省各县市平均年日照时数 1476.4 h（邵武市）～2202.6 h（东山县），全省平均的年日照时数 1493.8 h（2015年）～2047.6 h（2003年），最少的年日照时数 1070.7 h（邵武市，1997年），最多的年日照时数 2983.5 h（东山县，1963年）。

福建平均年日照时数空间分布（图2.5）总体呈现中南部沿海多、西北部内陆少的特点。中南部沿海县市多在 1700 h 及以上；三明、南平大部、龙岩北部、北部沿海和鹫峰山区多在 1600 h 以下，其中，三明西部、福州和宁德的局部在 1500 h 以下。

从图2.6和图2.7可以看出，各季逐月平均的日照时数分布：夏季最多，秋季居

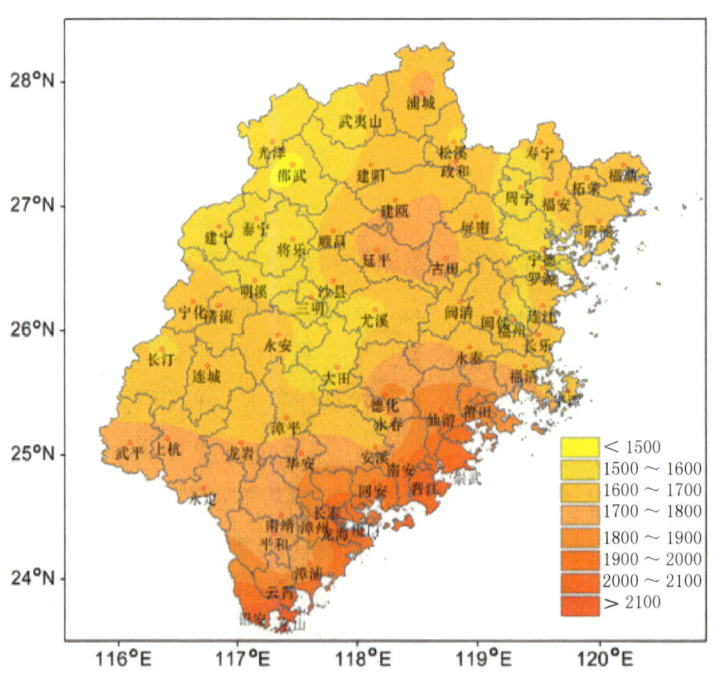

图 2.5 福建年平均日照时数分布（h）

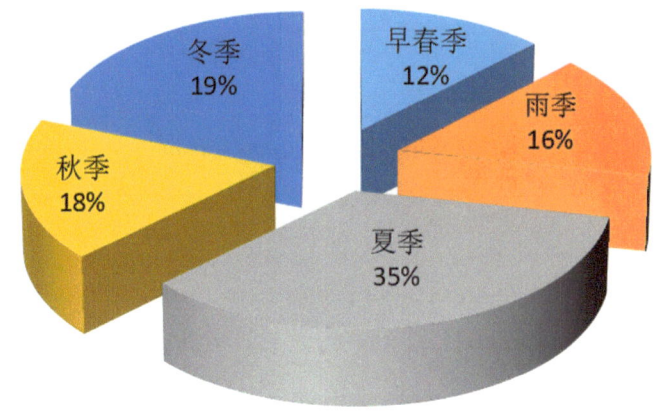

图 2.6 福建日照时数季节分布

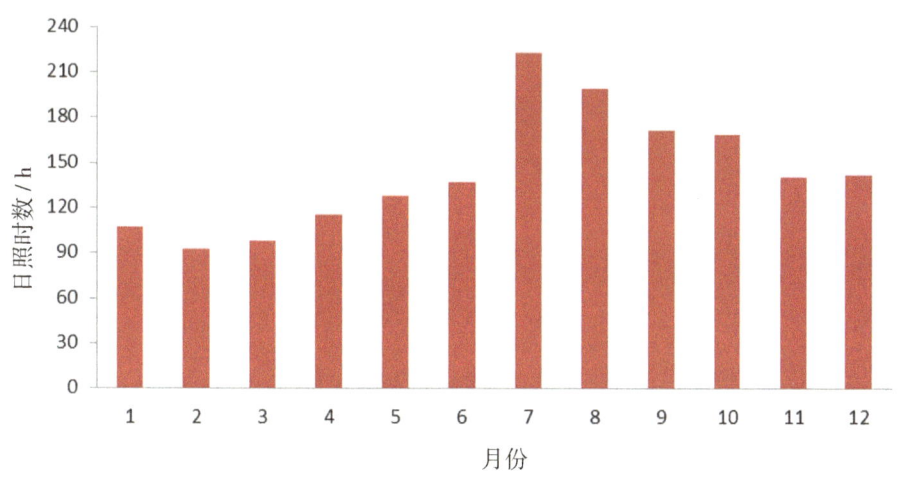

图 2.7 福建日照时数月分布

次,春季再次,冬季最少。日照的季节差异起因于太阳高度角的天文季节变化,又受当地云雨状况的影响。福建冬季、春季日照少,正是因为冬季太阳高度角低,春季雨水多的缘故。6～7月福建日照有明显的突变,如日照时数由137.1 h急增到222.8 h,这完全是由于6月下旬中期前后梅雨一结束,马上进入副高控制的初夏晴热期所致。这段时期的多日照、强日照正适合早稻后期生长的需要,正如农谚中所说的"日晒黄金早"。

各地日照差异,如同各地辐射差异一样,都和地形的直接影响密切相关。同纬度,内陆山区日照普遍少于平原地区,主要受山区地形影响。

(二)日照百分率

日照百分率是实际日照时数与可能日照时数(又称"可照时数")的比值。影响日照时数的因素首先是太阳高度角。

太阳高度角是正午时刻太阳光线与地平面相交的角度，它与纬度、赤纬和时角有关。

太阳高度角的表达式为：

$$\sin h = \sin\varphi\sin\delta + \cos\varphi\cos\delta\cos\omega$$

式中：$h$ 为太阳高度角，$\delta$ 为太阳赤纬，$\varphi$ 为地理纬度，$\omega$ 为时角。正午时刻 $\omega=0$，上式可简化为：

$$h = \arcsin(\sin\varphi\sin\delta + \cos\varphi\cos\delta)$$

表 2.5 是福建所处纬度每月 15 日正午的太阳高度角，从中看出各月每向北推进一个纬度，太阳高度角降低 1 度。就月份而言，太阳高度角 6 月份最大，12 月份最小。

表 2.5 　各月 15 日正午太阳高度（度）

| 北纬 | 1月 | 2月 | 3月 | 4月 | 5月 | 6月 | 7月 | 8月 | 9月 | 10月 | 11月 | 12月 |
|---|---|---|---|---|---|---|---|---|---|---|---|---|
| 29° | 40 | 48 | 59 | 71 | 80 | 84 | 83 | 75 | 64 | 53 | 43 | 38 |
| 28° | 41 | 49 | 60 | 72 | 81 | 85 | 84 | 76 | 65 | 54 | 44 | 39 |
| 27° | 42 | 50 | 61 | 73 | 82 | 86 | 85 | 77 | 66 | 55 | 45 | 40 |
| 26° | 43 | 51 | 62 | 74 | 83 | 87 | 86 | 78 | 67 | 56 | 46 | 41 |
| 25° | 44 | 52 | 63 | 75 | 84 | 88 | 87 | 79 | 68 | 57 | 47 | 42 |
| 24° | 45 | 53 | 64 | 76 | 85 | 89 | 88 | 80 | 69 | 58 | 48 | 43 |
| 23° | 46 | 54 | 65 | 77 | 86 | 90 | 89 | 81 | 70 | 59 | 49 | 44 |
| 22° | 47 | 55 | 66 | 78 | 87 | 89 | 90 | 82 | 71 | 60 | 50 | 45 |
| 21° | 48 | 56 | 67 | 79 | 88 | 88 | 89 | 83 | 72 | 61 | 51 | 46 |
| 20° | 49 | 57 | 68 | 80 | 89 | 87 | 88 | 84 | 73 | 62 | 52 | 47 |

可照时数又称天文日照，是指日出至日落之间被太阳照射的时间。日出、日落太阳高度角为零，即：

$$0 = \sin\varphi\sin\delta + \cos\varphi\cos\delta\cos\omega$$

$$\cos\omega = -\tan\varphi\tan\delta$$

$$\omega = \arccos(-\tan\varphi\tan\delta)$$

昼长时数为 $2\omega$，换算为月可照时数，如表 2.6。

表2.6　各月15日可照时数（h）

| 北纬 | 1月 | 2月 | 3月 | 4月 | 5月 | 6月 | 7月 | 8月 | 9月 | 10月 | 11月 | 12月 | 年 |
|---|---|---|---|---|---|---|---|---|---|---|---|---|---|
| 29 | 10.44 | 11.12 | 11.91 | 12.80 | 13.54 | 13.94 | 13.79 | 13.17 | 12.33 | 11.47 | 10.68 | 10.26 | 4424.3 |
| 28 | 10.51 | 11.16 | 11.92 | 12.77 | 13.48 | 13.86 | 13.72 | 13.12 | 12.32 | 11.49 | 10.74 | 10.34 | 4424.1 |
| 27 | 10.57 | 11.20 | 11.93 | 12.74 | 13.42 | 13.79 | 13.65 | 13.08 | 12.31 | 11.52 | 10.79 | 10.41 | 4423.3 |
| 26 | 10.64 | 11.23 | 11.93 | 12.72 | 13.36 | 13.71 | 13.58 | 13.04 | 12.30 | 11.54 | 10.85 | 10.48 | 4422.6 |
| 25 | 10.70 | 11.27 | 11.94 | 12.69 | 13.30 | 13.64 | 13.51 | 12.99 | 12.29 | 11.56 | 10.90 | 10.55 | 4421.8 |
| 24 | 10.76 | 11.31 | 11.94 | 12.66 | 13.25 | 13.57 | 13.45 | 12.95 | 12.28 | 11.59 | 10.96 | 10.62 | 4421.1 |
| 23 | 10.82 | 11.34 | 11.95 | 12.63 | 13.19 | 13.50 | 13.38 | 12.91 | 12.27 | 11.61 | 11.01 | 10.69 | 4420.4 |
| 22 | 10.89 | 11.38 | 11.96 | 12.60 | 13.14 | 13.43 | 13.32 | 12.87 | 12.26 | 11.63 | 11.06 | 10.76 | 4419.7 |
| 21 | 10.95 | 11.41 | 11.96 | 12.58 | 13.08 | 13.36 | 13.26 | 12.83 | 12.25 | 11.65 | 11.11 | 10.82 | 4419.0 |
| 20 | 11.00 | 11.45 | 11.97 | 12.55 | 13.03 | 13.29 | 13.19 | 12.79 | 12.24 | 11.67 | 11.16 | 10.89 | 4418.4 |

从表2.6可以看出，上述10个纬度带的年可照时数差异很小，7个纬度带介于4420～4424 h；月份相比，7月最大，为414～426 h，平均每天近14 h；12月最小，为319～332 h，平均每天10.5h。南北相比，以春分和秋分为界，冬半年南部多于北部，夏半年北部多于南部。

日照百分率：闽南地区40%～45%，南平西部、三明、宁德和福州部分县（市）为低值区，在35%以下（图2.8）。

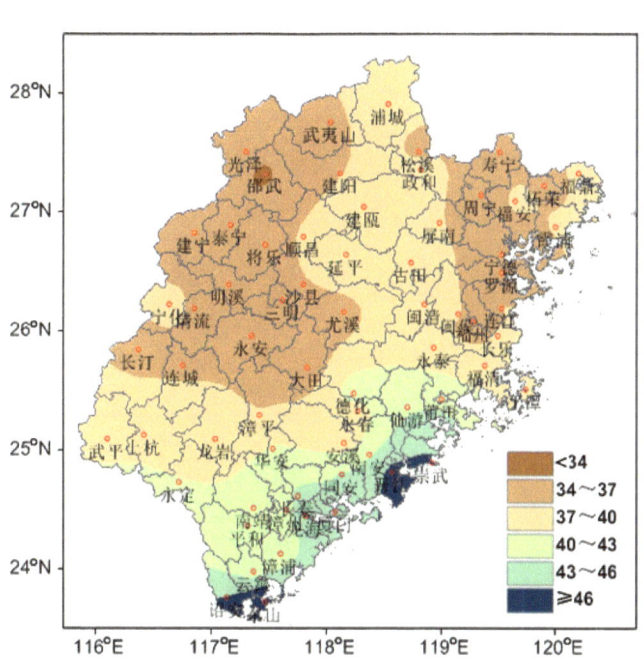

图2.8　福建日照百分率分布（%）

## 第二节 气温

### 一、平均气温

#### (一)平均气温的空间分布

福建省各县市的年平均气温15.4℃(周宁)～22.2℃(漳州市区、云霄),全省平均的年平均气温18.9℃(1992年)～20.6℃(2020年)。最低的年平均气温14.0℃(周宁,1984年),最高的年平均气温23.5℃(漳州,2020年)。

年平均气温分布随着纬度差异而自西北向东南递增(图2.9)。纬度25°N以南漳州、厦门、莆田、泉州等地的县(市)年平均气温21.0℃以上,属高值区;鹫峰山区的周宁、寿宁、柘荣、屏南等海拔800 m以上的高山区,是低值区,年平均气温17.0℃以下。

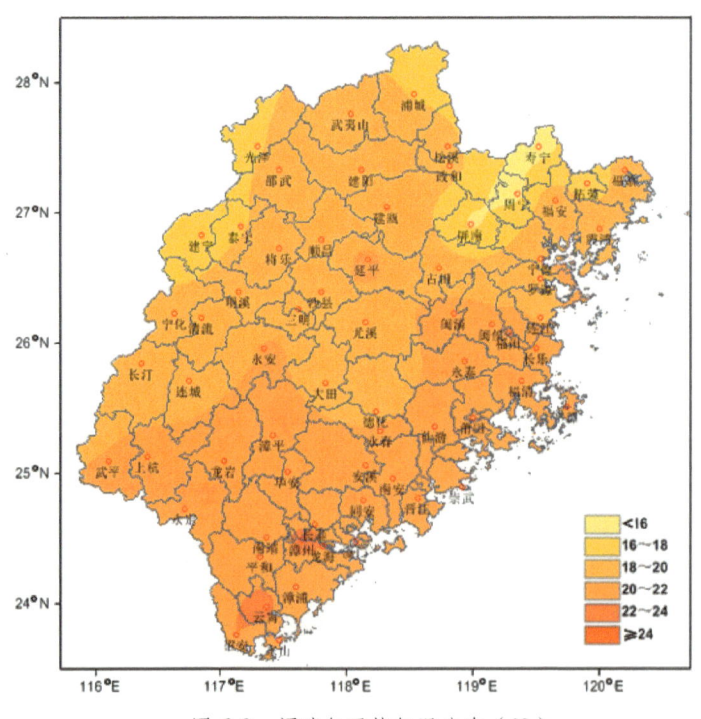

图2.9 福建年平均气温分布(℃)

#### (二)平均气温的月变化

从全省平均气温的月分布(图2.10)来看,1～7月升温,7～12月降温,1月最低,7月最高。大部分县市的气温月变化与全省平均相似,近沿海岸或岛屿地区气温的月变化略有不同,升降温落后一个月,即2～8月升温,8月至翌年1月降温,2月最低,8月最高。各月的升(降)温幅度不尽相同,月际升温和降温最突出的是4月和12月,全省平均分别升温4.6℃,降温4.9℃;对季节而言,气温变化相对突出的时期是在冬春转换之际,全省平均的春季平均气温较冬季升高9.2℃,夏秋季和秋冬季的气温变化相差不大,夏季较春季的升温幅度最小。由于海陆属性差异,升(降)温相对突出的区域是内陆地区，南平和三明等内陆地区的升（降）温比沿海地区明显；除宁德和福州两地外，大部地区降温比升温略明显。平均气温月际变化最小的是1～2月和7～8月（更小且更稳定）。其中，1～2月平均变化幅度1.4℃，但个别年份变化激烈，如2009年2月比1月全省平均气温偏高7.2℃，南平和三明两市大部偏高7.6～10.5℃。7～8月平均变化幅度0.5℃，以8月降温为主。以福州为例，平均气温的月变化：4月升温4.6℃，12月降温4.9℃，1～2月温差0.6℃，7～8月温差0.5℃。

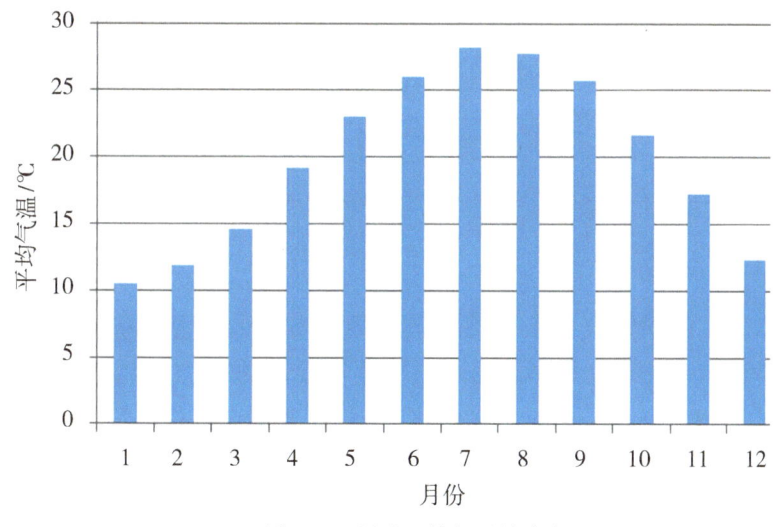

图2.10　福建平均气温月分布

分别以1月、4月、7月、10月代表冬、春、夏、秋四季，平均气温特点如下。

1月（图2.11）：福建冬季冷空气活动最为频繁，主要为多变性的极地大陆气团控制，是气温最低，南北温差最大的月份，如同平均气温浦城比诏安低7.2℃。1月各县市的平均气温5.7℃（寿宁）～14.4℃（云霄），全省平均的1月份平均气温7.1℃（2011年）～13.0℃（2017年）。最低的1月平均气温1.4℃（寿宁，2011年），最高的1月平均气温16.7℃（云霄，2019年）。其空间分布特点是：1月的平均气温除沿海岸和岛屿外是全年最低，等温线的走向趋势与年平均气温相似，25°N以南地区在12℃以上，武夷山、鹫峰山等高海拔山区普遍在7℃以下。

4月（图2.12）：福建春季冷空气南侵控制福建的势力逐渐减弱，主要受冷暖气流交绥、交替影响，气温日渐回升，南北和沿海与内陆温差缩小。4月各县市的平均气温14.9℃（周宁）～21.2℃（平和），全省平均的4月份平均气温16.0℃（1996年）～21.8℃（1998年）。最低的4月平均气温11.2℃（周宁，1996年），最高的4月平均气温23.9℃（平和，1998年）。其空间分布特点是：等温线的经向度增大，25°N以南地区的平均气温升至20℃以上；鹫峰山区平均气温在14℃左右。南北温差明显缩小，浦城仅比诏安低3.0℃。由于海陆物理属性产生了增温的差异，沿海地区的增温幅度7℃左右，而内陆地区达10～11℃。

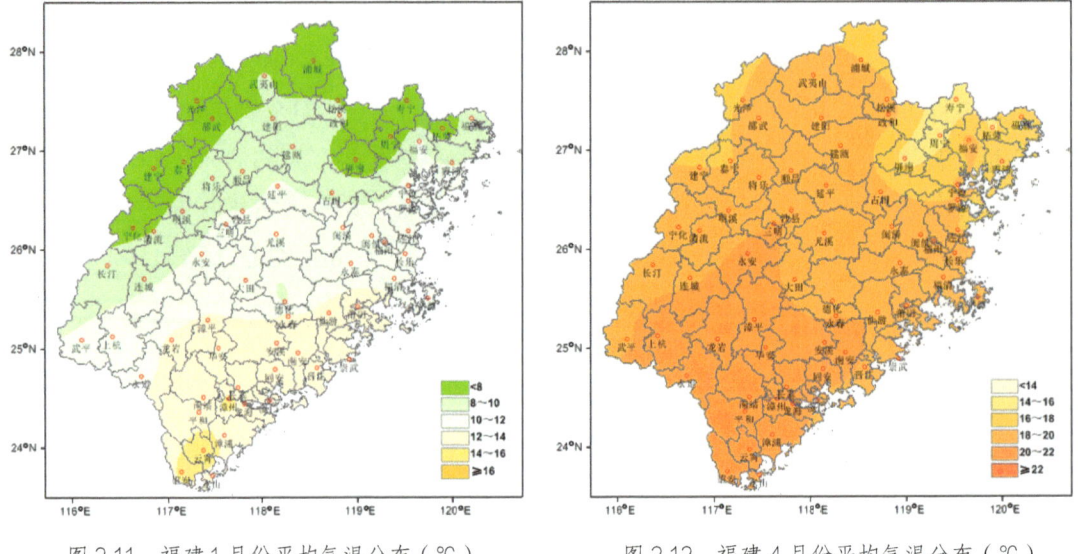

图 2.11 福建 1 月份平均气温分布（℃） 　　　图 2.12 福建 4 月份平均气温分布（℃）

　　7 月（图 2.13）：福建夏季主要受副高和热带系统所控制，除沿海岸和岛屿外，是全年气温最高，南北温差最小的月份。7 月各县市的平均气温 24.4℃（屏南、周宁）～29.4℃（福州、漳州、宁德、南安），全省平均的 7 月份平均气温 26.6℃（1997年）～29.9℃（2003 年）。最低的 7 月平均气温 22.5℃（周宁，1997 年），最高的 7 月平均气温 31.9℃（闽清，2003 年）。其空间分布的特点是：全省三分之二的县市平均气温超过 28℃，高温区主要出现于鹫峰山、戴云山两大山系之间的河谷地带。西部山地和近海岸及岛屿地区在 27℃ 上下，鹫峰山区和戴云山脉的德化海拔较高，低于 27℃。7 月的平均气温基本无南北的区别，月平均气温诏安仅比浦城高 0.8℃。

　　10 月（图 2.14）：福建秋季是夏季风向冬季风过渡的季节，西风带环流开始影

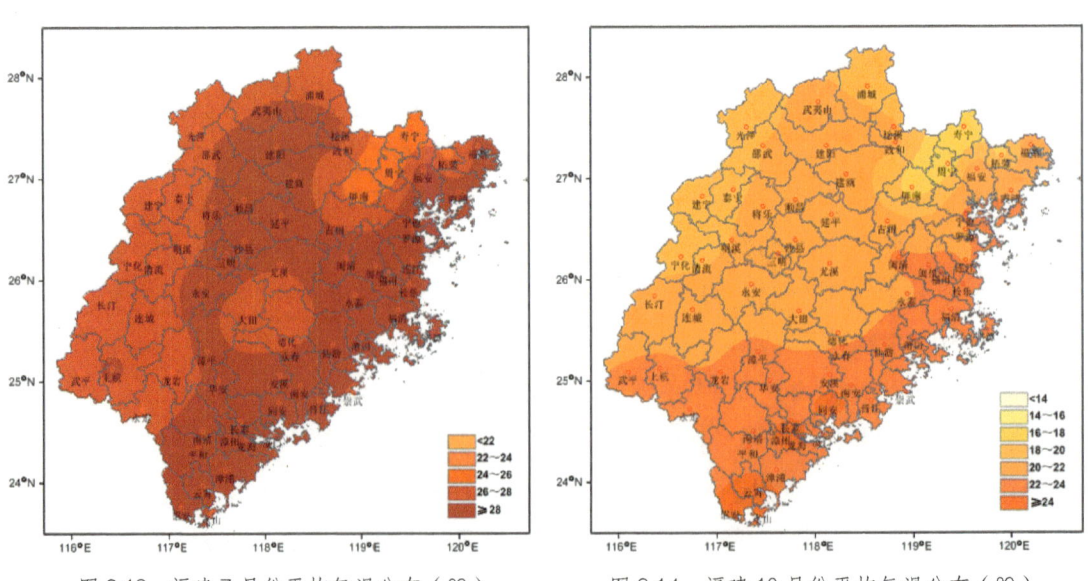

图 2.13 福建 7 月份平均气温分布（℃）　　　图 2.14 福建 10 月份平均气温分布（℃）

响福建，气温逐渐下降，南北温差逐渐加大。10月各县市的平均气温16.5℃（周宁）～24.4℃（云霄），全省10月份平均气温19.4℃（1992年）～23.8℃（2016年）。最低的10月平均气温14.0℃（周宁，1992年），最高的10月平均气温26.5℃（同安，2016年）。南北温差趋于加大，月平均气温浦城比诏安偏低4.8℃；东西向的温差表明海洋延缓了大气的降温，沿海地区的降温幅度约5℃，而内陆地区降温8℃左右。平均气温空间分布的特点是：南部地区和中部沿海普遍在22℃以上，南平北部、三明西部和鹫峰山区等地的部分县市低于20℃。

### （三）平均气温的日变化

气温日变化主要受太阳辐射影响，因此，各县市、各月份的气温日变化特征比较一致。图2.15是福州、惠安、永安、九仙山气温日变化示意图。从时间上看，一般凌晨6～7时日出前后气温最低，午后14～15时气温最高，当然，冷空气影响会一时改变这一变化规律。从区域上看，一般沿海地区气温日变化较小，内陆的气温日变化较大。从季节上看，内陆地区夏季气温日变化较大，所以，内陆地区白天最高气温比沿海地区明显偏高，但夜晚，气温可能比沿海地区偏低，这也是海陆差异造成的。

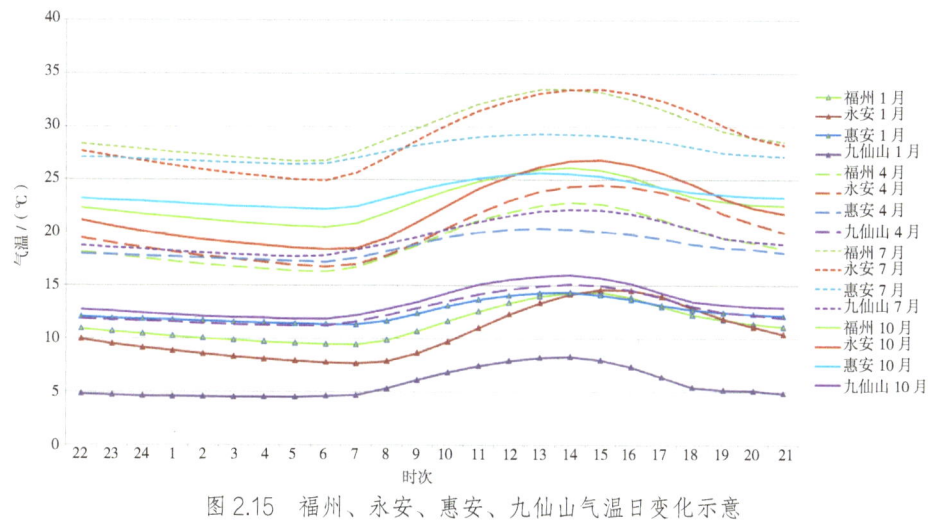

图2.15 福州、永安、惠安、九仙山气温日变化示意

## 二、极端气温

### （一）极端最高气温

福建省各县市年极端最高气温35.7℃（周宁）～43.2℃（福安），其中，极端最高气温37℃以上的县市占95%，38℃以上的县市占91%，40℃以上的县市占52%（图2.16）。高温极值区主要出现于两大山系之间的河谷地带，例如武夷山和鹫峰山之间的南平东部地区；鹫峰山和戴云山之间的三明东部和福州中西部。赛溪谷地的福安因其特定的地形环境，1967年7月17日出现过43.2℃的极端最高气温，居全省之冠。

各县市年极端最高气温出现在7～9月，其中，7月占69%，8月占25%，9月占6%。

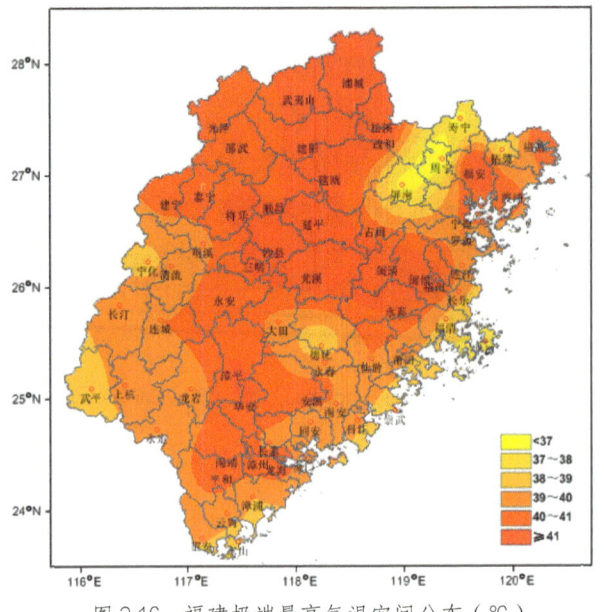

图 2.16　福建极端最高气温空间分布（℃）

## （二）极端最低气温

福建省各县市年极端最低气温 –12.8℃（建宁）～ 2.5℃（东山），其中，极端最低气温 0℃ 及以下的县市占 94%，极端最低气温 –5℃ 及以下的县市占 56%，–10℃ 以下的只有建宁、光泽、屏南和泰宁 4 个县，建宁 1991 年 12 月 29 日极端最低气温为 –12.8℃。鹫峰山区的周宁、柘荣、寿宁等高海拔县极端最低气温反而不及建宁、光泽、泰宁等 3 县，这和强冷空气入侵福建的走向有关。

福建极端最低气温分布特征是：自东南向西北递减，26°N 以北沿海地区明显低于中南部沿海，差值 2℃ 或略高些。泉州以南的沿海或岛屿都在 0℃ 以上（图 2.17）。

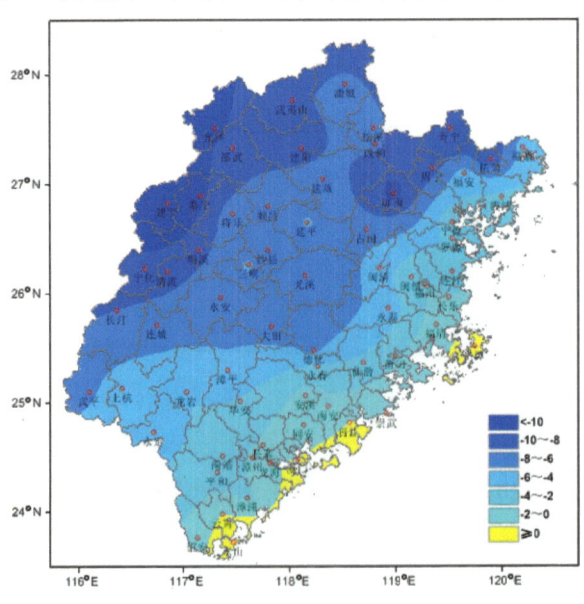

图 2.17　福建极端最低气温空间分布（℃）

各县市极端最低气温均出现在12月和1月,出现在1月的略多,占54%;出现在12月的占46%。

### 三、高温日数

#### (一)≥35℃高温日数

全国范围内,一般将日极端最高气温≥35.0℃定义为高温天气或高温日。

根据1991～2020年的数据统计,福建省各县市平均年高温日数0.0天(周宁)～54.5天(沙县),高温日数多的区域主要在福建中间腹地的河谷地带(图2.18)。全省平均年高温日数最多为42.1天(2020年),最少为3.8天(1997年);各县市的年高温日数最多为79天(沙县和龙海,2020年)。

全省高温天气最早出现在2009年2月25日(35.3℃,尤溪),最迟出现在1996年11月1日(龙岩、漳州和三明三市10个县,极端最高气温36.5℃)。高温天气主要出现在4～10月,秋天出现的高温天气,常常被称为"秋老虎"。其中,6～9月高温出现频率最多,7月占41%,8月占34%,6月和9月相当,各占11%(图2.20)。2月和11月也有零星站点出现过高温。

各县市最多连续高温日数为1～37天(闽清、延平、建瓯、松溪、顺昌、将乐及三明市区),除高山和沿海部分县市外,其余大部分县市在10天及以上,其中,闽江流域大部县市在20天及以上。除光泽、浦城、福鼎、清流、永春、福清及厦门市区外,其余县市的最多连续高温日数均出现在最近30年,这也从侧面说明了全省气候在变暖。2003年和2007年的夏季是近30年来最炎热的夏季,分别有27个和15个县市连续高温日数创纪录,其中,福州市2007年6月30日至8月4日出现创纪录的连续36天高温天气。

#### (二)≥37℃高温日数

在福建,对于高温的标准会略高一些。按照《福建省灾害性天气预报服务用语暂行规定》(闽气科预函〔2012〕8号),福建气象部门在日常高温监测预报业务中,以日极端最高气温≥37.0℃定义为高温天气或高温日。在此指标下,高温日数将显著减少,连续高温日数相应缩短,高温开始期推迟,结束期提前。

近30年,福建省各县市平均年高温日数0.0天(平潭、周宁、寿宁、屏南、柘荣)～21.1天(沙县),其空间分布特征与≥35℃高温日数的空间分布相似,高温日数多的区域同样在福建中部腹地的河谷地带,南平南部、三明东部、福州西部等县市超过10天,沿海和龙岩的部分县市一般在2天以下(图2.19)。全省平均年高温日数最多为19.0天(2003年),最少为0.05天(1997年);各县市的年高温日数最多为55天(延平,2003年)。

全省≥37.0℃的高温天气最早出现在4月4日,最迟出现在10月2日。高温天气出现在4～10月,以5～9月居多,其中,7月最多占52%;8月居次占34%(图2.21)。

鹫峰山区高海拔县市和平潭未出现超过37℃的高温日，其余县市≥37.0℃的连续高温日数为1~35天（延平），除高山和沿海部分县市外，大部分县市在5天以上，其中，闽江流域部分县市在15天以上。除建阳、政和、清流、上杭、大田5县（市、区）外，其余县市的最多连续高温日数均出现在最近30年，2003年和2007年分别有33个和11个县市连续高温日数创纪录。

全省有34个县（市、区）出现过极端最高气温≥40.0℃的高温天气。中部腹地的闽清、将乐、尤溪、沙县、建瓯、延平、松溪、福安等地≥40.0℃的日数均在10天及以上，以闽清的19天为最多。最长连续≥40.0℃的高温天气以闽中腹地为最多，超过5天，其中闽清、松溪达到7天，主要出现在2003年7月。

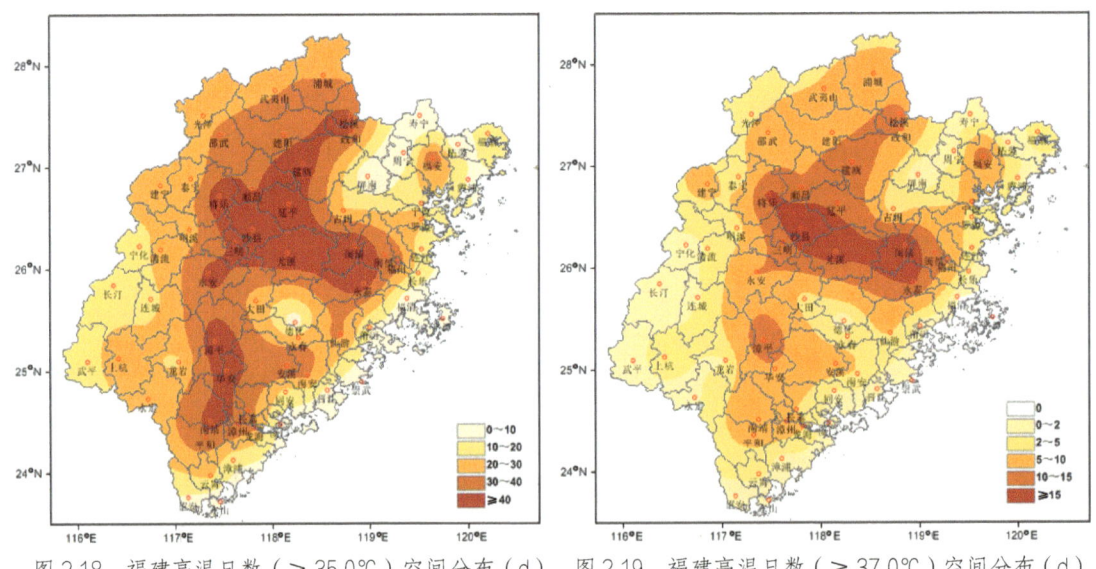

图2.18 福建高温日数（≥35.0℃）空间分布（d）　　图2.19 福建高温日数（≥37.0℃）空间分布（d）

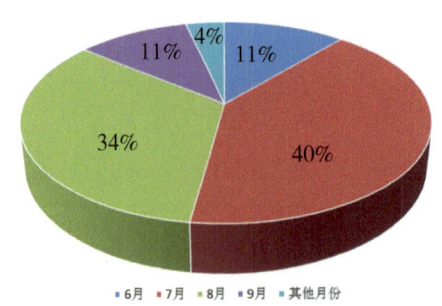 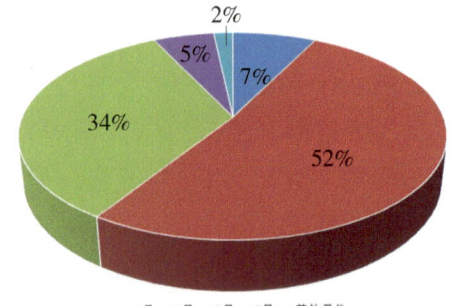

图2.20 福建高温日数（≥35.0℃）月份分布　　图2.21 福建高温日数（≥37.0℃）月份分布

### 四、低温日数

#### （一）≤0℃低温日数

定义日极端最低气温≤0℃为低温天气或低温日。鉴于冬季跨年度，根据日极端最低气温≤0℃的出现日期，平均年低温日数以当年10月1日至次年4月30日为统计时段，即1991～2020年的统计时段为1991年10月1日至2021年4月30日。

根据1991~2020年的统计数据，全省平均的年低温日数最多为10.4天(2013/2014年)；最少为0.8天(2018/2019年)。各县市年最多低温日数为43天(2010/2011年，寿宁)，年平均低温日数0.0天(平潭、惠安、晋江、厦门市区、漳州市区、龙海、东山)~25.0天(寿宁)，其空间分布特征是：南平和龙岩的北部、三明和宁德的西部低温日数在10天及以上，鹫峰山区、建宁超过20天；沿海尤其中部以南沿海县市平均不到1天(图2.22)。

全省低温天气最早出现在2009年11月3日(寿宁)，最晚出现在2018年4月8日(屏南)。各地低温天气主要出现在冬季(12~2月)，其中，1月最多，占43%；12月居次，占34%；2月第三，占17%。3月和11月也会出现低温，各占3%。4月仅屏南出现3次(图2.23)。

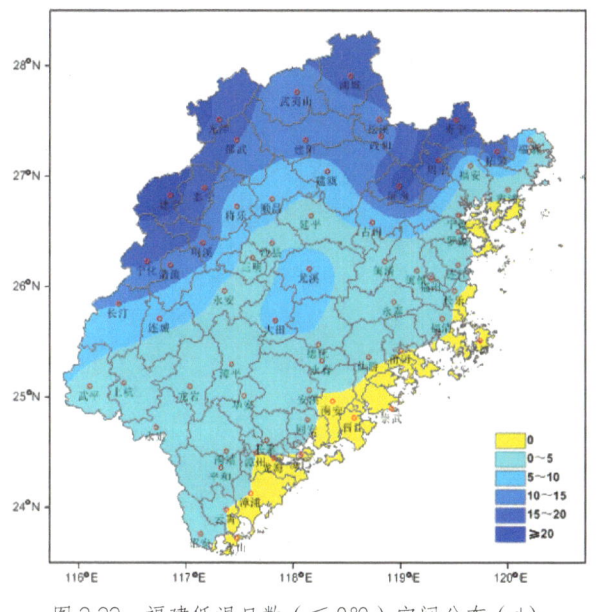

图2.22 福建低温日数(≤0℃)空间分布(d)　　图2.23 福建低温日数(≤0℃)月份分布

最多连续低温日数为21天(建宁，1993年1月15日~1993年2月4日)，除中南部沿海外，其余县市最多连续低温日数普遍在3天及以上，南平、三明两市和宁德、龙岩、福州的部分县市在5天及以上，闽西北、鹫峰山区等地的16个县市达到或超过10天。

(二)≤4℃低温日数

福建省属亚热带季风气候，冬季气候温和，因此，进一步统计日极端最低气温≤4℃的低温天气或低温日。全省平均的年低温日数最多为33.3天(1995/1996年)，最少为7.8天(2018/2019年)。各县市年最多低温日数为103天(1995/1996年，寿宁)，年平均低温日数0.0(东山)~65天(寿宁)，其空间分布特征是：南平和龙岩的北部、三明和宁德的西部低温日数在30天及以上，鹫峰山区、建宁、光泽超过50天；福州以南沿海地市平均不到10天，厦门等部分中南部沿海县市少于5天(图2.24)。

≤4℃低温天气最早出现在1994年10月22日（邵武等6县市），最晚出现在1996年4月23日（鹫峰山区4县市）。各地低温天气以1月出现次数最多，占37%；12月居次，占29%；2月第三，占21%；早春季和秋季也会出现低温，分别占8%和5%（图2.25）。

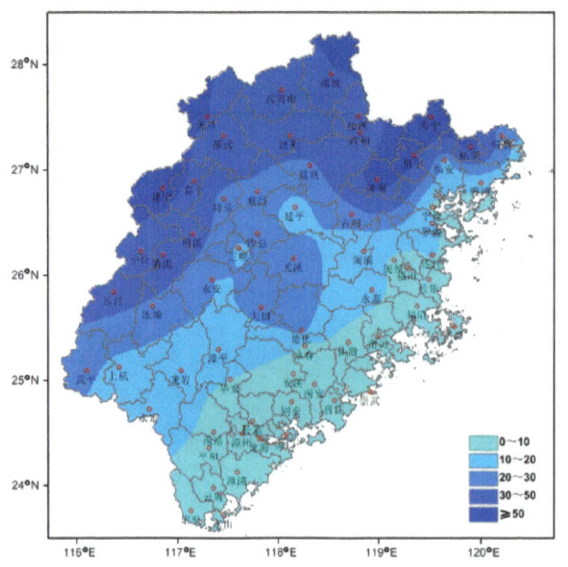

图2.24　福建低温日数（≤4℃）空间分布（d）　　图2.25　福建低温日数（≤4℃）月份分布

除中南部沿海11个县市外，其余县市最多连续低温日数均在5天以上，以寿宁48天最多，出现时段为2010年12月22日至2011年2月7日，南平、三明大部、宁德西部和龙岩北部的县市最长连续低温日数均在20天及以上。

### 五、积温

通过对全省各地日平均气温稳定通过（5天滑动平均值≥临界值）0℃、5℃、10℃、15℃的初终间日数与积温分布的分析统计，对比前版的统计结果，初终间日和积温均有所增多，这是气候变暖的反映。

#### （一）日平均气温稳定通过0.0℃的初终间日和积温

福建省各县市日平均气温稳定通过0.0℃的积温5576.3℃（周宁）～8055.4℃（漳州市区），除鹫峰山区、武夷山区部分高海拔县市初日推迟1～8天外，其余县市全年日平均气温均稳定通过0℃。其分布特征是：除鹫峰山区和泰宁、建宁外，其他县市积温普遍在6500℃以上，26°N以南地区基本达7000～8000℃，鹫峰山区最低，不足5500℃。

#### （二）日平均气温稳定通过5.0℃的初终间日数和积温

福建省各县市平均稳定通过5.0℃的积温5555.1℃（周宁）～8055.4℃（漳州市区），初终日的间隔日数均在350天以上。其分布特征：鹫峰山区的初日开始偏迟，普遍偏迟5天以上，寿宁偏迟12天，初终间日354~360天，积温不足6000℃；建宁虽然间隔日数少，仅355天，但积温较鹫峰山区高，约6300℃；其余县市的间隔日数均在364天左右，积温6500~8000℃，其中，中部地区和宁德东部积温7000~7500℃，中部以南沿海积温超过7500℃。

### （三）日平均气温稳定通过10.0℃的初终间日数和积温

通常日平均气温≥10℃是一般喜温作物播种与开始生长的界限温度，亦称为温暖期，福建地处亚热带地区，≥10℃积温及天数的多少及其分布是衡量全省热量资源的重要指标。

福建省各县市平均稳定通过10.0℃的积温4607.4℃（周宁）~7931.5℃（云霄），初终日的间隔日数236天（寿宁）~357天（云霄）。其分布特征是：其初终日的间隔天数和积温自西北向东南递增，鹫峰山区最少，230~240天，其积温4500~5000℃；福建中北部的初终日间隔日数250~300天，积温5500~6500℃；福建南部以及中部沿海的初终日间隔日数超过300天，积温6500℃以上，是福建热量资源最丰富的区域。

### （四）日平均气温稳定通过15.0℃的初终间日数和积温

≥15.0℃的日数和积温趋势与上面一致。福建省各县市平均稳定通过15.0℃的积温3739.2℃（周宁）~6796.1℃（云霄），初终日的间隔日数175天（周宁）~278天（诏安）。其分布特征是：中部以南沿海县市的日数在250天以上，其积温6000℃以上，鹫峰山区190天以下，其积温约4000℃以下，其他大部地方190~250天，其积温4000~6000℃。

表2.7是部分代表站日平均气温稳定通过0.0℃、5.0℃、10.0℃、15.0℃初终期及积温。

表2.7 日平均气温稳定通过0℃、5℃、10℃、15℃的初终间日数和积温

| 县市 | 0℃ | | | | 5℃ | | | | 10℃ | | | | 15℃ | | | |
|---|---|---|---|---|---|---|---|---|---|---|---|---|---|---|---|---|
| | 初日 | 终日 | 初终间日 | 积温 | 初日 | 终日 | 初终间日 | 积温 | 初日 | 终日 | 初终间日 | 积温 | 初日 | 终日 | 初终间日 | 积温 |
| 浦城 | 1.2 | 12.31 | 364 | 65234 | 1.3 | 12.31 | 363 | 65127 | 3.11 | 11.24 | 259 | 56533 | 4.7 | 10.3 | 207 | 49080 |
| 周宁 | 1.5 | 12.31 | 361 | 55763 | 1.9 | 12.31 | 357 | 55551 | 3.27 | 11.17 | 236 | 46074 | 4.25 | 10.16 | 175 | 37392 |
| 三明 | 1.1 | 12.31 | 365 | 72535 | 1.1 | 12.31 | 365 | 72535 | 2.27 | 12.8 | 286 | 64304 | 3.28 | 11.12 | 230 | 56001 |
| 福州 | 1.1 | 12.31 | 365 | 74703 | 1.1 | 12.31 | 365 | 74703 | 2.19 | 12.21 | 307 | 68426 | 3.3 | 11.25 | 241 | 59261 |
| 长汀 | 1.1 | 12.31 | 365 | 68745 | 1.2 | 12.31 | 364 | 68692 | 3.5 | 11.27 | 268 | 59594 | 4.2 | 11.7 | 220 | 52439 |
| 龙岩 | 1.1 | 12.31 | 365 | 74401 | 1.1 | 12.31 | 365 | 74401 | 2.9 | 12.17 | 313 | 68635 | 3.21 | 11.7 | 245 | 58503 |
| 安溪 | 1.1 | 12.31 | 365 | 78538 | 1.1 | 12.31 | 365 | 78538 | 1.21 | 12.25 | 340 | 75802 | 3.21 | 12.2 | 257 | 63503 |
| 莆田 | 1.1 | 12.31 | 365 | 76602 | 1.1 | 12.31 | 365 | 76602 | 1.30 | 12.24 | 330 | 72910 | 3.26 | 12.5 | 255 | 62233 |
| 漳州 | 1.1 | 12.31 | 365 | 80554 | 1.1 | 12.31 | 365 | 80554 | 1.17 | 12.31 | 349 | 78259 | 3.16 | 12.11 | 271 | 67245 |
| 诏安 | 1.1 | 12.31 | 365 | 79780 | 1.1 | 12.31 | 365 | 79780 | 1.13 | 12.31 | 353 | 78062 | 3.1 | 12.12 | 278 | 67510 |

## 第三节 降水

福建省所处的地理位置，受西风带和东风带双重天气系统影响，成为我国降水量最多的省份之一。加之特殊的地形，全省降水时空分布不均，主要体现在以下方面：年际变化大，干湿季分明，地形抬升对降水量增多影响显著。

降水，包括液态的雨水和固态的冰雹、雪、霰等，其数量（固态的融化为水后计算）称为降水量。在福建，固态降水少，人们经常用降雨来通称降水，其量称为雨量。

### 一、降水量

#### （一）年降水量的空间分布

福建省平均的年降水量1670.8 mm，就全省各县市而言，平均年降水量均在1000 mm以上，超过了季风气候温润区的标准。各县市的平均年降水量1088.4 mm（惠安）~2081.9 mm（周宁）。全省平均的年降水量1128.2 mm（2003年）~2433.9 mm（2016年）。最少的年降水量482.2 mm（惠安，2020年），最多的年降水量3079.2 mm（云霄，2006年）。

降水量分布受天气系统和地形、地势影响，由西部、北部、向沿海递减（图2.26）。武夷山、鹫峰山、戴云山、博平岭由于海拔较高，为降水提供了有力的地形动力条件，形成了南北各2个多雨带（中心），沿海是少雨地区。北部武夷山区、鹫峰山区为主要的多雨区，平均年降水量普遍在1800 mm以上；南部戴云山脉的德化、永春和博平岭山脉的龙岩、南靖、平和、云霄为次多雨区，平均年降水量均在1700 mm以上，较周边区域明显偏多。

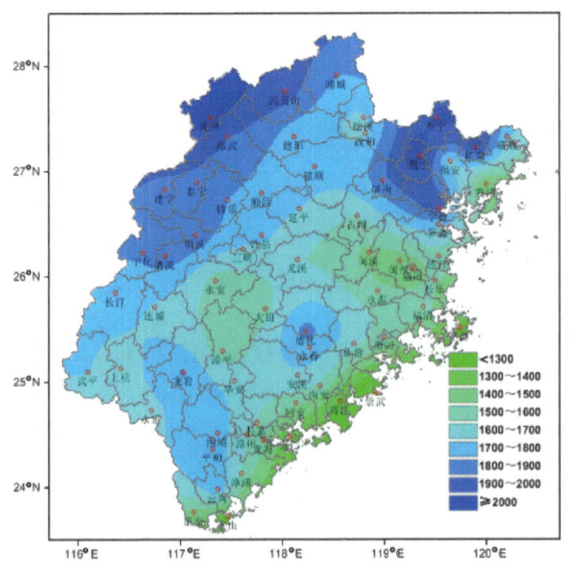

图2.26　福建平均年降水量分布（mm）

#### （二）降水量的季节分布

受季风交替影响和台风活动的影响，福建降水量时空分布不均。从季节分布上看，春季、夏季和秋冬季的降水特征明显。全年降水主要集中在春、夏两季，约占全年总雨量的81%。其中，春季的降水量530~1200 mm，约占全年总雨量的50%，春雨又分为早春雨（3~4月）和雨季（5~6月），雨季的降水量多于早春雨；夏季的降

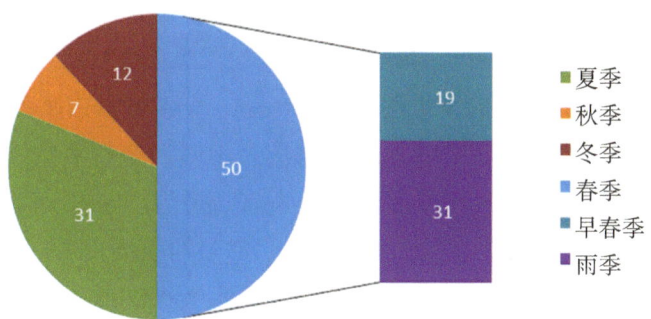

图 2.27 福建各季降水量占年降水量的比例（%）

水主要来自热带天气系统的影响所致，约占全年总雨量的 31%。图 2.27 是各季降水量占全年降水量的百分比。

春季（3～6月），是福建省一年中降水最多的季节。由于降水性质不同，又分为早春雨（3～4月）和雨季（5～6月），早春雨主要是北方南下变性的冷空气与尾随其后的新鲜冷空气，与西太平洋副高南侧转向水汽交绥所形成的。而雨季是南下冷气团与来自低纬的暖湿气流交汇于南岭—武夷山一带所形成的极锋性降水。福建省平均春雨量 842.4 mm。全省各县市平均雨量 531.3 mm（惠安）～1185.2 mm（光泽），占全年降水量的 40%～59%，平均 50.4%。全省平均雨量 548.6 mm（2011 年）～1170.6 mm（2006 年）。最少的雨量 218.2 mm（东山，2004 年），最多的雨量 1939.4 mm（武夷山，2010 年）。

早春季（3～4月）是强对流天气活跃，春雨绵绵，降水相对比较稳定、均匀的季节。福建省平均雨量 321.6 mm。全省各县市平均早春雨量 192.3 mm（惠安）～462.6 mm（光泽），占全年降水量的 14%～25%，平均 19.2%。全省平均雨量 111.6 mm（2011 年）～570.0 mm（1992 年）。最少的雨量 26.8 mm（东山，2002 年），最多的雨量 853.6 mm（明溪，1992 年）。

雨季（5～6月）是福建省一年中暴雨集中，量多强度强的季节，也是暴雨洪涝频繁的季节。福建省平均雨量 520.8 mm。全省各县市平均雨量 339.0 mm（惠安）～722.6 mm（光泽），占全年降水量的 25%～36%，平均 31.2%。全省平均梅雨量 301.2 mm（2004 年）～783.5 mm（2006 年）。最少的雨量 88.0 mm（东山，2004 年），最多的雨量 1504.8 mm（建宁，2005 年）。

夏季（7～9月），降水主要来自热带天气系统的影响所致，所以 7～9 月又称为台风季，是降水量时空分布最悬殊的季节，降水量沿海县市普遍多于内陆县市。福建省平均雨量 515.4 mm。各县市平均雨量 335.8 mm（惠安）～859.7 mm（柘荣），占全年降水量的 20%～42%，平均 30.8%。全省平均雨量 288.7 mm（2003 年）～795.4 mm（2015 年）。最少的雨量 23.0 mm（平潭，2003 年），最多的雨量 1401.4 mm（仙游，2016 年）。

秋季（10～11月）是全年秋高气爽，最干燥少雨季节，也是降水变化无常的季节，容易出现秋冬季旱。秋季降水量少而又平缓，但个别年份受台风影响降水偏多，甚至出现大暴雨。福建省平均雨量111.4 mm。全省各县市平均秋雨量69.0 mm（诏安）～174.9 mm（宁德），平均占全年降水量的6.7%。全省平均秋雨量14.6 mm（2020年）～298.3 mm（2016年）。最少的雨量0.0 mm（厦门、同安、漳州、漳浦，1994年；龙岩、武平，1996年；惠安、诏安，2019年），最多的雨量557.8 mm（武平，2016年）。

冬季（12～2月）是相对少雨的季节。各地冬季雨量123.9 mm（东山）～266.2 mm（光泽），平均占全年降水量12.1%。全省平均雨量49.1 mm（2008/2009年）～472.6 mm（1997/1998年）。最少的雨量14.3 mm（漳州，2008/2009年），最多的雨量637.4 mm（将乐，1997/1998年）。

### （三）四季降水量的空间分布

春季（3～6月）是福建降水最多的季节。图2.28是春季降水量的分布图，其分布趋势西北多、东南少，降水量≥1000 mm的区域在南平、三明的西部、北部，雨量最高值是光泽站的1185.2 mm。东南部沿海一带的雨量600 mm左右。早春季（3～4月）和雨季（5～6月）的降水量分布与春季降水量分布基本一致，内陆多、沿海少，南平、三明的西部、北部区域早春季降水量≥400 mm，雨季降水量≥600 mm；东南部沿海平潭、惠安、厦门、东山的早春季降水量200 mm左右，雨季降水量400 mm左右（图2.29、图2.30）。

夏季（7～9月）是福建降水第二多的季节。图2.31是夏季降水量的分布图，其分布趋势与春季大相径庭，是西北少，东南多。主要的多雨区集中在宁德、泉州、漳州三市，中心在鹫峰山区的柘荣、周宁、寿宁，戴云山脉的德化、永春，博平岭山脉

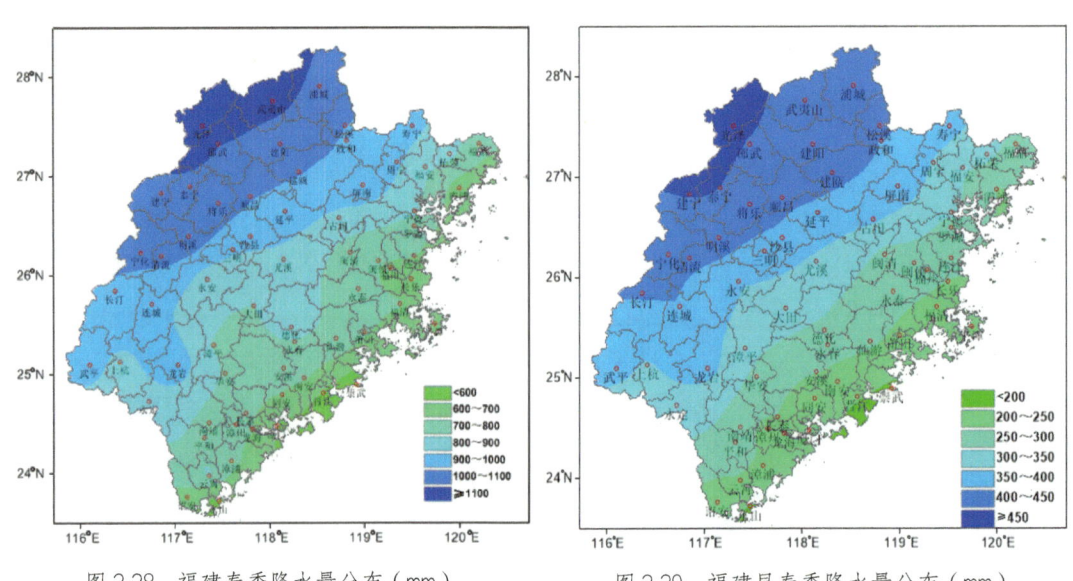

图2.28 福建春季降水量分布（mm）　　　　图2.29 福建早春季降水量分布（mm）

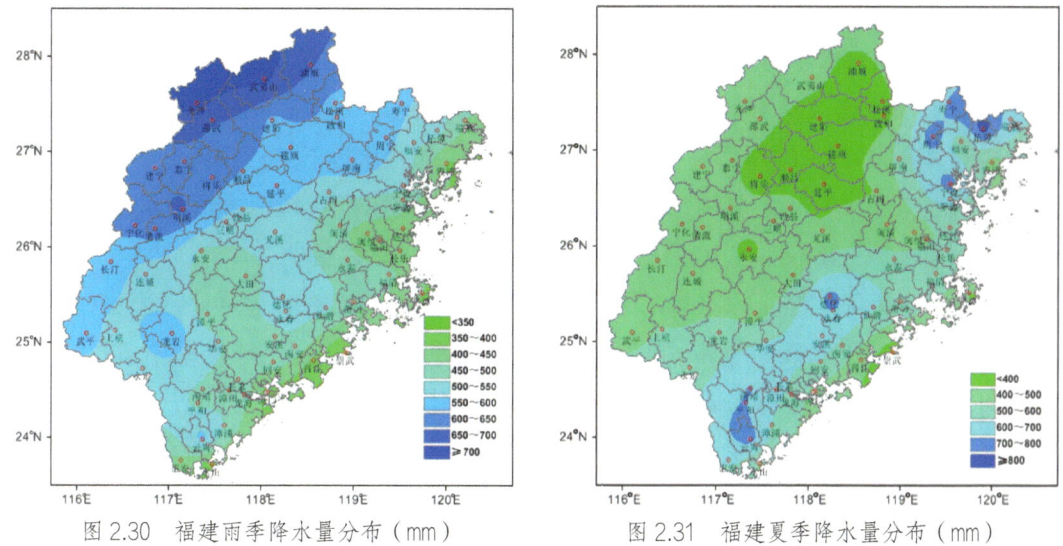

图 2.30 福建雨季降水量分布（mm）　　　图 2.31 福建夏季降水量分布（mm）

东南侧的南靖、平和、云霄，均超过 700 mm。而闽西北南平、三明部分地区的雨量仅在 350 mm 左右，相差近一倍。降水量高值区之所以集中在东部、中部山脉的东侧，这主要是因为台风环流的东南与西南气流交汇处正处于山脉的迎风坡，地形的动力抬升助长台风带来降水。

秋季（10～11月）是福建秋高气爽、降水最少的季节。多雨区分布在南平、三明的西部以及宁德的中北部，雨量均在 130 mm 以上。其他大部地区在 100 mm 左右。闽西南、东南沿海一带雨量偏少，在 100 mm 以下（图 2.32）。

冬季（12～2月）是福建风干物燥的季节。冬季降水量分布趋势自西部、北部向东南减少。南平、三明、龙岩和宁德市降水量在 200 mm 以上，部分地区在 250 mm 左右。东南沿海一带降水量在 160 mm 以下（图 2.33）。

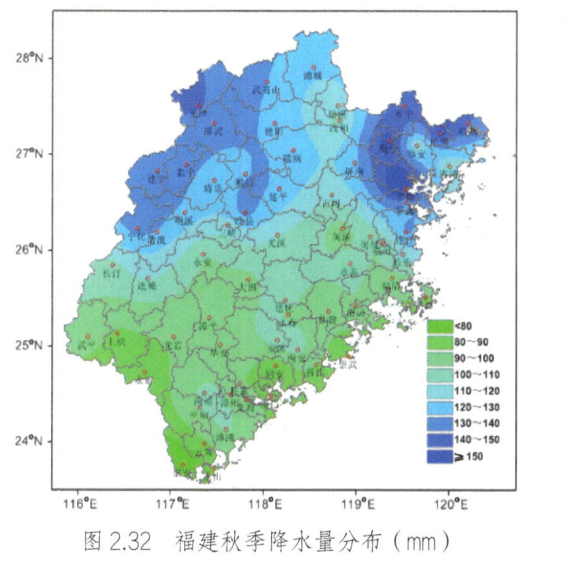
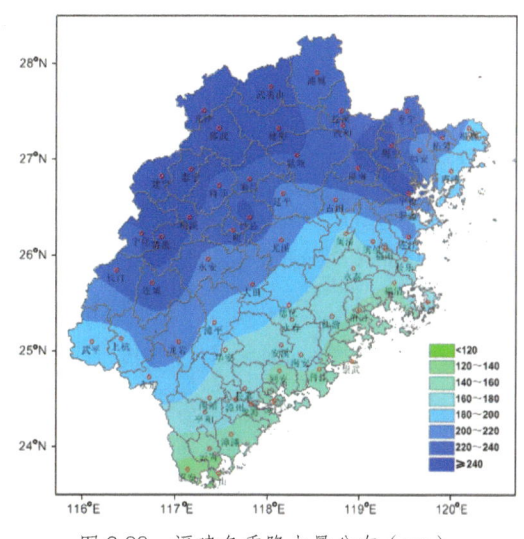

图 2.32 福建秋季降水量分布（mm）　　　图 2.33 福建冬季降水量分布（mm）

## （四）降水量的月分布

福建降水量的月际变化较为剧烈，干湿季分明。月降水量呈现"双峰型"分布特征，一个为雨季锋面降水造成的高峰，另一个为夏季台风降水造成的高峰。1～6月降水量逐渐增多，高峰期落在5、6月份，以6月最多；7月出现低谷，全省处于副高控制，台风盛期尚未到来，降水量相对较少；8月降水量增多出现次峰，这是台风降水所致；9月降水量减少，低谷期在10月、11月和12月，以12月最少。

但由于主要降水性质的不同，不同地区的降水量月分布存在差异。武夷山、平和、福州分别作为福建北部、南部、东部代表站，从图2.34可得出这样的结论：月降水量分布在福建中南部、东部沿海地区为"双峰型"特征，这与全省平均的月变化相类似。除此外，还有"单峰型"分布，它的特点是1～6月降水量逐月增多，高峰期落在6月份，7月降水量突降，降幅达到全年之最，这是雨季结束的标志，随后降水量继续下降。福建南平市和三明市的西北部属于这种以锋面降水为主的型式。

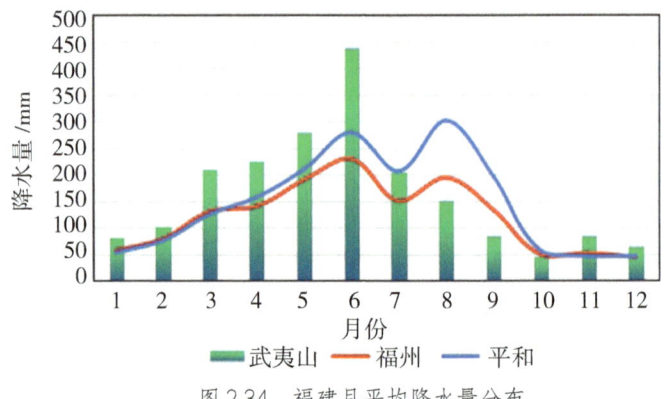

图 2.34　福建月平均降水量分布

## 二、降水日数

### （一）空间分布

气象上规定日降水量≥0.1 mm为雨日或降水日。各县市年降水日数104天（惠安）～202天（周宁），其分布趋势与年雨量相吻合，地域特征亦是西部、北部多，东南沿海少（图2.35）。特别鹫峰山区的周宁、寿宁、屏南和柘荣多达180天以上，成为福建的降水日数高值中心。中南部沿海地区130天以下，为降水

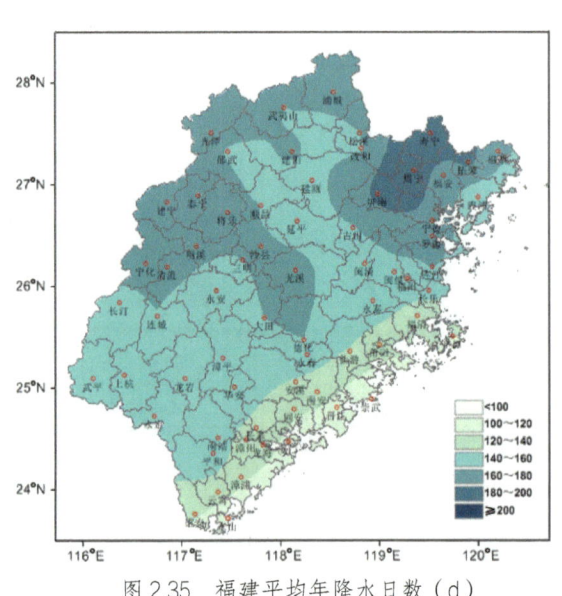

图 2.35　福建平均年降水日数（d）

日数低值区。其他县市多为 130～180 天。年最多降水日数 232 天，出现在周宁（2012年）；年极端最少降水日数 76 天，出现在惠安（2003 年）。

### （二）时间分布

全省平均年降水日数 152 天，春季最多，占全省的 44.4%；夏季次多占 25.7%；秋季最少占 9.2%，冬季次少占 20.5%。早春季的降水日数和雨季的降水日数接近，比值为 21∶23，但早春季的降水量比雨季的降水量明显偏少，其比值为 19∶31，这说明早春季降水强度比雨季明显偏小。

降水日数的月际变化同样明显，与降水量的月分布较相似但有差异。相似之处在于 7 月的雨日也同样出现突降，降幅均达到各月之最，体现了雨季结束，全省晴热少雨的气候特征。差异方面体现在：一是 3 月降水日数多，仅次于 5～6 月份；10 月降水日数最少，降幅仅次于 7 月份。二是南平、三明市的 8 月降水日数较 7 月有小幅的增长（图 2.36）。

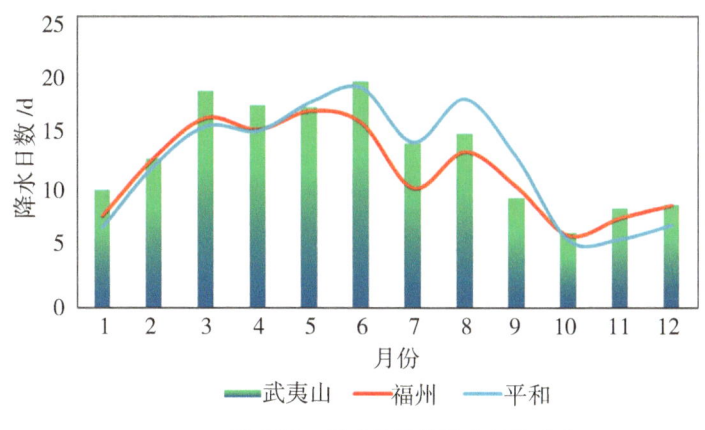

图 2.36　福建月平均降水日数分布

## 三、暴雨日数

气象部门统一规定：日降水量 ≥ 50 mm 为暴雨；≥ 100 mm 为大暴雨；≥ 250 mm 为特大暴雨。日降水量，如无特别说明，均指气象部门统一规定的 20 时～翌日 20 时累积降水量。

福建的暴雨主要集中于春夏两季。其形成，一类属冷暖空气交绥的锋面暴雨；一类属热带天气系统所致暴雨；局地热对流虽也可形成暴雨，但范围很小，机遇也少。

### （一）暴雨日数的时空分布

全省各县市年平均暴雨日数 4.3 天（闽侯、闽清）～8.2 天（云霄），大部地区 5～7 天（图 2.37）。年最多暴雨日数为光泽县 1998 年的 19 天，宁德（2006 年）和建宁（2010 年）的 17 天为次多。

福建暴雨多发区（≥ 6.0 天者）有 4 处，分别位于南平、三明市的西部、北部；

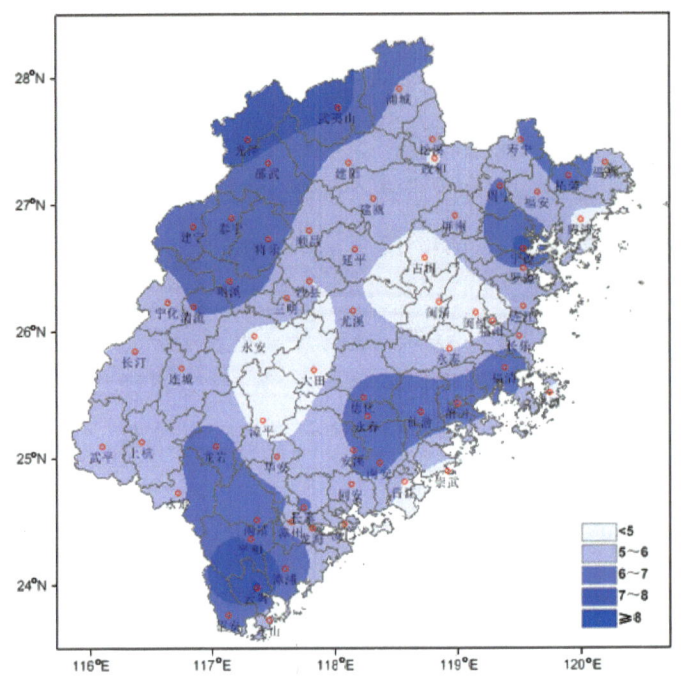

图 2.37　福建年暴雨日数分布（d）

宁德市的蕉城、周宁；福清、莆田、仙游和泉州市的北部；漳州市的中南部和龙岩。闽西北的暴雨中心主要是雨季锋面暴雨所致，东部沿海的 3 个中心与台风有密切联系。而闽西、闽中两大山带对 4 个暴雨中心形成，提供了有利的地形动力条件。

年内暴雨日数呈"双峰型"分布，以 6 月为最多，8 月次之，1 月最少。

### （二）大暴雨日数的时空分布

全省各县市年平均大暴雨日数 0.3 天（沙县、大田、永安、古田）～ 2.0 天（云霄）。最多年大暴雨日数 6 天（平潭 2002 年），浦城、武夷山、延平、顺昌、光泽、霞浦、福清及莆田等 5 天。

大暴雨日数主要分布于闽中大山带的东侧。有三个高频中心，依次为云霄与诏安、柘荣、宁德。中部地区的古田、沙县、尤溪、大田、永安、漳平大暴雨日数在 0.5 天以下。

年内大暴雨日数的分布与暴雨日数相似，也呈"双峰型"，同样为 6 月最多、8 月次多。大暴雨日数除 1 月不曾出现过，以 12 月最少。

### （三）最长连续暴雨日数

各县市最长连续暴雨日数 1 ～ 6 天（屏南）。持续 5 天及以上的连续性暴雨，主要出现在南平、三明北部和宁德鹫峰山区，反映出锋面降水造成的持续性暴雨比台风的持续性暴雨时间更长。从时间看，内陆县市主要出现在 6 月的雨季高峰期，沿海县市主要出现在台风季。

另外，各县市最长连续大暴雨日数为 1 ～ 3 天，持续 2 天以上的区域分布于北部和沿海地区。沿海地区连续暴雨和大暴雨发生次数明显多于内陆地区，表明台风系统能够导致更多的连续暴雨天气。

## 四、降水强度

### （一）空间分布

平均降水强度的计算公式为：平均降水强度 = 降水量 / 降水日数。

全省年平均降水强度介于每日 9.3 mm（闽侯）～ 13.7 mm（云霄）。大部分地区每日平均降水强度 ≥ 10 mm，厦漳泉沿海和南平部分县市 ≥ 12 mm。福州市的闽侯、连江、闽清，三明市的大田、尤溪和宁德市的霞浦是降水强度较小的区域。

### （二）季节分布

全省平均各月降水强度的年变化和降水量变化比较一致：具有"双峰型"特征，降水强度最强的季节是雨季，其次是台风季，相应的各月均在每日 11 mm 以上。6 月是最强的月份，7 月强度下降，8 月再度上升出现次峰。两个峰值分别对应雨季集中期和台风集中期的影响。但 7 月的降水强度也很强，仅次于 6、8 月。

内陆县市主要受雨季锋面系统影响，降水强度月际变化呈单峰型，沿海县市分别受雨季锋面系统和台风系统影响，降水强度月际变化呈双锋型，甚至台风系统影响占主导作用，降水强度更加突出。秋季和冬季降水量强度弱，相应各月的平均降水强度每日 6 ～ 8 mm。然而就各月变化趋势而言，南部与北部，沿海与内陆不尽相同。比如，北部内陆的武夷山强降水期落在 5 ～ 6 月，峰值是 6 月的每日 22.6 mm，为突出的单峰型；中部沿海的福州强降水期落在 5 ～ 9 月，其中 6 ～ 8 月均在每日 14.5 mm 左右，相差不大，呈均衡的单峰型。南部沿海的平和强降水期落在 6 ～ 9 月，峰值是 8 月的每日 16.8 mm，为以夏季为主的双峰型；南部内陆的武平强降水期落在 5 ～ 6 月和 8 月，峰值是 6 月的每日 16.1 mm/d，为以雨季为主的双峰型。峰值出现的月份不同，标志着福建西北部主要受雨季强降水影响，而东部和中南部地区主要是台风降水。

## 五、极端降水

### （一）一日最大降水量

全省各县市气象台站建站以来的一日最大降水量都超过 100 mm（大暴雨量级），在 141.9 mm（古田）～ 472.5 mm（柘荣）。在福建省西部武夷山脉、杉岭山脉和中部鹫峰山脉、戴云山脉、博平岭山脉组成的两大山系之间为低值区，一日最大降水量不超过 200 mm；整个沿海以及武夷山南段至杉岭山脉区域，基本上超过 250 mm（特大暴雨量级）。

各站的一日最大降水量几乎都出现在 5 ～ 9 月。其中，30% 的县市（以内陆县市为主）出现在 6 月，20% 的县市（以沿海县市为主）出现在 8 月。

## (二)短历时强降水

图 2.38 至图 2.40 是全省各国家站有记录以来各历时最大降水空间分布图。从图中可以看出,随着降水历时的延长,大值区由鹫峰山脉、戴云山脉、博平岭山脉组成的山系东侧迎风坡扩展到闽西杉岭山脉再到武夷山脉东侧的迎风坡,两大山系的中间区域始终是低值区。全省极值见表 2.8,除了 30 min 降水极值由低层切变暴雨过程引起,其余全是台风造成的。

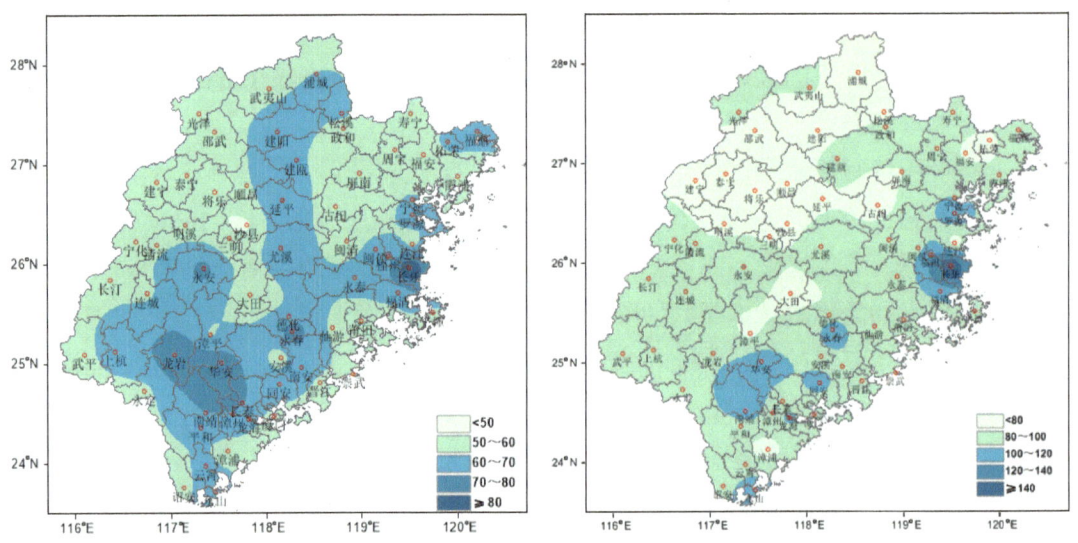

图 2.38　福建省 30 min(左)、1 h(右)降水极值分布(mm)

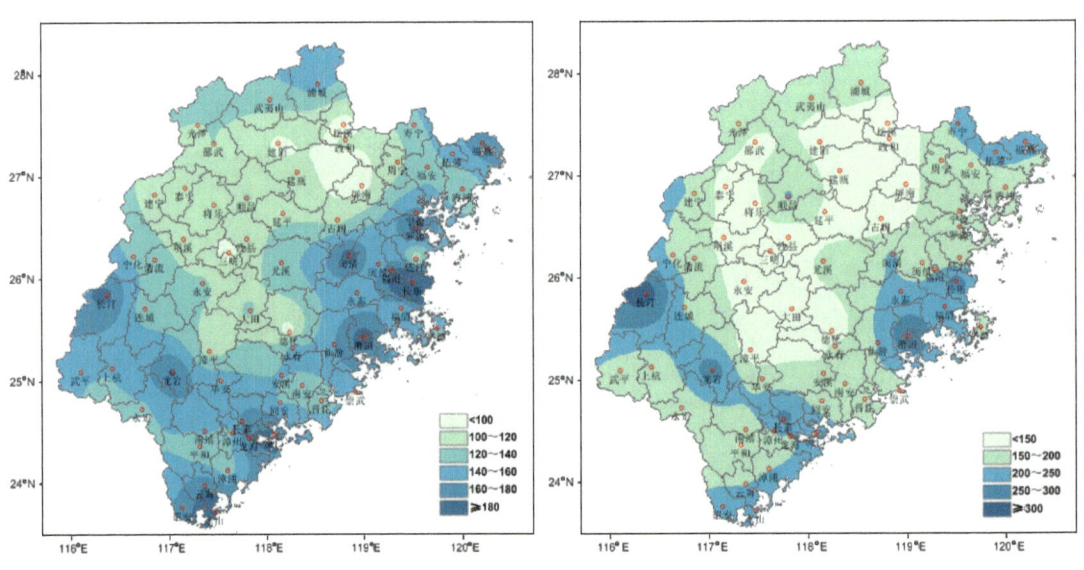

图 2.39　福建省 3 h(左)、6 h(右)降水极值分布(mm)

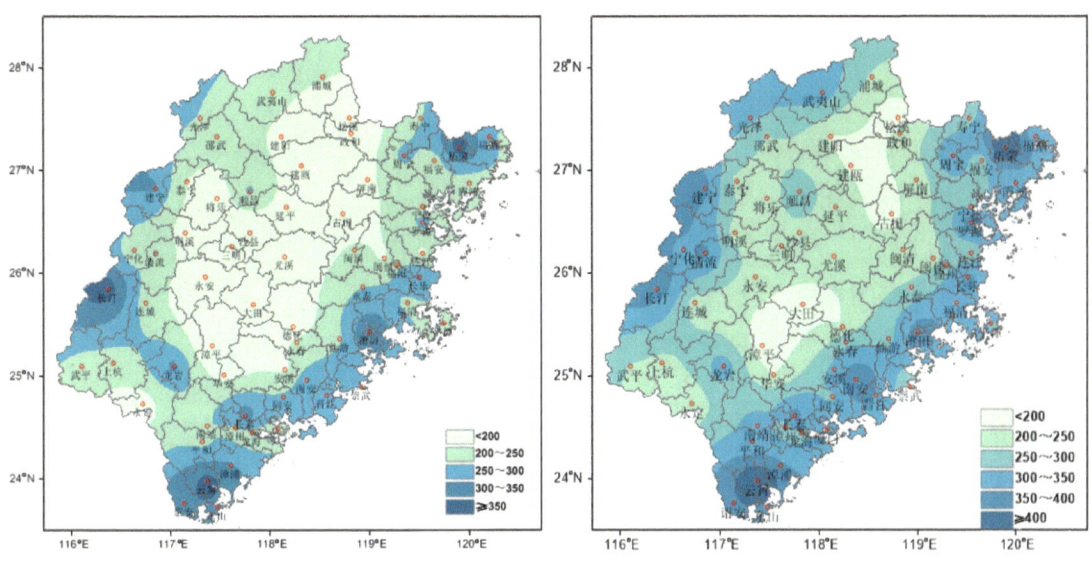

图 2.40　福建省 12 h（左）、24 h（右）降水极值分布（mm）

表 2.8　全省气象站不同历时降水极值表

| | 历时 | 降水量/mm | 站名 | 出现时间 | 影响系统 |
|---|---|---|---|---|---|
| 国家站 | 30 min | 91.9 | 长乐 | 20051002 | 0519 号"龙王"台风 |
| | 1 h | 168.1 | 长乐 | 20051002 | |
| | 3 h | 267.5 | 长乐 | 20051002 | |
| | 6 h | 334.9 | 长汀 | 19960808 | 9610 号台风 |
| | 12 h | 387.6 | 柘荣 | 20050719 | 0505 号"海棠"台风 |
| | 24 h | 498.5 | 柘荣 | 20050719 | |
| 区域气象观测站 | 30 min | 110.7 | 圳口水库 F4247 | 20160902 | 低层切变暴雨过程 |
| | 1 h | 168.1 | 长乐 | 20051002 | 0519 号"龙王"台风 |
| | 3 h | 314.2 | 斗美村 F6031 | 20130718 | 1308 号"西马仑"台风 |
| | 6 h | 445.7 | 斗美村 F6031 | 20130718 | |
| | 12 h | 489.5 | 斗美村 F6031 | 20130718 | |
| | 24 h | 529.8 | 坑头村 F3817 | 20150808 | 1513 号"苏迪罗"台风 |

## 第四节 相对湿度

### 一、平均相对湿度

#### （一）空间分布

相对湿度是空气中的实际水汽压与同温度下的饱和水汽压之比，其值的大小直接反映出空气潮湿的程度。

福建气候湿润，年平均相对湿度 72.9%（南安）～ 83.1%（泰宁），最大的年平均相对湿度 87%（泰宁，1997 年和 2002 年），最小的年平均相对湿度 65%（南安，2005 年；福清，2008 年）。其分布特征如图 2.41，全省各地值的大小差异不很显著，相对而言，湿度较大区域主要出现在鹫峰山区、26°N 以北的内陆地区和平潭、崇武、东山等岛屿，这些地方都达到 78% 以上，这是因为山区相对海拔高，山地植被调节空气含水量大；沿海受海风吹拂，海水使空气中的湿度增大。湿度相对较低区域主要在龙岩和沿海一带，年平均相对湿度小于 75%。

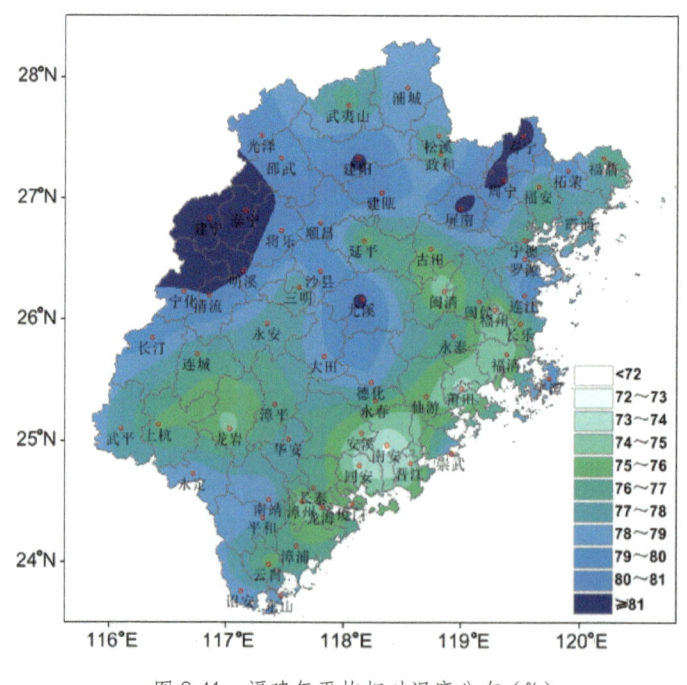

图 2.41 福建年平均相对湿度分布（%）

#### （二）时间变化

相对湿度随着冬夏季风的更迭，全年各月也发生变化（图 2.42）。就季节而论：春季最大，夏季居中，秋冬季最小。尤其是春季期间的 5 ～ 6 月，正是南北冷暖气流在福建界内对峙交锋，空气中水汽非常充足而且气温尚未太高，湿度达到全年最大，全省平均值超过80%,各地也普遍在78%以上,峰值出现在6月。雨季结束,进入夏季,气温升高,相对湿度下降。10～11月,福建大部地区进入秋季,这也是福建的少雨季,此时湿度小、温度适宜,正是秋高气爽的气候原因。全年相对湿度的谷值出现在10月。进入1月,相对湿度有明显的上升,2月份的相对湿度甚至高于夏季的7月和9月。

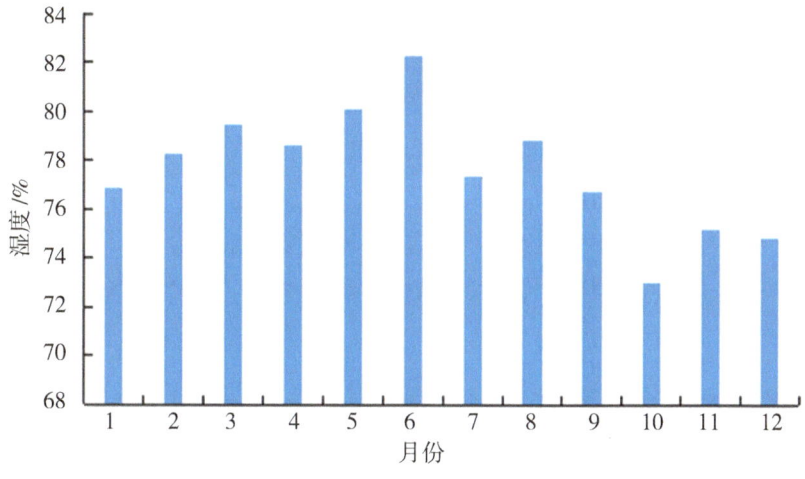

图2.42 福建平均相对湿度的月分布

## 二、最小相对湿度

全省各县市最小相对湿度3%～15%,各地最小相对湿度差别十分明显,不如相对湿度那么平缓。这主要是因为低值区的秋冬季期间,全省受东北风控制,干燥少雨,但沿海、岛屿地区受海洋大气的滋润,其最小相对湿度远高于内陆地区,均能达到10%以上。东山最小相对湿度值出现在1977年3月26日为20%。

## 第五节 风

福建受地理、地形影响,风速风向的分布和变化具有独特的地理和季节特点。福建沿海地区水力资源贫乏,但风能资源丰富,沿海地区和部分高山区一年四季风力都很强劲,风能蕴藏量大,是全国风能资源最丰富的地区之一。所以,了解风速和风向的时空分布、季节和昼夜变化对科学利用风能,对城乡规划、建设沿海防护林、防灾减灾具有积极的意义。

### 一、风向

福建属亚热带海洋性季风气候区,盛行风向的主导趋势是:9月至翌年5月多偏北风,6～8月多为东南风或西南风。沿海地区受季风和台湾海峡走向影响,年最多风向为NE-ENE,频率为25%～40%;内陆因局部山地走向和河谷走向影响,年主导风向因地而异,一般为E-SE,主导风向不明显,风向频率一般为10%～20%。又由于地形复杂，海陆差异大，各地因山地海拔高低、朝向、距海岸远近的不同，风向风速有明显差异，风向日变化明显，沿海地区的海陆影响与山区河谷盆地的地形影响，是造成明显海陆风和山谷风的主要因素。

### （一）风向的季节变化

#### 1. 冬季

冬季控制福建的天气系统主要是冷高压脊，盛行偏北风。

选取沿海、高山、海岛、内陆不同地域气候特点的7个站点作为福建省代表站，分别是平潭、福鼎、武夷山、九仙山、崇武、东山、漳平（下同）。

特点是盛行风向稳定，沿海岛屿尤其显著，但1500 m以上的高山区盛行风向不集中，如九仙山气象站西南风略占优势。从表2.9可以看出：

南北差异：同为海岛，平潭N-NNE-NE为主占78%；而东山NNE-NE-ENE为主占71%。

山海差异：内陆静风频率明显大于沿海，高山区次之，沿海最小。随着远离海岸线和海拔高度的下降，静风频率很快增加，如同安距厦门约30 km，厦门静风频率为6%，而同安为23%；又如九仙山（海拔1650 m）距德化县气象站（海拔521 m）约35 km，德化气象站静风频率38%，九仙山气象站仅为2%。

表2.9 冬季（1月）各主要代表站风向频率（%）

| 风向 | N | NNE | NE | ENE | E | ESE | SE | SSE | S | SSW | SW | WSW | W | WNW | NW | NNW | C |
|---|---|---|---|---|---|---|---|---|---|---|---|---|---|---|---|---|---|
| 平潭 | 11 | 38 | 29 | 8 | 1 | 1 | 0 | 0 | 0 | 0 | 1 | 1 | 1 | 2 | 2 | 4 | 2 |
| 福鼎 | 14 | 14 | 7 | 3 | 2 | 2 | 3 | 4 | 3 | 1 | 1 | 2 | 2 | 3 | 5 | 8 | 26 |
| 武夷山 | 12 | 9 | 9 | 4 | 1 | 1 | 1 | 2 | 4 | 4 | 3 | 2 | 3 | 6 | 9 | 10 | 20 |
| 九仙山 | 6 | 6 | 5 | 4 | 4 | 3 | 7 | 5 | 5 | 5 | 10 | 14 | 9 | 7 | 5 | 3 | 2 |
| 崇武 | 12 | 24 | 46 | 6 | 3 | 1 | 1 | 0 | 1 | 1 | 1 | 0 | 1 | 0 | 1 | 2 | 1 |
| 东山 | 3 | 16 | 52 | 16 | 4 | 0 | 1 | 1 | 0 | 0 | 0 | 0 | 0 | 0 | 2 | 2 | 2 |
| 漳平 | 5 | 6 | 4 | 2 | 4 | 4 | 5 | 5 | 4 | 3 | 3 | 2 | 4 | 6 | 5 | 5 | 34 |

#### 2. 春季

春季是冬季风向夏季风过渡的季节，风向的特点是：盛行风向不如冬季稳定，沿海岛屿仍以偏北风为主，内陆地区偏西南风增多，内陆高山区的偏西南风频率多于冬季（表2.10）。

表 2.10　春季（4 月）各主要代表站风向频率（%）

| 风向 | N | NNE | NE | ENE | E | ESE | SE | SSE | S | SSW | SW | WSW | W | WNW | NW | NNW | C |
|---|---|---|---|---|---|---|---|---|---|---|---|---|---|---|---|---|---|
| 平潭 | 9 | 20 | 21 | 8 | 4 | 2 | 1 | 1 | 1 | 5 | 10 | 4 | 2 | 2 | 3 | 4 | 4 |
| 福鼎 | 9 | 8 | 5 | 2 | 3 | 5 | 10 | 7 | 5 | 2 | 3 | 2 | 3 | 3 | 5 | 5 | 25 |
| 武夷山 | 10 | 9 | 10 | 4 | 2 | 2 | 2 | 2 | 4 | 6 | 5 | 3 | 3 | 3 | 5 | 7 | 23 |
| 九仙山 | 3 | 3 | 2 | 5 | 3 | 4 | 3 | 5 | 8 | 14 | 19 | 11 | 7 | 4 | 3 | 3 | 1 |
| 崇武 | 7 | 16 | 31 | 8 | 3 | 1 | 2 | 2 | 4 | 6 | 11 | 3 | 2 | 0 | 1 | 1 | 2 |
| 东山 | 2 | 10 | 33 | 14 | 5 | 1 | 2 | 2 | 5 | 7 | 7 | 4 | 2 | 1 | 2 | 2 | 3 |
| 漳平 | 3 | 4 | 4 | 2 | 6 | 10 | 7 | 6 | 5 | 4 | 5 | 3 | 2 | 3 | 4 | 3 | 27 |

3. 夏季

夏季整个环流形势与冬季相反，受副高控制，盛行风向从春季的偏北风或偏西南风，转向以偏南风为主，东南风频率是全年最多的季节（表 2.11）。

表 2.11　夏季（7 月）各主要代表站风向频率（%）

| 风向 | N | NNE | NE | ENE | E | ESE | SE | SSE | S | SSW | SW | WSW | W | WNW | NW | NNW | C |
|---|---|---|---|---|---|---|---|---|---|---|---|---|---|---|---|---|---|
| 平潭 | 4 | 8 | 7 | 3 | 2 | 1 | 1 | 2 | 5 | 21 | 29 | 9 | 2 | 1 | 1 | 1 | 2 |
| 福鼎 | 7 | 6 | 5 | 2 | 4 | 11 | 14 | 7 | 4 | 2 | 3 | 2 | 2 | 2 | 4 | 5 | 21 |
| 武夷山 | 10 | 8 | 10 | 6 | 2 | 3 | 2 | 4 | 7 | 6 | 5 | 3 | 3 | 2 | 4 | 5 | 20 |
| 九仙山 | 1 | 2 | 2 | 7 | 7 | 4 | 9 | 8 | 8 | 10 | 15 | 13 | 6 | 4 | 2 | 2 | 1 |
| 崇武 | 3 | 4 | 7 | 3 | 4 | 3 | 11 | 19 | 32 | 4 | 2 | 1 | 1 | 1 | 1 | 1 | 1 |
| 东山 | 1 | 3 | 7 | 6 | 5 | 2 | 5 | 6 | 11 | 17 | 14 | 10 | 3 | 1 | 2 | 1 | 3 |
| 漳平 | 4 | 4 | 4 | 3 | 5 | 7 | 6 | 6 | 5 | 5 | 5 | 4 | 4 | 5 | 3 | 25 | |

4. 秋季

秋季是夏季风与冬季风的交替季节，风向逐渐由偏南风转为偏东北风为主，但九仙山转为偏东风为主。沿海岛屿地区静风减少，但内陆地区静风增多。沿海地带的偏北风频率北部比南部明显（表 2.12）。

表 2.12　秋季（10 月）各主要代表站风向频率（%）

| 风向 | N | NNE | NE | ENE | E | ESE | SE | SSE | S | SSW | SW | WSW | W | WNW | NW | NNW | C |
|---|---|---|---|---|---|---|---|---|---|---|---|---|---|---|---|---|---|
| 平潭 | 6 | 38 | 37 | 10 | 2 | 1 | 0 | 0 | 0 | 0 | 1 | 0 | 0 | 0 | 1 | 1 | 1 |
| 福鼎 | 17 | 15 | 7 | 3 | 2 | 2 | 3 | 2 | 1 | 1 | 1 | 1 | 2 | 3 | 7 | 11 | 22 |
| 武夷山 | 16 | 14 | 14 | 5 | 2 | 1 | 1 | 3 | 3 | 3 | 2 | 2 | 3 | 6 | 11 | 14 | |
| 九仙山 | 5 | 10 | 10 | 25 | 20 | 5 | 4 | 2 | 1 | 1 | 2 | 3 | 2 | 3 | 3 | 3 | 2 |
| 崇武 | 14 | 27 | 42 | 7 | 1 | 1 | 0 | 1 | 0 | 0 | 1 | 0 | 0 | 0 | 1 | 2 | 0 |
| 东山 | 3 | 24 | 42 | 17 | 6 | 1 | 1 | 1 | 0 | 1 | 0 | 1 | 0 | 1 | 1 | 2 | 1 |
| 漳平 | 6 | 5 | 4 | 3 | 3 | 3 | 5 | 6 | 6 | 6 | 5 | 2 | 3 | 4 | 6 | 4 | 28 |

### （二）年各风向频率分布

从表 2.13 的统计结果可知，除高山区和漳平外，大部地区以偏北风为主。沿海地区较为明显，不同风向频率差异较大。

表 2.13　各主要代表站累年平均各风向频率（%）（1991～2020 年）

| 风向 | N | NNE | NE | ENE | E | ESE | SE | SSE | S | SSW | SW | WSW | W | WNW | NW | NNW | C |
|---|---|---|---|---|---|---|---|---|---|---|---|---|---|---|---|---|---|
| 平潭 | 7 | 24 | 21 | 7 | 3 | 1 | 1 | 1 | 2 | 6 | 9 | 3 | 1 | 1 | 2 | 3 | 2 |
| 福鼎 | 11 | 9 | 6 | 2 | 2 | 4 | 7 | 4 | 2 | 2 | 2 | 2 | 2 | 5 | 7 | 22 | |
| 武夷山 | 11 | 9 | 10 | 4 | 2 | 1 | 2 | 4 | 4 | 4 | 2 | 3 | 3 | 5 | 8 | 18 | |
| 九仙山 | 4 | 5 | 4 | 9 | 9 | 6 | 4 | 3 | 5 | 5 | 11 | 5 | 4 | 3 | 1 | | |
| 崇武 | 8 | 17 | 29 | 6 | 3 | 1 | 2 | 1 | 4 | 5 | 10 | 2 | 1 | 0 | 1 | 1 | 1 |
| 东山 | 2 | 12 | 31 | 12 | 5 | 1 | 2 | 2 | 4 | 5 | 5 | 3 | 1 | 1 | 2 | 2 | 2 |
| 漳平 | 4 | 5 | 3 | 2 | 4 | 6 | 5 | 5 | 4 | 4 | 3 | 3 | 4 | 5 | 4 | 27 | |

## 二、平均风速

### （一）年平均风速

全省各县市年平均风速 0.8 m/s（沙县）～5.2 m/s（东山），海岛和高山区最大，内陆较小（图 2.43）。年平均风速与距海岸线的远近和海拔高低有密切关系。沿海地区和海岛、高山区的年平均风速普遍比内陆和平原地区大，平均风速相差比较悬殊。

风受下垫面影响很显著，平均风速随着远离海岸线迅速减小，随后变化不大，内陆地区平均风速及其变化都很小，平均风速 3 m/s 以下。沿海地区因台湾海峡狭管效应，加上海面对空气阻力小，平均风速多数在 5 m/s 以上，是全国平均风速最大的地区。此外，一些高山突出部，如九仙山、七仙山的平均风速也较大，甚至大于沿海岛屿地区。

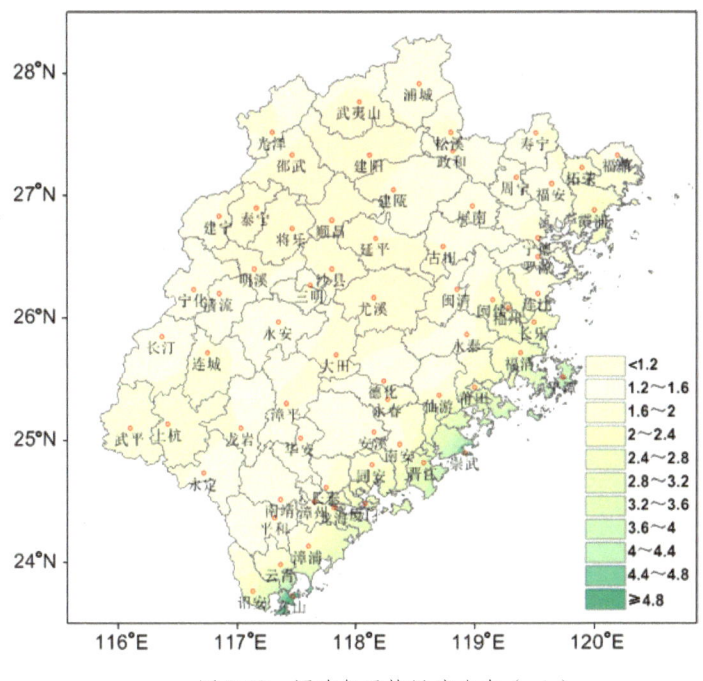

图 2.43　福建年平均风速分布（m/s）

## （二）风速的季节变化

风速的季节变化有两个特点：

一是沿海站点变化大，高山区站点次之，内陆站点变化小。

二是沿海站点秋冬季风速大，夏季小；内陆则相反，夏季风速大，秋冬季小。沿海及海岛地区，秋冬季受冷高压影响，风速最大；夏季受副高控制，平均风速最小，但仍然大于内陆风速，风速季节差异可达 2～4 m/s。内陆平均风速季节差异不大，均小于 2 m/s，受地形影响，夏季山谷风明显，所以，风速相对较大。这一特点从 7 个代表站对比中（图 2.44、表 2.14）可以看出。

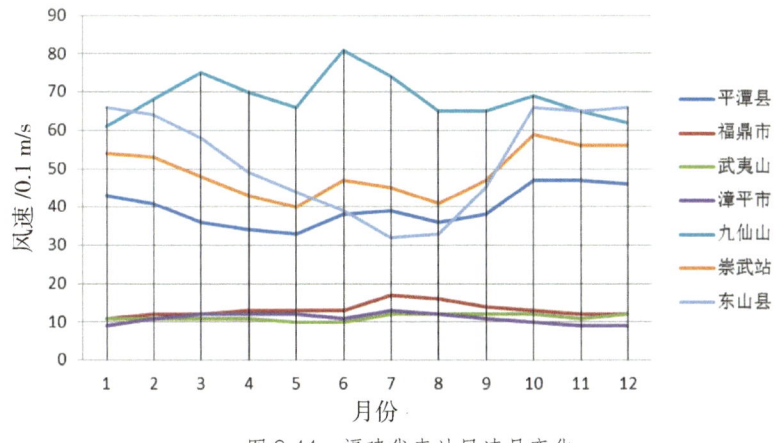

图 2.44　福建代表站风速月变化

表2.14 各主要代表站累年各月平均风速（0.1 m/s）

| 地名 | 1月 | 2月 | 3月 | 4月 | 5月 | 6月 | 7月 | 8月 | 9月 | 10月 | 11月 | 12月 | 年 |
| --- | --- | --- | --- | --- | --- | --- | --- | --- | --- | --- | --- | --- | --- |
| 平潭 | 43 | 41 | 36 | 34 | 33 | 38 | 39 | 36 | 38 | 47 | 47 | 46 | 40 |
| 福鼎 | 11 | 12 | 12 | 13 | 13 | 13 | 17 | 16 | 14 | 13 | 12 | 12 | 13 |
| 武夷山 | 11 | 11 | 11 | 11 | 10 | 10 | 12 | 12 | 12 | 12 | 11 | 12 | 11 |
| 九仙山 | 61 | 68 | 75 | 70 | 66 | 81 | 74 | 65 | 65 | 69 | 65 | 62 | 68 |
| 崇武 | 54 | 53 | 48 | 43 | 40 | 47 | 45 | 41 | 47 | 59 | 56 | 56 | 49 |
| 东山 | 66 | 64 | 58 | 49 | 44 | 39 | 32 | 33 | 45 | 66 | 65 | 66 | 52 |
| 漳平 | 9 | 11 | 12 | 12 | 12 | 11 | 12 | 11 | 10 | 9 | 9 | 9 | 11 |

## （三）风速的日变化

福建由于位处沿海丘陵地带，所以，山区谷地的山谷风和临海地区的海陆风比较明显。风的日变化在沿海地区是由于海陆热力性质的差异造成的，引起以天为周期的日变化，白天风从海洋向陆地吹；晚上，风从陆地吹向海洋，称为海陆风。在福建沿海，上午由陆风开始转为海风，风速逐渐加大，午后2时左右最大，傍晚又逐渐转为陆风，清晨陆风最强。但由于陆风没有盛行风（多为海风）强，所以，海陆风多表现在风速的日变化，常造成沿海地区白天海风大，夜间减小，而不是风向的绝对变化。如崇武站7月份，白天，风由海洋吹向陆地，西南偏南或南风占主导地位；夜间，风速减小，但西南风仍占主导地位（表2.15）。

表2.15 福建惠安沿海海陆风日变化特点

| 海陆风性质 | 开始时间 | 结束时间 | 持续时间 | 最大风速 | 盛行风向 |
| --- | --- | --- | --- | --- | --- |
| 陆风 | 19～5时 | 6～9时 | 2小时 | 2.20 m/s | WNW、NW、NNW |
| 海风 | 7～10时 | 18～4时 | 9小时 | 4.59m/s | SE、ESE、SW、SSW、S、SSE |

在山区或河谷盆地，由于局地热力环流，白天，风从盆地沿山坡向山上吹；晚上，风顺着山坡吹向盆地，称为山谷风。山谷风的强度，除和大气状况有关外，和各地山谷坡度、植被有密切的关系。地形高差越大，山坡越陡，地面植被越矮小，山谷风就越大。气温日较差越大，山谷风出现的频率和强度也越大。所以，夏季不少山区风速和风向日变化远比冬季明显。如根据福建青州造纸厂址的实地考察，夜间以静风为主，频率达60%，其次风向为W-NW。白天静风频率为10%～30%，午后静风频率最小，白天以偏南风或西风为主。

从图 2.45 至图 2.48 可以看出规律：

①风速一般日出后开始迅速增大，至午后 3～4 时最大，然后开始变小，日落后迅速减小，夜间减小较慢，至凌晨风速最小。但内陆地区有的从近中午才开始增大，这和内陆地区受盆地地形影响有关。

②沿海风速普遍大于内陆，同时受海陆风影响较大，日变化较大，内陆受地形和山谷风影响大，风速日变化较小。

③夏季风速日变化较大，冬季风速日变化最小，这是季节差异造成的。具体来说：沿海夏季风速日变化最大；内陆和高海拔山区是夏秋季日变化较大。

④另据观测统计，高海拔地区风速最大值出现在清晨 6 时，最小值出现在下午 2 时，和陆地的日变化相反，这是由于高海拔地区风速具有边界层上层部分特征，湍流活动日变化导致日间动量损失较多，因此白天风速小于夜间。

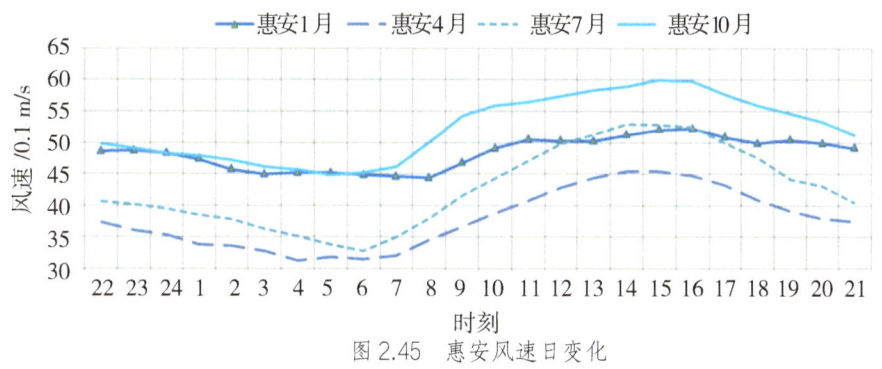

图 2.45　惠安风速日变化

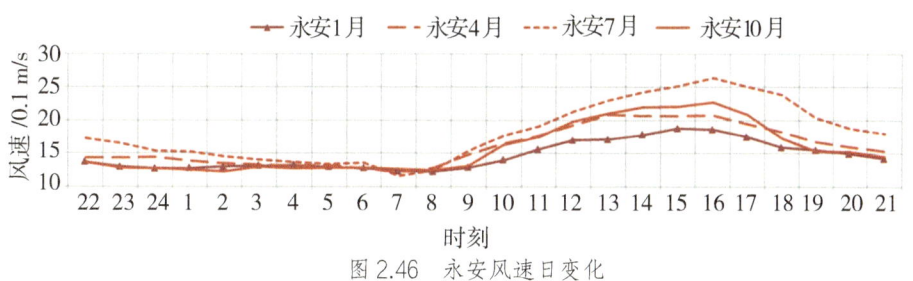

图 2.46　永安风速日变化

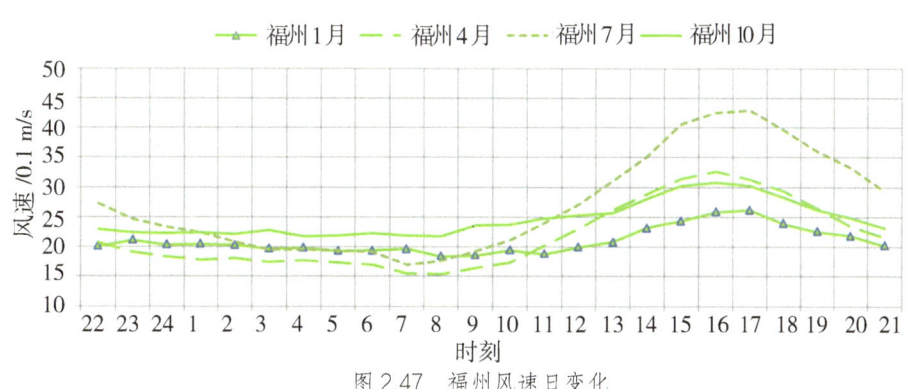

图 2.47　福州风速日变化

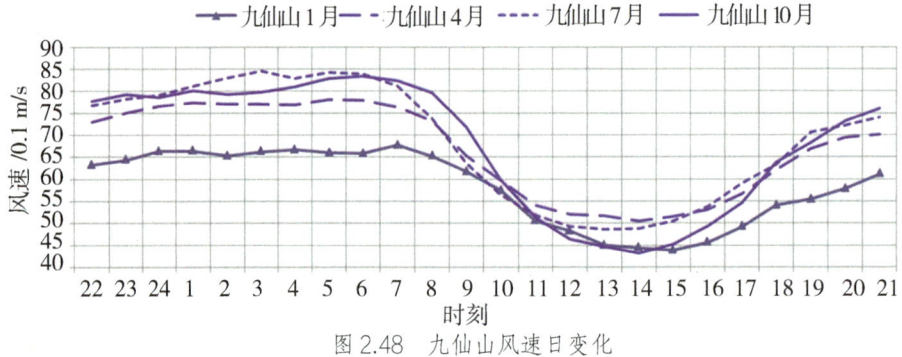

图 2.48 九仙山风速日变化

### 三、最大风速

最大风速指的是最大的 10 min 平均风速。最大风速主要由冷空气活动、台风或强对流天气造成，多出现在春夏季；其次出现在秋冬季。台风和强对流天气造成的最大风速大于冷空气南下造成的大风。

福建最大风速一般为 10～50 m/s，悬殊较大，且沿海大于内陆，其中南部沿海大于北部沿海，出现季节沿海以台风季为主，内陆以强对流天气频发的春季为主。表 2.16 给出了部分沿海和高山站点的最大风速及出现时间，其中，武夷山和漳平最大风速记录从 1985 年开始，其余站点的记录从 1971 年开始。表中可见，大部分站点的月极值出现在 20 世纪 70～80 年代，这从另一侧面也反映出风速减小的事实。

表 2.16 最大风速（0.1 m/s）

| 地名 | 1月 | 2月 | 3月 | 4月 | 5月 | 6月 | 7月 | 8月 | 9月 | 10月 | 11月 | 12月 | 年 |
|---|---|---|---|---|---|---|---|---|---|---|---|---|---|
| 平潭 | 180 | 160 | 180 | 160 | 153 | 177 | 265 | 250 | 290 | 225 | 183 | 180 | 290 |
|  | NNE | NNE | ENE | NNE | SSW | SSE | NE | S | N | NNE | NNE | NNE | N |
|  | 2N | 1978/15 | 1972/31 | 1972/1 | 1983/30 | 2001/24 | 1971/26 | 1985/24 | 1971/22 | 1973/8 | 1977/14 | 1973/25 | 19710922 |
| 福鼎 | 100 | 110 | 100 | 120 | 150 | 120 | 162 | 283 | 212 | 169 | 90 | 100 | 283 |
|  | NW | WSW | WNW | NNW | W | NNE | ENE | S | NNE | NNE | NNE | NNE | S |
|  | 1972/10 | 1981/14 | 1979/30 | 1974/7 | 1974/14 | 1972/12 | 2018/11 | 1972/17 | 2007/19 | 2013/7 | 1977/8 | 2N | 19720817 |
| 武夷山 | 90 | 100 | 140 | 123 | 103 | 130 | 123 | 133 | 93 | 83 | 127 | 93 | 140 |
|  | 2G | 2G | NNW | NW | SSW | WNW | NNW | SSE | NNW | NW | NNW | 2G | NNW |
|  | 2N | 2N | 1987/14 | 1986/11 | 1992/16 | 1990/25 | 1985/18 | 1986/1 | 2002/8 | 2N | 1993/21 | 2N | 19870314 |

续表

| 地名 | 1月 | 2月 | 3月 | 4月 | 5月 | 6月 | 7月 | 8月 | 9月 | 10月 | 11月 | 12月 | 年 |
|---|---|---|---|---|---|---|---|---|---|---|---|---|---|
| 九仙山 | 270<br>SW<br>1975/24 | 320<br>SW<br>1994/11 | 310<br>SW<br>1996/15 | 340<br>SW<br>1985/10 | 320<br>SSE<br>1980/24 | 300<br>SW<br>1994/10 | 320<br>SSE<br>1986/12 | 340<br>SE<br>2005/14 | 295<br>SE<br>2010/21 | 410<br>S<br>1976/22 | 370<br>///<br>1976/2T | 270<br>S<br>1994/8 | 410<br>S<br>19761022 |
| 崇武 | 190<br>NNE<br>1985/28 | 204<br>NE<br>1977/14 | 205<br>N<br>1971/14 | 423<br>///<br>1997/7 | 210<br>SSW<br>1980/24 | 210<br>SSW<br>1990/30 | 297<br>NNE<br>1982/29 | 300<br>SW<br>1980/28 | 250<br>NE<br>1980/18 | 230<br>NNE<br>1974/28 | 216<br>NNE<br>1977/15 | 220<br>NNE<br>1984/2 | 423<br>///<br>19970407 |
| 东山 | 220<br>NE<br>1980/18 | 233<br>NE<br>2001/25 | 240<br>NE<br>1993/29 | 267<br>NE<br>1996/20 | 280<br>S<br>1980/24 | 330<br>ENE<br>1990/29 | 345<br>NNE<br>1973/3 | 265<br>E<br>2005/13 | 480<br>NNW<br>1980/19 | 333<br>ENE<br>1991/1 | 290<br>ENE<br>1974/9 | 240<br>NE<br>1987/30 | 480<br>NNW<br>19800919 |
| 漳平 | 93<br>NW<br>1998/14 | 107<br>ESE<br>1988/6 | 131<br>S<br>2005/22 | 120<br>WNW<br>1994/20 | 130<br>ENE<br>1986/26 | 123<br>2G<br>2N | 183<br>W<br>1998/2 | 143<br>E<br>1998/19 | 140<br>N<br>1985/11 | 127<br>SE<br>1987/7 | 93<br>NNW<br>2004/10 | 100<br>NNE<br>1987/5 | 183<br>W<br>19980702 |

说明：首行为风速，第二行为风向，2G 表示 2 个风向，第三行为出现年份与日期，2N 表示 2 年，2T 表示 2 天，/// 代表缺测。

### （一）最大风速的年月变化特点

平潭、崇武、东山等沿海及岛屿地区的最大风速一般由台风影响所为，所以多出现在台风季的 7～9 月份，最大风速 30～50 m/s。而内陆地区最大风速一般由强对流天气造成，所以多出现在春季的 3～6 月，最大风速一般为 10～30 m/s，明显比沿海岛屿地区小。

### （二）最大风速的地理分布特点

沿海及岛屿地区一年四季均有大风级别以上的最大风速，所以，在沿海地区加强沿海防护林建设，对改善局地小气候，减轻大风带来的灾害具有重要的意义。但内陆地区的最大风速只有在雨季和台风季才达到大风标准。内陆部分高山突出部如七仙山和九仙山的年最大风速可达 30～40 m/s，且年月变化较小，最小也在 20 m/s 以上，远远超过沿海和盆地或平原。这两个高山气象站的风，大致是 850 hPa 附近的风。最大风速的极值是 1980 年 9 月 19 日东山县最大风速 48.0 m/s。

## 四、极大风速

极大风速是瞬时风速的最大值。沿海及岛屿地区和九仙山等部分高山突出地极大风速可达 40 m/s 以上（表 2.17）。

极大风速多由冷空气活动、台风或强对流天气造成，尤其对沿海地区危害极大。如 1959 年 8 月 23 日厦门市出现的 60 m/s 的极大风速；1984 年 4 月 5 日厦门市出现 45.6 m/s 的极大风速造成 195 吨的吊车出轨，损失近百万元；2006 年 8 月 10 日 17 时 25 分超强台风"桑美"在闽浙交界处沿海登陆，登陆时中心气压 920 hPa，近中心最大风速 60 m/s，风力 17 级，登陆点所在地福鼎合掌岩测站（海拔高度 700 m 左右）10 日 17 时 14 分极大风速达 75.8 m/s，超过 17 级，该超强台风成为 1951 年以来登陆中国大陆的最强的台风（截至当年），比 2005 年"卡特里娜"飓风登陆美国时最大风力还强，给福建省造成严重的人员伤亡和重大经济损失。

表 2.17 极大风速（0.1 m/s）

| 地名 | 1月 | 2月 | 3月 | 4月 | 5月 | 6月 | 7月 | 8月 | 9月 | 10月 | 11月 | 12月 | 年 |
|---|---|---|---|---|---|---|---|---|---|---|---|---|---|
| 平潭 | 201 NNE 2018/26 | 176 N 2006/27 | 194 N 2020/5 | 178 SSW 2005/30 | 187 NNE 2006/18 | 194 NE 2003/17 | 327 NNE 2005/18 | 363 N 2015/8 | 355 NNE 2016/28 | 298 NNW 2007/7 | 213 NE 2017/4 | 213 NNW 2020/1 | 363 N 20150808 |
| 福鼎 | 149 W 2016/24 | 138 NNE 2017/20 | 147 WSW 2018/5 | 145 WSW 2008/9 | 201 W 2005/5 | 197 W 2016/27 | 308 S 2007/3 | 432 N 2006/10 | 347 NNE 2007/19 | 308 N 2013/7 | 131 NE 2009/1 | 130 NNE 2014/1 | 432 N 20060810 |
| 武夷山 | 144 WNW 2016/24 | 139 NNW 2004/29 | 261 W 2018/4 | 186 WNW 2007/1 | 193 NNW 2015/15 | 191 2G 2N | 228 NNW 2017/25 | 191 SE 2017/20 | 141 N 2019/21 | 126 NNW 2007/7 | 131 W 2014/30 | 154 NNE 2004/4 | 261 W 20180304 |
| 九仙山 | 275 SW 2016/17 | 330 WSW 2009/13 | 368 SW 2007/14 | 344 SSW 2016/16 | 308 WSW 2N | 321 SW 2010/18 | 368 SSW 2013/14 | 400 NE 2015/8 | 412 SE 2010/20 | 342 SE 2016/21 | 281 SW 2012/26 | 258 WSW 2007/21 | 412 SE 20100920 |
| 崇武 | 235 NNE 1999/13 | 240 N 1999/27 | 221 NE 1999/22 | 254 NNE 1996/11 | 260 SW 2005/5 | 274 S 2009/22 | 320 NNW 1994/11 | 313 SE 1994/5 | 307 SE 2010/10 | 321 NNE 2005/2 | 219 2G 2N | 352 NNE 1998/10 | 352 NNE 19981210 |

续表

| 地名 | 1月 | 2月 | 3月 | 4月 | 5月 | 6月 | 7月 | 8月 | 9月 | 10月 | 11月 | 12月 | 年 |
|---|---|---|---|---|---|---|---|---|---|---|---|---|---|
| 东山 | 238<br>NE<br>2013/3 | 262<br>NE<br>2012/7 | 271<br>NE<br>2013/14 | 262<br>ENE<br>2006/6 | 376<br>NE<br>2006/17 | 236<br>NW<br>2004/20 | 253<br>2G<br>2N | 354<br>ENE<br>2005/13 | 334<br>ENE<br>2003/2 | 307<br>WNW<br>2010/23 | 272<br>NE<br>2018/1 | 249<br>ENE<br>2005/17 | 376<br>NE<br>20060517 |
| 漳平 | 128<br>NE<br>2004/24 | 213<br>WNW<br>2003/23 | 300<br>S<br>2005/22 | 173<br>NW<br>2013/1 | 304<br>SW<br>2005/5 | 280<br>NE<br>2004/28 | 234<br>ESE<br>2005/26 | 235<br>NNE<br>2008/26 | 186<br>E<br>2010/28 | 125<br>NNE<br>2019/12 | 183<br>NW<br>2004/10 | 126<br>NW<br>2020/30 | 304<br>SW<br>20050505 |

说明：首行为风速，第二行为风向，2G 表示 2 个风向，第三行为出现年份与日期，2N 表示 2 年，/// 代表缺测。

### 五、大风日数

大风日数是指风力≥8级即最大风速≥17.2m/s 的日数。大风灾害是福建主要的气象灾害之一，登陆福建的台风危害也主要是大风和暴雨所致。福建是华东地区大风日数频繁的地区，尤其沿海地区大风日数特别多。但由于地形复杂，各地大风日数相差悬殊，总的来说，具有沿海多，内陆少；高山多，河谷盆地少两大特点。

#### （一）年大风日数的地理分布

大风日数分布具有沿海多、内陆少的特点（图 2.49、表 2.18）。

全省大部县市（占 86%）年平均大风日数 5 天以下，沿海县市大风日数 6～81.5 天（东山）。大风日数南部沿海及岛屿地区多于北部沿海及岛屿地区。

风速及大风日数受地形影响显著。尽管平潭气象站观测到的大风日数少于东山气象站，但不意味着平潭海边的大风日数也明显少于东山。如 2010 年平潭东北部（流水）近海的平均风速 8.4 m/s，大风日数 144 天，而同年县气象站平均风速只有 3.6 m/s，大风日数只有 13 天。

同样，内陆风速小，大风日数少，但一些山谷的"隘""关""口"处风速会较大，大风日数也较多，比如，柘荣县年大风日数 6.0 天，是比较多的内陆地区。就是在城市，遇上强对流天气，也会出现较大的大风。如 2005 年 5 月 1 日，三明市就出现 31 m/s 的极大风速。

大风日数如同平均风速自沿海向内陆减少，其递减率是非线性的，即从海岸线向内陆 20～30 km 范围内，大风现象锐减，而后，大风减少不明显。在内陆，大风日数随海拔高度增高而增多，但关系不是绝对的，还要看地形地势，如德化（海拔 521m）大风日数比九仙山（海拔 1650 m）大风日数少 134 天。

造成大风的主要原因是台风和强对流天气。登陆或影响福建的台风受地形影响，很快减弱，其大风对内陆地区影响较小。内陆地区的大风一般由强对流天气造成。但内陆一些高山突出部如九仙山、七仙山等大风日数异常多，九仙山年大风日数多达137.9天，即每年中有接近半年为大风日，2005年大风日数多达188天，九仙山是全省大风日数最多的有人居住的地方。

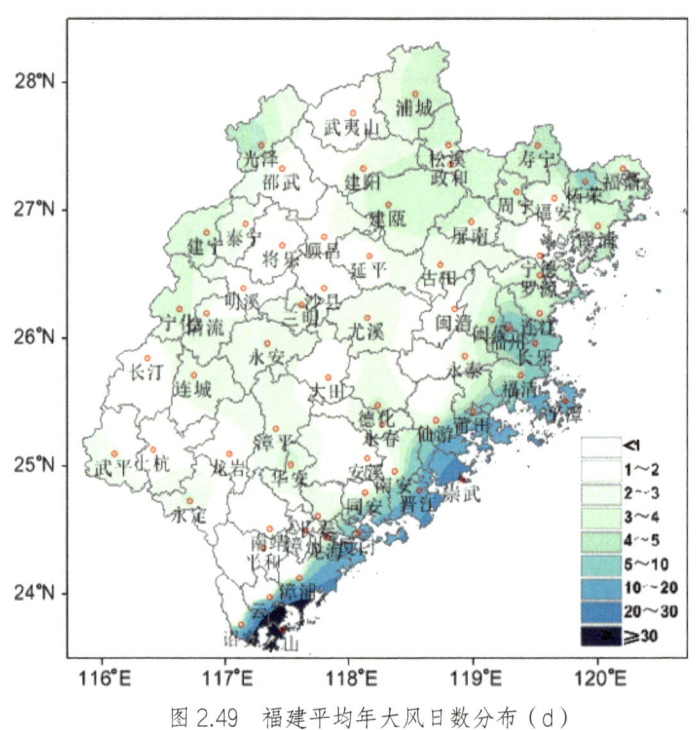

图2.49 福建平均年大风日数分布（d）

表2.18 沿海和高山代表站平均大风日数（d）

| 地名 | 1月 | 2月 | 3月 | 4月 | 5月 | 6月 | 7月 | 8月 | 9月 | 10月 | 11月 | 12月 | 年 |
| --- | --- | --- | --- | --- | --- | --- | --- | --- | --- | --- | --- | --- | --- |
| 平潭 | 0.7 | 0.8 | 0.5 | 0.7 | 0.4 | 0.6 | 1.5 | 1.5 | 2.0 | 3.5 | 2.8 | 2.4 | 17.4 |
| 福鼎 | 0.0 | 0.0 | 0.0 | 0.0 | 0.1 | 0.1 | 0.7 | 1.3 | 0.4 | 0.1 | 0.0 | 0.0 | 2.7 |
| 武夷山 | 0.0 | 0.0 | 0.0 | 0.1 | 0.1 | 0.1 | 0.1 | 0.0 | 0.0 | 0.0 | 0.0 | 0.0 | 0.5 |
| 崇武 | 3.9 | 3.5 | 3.0 | 1.9 | 0.7 | 0.6 | 1.8 | 1.8 | 2.3 | 4.6 | 4.5 | 4.6 | 33.3 |
| 东山 | 11.0 | 10.3 | 9.4 | 6.2 | 3.3 | 1.5 | 1.4 | 2.0 | 3.9 | 9.8 | 11.0 | 11.7 | 81.5 |
| 九仙山 | 8.4 | 10.8 | 15.0 | 13.4 | 11.6 | 16.7 | 14.0 | 11.2 | 9.3 | 9.9 | 9.5 | 8.2 | 137.9 |
| 漳平 | 0.0 | 0.0 | 0.2 | 0.2 | 0.2 | 0.5 | 0.5 | 0.7 | 0.2 | 0.1 | 0.1 | 0.0 | 2.8 |

## （二）年大风日数的季节变化

从绝对数量讲，一年四季的大风日数沿海均多于内陆，且沿海季节变化比较一致。

### 1. 秋冬季大风多

沿海地区大风季节变化最明显，入秋后，受北方冷空气南侵影响，南北温差大，气压梯度也大，加上沿海地区又无山地影响，易出现持续的东北大风。因此，在福建民间有"春暴头""冬暴尾"之说。内陆地区受地形地势影响，大风日数少，和春夏差异不大。

### 2. 春夏大风日数少，但受台风影响，易出现特大大风

沿海及岛屿地区春夏季大风日数明显少于秋冬季，内陆地区春夏季大风日数多于秋冬季。

### 3. 高山突出部春季大风日数多

高山突出部如九仙山等地的大风日数年月变化不大，春季的大风日数相对多些。这主要是这些高山突出部，直接受春季频繁的冷锋、气旋、高空槽影响，加上地面增温，对流比较旺盛所致。部分内陆地区如浦城也是春季大风日数较多。

### 问答题

（1）太阳辐射和日照时数的时空分布特征是什么？
（2）平均气温的时空分布特征是什么？
（3）从积温分布看，福建热量资源分布特征是什么？
（4）降水的时空分布特征是什么？
（5）极端降水和强降水一般出现在哪些季节和地方？
（6）主要由哪些天气系统导致极端降水？
（7）福建多雨中心主要在哪些山脉？
（8）福建沿海降水量月际分布为什么会出现"双峰型"特征？
（9）如何从气温、降水和风向的季节性变化上认识福建的亚热带海洋性季风气候特点？
（10）如何从气温和降水的时空分布上认识福建气候的优越性？

# 第三章　气象灾害

　　气象灾害是由大气圈发生的天气和气候现象等气象因素导致农田受淹、房屋倒塌、环境破坏、人员伤亡，造成民众生命财产和社会的经济损失等的一种灾害，气象灾害是气候资源开发利用的限制因子和国民经济发展的制约因素。气象灾害属于自然灾害中的原生灾害，且是主要的自然灾害。气象灾害包括天气灾害、气候灾害和气象次生、衍生灾害。

　　根据中国科学院马宗晋院士和高庆华等人曾以1949～1991年的资料，统计给出中国气象、海洋、洪水、地质、地震、农作物病虫害、森林灾害等七类自然灾害所造成的直接经济损失与死亡人口排序，气象灾害所致经济损失占57%。

　　根据联合国2020年10月12日发布的《灾害造成的人类损失（2000～2019）》报告显示，全球自然灾害总数在21世纪前20年大幅攀升，特别是气候相关灾害数量出现"令人震惊"的增长，是造成灾害总数上升的主要因素。1980～1999年，全球报告气候相关灾害3656起；而2000年至2019年增至6681起。其中，洪水灾害从上一个20年的1389起增至3254起，风暴灾害从1457起增至2034起。根据2000～2019年资料，地震造成的经济损失占两成（22%），而气象灾害占自然灾害损失的比例达七成以上（我国气象灾害占自然灾害损失的71%），其中，又以风暴为主。这说明气象灾害是自然灾害中最为频繁，危害最为严重的灾害。

　　气象灾害的轻重程度，不仅和灾害性天气等致灾因子的危害性密切相关，而且与孕灾环境的敏感性、承灾体的脆弱性，防灾抗灾的适应性有紧密关系。灾害性天气和极端天气是造成气象灾害的主要致灾因子，高影响天气对一些敏感行业的相关活动有时也可能会造成灾害。气象灾害造成的直接经济损失的增多和经济规模的增长有关，科学的防灾减灾可以有效减轻气象灾害，尤其在保障生命安全方面成效更为显著。

　　通俗地说，灾害性天气（也称灾害性气象、包括气象干旱等）是指一般会造成气象灾害的天气和气候。广义上讲，正如国标（《GB/T 27966—2011 灾害性天气预报警报指南》所定义：灾害性天气为"对人类的生命财产、生产和社会活动及大自然造成灾害的天气"。人们经过长期的实践发现，台风、暴雨、大风、冰雹、雷电、沙尘暴、高温、寒潮、干旱等天气气候常常带来广泛的影响，容易造成严重的危害，成为引发气象灾害的外因和主要原因。于是，气象部门约定俗成地就把这类具有影响普遍性、危害严重性的特定的天气称为灾害性天气，灾害性天气有明确的气象阈值标准，如台风、暴雨、干旱、高温或寒潮都有标准，不论其影响后果如何都是灾害性天气。

通俗地说，极端天气就是很罕见的天气，严格地说是指特定地区特定时段特定要素出现历史上罕见的气象观测事实，它在统计上属于小概率的自然现象，即某个天气或气候变量值严重偏离其平均态，高于（或低于）该变量观测值区间的上限（或下限）端附近的某一阈值，该阈值的概率通常小于2%，理论上出现概率为50年一遇。

世界气象组织WMO和中国气象行标（QX/T 334—2016）将高影响天气定义为"对社会、经济和环境产生重大影响的天气现象与事件"，这是对灾害性天气、极端天气之外的天气影响的必要补充。高影响天气的"高"不在天气强度而在于影响程度，没有统一的气象值标准和明确的天气类别，也就是说，同样的天气条件，针对不同行业不同地域，可能是高影响天气，也可能不是高影响天气。

## 第一节 福建气象灾害特点

福建所处地理位置和地形地貌，决定了福建气候特征，也决定了福建是气象灾害多发的省份之一。从来源看，福建既有温带地区常见的气象灾害，又有热带地区常见的气象灾害；既有陆地滋生的灾害，也有来自海洋的灾害。总的来说，福建气象灾害具有灾害种类多、时空范围广、活动频率高、持续时间长、群发比率高、灾情危害重等六个特点。

大气环流异常，季风年际不稳定，特别是季风进退和强度的异常，带来灾害性天气等致灾因子偏多偏强，是造成异常严重气象灾害的客观原因。

### 一、灾害种类多

从灾害种类上看，有台风、暴雨洪涝、干旱、寒潮、雨雪冰冻、农作物寒害（倒春寒、五月寒、寒露风）、大风、强对流（冰雹、雷电、飑线、龙卷风）、高温、海雾、酸雨等十多种。对福建来说，灾害重而又常见的是前面9种。

据2001～2020年气象灾害损失统计（图3.1），台风是最主要的气象灾害，造成的直接经济损失占59%；暴雨洪涝（不含台风所致）次之，造成的直接经济损失占31%；干旱、雪灾和低温冷害、风雹（含雷电）合计占10%。

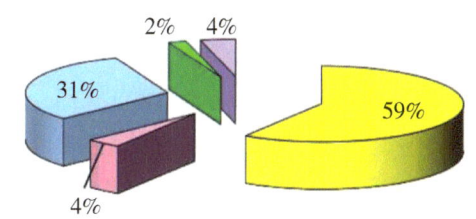

图3.1 2001～2020年福建省主要气象灾害损失比例

## 二、时空范围广

福建各县市的灾害都有十余种。不过各有其重点。

从季节分布看,福建一年四季都可能发生气象灾害。春季有雷电、冰雹、暴雨、倒春寒和大风等灾害;雨季闽江流域常发生暴雨洪涝灾害;夏季则有台风、暴雨、高温和干旱等灾害;秋季有寒露风、沿海大风和干旱灾害;冬季有寒潮、低温雨雪冰冻和沿海大风灾害。

从区域分布看,沿海地区的台风和干旱重于内陆地区;内陆地区的雨季暴雨洪涝重于沿海地区;隆冬的大雪主要见于闽北,但强寒潮对闽南的经济作物的危害有时也很大;就很少见的龙卷风而言,发生的地区多在中部与南部沿海。

## 三、活动频率高

每年登陆中国的台风中约70%会对福建产生影响。据1961～2020年资料统计,福建平均每年登陆台风1.7个,影响台风5.3个。福建也是全国暴雨多发区之一,暴雨的频率仅次于台湾、广东、海南。福建气象干旱的机遇也是较高的,春旱、夏旱、秋冬旱时有发生。受台湾海峡地形"狭管效应"的影响,福建沿海大风频率之高,风速之大在全国也是出名的,如东山、崇武、平潭三个站1991～2020年的年最多大风日数分别为127天、84天和47天。

21世纪以来,不同类型的极端气象灾害频繁发生。例如,2003年出现夏秋冬三季连旱,时间长、强度强、范围广;2008年初西部、北部遭受持续大范围的低温雨雪冰冻灾害;2010年出现长达14天的持续性暴雨,西北部多地降水破纪录,闽江上游出现严重洪涝灾害;2016年"尼伯特""莫兰蒂""鲇鱼"3个台风相继登陆福建,造成严重风雨影响;2020年5月冰雹频发,其中6日创下单日降雹范围最广纪录。

## 四、持续时间长

暴雨最早出现于1月,最迟到12月还有暴雨,平均汛期长达5个月(5～9月)。登陆、影响福建台风的平均活动期跨距在半年左右,1990年5月19日～9月8日有5个台风登陆,3个台风影响,出现了所谓的"百日七大灾"。福建的气候干旱与其他灾害相比,更是以持久出名,如1963年的春旱,起始于1962年10月,解除于1963年5月,长达270天,2003年出现了超50年一遇的夏秋冬三季连旱,持续224天。再如春季的低温,1970、1976年的春寒、倒春寒,福建大部地区长达20～30天。夏季的热浪天气也有久拖不消的例子,如福州市2003年极端最高气温38℃以上的酷热天气多达21天,最长连续7天。1998年、2010年雨季高峰期持续14天。

## 五、群发比率大

气象灾害总有适宜的大范围环境流场背景和特定的天气系统，而不同的地形、地理条件又往往会引发多种灾害同时出现。台风登陆，沿海一带往往狂风、暴雨、巨浪、风暴潮群发；春季强对流天气来临时，大风、冰雹、雷暴常相伴出现；雨季的暴雨与五月寒，在闽北山区时有耦合；夏季的气象干旱与热浪又多半同步。

## 六、灾情危害重

福建的严重气象灾害往往会触发一些次生灾害相继出现，造成连锁反应，从而加重灾情。如强烈的暴雨常引起滑坡、塌方，泥石流等地质灾害；山洪和地质灾害又会造成交通中断，造成间接的经济损失。气象干旱、高温乃至焚风又会引发和加重农业病虫害和森林火灾；洪灾之后还会滋生疫病的发作与流行。

在福建自然灾害中，不论造成的人员伤亡，还是造成的直接经济损失，气象灾害均居第一位。据综合统计，2001～2020年气象灾害造成的直接经济损失达2200余亿元。总的来说，气象灾害造成的直接经济损失略有上升，但气象灾害造成的直接经济损失占国民生产总值的比例呈明显下降趋势（图3.2）。

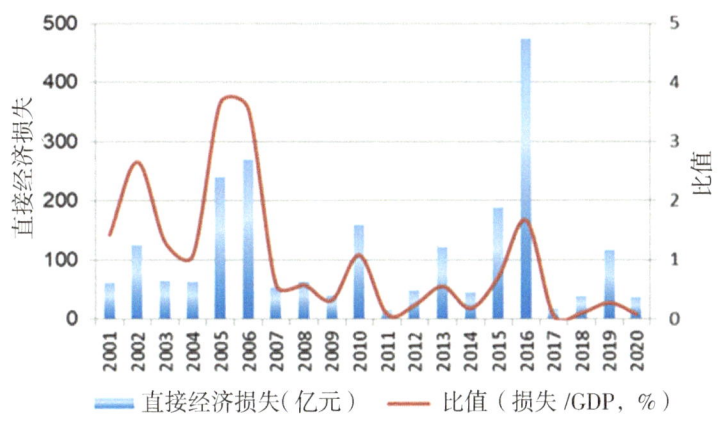

图3.2 2001～2020年福建省气象灾害造成的直接经济损失和相对GDP比例图

## 第二节 台风

### 一、登陆和影响福建台风的统计标准

登陆台风：热带风暴及以上等级的热带气旋中心自海上直接登陆福建省陆地（福建省地标DB35/T1413-2014）。

影响台风：当热带风暴及以上等级的热带气旋中心位于福建省热带气旋警戒区内（图3.3），未登陆福建，受其影响，出现下列情况之一者，定义为影响福建的台风。

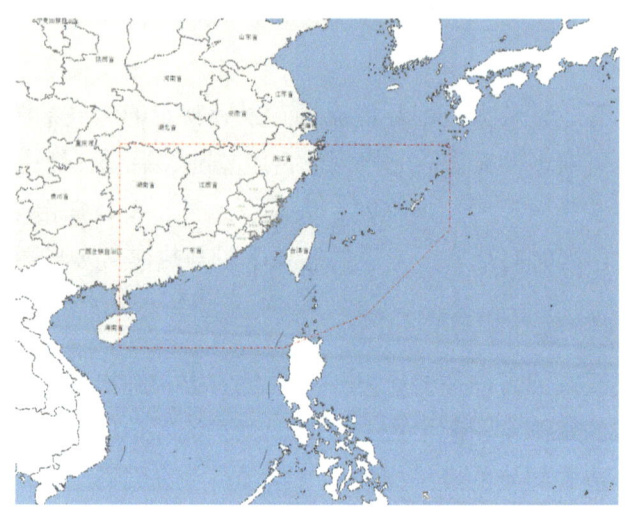

图 3.3 福建台风警戒区（虚线范围内）

①沿海测站（福建省有海岸线的市、县的国家地面气象观测站和台山气象观测站）中有一站极大风 ≥ 8 级。

②福建省内的国家地面气象观测站中有一站日雨量 ≥ 50 mm。

## 二、台风气候统计特征

### （一）台风源地

影响及登陆福建的西太平洋生成的台风的源地主要集中于三大区域内，即菲律宾以东洋面 125°E～135°E 的 9°N～13°N 区域和 17°N～19°N 区域及位于关岛附近的 7°N～15°N、139°E～145°E 区域，后者是发生点最多的区域，中心区域的频数超过 7 个，这 3 个中心位置皆较太平洋热带气旋生成区的中心位置偏北。

登陆和影响福建的南海生成的台风源地主要集中于南海的东北部，即 15°N～17°N、115°E～117°E 的区域，属南海热带气旋生成区的东北部。

### （二）频数特征

1. 年际变化

从图 3.4 可以看出，1991～2020 年登陆和影响福建台风共 209 个，平均每年 7.0 个。频数 ≥ 8 个的年份有 13 年，频数最多的是 2013 年和 2018 年的 10 个，最少为 5 个（有 7 年）。总体变化趋势为增加，样本方差为 2.5，年际变化比较大。

登陆台风 50 个，占总数的 23.9%，年均 1.7 个，登陆个数 ≥ 3 个的年份有 7 年，最多的为 2010 年的 5 个。总体变化趋势为增加，样本方差为 1.5，年际变化相对较小。

影响台风 159 个，占总频数的 76.1%，年均 5.3 个；影响频数 ≥ 8 个的年份有 4 年，≤ 3 个的年份有 4 年，影响最多的是 2018 年的 9 个，最少的是 2010 年的 1 个。样本方差 5.3，年际变化比总频数年际变化大。

无台风登陆的年份有 4 年，分别是 1991、1993、1995 和 2002 年，占总年数的 13.3%。

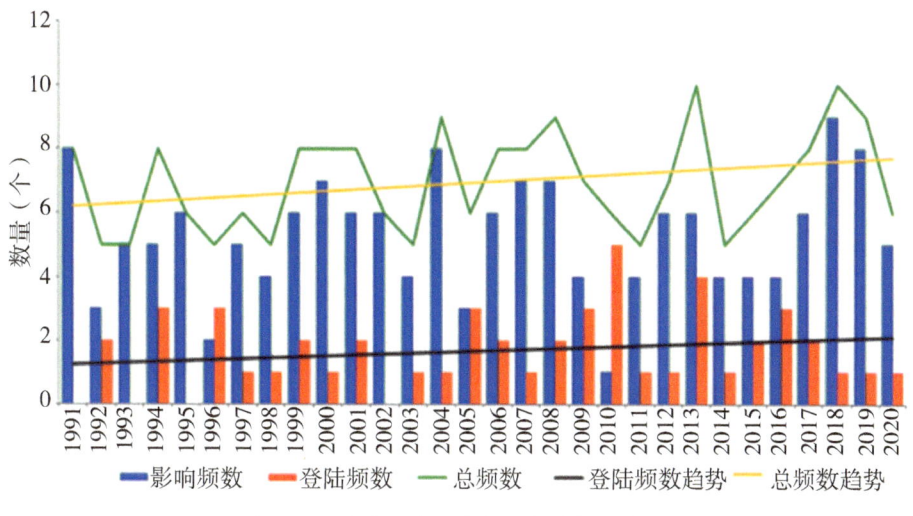

图 3.4　登陆影响福建台风个数年际变化

2. 月际分布

登陆或影响福建的台风主要集中在夏季（7～9月），故夏季又称台风季。表3.1是1991～2020年福建台风的旬、月频数分布，从中可看出这样几点气候事实：登陆台风最多在7月（18个），次多在8月（17个），7～8月合计登陆频数占总登陆数的70%；影响台风最多在8月（45个），9月次多（44个），8～9月合计影响频数占总影响数的56%。

3. 旬际分布

以登陆时间统计各旬分布，登陆台风有2个高峰期，7月中旬至8月上旬和8月下旬至9月上旬，第一个高峰期的登陆台风数就占了总登陆数的一半，其中7月中旬最多，1991～2020年30年间有9个登陆台风，8月中旬登陆台风特别少。影响台风集中在8月上旬至9月下旬，最多旬为8月中旬，占11.9%。

表 3.1　登陆和影响福建台风频数分布（1991～2020年）

| 月 | 1 | | | 2 | | | 3 | | | 4 | | | 5 | | | 6 | | |
|---|---|---|---|---|---|---|---|---|---|---|---|---|---|---|---|---|---|---|
| 旬 | 上 | 中 | 下 | 上 | 中 | 下 | 上 | 中 | 下 | 上 | 中 | 下 | 上 | 中 | 下 | 上 | 中 | 下 |
| 登陆 | | | | | | | | | | | | | | | | | | 2 |
| 汇总 | | | | | | | | | | | | | | | | | | 2 |
| 影响 | | | | | | | | | | 1 | 1 | | 2 | | | 3 | 6 | 8 |
| 汇总 | | | | | | | | | | 2 | | | 2 | | | 17 | | |
| 合计 | | | | | | | | | | 1 | 1 | | 2 | | | 3 | 6 | 10 |
| 汇总 | | | | | | | | | | 2 | | | 2 | | | 19 | | |

续表

| 月 | 7 | | | 8 | | | 9 | | | 10 | | | 11 | | | 12 | | |
|---|---|---|---|---|---|---|---|---|---|---|---|---|---|---|---|---|---|---|
| 旬 | 上 | 中 | 下 | 上 | 中 | 下 | 上 | 中 | 下 | 上 | 中 | 下 | 上 | 中 | 下 | 上 | 中 | 下 |
| 登陆 | 1 | 9 | 8 | 8 | 1 | 8 | 5 | 2 | 2 | 3 | | 1 | | | | | | |
| 汇总 | | 18 | | | 17 | | | 9 | | | 4 | | | | | | | |
| 影响 | 7 | 7 | 6 | 18 | 19 | 8 | 12 | 18 | 14 | 6 | 7 | 6 | 5 | 2 | 2 | 1 | | |
| 汇总 | | 20 | | | 45 | | | 44 | | | 19 | | | 9 | | | 1 | |
| 合计 | 8 | 16 | 14 | 26 | 20 | 16 | 17 | 20 | 16 | 9 | 7 | 7 | 5 | 2 | 2 | 1 | | |
| 汇总 | | 38 | | | 62 | | | 53 | | | 23 | | | 9 | | | 1 | |

### （三）强度特征

按照中国国家标准《热带气旋等级》（GB/T 19201-2006）规定（表3.2），统计登陆影响福建台风不同时刻的强度特征。

表3.2 台风等级划分表

| 台风强度等级 | 近中心最大风速 m/s | 近中心最大风力/级 |
|---|---|---|
| 热带低压（TD） | 10.8～17.1 | 6～7 |
| 热带风暴（TS） | 17.2～24.4 | 8～9 |
| 强热带风暴（STS） | 24.5～32.6 | 10～11 |
| 台风（TY） | 32.7～41.4 | 12～13 |
| 强台风（STY） | 41.5～50.9 | 14～15 |
| 超强台风（Super TY） | ≥51 | 16 或以上 |

进入警戒区强度：1961～2020年登陆影响福建台风强度多在台风和强热带风暴级别，合计频率为52.8%。其中，登陆台风以超强台风级别最多（30.3%），台风级别次之（26.3%）。影响台风以台风级别最多（28.9%），强热带风暴级别次之（25.9%）。

登陆时强度：台风级别最多（34.3%），其次是强热带风暴级别（30.3%），再次是热带风暴级别（19.2%），强台风级别有6例。登陆福建时台风强度大为减弱，台风级别以上强度仅占同强度总数的9.5%，原因之一是台湾中央山脉对台风环流起了削减填塞的作用。

从图3.5的各月分布图看，超强台风级别主要出现在7～9月，占其总数的84.9%；强台风和台风级别主要出现在7～10月，占各自总数的88.6%和80.1%；强热带风暴级别主要出现在7～9月，占强热带风暴级别总数的67.7%；热带风暴级别主要出现在7～8月，占该强度档总数的53.6%。

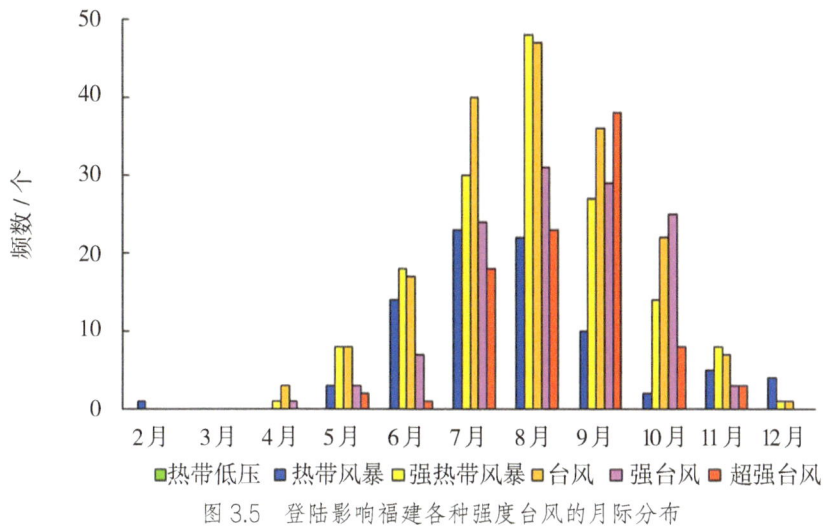

图 3.5 登陆影响福建各种强度台风的月际分布

### （四）最早和最晚台风

最早登陆的台风为 1977 年 6 月 16 日直接登陆惠安的 7701 号台风，最晚登陆的台风为 2010 年 10 月 23 日直接登陆漳浦县六鳌镇的 13 号台风"鲇鱼"。

最早影响的台风出现于 2 月下旬，为 1970 年菲律宾东部海面转向的 7001 号台风；最晚的影响台风出现在 12 月上旬，太平洋台风西北行穿过菲律宾，在南海转向登陆台湾南部后海上消失的 0428 号台风"南玛都"。

### （五）登陆地点

登陆台风地段分北部（福州以北）；中部（福州—厦门）；南部（厦门及以南）三类。

1961～2020 年，有 54.5% 登陆中部沿海，北部沿海 25.3%，南部沿海 20.2%。年平均次数：中部 0.9 次，北部 0.4 次，南部 0.3 次。登陆次数最多的地点是晋江沿海 21 次，其次是福清沿海 15 次，再次是连江沿海 12 次（图 3.6）。

2017 年 7 月 30～31 日，台风"纳沙"和"海棠"21 h 内接踵登陆福清市，双台风几乎同时登陆同一地点，为福建台风历史未见。

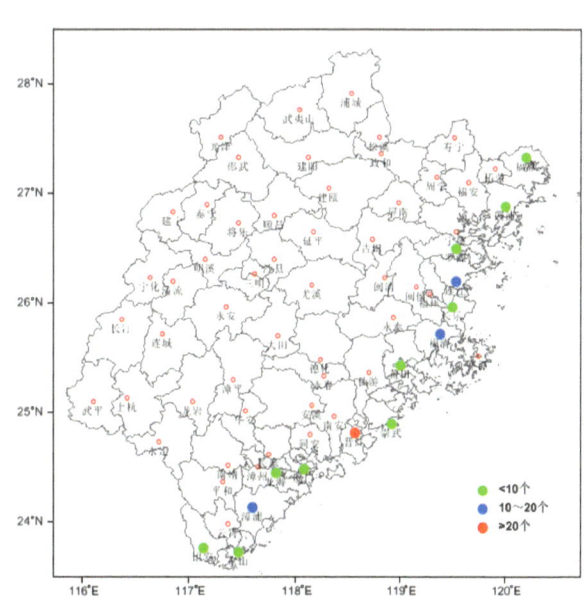

图 3.6 1961～2020 年登陆福建沿海县市台风个数

### 三、台风风雨特征

#### （一）台风大风

1. 大风极值

据 1961～2020 年的资料，福建沿海地区 10 min 平均最大风速的极值有 93.7% 是台风造成的。以东山 48 m/s 为最大，台山、三沙次之，为 38.7 m/s，崇武、平潭、厦门、福鼎在 28～30 m/s。就瞬间极大风速（阵风）而言，普遍可达 12 级以上，厦门曾有 60 m/s 的记录，马祖为 51m/s，三沙为 50 m/s，福州是 40.7 m/s。2016 年"莫兰蒂"台风，9 月 15 日登陆厦门，区域站测得瞬时风速极值达 66.1 m/s。福建内陆地区受地形影响，台风影响时风力一般不大，少数可达 8 级左右。

2. 风力与季节

福建台风大风的季节早者在晚春，迟者终于初秋。但就风力强度而言，8 月中旬～9 月中旬的风力为大，这与此一时期台风往往较强，且北方还时有冷空气南下，从而加大气压梯度有关。

3. 大风历时

受台湾海峡地形影响，台风影响时，福建省一般是起风在前，下雨在后。当台风移至中国台湾地区东侧时，福建省沿海往往已开始起风，特别是北方又有冷空气活动时，起风更早，这种情况以晚春和初秋相对多见。一次台风过程，福建省沿海地区的大风历时，短者 1～2 天，长者可达 5～6 天。这与台风移速、环境流场配置、北方冷空气活动情况有很大关系。

4. 风向变化

台风登陆、影响福建的风向有旋转变化，具体取决于当地与台风中心相对位置的变化。就西北路径的登陆台风而言，登陆前受其影响沿海地区总是先刮东北大风，一旦登陆迅即转为西南或东南大风。由于台风位置的变化各类路径会有不同的风向转换顺序，各种风向都有出现的可能，但总是以东北大风与西南大风占主导地位。

夏季受台风外围云系影响，台风一般会带来凉爽的天气。但当强台风于华东沿海转向时，台风外围下沉气流恰好位于闽东地区时，不仅没有带来台风天凉快感，反而出现干热的西北风，助长高温的形成，这就是台风带来的"焚风效应"，强者可造成作物枯萎，也易引发森林火险。

例如，受 2019 年 9 号台风"利奇马"影响，8 月 5～15 日福建多地出现异常高温天气，全省共有 48 个县（市）日最高气温 ≥ 37.0℃，其中 28 个县（市）≥ 38.0℃，以厦门 39.6℃为最高。过程期间中南部沿海多地出现极端高温：厦门、同安、崇武、连江 4 地日最高气温破当地历史纪录，晋江平历史纪录；龙海、漳州、长泰、云霄、宁德 5 个县（市）日最高气温破当地 8 月同期纪录。又如 2021 年受 6 号台风"烟花"外围影响，福州气温一度走高，7月27～29日全省共有37个县（市）日最高气温≥37℃，其中福州、永泰和仙游≥40.0℃，以福州40.5℃为最高。台风路径详见图3.7。

图3.7 台风"利奇马"（201909）和"烟花"（202106）路径图

5. 台风风压强度

台风之所以具有极大的破坏力是因为风压很强，而且风向是旋转风向，偏北大风吹过之后，马上转偏南大风。物体受此对头摇晃作用的力更易折损、倒塌。

关于台风的风压强度（表3.3）可用如下经验公式估算：

$$P=KV^2$$

这里：$P$ 为压强（$kg/m^2$），$V$ 为风速（m/s），$K$ 为经验系数（取0.124）。

表3.3 风速与压强

| $V$/m/s | 10 | 20 | 30 | 40 | 50 | 60 | 70 | 80 | 90 | 100 |
|---|---|---|---|---|---|---|---|---|---|---|
| $P$/kg/m² | 12.4 | 49.6 | 111.6 | 198.4 | 310.0 | 446.4 | 607.6 | 793.6 | 1004.4 | 1240.0 |

通常台风登陆，沿海地区10级大风的半径可达200～300 km，涵盖之区的风压强度是74.4 kg/m²，12级的大风区可达数县，风压是132.6 kg/m²。数小时以至数十小时在这样的力作用下，对建筑物与通信设施的破坏是相当严重的。

（二）台风暴雨

1. 台风降水的性质

台风降水包括外围对流性阵雨，涡旋区的螺旋云带强降水以及台风眼壁云墙之极强降水三部分组成。它们大都来自发展旺盛的积云，是台风环流内，强中尺度对流云团产生的激烈天气，性质为阵性雨。

2. 台风暴雨的决定因素

台风登陆一般都会出现暴雨，而暴雨的大小、历时的长短与低空水汽和正涡度的输入有关，对流层上部强辐散机制的维持也相当重要。另外冷空气的作用与斜压能量的转化，台风环流中活跃的中尺度系统以及有利的地形因素都会加大降水强度。概括而言，台风暴雨就是环流雨与地形雨的叠加。

这里台风态势最为关键，包括台风强度、台风路径和移动速度。台风环流强，四周低层高温、高湿、空气向中心的辐合抬升作用就强，水汽冷却、凝结的量就大，因而雨势也大。路径不同，暴雨强度与落区有异。登陆前后的移速，决定了降水的历时，停滞少动者，往往会有更大的过程降水量；台风登陆后南侧若有低空西南风急流存在，往往会加大降水，同样北方冷空气的注入，由于下插至暖湿空气的底部而产生动力抬升作用，也会强化降水过程。大量事实说明地形对台风暴雨是相当重要的，其机制是通过助长气流的垂直速度，而加大降水强度。这里地形坡度、走向与风的来向是地形雨的关键因素。

3. 福建台风暴雨概念模型

据骆荣宗的研究，福建台风暴雨可归为3种环流模型，一类为台风倒槽暴雨；一类为台风本体暴雨；一类为台风后部暴雨。前两种约各占45%，第三种占10%。

4. 台风暴雨的空间分布

台风登陆福建，各地都有可能出现暴雨。比较而言，内陆机遇小，强度弱，而沿海地区机遇大、强度强。夏季受台风影响（图3.8的左图），暴雨主要集中在沿海地区，宁德、福州、莆田、泉州、厦门、漳州6个沿海地市所属各县（市），暴雨日数2～4天，柘荣（3.9天）、宁德（4.2天）和云霄（4.0天）是福建夏季的暴雨中心。内陆地区的南平、三明、龙岩3地市所属各县（市）受台风影响小，暴雨日数较少，均在1～2天。就台风最大日降水来看，超过200 mm者也相当普遍（图3.8的右图），大暴雨的高值中心和地形因素有关。

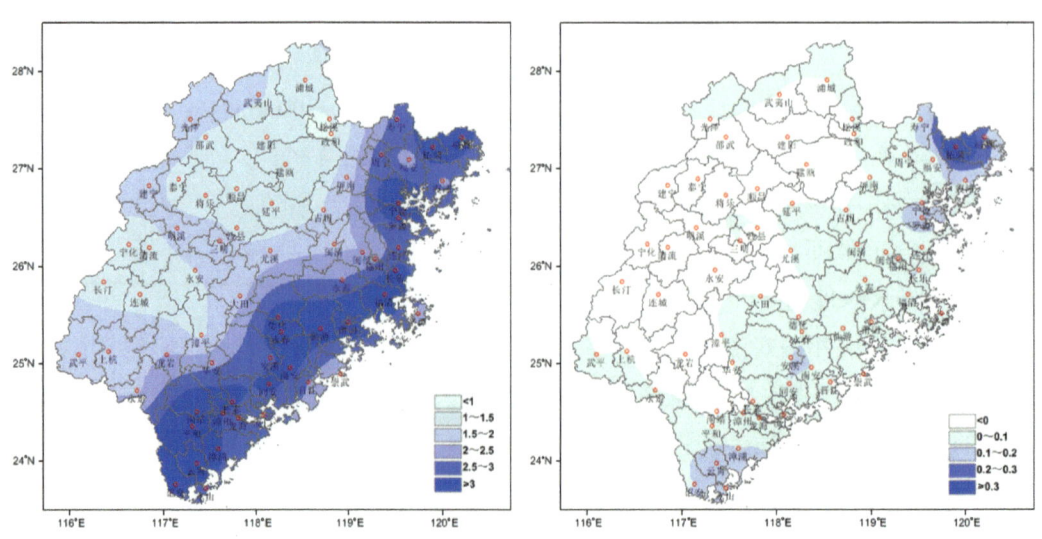

图 3.8 1991～2020年夏季平均暴雨日数（左）和日降水量≥200 mm日数（右）分布

5. 台风路径与暴雨

台风路径是台风暴雨强度与暴雨落区最关键的决定因素。台风最大降水大多落在路径的右方，因为这里处于上岸流的方位。少数台风强暴雨也可落在路径的左方，这多与台风后部有低空急流存在，并将热带云团卷入台风环流有关。

据1961～2020年资料显示，一般情况下，正面登陆连江—厦门之间的台风，福建省降水量最大。在登陆点附近及其右上方的一些地区，过程降水量往往可达150～250 mm，局部可超过300 mm；登陆粤东的台风，降水居次，过程降水量一般可达100～200 mm，局部超过250 mm，此类台风是九龙江、晋江特大洪水最常见的危险路径，特别是晚春与初秋季节，这类台风若转向后纵穿福建省，雨势往往更大，范围更广；登陆厦门—诏安的台风，也会有较强的降水，但总量一般小于前者；登陆罗源—福鼎的台风，福建省暴雨范围一般不大，强暴雨区多局限于闽东北及浙南，但历史上也有例外，如1952年7月18日台风登陆温州后，闽北下了大暴雨，闽江21日出现了特大洪水。

6. 地形对台风暴雨的影响

台风环流受山脉阻挡而被迫抬升，通过加强湿空气的上升运动可加大雨势。此时山坡强迫抬升而形成的上升速度为：

$$\omega_s = V_s \cdot \nabla Z$$

式中 $V_s$ 是地面风速矢量，$\nabla Z$ 是地形坡度。该式说明上升速度的大小和风速的大小、山脉坡度以及风向与山脉的交角成正比。此类地形机制，使福建出现三个地形所致台风暴雨中心，即：鹫峰山脉东侧的柘荣和宁德、戴云山东南侧的南安、安溪以及博平岭东南侧的云霄，尤以闽东北的台风暴雨更为多见。

7. 台风暴雨极值

（1）年台风暴雨次数的极值：近60年间，福建台风大暴雨最多的年份是1990年，其次是1961年。这两年台风多是关键因素，如1990年福建有5次登陆台风，3次影响台风，宁德超过100 mm的大暴雨日数共出现了6天，周宁、南安、诏安各5天，柘荣、霞浦、罗源、安溪、同安各4天。1961年福建省有4次登陆台风，9次影响台风，德化、诏安各有5天出现大暴雨，安溪、南安、云霄各4天出现大暴雨。

（2）台风暴雨最大日降水量极值：表3.4是福建省气象台站1951～2020年有记录以来极值，这里仅列日降水量超过200 mm者，从中看出沿海各县（市）台风最大日降水量几乎都在200 mm以上，内陆仅龙岩与崇安的七仙山曾出现过此种强度的台风大暴雨。就季节而言，7月、9月多见，8月和晚春相对为少。2005年7月19日登陆连江的5号台风"海棠"，柘荣县日降水量472.5 mm，创近60年来福建气象台站所测一日最大降水量的极值。

表 3.4　台风最大日降水量极值（1951～2020 年）

| 站名 | 柘荣 | 南安 | 长汀 | 福鼎 | 莆田 | 长乐 | 长泰 | 晋江 | 漳浦 |
|---|---|---|---|---|---|---|---|---|---|
| 降水量/mm | 472.5 | 392.4 | 384.1 | 379.6 | 366.1 | 347.2 | 346.7 | 338.8 | 322.6 |
| 日期 | 7月19日 | 8月5日 | 8月8日 | 9月24日 | 9月1日 | 9月16日 | 7月16日 | 8月5日 | 8月14日 |
| 年份 | 2005 | 2003 | 1996 | 1960 | 2011 | 1999 | 2006 | 2003 | 2005 |
| 站名 | 龙岩 | 安溪 | 崇武 | 东山 | 周宁 | 南靖 | 福清 | 罗源 | 霞浦 |
| 降水量/mm | 322 | 318.4 | 311.5 | 310.5 | 307.3 | 306.5 | 296.4 | 294.4 | 274.1 |
| 日期 | 7月28日 | 8月5日 | 10月9日 | 6月30日 | 8月9日 | 9月22日 | 8月7日 | 9月23日 | 7月19日 |
| 年份 | 1965 | 2003 | 1999 | 1990 | 2015 | 1981 | 2002 | 1971 | 2005 |
| 站名 | 寿宁 | 同安 | 宁德 | 云霄 | 漳州 | 永泰 | 福州 | 龙海 | 平和 |
| 降水量/mm | 273.5 | 268.1 | 266.4 | 260.3 | 256.1 | 248.2 | 244.4 | 243.8 | 231.8 |
| 日期 | 9月28日 | 8月2日 | 8月30日 | 7月27日 | 7月16日 | 8月9日 | 8月8日 | 8月14日 | 9月22日 |
| 年份 | 2016 | 1996 | 2011 | 1965 | 2006 | 1960 | 2015 | 2005 | 1981 |
| 站名 | 福安 | 仙游 | 九仙山 | 浦城 | 连城 | 闽清 | 屏南 | 永春 | |
| 降水量/mm | 231.7 | 231.2 | 227.8 | 226.2 | 225.1 | 217.7 | 208.7 | 206.8 | |
| 日期 | 9月27日 | 7月1日 | 9月12日 | 7月9日 | 7月22日 | 7月9日 | 9月28日 | 8月6日 | |
| 年份 | 1969 | 1963 | 1963 | 2019 | 2015 | 2016 | 2016 | 2002 | |

## 四、台风的风暴潮和巨浪

受资料限制，台风风暴潮和巨浪仍然沿用《福建气候》（第 2 版）中的统计结果，仅在典型案例中增加近年来的新事实。

### （一）成因与特点

风暴潮是由强烈的大气扰动，通过强风和气压急变而引起的海水潮位异常升降现象。

风暴潮的确切分布和振幅大小取决于海底结构、海岸地形及其大气扰动，尤其是台风的大小、强度、移向和移速，当然与阴阳历时象也有一定关系。台风接近海岸的角度是决定风暴潮强度的重要因素。对于垂直于海岸方向缓慢移动的风暴、台风，其最大的风暴潮普遍出现在登陆点的右边。风应力气压梯度力是驱动风暴潮的两个主要力。国外有关研究指出，风应力的作用大致是气压梯度力的 2 倍，也就是说风对风暴潮起更重要的作用。

风应力引起风暴潮增水的近似估计式为

$$\xi = K\tau_0 L/\rho g h$$

式中 $\xi$ 为风暴潮增水值，$\tau_0$ 为海面上的风应力，$L$ 为海域水平深度，$h$ 为海水尺度，$\rho$ 为海水密度，$g$ 为重力加速度，$K$ 为经验系数。该式反映了风应力对水体势能做功的效能。

福建的风暴潮主要属台风型，其特点是来势猛、速度快、强度大、破坏严重。

风暴潮不但会毁坏沿海堤防工程，淹没港口、盐田，危害滩涂养殖，还会加剧海岸侵蚀，并造成耕地退化、土地盐碱化。

（二）台风路径、强度与风暴潮强度的关系

台风风暴潮强度不但与台风中心气压、大风半径有关，还与台风登陆时间和天文潮的组合有关，当然地形、岸滩形态对增水值也有重要影响。

登陆福建的台风一般都会引起风暴潮，通常以穿越台湾而后再登陆福建者为强，经巴士海峡，北上登陆福建者居次，经台湾北部海面而登陆福建者再次。这是因为台风系反时针向环流，路径与登陆点不同，强风的落区及其被吹卷的上岸流就不同。

登陆时台风中心气压越低，风速越大，风暴潮越强，而且风暴潮维持的时间与台风中心的滞留时间和强台风的维持时间有关。例如，1990年9月8日同样登陆晋江的9018号台风（$P = 975$ hPa、$V = 35$ m/s），福建省沿海最大增水 2.41 m。

适宜的台风路径与可观的台风强度，如果登陆时间与天文大潮再适巧相遇，其风暴潮的强度往往更大。1969年9月27日（农历八月十九日）的6911号台风所致风暴潮就属此例，全省沿海增水 0.98 ～ 2.38 m，普遍超过当地警戒水位 0.37 ～ 1.56 m，晋江以北沿海出现罕见大潮，罗源沿海海岸被毁成锯齿形，近海不少田野村庄被海水浸淹数天，当地群众反映这是继清咸丰三年（1853年）以来最严重的一次海潮。另外资料显示，在一次风暴潮过程中其状态曲线上常显示两个峰点，台风登陆台湾或刚下海是一个峰点，登陆福建省时又出现一个峰点，其值以后者为高。就各地最大增水时间来看有自北而南的滞后现象。

（三）福建较强风暴潮的常见季节和发生岸段

福建5～11月都有可能发生风暴潮，但较强的风暴潮多发于8～9月，主要原因是农历月的天文大潮耦合导致增水加大。

连江－长乐的闽江口附近岸段，特别是重要港口福州马尾，是福建沿海风暴潮最多发，而又最强劲的地区。登陆福建省南部沿海，特别是晋江一带的强台风，最易引发强风暴潮现象。

### 五、典型台风案例

#### （一）强风实例

1. "桑美"台风

"桑美"台风于 2006 年 8 月 9 日 18 时临近浙闽边界处沿海时发展为超强台风，于 10 日 17 时 25 分登陆闽浙边界处（图 3.9、图 3.10）。登陆时中心气压 920 hPa，最大风速 60 m/s（17 级），福鼎合掌岩（海拔 700 m）观测到 75.8m/s 的极大风速。该台风登陆后在闽滞留 12 h，具有大风范围不大，但中心强度超强的特点，尤以风灾为重。

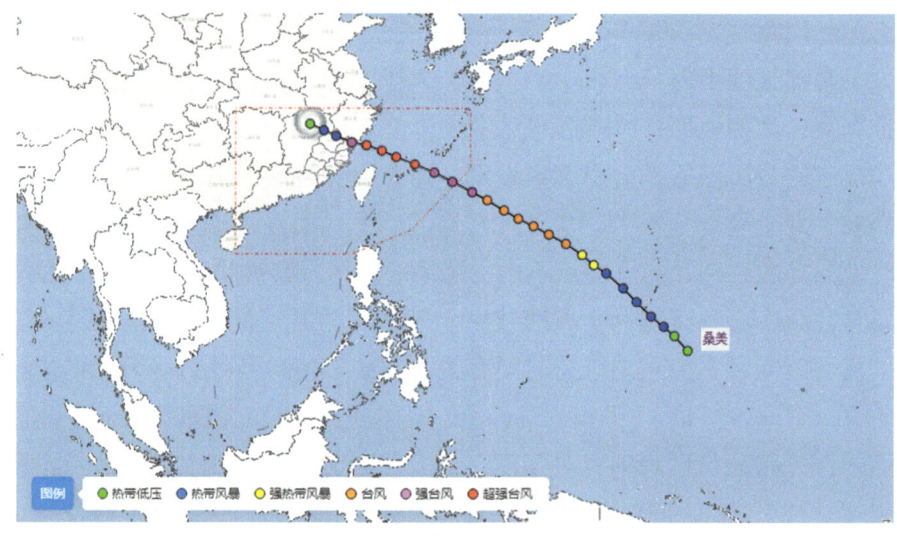

图 3.9 "桑美"台风陆径

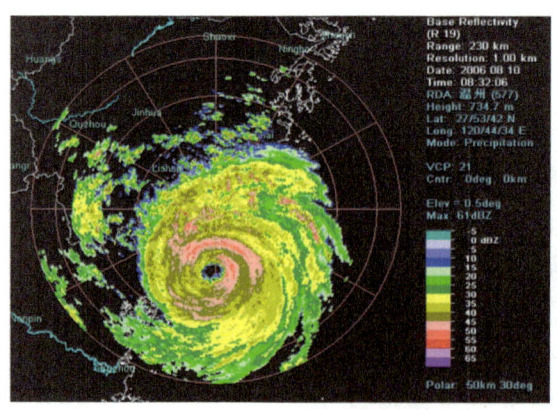 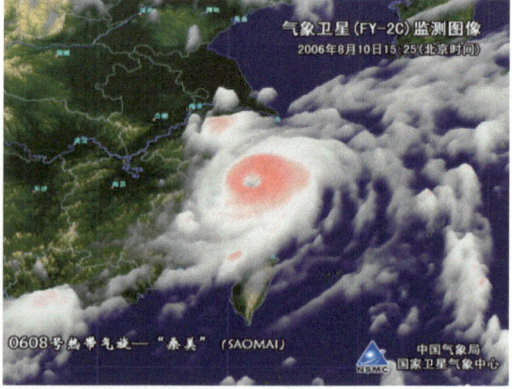

图 3.10 "桑美"台风卫星云图（左）和雷达回波图（右）

该台风登陆点沙埕港是闽东的避风良港。而"桑美"台风恰恰在避风港造成严重的人员伤亡，这是台风强度超强，超过抗御能力，同时人员相对集中共同影响的结果，至少告诉我们，不能把避台船只和人员高度集中在超强台风的登陆点；对不可抗拒的超强台风，不能简单地严防死守，宁可损失财产，也要优先撤离人员。

## 2. "莫兰蒂"台风

"莫兰蒂"（Meranti）台风于 2016 年 9 月 12 日 11 时加强为超强台风，15 日 3 时 05 分在厦门翔安沿海登陆，登陆时中心附近最大风力 15 级（48 m/s，强台风级），中心最低气压 945 hPa（图 3.11）。

"莫兰蒂"是新中国成立以来登陆闽南的最强台风，在登陆福建的历史台风中仅次于 2006 年第 8 号台风"桑美"。14 日夜间至 15 日白天受台风逼近和登陆影响，厦门附近出现超过 17 级的阵风，厦门本站最大阵风达到 16 级（54.9 m/s）。沿海各地市普遍出现 8 级以上大风，76 个站风力达到 12 级以上。受"莫兰蒂"影响，全省出现大范围暴雨到大暴雨，局部特大暴雨。统计 9 月 13 日 20 时～16 日 20 时降水量，大部分县（市）超过 50 mm，65 个县（市）437 乡镇超过 100 mm，24 个县（市）66 乡镇超过 250 mm，区域站以南安向阳乡 500.2 mm 为最大，本站以柘荣 368.4 mm 为最大（图 3.12）。南安（201.9 mm）、仙游（185.2 mm）、德化（158.8 mm）日降水量突破当地 9 月同期最大日降水量极值。

"莫兰蒂"台风造成的危害主要在福建省经济发达、人口最集中的闽南地区，导致城市受淹、房屋倒塌、基础设施损坏、水电路讯中断，特别是厦门全城电力供应基本瘫痪、全面停水，泉州、漳州大面积停电，经济损失严重。

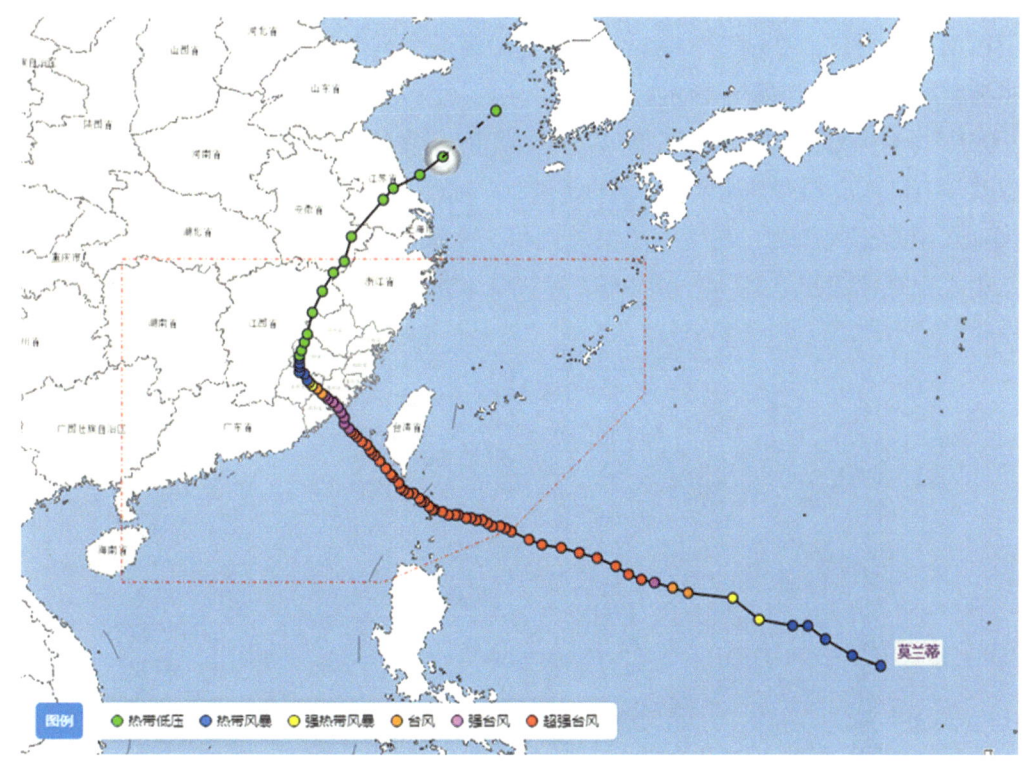

图 3.11 "莫兰蒂"台风移动路径

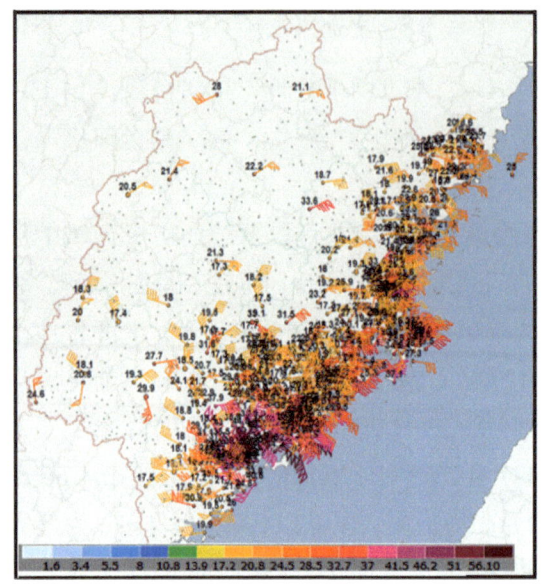 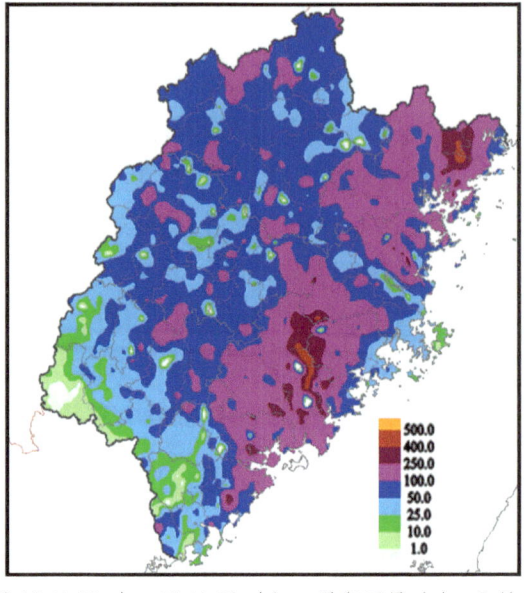

图 3.12 "莫兰蒂"台风影响期间极大风速（左，9 月 13 日 20 时～15 日 20 时）、累积雨量（右，9 月 13 日 20 时～16 日 20 时）

## （二）暴雨实例

### 1. 1990 年 18 号台风（9018 号台风）

1990 年 9 月 7 日 21 时，该台风登陆台湾新港，最低气压 970 hPa，风力 12 级。8 日 16 时登陆晋江，中心气压 985 hPa，福建沿海最大风力 8～9 级，阵风 10～12 级，马祖极大风速 44 m/s，福州 39 m/s，18 号台风西行消失于粤北赣南（图 3.13）。

9018 号台风登陆前后，全省有 49 个县（市）下暴雨，过程降水量超过 100 mm 者有 50 个县（市），沿海各地（市）普遍超过 200 mm，其中有 15 个县（市）超过 300 mm。最强降水出现于闽东北，柘荣气象站总雨量 569 mm，最大日降水量 234 mm，另一强降水中心出现在漳州地区的南靖一带，过程降水量 401 mm。

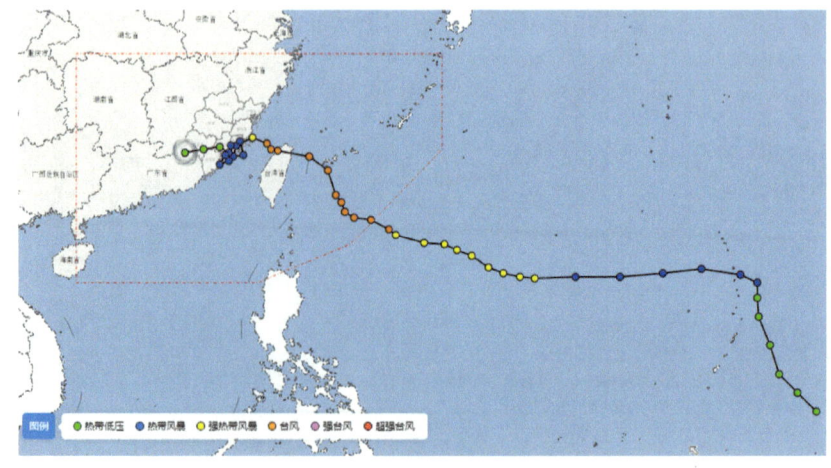

图 3.13　9018 号台风路径图

## 2."龙王"台风

2005年9月25日,"龙王"(0519号)台风于马里亚纳群岛附近生成,10月1日鼎盛为超强台风,近中心最大风速为55 m/s,气压为935 hPa。"龙王"台风一直保持偏西路径,10月2日5时30分于台湾花莲登陆,中心近最大风速50 m/s,气压940 hPa,当日23时40分再次登陆厦门,中心最大风速30m/s,气压980 hPa,之后经漳州进入龙岩减弱为热带低压,而后消散于江西省。

图3.14是"龙王"台风的路径图和临近登陆时的500 hPa形势图。"龙王"台风路径稳、势力强、移速快,登陆时又有北方冷空气配合致暴雨区集中在福州地区。10月2~4日,全省有39个县市出现暴雨,罗源、福州等13个县市出现大暴雨(图3.15),罗源、福州和长乐1 h降水量超100 mm,其中,长乐市168.1 mm超历史极值。一日最大降水量福州195.6 mm,闽侯180.2 mm。福州地区4县市过程降水量超过200 mm,且过程降水均为持续性降水。

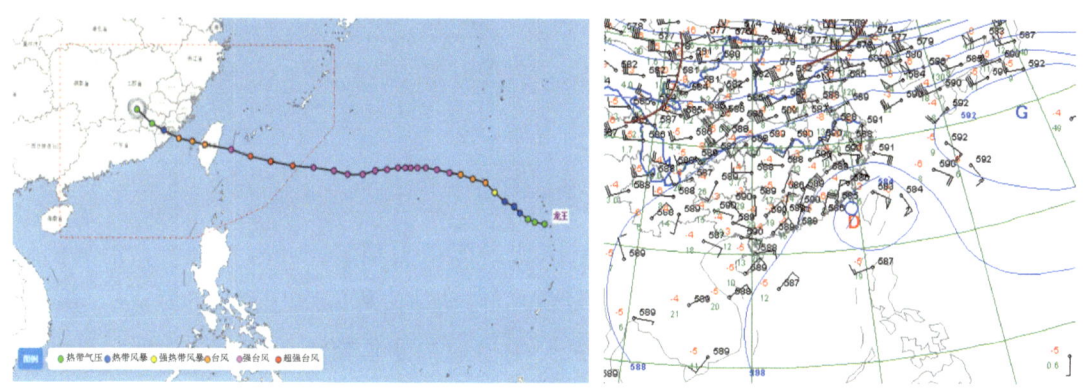

图3.14 "龙王"台风路径图

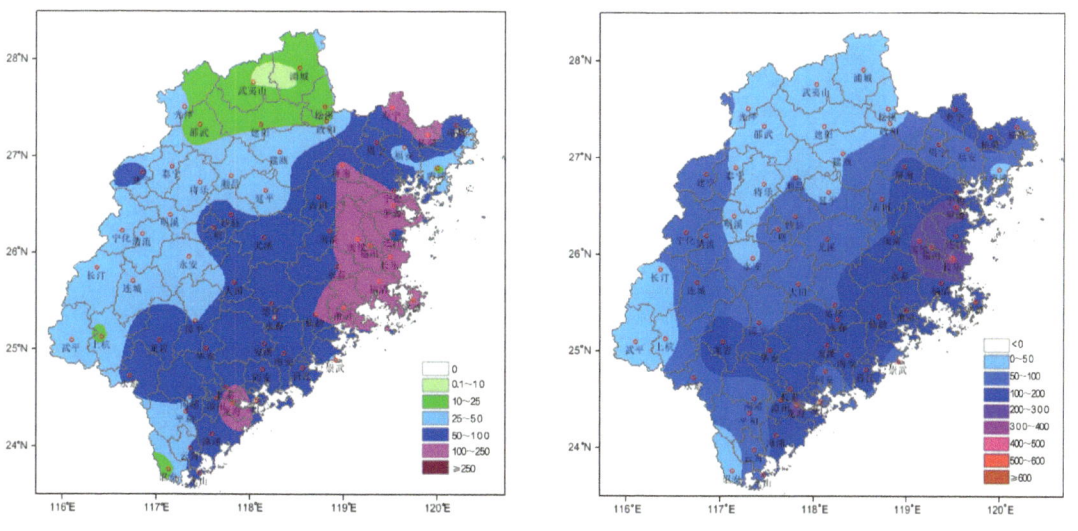

图3.15 2005年10月2~4日日降水极值(左)和过程雨量(右)

3. "苏迪罗"台风

"苏迪罗"（1513号）台风2015年7月30日20时在关岛以东1560 km的西北太平洋洋面上生成，稳定向西偏北方向移动，8月3日14时迅速发展为超强台风。8日4时40分在台湾花莲附近沿海登陆，22时10分在莆田市秀屿区沿海再次登陆，登陆时近中心最大风力13级（38m/s，台风级），中心最低气压970 hPa（图3.16）。

"苏迪罗"带来持续强风和暴雨，给福建省造成严重危害。福建省沿海有37个

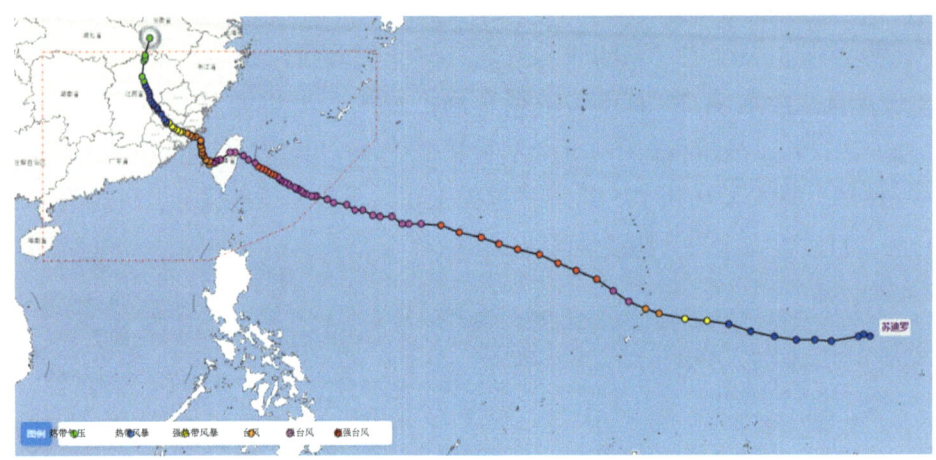

图3.16 "苏迪罗"台风路径

自动站风力达14级以上，其中7个站点16级，以莆田涵江53 m/s为最大；沿海内陆风力也达11～12级。全省10个县（市）36个自动站过程降水量超过500 mm，福州、周宁日雨量突破历史极值（图3.17）。强降雨导致福建省鳌江、交溪、梅溪等多条河流发生超警戒水位洪水，多地出现城市内涝及山洪地质灾害。福州城区严重受淹，历

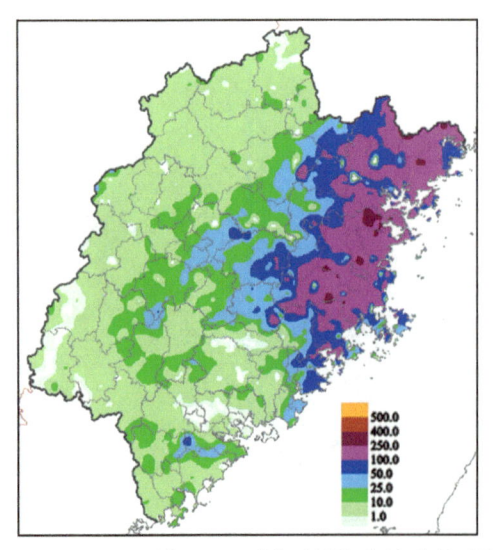 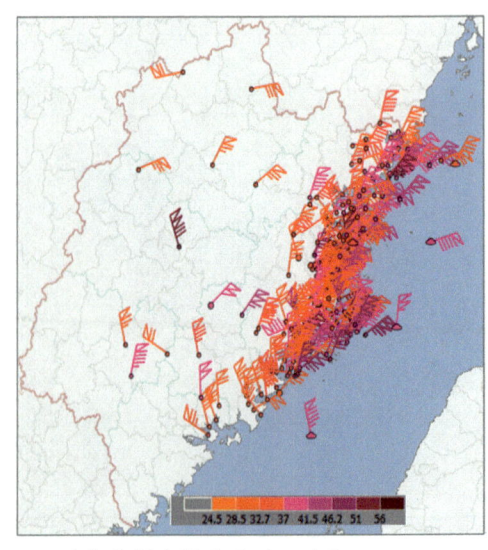

图3.17 "苏迪罗"台风过程雨量（mm，左）和极大风速（m/s，右）

时 38 h，最大水深 1.2 m，7 万多株树木受损，继 2005 年"龙王"台风后福州城区建设再次遭遇重创。

4. "尼伯特"台风

2016 年第 1 号台风"尼伯特"（超强台风级）于 7 月 3 日生成，8 日 5 时 50 分在台湾台东沿海登陆，9 日 13 时 45 分在泉州石狮沿海登陆，登陆时中心附近最大风力 10 级（25 m/s），中心气压 990 hPa（图 3.18）。其特点如下：

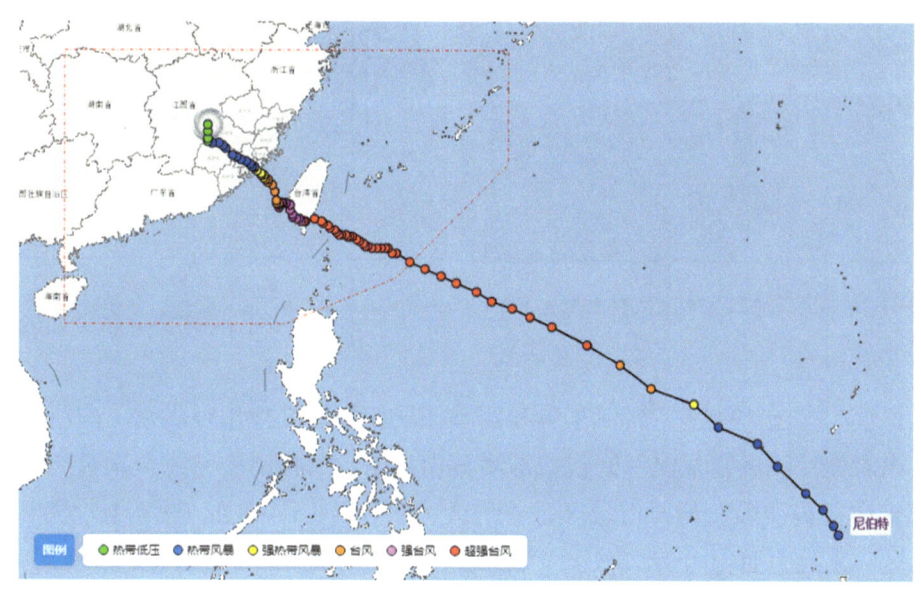

图 3.18 "尼伯特"台风路径

中北部沿海风力大。受"尼伯特"外围影响，8 日白天起福建省中北部沿海出现 8 级以上瞬时大风，其中中部沿海风力达 10～11 级，以长乐石屏山 32.5 m/s（11 级）为最大（图 3.19 的左图）。惠安、长乐、平潭、福州和霞浦 5 个县（市、区）测得 8 级以上阵风，福州市区晋安河公园树木倒伏。

强降水范围广。全省大部分县（市）出现大雨到大暴雨。统计过程累积雨量（8 日 20 时～11 日 20 时），全省 61 个县（市、区）447 个乡镇超过 100.0 mm，以莆田城厢区常太镇 419.0 mm 为最大；本站以莆田 290.2 mm 为最大（图 3.19 的右图）。10 个县（市）日降水量超过 100.0 mm，以莆田 222.5 mm 最大，闽清 217.0 mm 破本站历史极值。

短历时降水强。9 日白天，仙游、莆田、永泰的局部乡镇小时雨强超过 100.0 mm，3 h 雨量超过 200.0 mm。永泰、仙游、闽清、古田 4 个县（市）出现超百年一遇短历时强降水。

洪涝灾害重。强降雨导致闽江支流梅溪发生历史实测最大洪水，9 日 15 时闽清站洪峰水位达 26.48 m，超警戒 10.68 m，洪水频率超百年一遇；木兰溪，九龙江，闽江

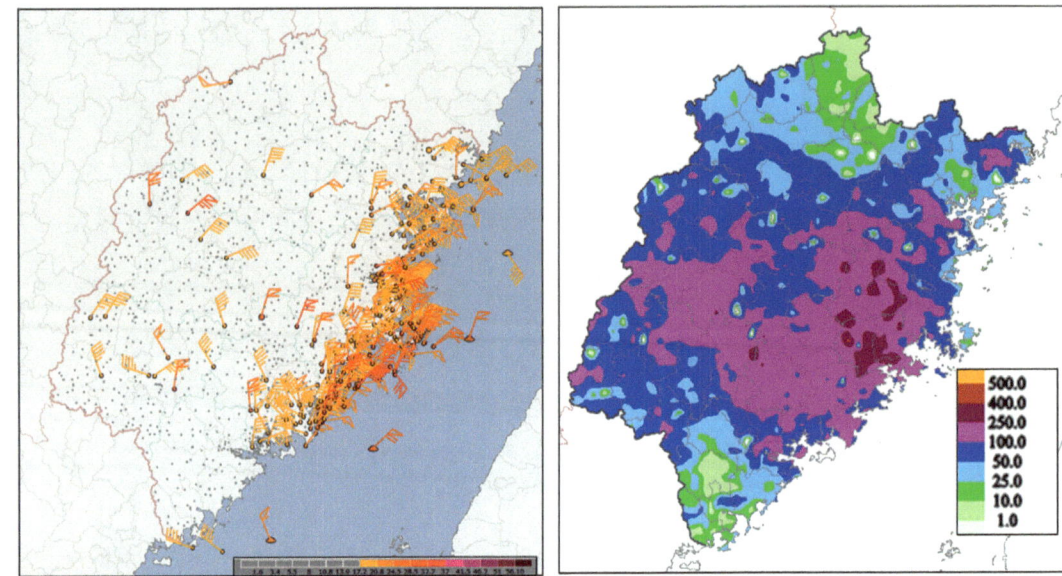

图3.19 "尼伯特"台风影响期间极大风速(左,7月8日08时～9日20时)、累积雨量(右,7月8日20时～11日20时)

支流大樟溪、尤溪、沙溪,晋江东溪和西溪相继发生超警戒水位洪水。闽清梅溪和金沙溪、永泰清凉溪和富泉溪、闽侯穆源溪等山洪暴发,梅溪中游的全国最大古民居单体建筑宏琳厝被冲毁。莆田市城区、秀屿区、仙游县、闽清县、永泰县、古田县等6个县(区)出现大面积内涝。

### (三)风暴潮灾害实例

#### 1. 2015年"苏迪罗"台风全省沿海风暴潮

2015年8月8日22时10分,1513号台风"苏迪罗"在莆田秀屿区登陆,沿海验潮站最大增水发生在连江琯头(2.25 m),其余验潮站普遍增水1 m以上,全省因灾直接经济损失23.90亿元,为福建省2011～2020年因台风引起风暴潮灾害损失最大的台风。

#### 2. 2016年"莫兰蒂"台风中北部沿海风暴潮

2016年9月15日03时05分,1614号台风"莫兰蒂"登陆厦门翔安区沿海,厦门以北沿海增水超过1 m,其中南安石井2.88 m为最高,为福建省2011～2020年沿海验潮站观测的最高增水;增水超过1 m的还有崇武(1.19 m)、厦门(1.13 m)、泉港峰尾(1.10 m)、连江长门(1.04 m),琯头验潮站于14日夜间高潮时出现达到当地黄色警戒潮位的高潮位。受台风风暴潮和天文大潮叠加影响,中部沿海养殖区受到不同程度破坏,全省因灾直接经济损失7.62亿元。

#### 3. 2016"鲇鱼"台风全省沿海风暴潮

2016年9月28日04时40分,1617号台风"鲇鱼"登陆惠安沿海,全省沿海验潮站增水普遍超1 m,其中连江琯头2.19 m为最高。受台风风暴潮和天文大潮叠加影响,中部沿海码头和海堤受到不同程度破坏，全省因灾直接经济损失 8.09 亿元。

4. 2018 年"玛莉亚"台风中北部沿海风暴潮

2018 年 7 月 11 日 09 时 10 分，1808 号台风"玛莉亚"（超强台风级）在福建省连江黄岐半岛沿海登陆，受台风风暴潮和天文大潮的共同影响，崇武以北沿海增水超过 1 m，其中以秦屿验潮站 2.69 m 为最高，全省直接经济损失 11.39 亿元。

## 六、台风致灾因子危险性评估

台风灾害风险评估体系包括台风致灾因子危险性、孕灾环境、承灾体脆弱性和防灾减灾能力四大方面，其中致灾因子危险性评估是台风灾害风险评估的基础。风险大小的识别可以有时间和空间的差异：在时间上，受致灾因子预测预警能力限制，传统意义的灾害评估，多数为灾后保险理赔，或应对灾害恢复生产、生活等应急救灾需要所做的评估，随着气象预报技术水平和准确率的提高，实现灾害尚未发生的早期灾害风险评估已成为可能。在空间上，受制于评估体系中各因子的空间分辨率，其中致灾因子获取的气象观测设备和技术，已有长足改进和提高，实现了精细化的气象观测地 – 空立体网络，致灾因子危险性评估已从全省的"宏观"评估逐步推向精细到乡镇的"微观"评估。

### （一）致灾因子危险性评估指标体系

台风致灾是由台风带来的风、雨和风暴潮引发的，台风本身强度和登陆地段确定了台风可能带来的风、雨强度。每个台风都有一个固定的自身危险性指数，而每个地方的风、雨不同，风雨危险性指数是不同的，应该将台风自身和其带来的气象灾害分别进行危险性评估。台风自身危险性评估包含了台风路径和强度，评估结果有助于早期，甚至更早地根据台风预测，预估台风的可能影响程度。台风强度强，正面登陆福建造成的影响最为严重，登陆福建以南或以北带来的风雨影响差异大，因此台风路径区分规定如下：正面登陆福建，包括登陆台湾后再次登陆福建的台风，以及登陆闽浙交界和闽粤交界处的台风，登陆点编号为 3；登陆珠江口以东包括珠江口区域的粤东沿海，登陆点标号为 2；登陆浙江沿海的登陆点标号为 1，其余为 0。台风暴雨灾害是因强度强、范围大、持续时间长的降水造成的，因此暴雨洪涝灾害因子考虑日雨量、过程雨量、短历时强降水和强降水站数。大风灾害多是考虑近海船舶和工程建筑抗风能力，选取最大风速和极大风速，以及承灾体可能承受的极限风速，具体致灾因子详见表 3.5。

表 3.5 台风灾害致灾因子危险性评估指标

| 一级指标 | 二级指标（气象要素） | 三级指标（因子） | 物理意义 |
| --- | --- | --- | --- |
| 台风危险性 | 台风自身 | 台风位于警戒区内最大风速极值 | |
| | | 台风登陆时最大风速 | 台风强度 |
| | | 登陆地点 | |

续表

| 一级指标 | 二级指标（气象要素） | 三级指标（因子） | 物理意义 |
|---|---|---|---|
| 雨危险性 | 降水 | 过程日最大雨量（单站） | 降雨强度 |
| | | 过程累计最大雨量（单站） | |
| | | 过程1h最大雨量 | |
| | | 过程3h最大雨量 | |
| | | 过程暴雨站日数 | 强降雨范围 |
| | | 过程大暴雨站日数 | |
| | | 过程特大暴雨站日数 | |
| 风危险性 | 风 | 过程日最大风速（单站） | 大风强度 |
| | | 过程日极大风速（单站） | |
| | | 过程最大风速≥8级站日数 | 强风范围 |
| | | 过程极大风速≥12级站日数 | |

### （二）致灾因子危险性评估模型

1. 台风自身危险性评估模型

根据台风3个危险性评估因子构建了如下评估模型：

$$H_{TC}=0.1428 \times MW_L + 0.7070 \times MW_{Sea} + 0.1501 \times L \quad (3.2.1)$$

式中：$H_{TC}$ 表示台风自身危险性指数，$MW_L$ 为登陆时最大风速，$MW_{Sea}$ 表示进入警戒区内台风最强风速，$L$ 表示登陆地段代码。

1981年以来，最危险的台风是2016年"莫兰蒂"，其次是1983年4号台风，2006年"桑美"台风位列第三，近年来损失巨大的2005年"龙王"、2015年"苏迪罗"和2016年"尼伯特"台风危险指数皆达到或超过了高危险阈值（图3.20）。

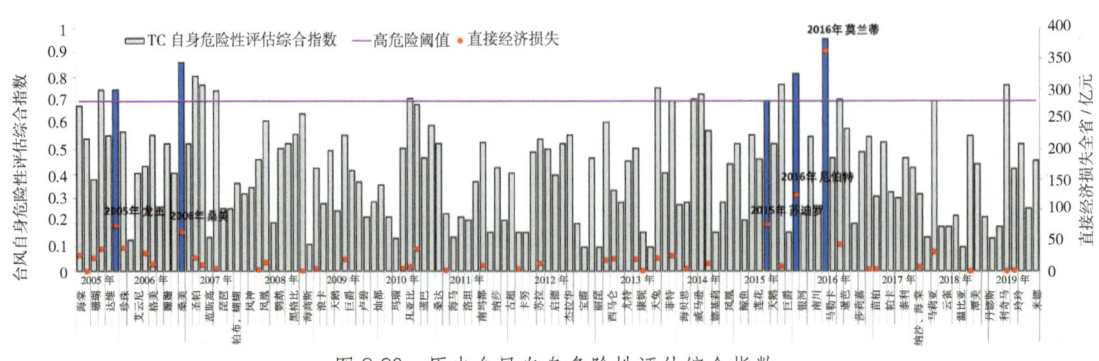

图3.20 历史台风自身危险性评估综合指数

## 2. 台风暴雨危险性评估模型

根据台风暴雨7个危险性评估因子构建了如下评估模型：

$$H_P=0.1213\times MP+0.1217\times AP+0.1352\times MP_{1h}+0.1273\times MP_{3h}+0.1429\times R_s+0.1389\times R_h+0.2106\times R_o \quad (3.2.2)$$

式中：$H_P$ 表示台风暴雨危险性指数，$MP$ 为过程最大日降水量，$AP$ 表示过程最大降水量，$MP_{1h}$ 表示过程1h最大降水量，$MP_{3h}$ 表示过程3 h最大降水量，$R_s$ 表示过程暴雨（日雨量≥50 mm）站日数，$R_h$ 表示过程大暴雨（日雨量≥100 mm）站日数，$R_o$ 表示过程特大暴雨（日雨量≥250 mm）站日数。

由（3.2.2）式可见，各级暴雨站日数权重大，表明强降水范围和持续时间决定了致灾风险的关键，1 h最大雨量权重也不小，表明短时强降水也是致灾的关键因素，以上结论完全符合暴雨致灾风险原理。

## 3. 台风大风危险性评估模型

根据台风大风4个危险性评估因子构建了如下评估模型：

$$H_W=0.2044\times MW+0.26\times MW_{\geq 8}+0.1992\times GW+0.3363\times GW_{\geq 12} \quad (3.2.3)$$

式中：$H_W$ 表示台风大风危险性指数，$MW$ 为过程最大风速，$MW_{\geq 8}$ 表示过程最大风速≥8级站日数，$GW$ 表示过程极大风速，$GW_{\geq 12}$ 表示过程极大风速≥12级站日数。

由（3.2.3）式可以看出，极大风速权系数都较相应的最大风速大，其中以超过一定级别的风速范围和持续天数权重为大，显然达到一定阈值的时空范围因子才是决定致灾风险的关键。另外从本式还可以了解到，以往评估风速危险性多只考虑最大风速，包括各种规范也以最大风速作为风荷载计算，随着观测技术能力提高，观测数据的积累，极大风速在各种现代风工程设计和维护中的关键作用日益凸显，再者极大风速和最大风速的致灾机理不同，都必须慎重考虑。

## 4. 台风风雨综合危险性评估模型

正如指标体系构建中描述，每次台风登陆影响福建，全省各站 $H_{TC}$ 为一个固定值，而 $H_P$ 和 $H_W$ 却有不同的值，因此建模时不考虑 $H_{TC}$，该因子仅作为台风自身可能对福建影响程度的历史评价，那么台风致灾因子危险性评估就由台风造成的 $H_P$ 和 $H_W$ 二个因子构成，根据经验，构建台风综合危险性评估模型如下：

$$H=0.6\times H_P+0.4\times H_W \quad (3.2.4)$$

### （三）致灾因子危险性评估

台风暴雨危险性指数的空间分布（图3.21的左图），整个沿海地区处于较高危险区以上等级，其中北部沿海除福安，崇武以南沿海除厦门、同安和龙海，中部沿海除平潭和福清龙高半岛外，皆属于降水高危险区，龙岩地区北部也属于降水高危险区，这些区域是台风雨引发的山洪地质灾害高发区；低危险区集中在南平和三明地区。

台风大风危险性指数的空间分布（图3.21的中图），较高危险区明显窄于雨因子的较高危险性区域，危险性等级向内陆降低远快于降水。高危险区主要分布于罗源以北沿海，厦门、同安、龙海和东山，漳浦和长乐局部。总体来看，罗源湾至崇武沿海因受台湾地形屏障保护，风危险性比沿海两头要小一个等级。

台风风雨综合危险性指数的空间分布（图3.21的右图）是沿海县市皆为较高危险以上等级，其中中部沿海高危险性区域小，沿海两头大。较高危险区向内陆延伸有一个狭长的中等危险性区域，经鹫峰山—戴云山—博平岭山脉连线的西坡（相当于正面登陆台风的背风坡）基本上属于较低危险区，另外在闽西北部有一个较高危险区，是台风登陆粤东沿海北上后常在闽西上空低压云团滞留造成的。

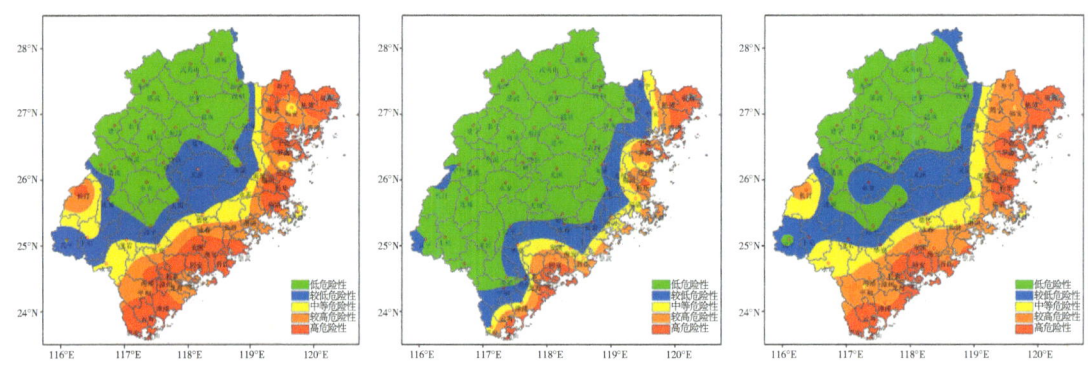

图3.21　台风暴雨（左）、台风大风（中）和台风风雨综合（右）致灾因子危险性分布

### （四）台风过程致灾因子危险性评估

台风因为路径、登陆地点、登陆强度、伴随的环流背景等的不同，致灾危险性等级和分布区域差异很大，有必要研制单个台风危险性评估阈值，满足实时防灾减灾需求。另外，自2010年以来，福建省区域站建设步伐加快，观测数量及质量日益增多和提升，为台风灾害致灾因子危险性分析精细化提供了可能。选取2005年以来，对福建影响严重（直接经济损失超50亿元）的"龙王"（0519号）、"桑美"（0608号）、"苏迪罗"（1513号）、"尼伯特"（1601号）和"莫兰蒂"（1614号）5个台风，利用研制的危险性评估模型（3.2.2至3.2.4式），分析其致灾因子危险性特征，结果表明致灾因子高危险区与实际灾害发生区域极为吻合。

1. 雨灾为重的典型台风

2005年超强台风"龙王"（0519号）于10月2日在厦门登陆，短时超强降水是其最大的特点。由于"龙王"登陆影响的时候没有区域站资料，从本站资料可以看出（图3.22），高危险性区域在福州地区，省会城市福州发生了罕见的城市内涝灾害。

2016年超强台风"尼伯特"（1601号）于7月9日在泉州石狮登陆，高危险区（图3.23）里的大樟溪、木兰溪、九龙江北溪、晋江西溪等10条河流发生超警戒水位以上洪水，其中梅溪闽清站洪峰水位超保证水位5.18 m（历史最大洪水），莆田濑溪站洪峰水位超保证水位0.66 m，闽清梅溪和金沙溪、永泰清凉溪和富泉溪、闽侯木源溪等山洪沟暴发山洪，梅溪中游全国最大古民居单体建筑宏琳厝被冲毁，莆田市城区、秀屿区、仙游县、闽清县、永泰县、古田县等县（区）出现大面积内涝。

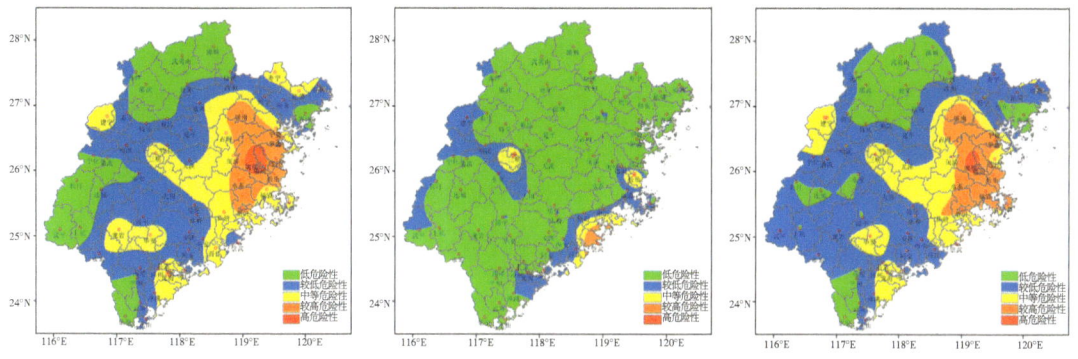

图 3.22 "龙王"台风暴雨（左）、大风（中）和风雨综合（右）致灾因子危险性分布

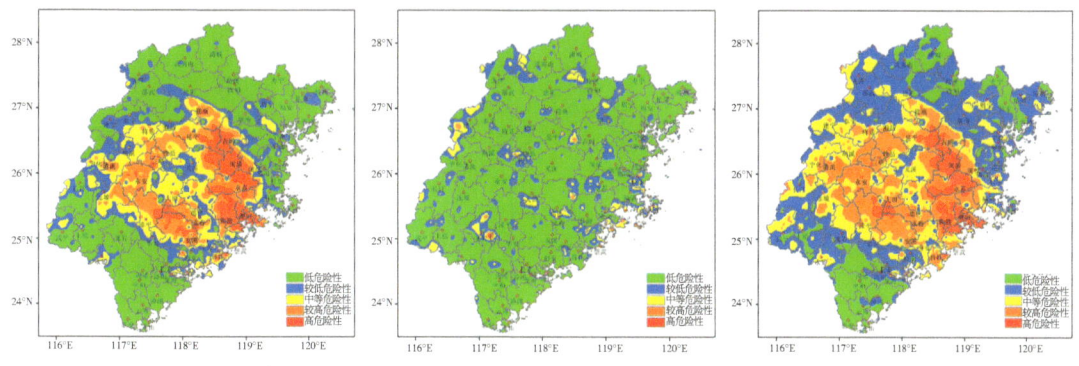

图 3.23 "尼伯特"台风暴雨（左）、大风（中）和风雨综合（右）致灾因子危险性分布

2. 风灾为重的典型台风

2006年超强台风"桑美"（0608号）于2006年8月10日登陆于闽浙交界处，高危险区域位于福鼎、柘荣和寿宁（图3.24），瞬时强风是其最大的特点。据记载，苍南风电场测得瞬时风速达 81 m/s，福鼎合掌岩测得瞬时风速为 75.8 m/s，闽浙两省测得的最大风速均打破两省的大风记录，破坏性极大，成为登陆台风中因大风造成灾害最重的台风。

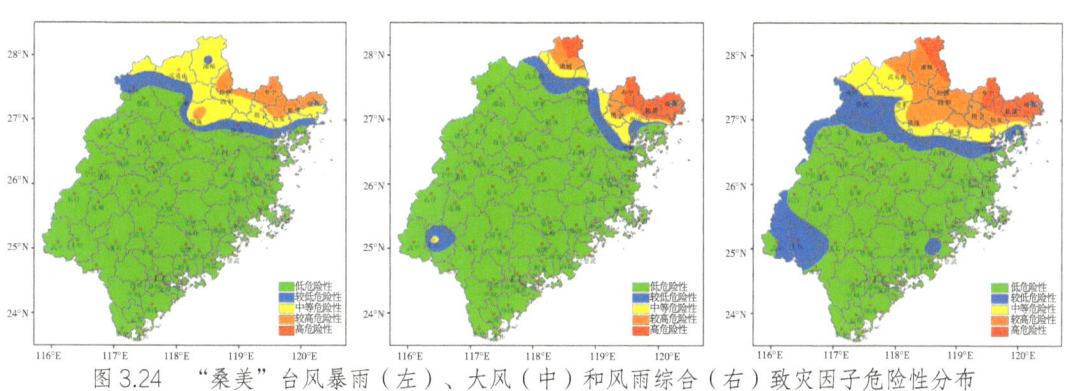

图 3.24 "桑美"台风暴雨（左）、大风（中）和风雨综合（右）致灾因子危险性分布

### 3. 风雨并重的典型台风

台风"苏迪罗"（1513号）和"莫兰蒂"（1614号）属于最典型的风灾叠加雨灾的台风，特别是"莫兰蒂"，高危险位于厦门、泉州经济发达区，损失惨重。

受"苏迪罗"登陆影响，沿海37站风力达14级以上，以莆田涵江53 m/s最大，10个县市（区）36站过程雨量≥500 mm，福州、周宁日雨量突破历史极值。高危险区集中在台风登陆地以北沿海，范围广，记载的严重受灾区位于高危险区域内（图3.25）。继2005年龙王（0519）超强台风后，福州城市建设再遭重创，城市内涝受淹历时38 h，最大水深为1.2 m。周宁县城区内涝受淹，历时5 h，最大水深均为0.8 m。鳌江连江站洪峰超警戒2.67 m，山仔水库入库洪峰5250 m³/s，约30年一遇；交溪福安站洪峰超警戒5.89 m，接近保证水位，闽江支流梅溪闽清站洪峰超警戒1.96 m。

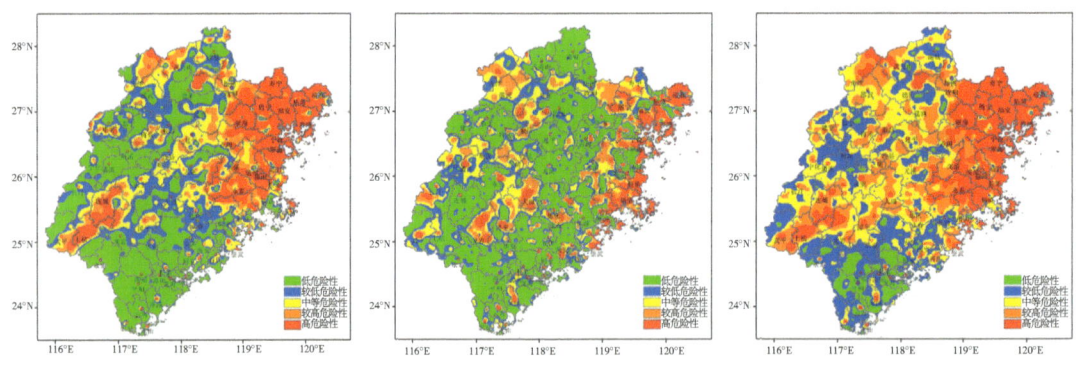

图3.25 "苏迪罗"台风暴雨（左）、大风（中）和风雨综合（右）致灾因子危险性分布

"莫兰蒂"（1614号）超强台风降水高危险区域除台风中心附近的厦门、泉州外，宁德的内陆县市和北部沿海也是降水高危险区（图3.26的左图）。大风高危险性区域集中在长乐以南沿海小区域和台风登陆消亡的路径上（图3.26的中图），在台风登陆点附近，出现超过17级的阵风，最大值出现在厦门湖里区滨海街道（66.1 m/s），厦门本站最大阵风达到16级（54.9 m/s），仅次于5903号强台风（厦门阵风17级，60 m/s），

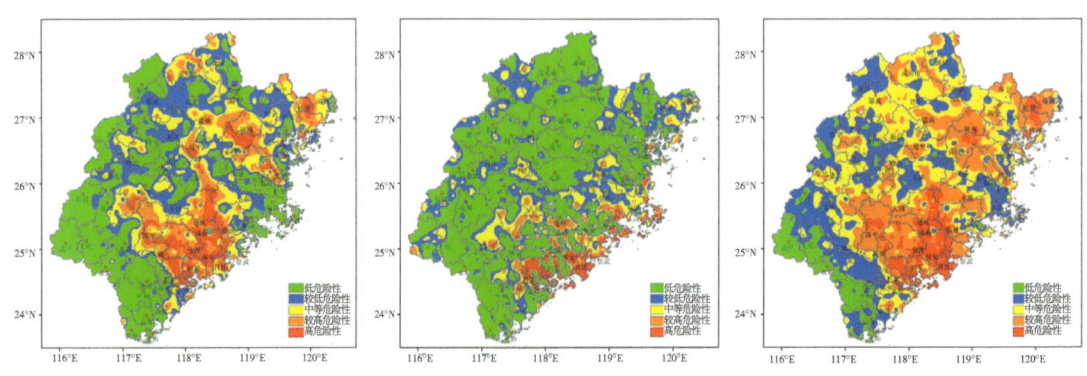

图3.26 "莫兰蒂"台风暴雨（左）、大风（中）和风雨综合（右）致灾因子危险性分布

又恰逢天文大潮，海潮顶托，城市内涝、房屋倒塌、基础设施损坏、水电路讯中断，特别是厦门全城电力供应基本瘫痪、全面停水；泉州、漳州大面积停电；晋江山美水库遭遇 75 年一遇大洪水。

## 七、台风灾害风险评估和区划

所谓"风险"是指特定时期灾害造成不利影响的可能性，预测未来不利事件的情景；所谓的"区划"，是按照灾害在时间上的演替和空间上的分布规律，对其空间范围进行区域划分的过程。随着防灾减灾理论和技术的发展，灾害风险评估与区划逐步趋于信息精细化，给予决策者更有力的帮助。但是，每一阶段的风险区划技术和成果仍具有其独特的含义，不为过时。下面主要阐述精细化台风风险评估技术，最后利用"莫兰蒂"典型台风案例加以应用阐述。

### （一）台风灾害风险评估指标

台风灾害风险构成包括了台风致灾因子危险性、承灾体脆弱性、孕灾环境敏感性和防灾减灾能力 4 个方面，上述已经详细分析了福建台风致灾危险性，那么其余 3 个方面的评估指标，通过对台风致灾机制及自然灾害风险评估相关理论与方法的深入研究，结合孕灾环境和承灾体分布特点的基础上，选择了表征灾害风险的指标体系列于表 3.6。

表 3.6 福建省台风灾害承灾体脆弱性、孕灾环境敏感性和防灾减灾能力评估指标

| 一级指标 | 二级指标 | 三级指标 | 物理意义 |
| --- | --- | --- | --- |
| 孕灾环境敏感性 | 地形因子敏感性 | 高程 /m | 地形敏感性 |
| | | 坡度 /° | |
| | | 起伏度 /m | |
| | 河流因子敏感性 | 距离河流距离 /m | 河流敏感性 |
| 承灾体脆弱性 | 人口承灾脆弱性 | 人口密度 / 人 / $km^2$ | 人口密集程度 |
| | | 老、少人口占比 /% | 人口年龄构成 |
| | 社会经济承灾脆弱性 | 地均 GDP/ 万元 / $km^2$ | 财富密集程度 |
| | | 地均建筑物面积 / $m^2$/ $km^2$ | |
| | | 地均农作物播种面积 / h/ $km^2$ | 农业生产脆弱性 |
| 防灾能力 | 监测预警能力 | 单位面积气象站数量 / 个 / $km^2$ | 监测能力 |
| | 应急处置能力 | 公路密度 / km/ $km^2$ | 救援能力 |
| | | 每万人病床数 / 张 / 万人 | |
| | | 每万人医生数 / 人 / 万人 | |
| | 恢复能力 | 人均公共预算收入 / 元 / 人 | 政府救济能力 |
| | | 城镇居民人均可支配收入 / 元 / 人 | 自救能力 |

## （二）台风灾害风险评估模型

采用主、客观相结合的方法确定各指标因子的权重，客观方法有相关系数赋权法和熵值法赋权法，其确定指标的权重利用的是指标数据本身的空间波动信息，故可消除人为干扰，使评价结果更加客观，但不能体现决策者的决策意愿。主观赋权法采用层次分析法，这类方法根据决策者对各指标的主观重视程度赋权，能反映决策者的意志，但决策结果具有很大的主观随意性。然后采用 GIS 建模工具对各种分析工具进行组织，实现台风灾害致灾因子危险性、孕灾环境敏感性、承灾体脆弱性、防灾减灾能力及综合风险等的计算，得到综合台风灾害风险评估模型：

$$TRI=0.5246\times H+0.2082\times S+0.1582\times V+0.1091\times R \qquad (3.2.5)$$

式中，TRI 为台风灾害风险指数，用于表示台风灾害的综合风险程度，其值越大，则灾害综合风险程度越大，$H$、$E$、$V$、$R$ 分别表示评估模型中的致灾因子的危险性、孕灾环境的敏感性、承灾体的脆弱性和防灾减灾能力的评估指数。根据（3.2.5）式，绘制风、雨、风雨综合风险图组。

台风暴雨灾害风险空间格局（图 3.27 的左图）类似于台风暴雨危险性空间格局，高风险区域主要包括福建省中北部沿海和东南部沿海县（市）；较高风险区包括中部沿海县（市）及位于北部沿海和东南部沿海的高风险区外围县（市）；闽中大山脉以东的较高风险区外围及闽西南地区属于中等风险区；闽中的大部分县（市）及闽西北的大部分县（市）风险相对较低。

台风大风灾害风险的空间格局（图 3.27 的中图）类似于台风大风危险性格局，高风险区和较高风险区主要位于东北部沿海和东南部沿海，而中部沿海县（市）则属于中等风险区域；东部沿海地区山区县（市）的综合风险较低，而闽中大山脉以西的大部分地区都是低风险区域。

由图 3.27 的右图可见，福建省台风灾害综合风险空间差异显著，呈现自东部沿海

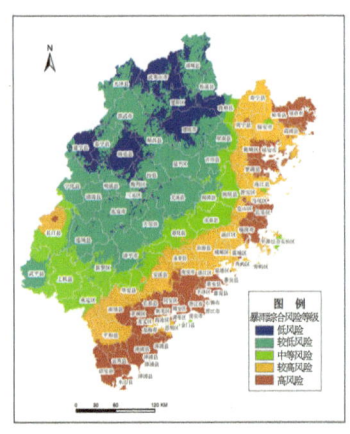
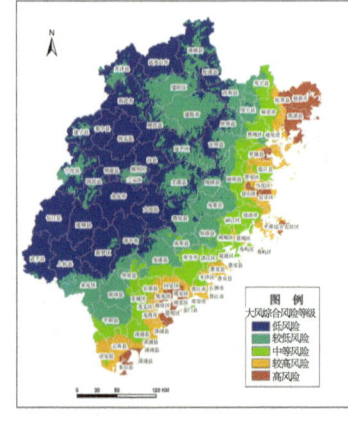
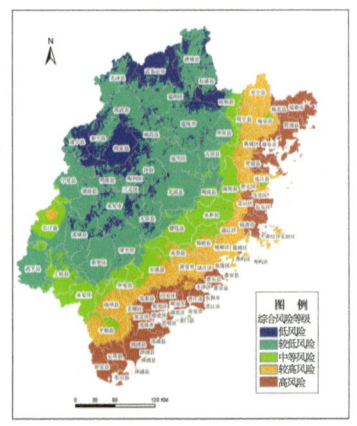

图 3.27　台风暴雨（左）、大风（中）和风雨综合（右）灾害风险空间分布

向西部山区逐渐降低趋势。高风险区包括东部沿海的大多数县（市），尤以福清市以北的中北部沿海及惠安县以南的闽东南沿海最为突出，其大多数县（市）均属于该级别风险区；较高风险区包括福清市以南惠安县以北的中部沿海县（市）及沿海地区的内陆山区县（市）；闽中大山带以东的较高风险区外围及闽西南的部分县（市）是中等风险区；闽西及闽西北的大部分地区均属于较低风险区。

### （三）台风灾害风险评估案例

以 2016 年 14 号台风"莫兰蒂"为例，根据灾情阐述福建台风灾害风险评估业务思路和验证。

#### 1. 台风相似分析

2016 年 9 月 13 日的《重要天气预警报告》中指出"台风'莫兰蒂'预计将在厦门到惠来一带沿海登陆，登陆时强度为强台风级别"。根据台风位置、未来路径趋势、影响时间和可能登陆强度等，普查历史台风个例，与之相似的有 1319 号台风"天兔"和 8015 号台风"Percy"（图 3.28）。其中，台风"天兔"路径偏西，登陆广东，对福建影响整体较轻；台风"Percy"是 1949 年至 1980 年登陆福建的最强台风，降水不强但风力大，南部沿受灾严重（表 3.7）。

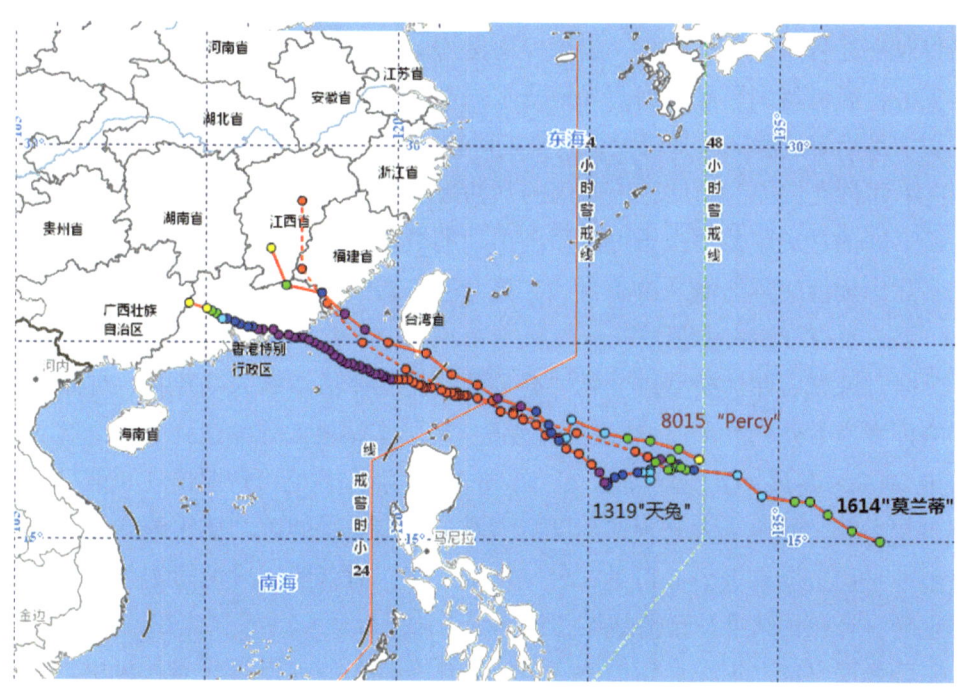

图 3.28 "莫兰蒂"台风及相似台风路径

表3.7 "莫兰蒂"台风的相似台风概况

| 北京编号 | 名称 | 登陆情况 | | | | 对福建的影响 | | | |
|---|---|---|---|---|---|---|---|---|---|
| | | 登陆地点 | 登陆时间 | 最低气压 | 最大风速 | 风 | 雨 | 受灾人口 | 直接经济损失 |
| 1319 | 天兔 | 广东汕尾 | 9月22日 | 935 hPa | 风力14级 (45 m/s) | 最大风速8~11级,阵风10~11级 | 最大累积雨量:诏安290.4 mm;最大日雨量:诏安276.2 mm | 31.88万人 | 20.69亿元 |
| 8015 | percy | 台湾恒春 福建漳浦 | 9月18日 9月19日 | 960 hPa | 风力15级 (50 m/s) | 风力大。最大风速9~11级,东山48m/s | 最大累积雨量:南安110.5 mm;最大日雨量:永春90.8 mm | 伤亡36人 | 漳州沿海受灾严重 |

2. 灾前预估、灾中评估和灾后评估

选取台风中心最低气压、过程极大风速、过程日雨量极值、风暴潮天文指数和承灾体潜在易损性5个要素作为预(评)估因子,采用模糊数学评估方法和客观赋权方法,构建省级台风灾前、灾中和灾后预(评)估模型。

通过灾前预估模型得到台风"莫兰蒂"的灾前预估指数为0.9056(1级),"莫兰蒂"台风将对福建省造成严重影响。崇武以南沿海地区将遭受强风、暴雨、巨浪和高潮等多种灾害,影响特别严重;闽西局地降水强度大,暴雨洪涝灾害影响严重;西北内陆山区和中部沿海过程降水量较大,且前期降水已致土壤饱和度较高,灾害影响较重。

灾中评估类似灾前预估,所采用的预估因子、预估模型和等级划分标准两者均一致,所不同的是灾中预估因子可以用已出现的极值,或因子的气象预报极值,或预报值和实际出现值的累加值。由于台风"莫兰蒂"的强度、路径和风雨预报未出现明显调整,因此没有开展灾中预估。

根据台风灾后评估模型,台风"莫兰蒂"灾后评估指数为0.7994,对福建省的风雨影响程度为1级(严重)。对照风雨实况,厦门本站最大阵风达到16级(54.9 m/s),仅次于5903号台风(厦门阵风17级,60 m/s);沿海各地市普遍出现8级以上大风。全省出现大范围暴雨至大暴雨,局部特大暴雨,南安、仙游、德化等县(市)日降水量突破本站历史同期极值。可见,台风"莫兰蒂"对福建省风雨影响并重,评估结论基本正确,且评估结果与预估结果一致。

灾后根据灾情和灾损评估模型,台风"莫兰蒂"的灾损指数为0.4948,对福建省的灾害损失为1级(严重)。通过与历史影响福建台风的灾损指数进行比较,台风"莫兰蒂"的灾损指数为近10年最大,可见灾损评估结论正确。

3. 根据路径划分的风险预估

将历史上登陆或影响福建的台风按路径分为直接登陆闽北,直接登陆闽南,登台入闽北,登台入闽中,登台入闽南,登浙及其以北,登陆珠江口及其以东的广东沿海,登陆珠江口以西广东沿海、广西、海南,登陆台湾消失,海峡内消失和海峡外消失共11类,按公式3.2.6计算不同路径的台风灾害风险指数,利用GIS的自然断点分级法将不同路径的台风风险指数按5级划分(高风险区、次高风险区、中等风险区、次低风险区、低风险区),绘制不同路径的台风风险区划图谱。业务中,选取与预报相近的台风路径的风险区划图,结合不同等级的风险区域分布,开展灾前预估。

$$TRI=H^{0.4}×S^{0.2}×V^{0.2}×R^{0.6} \quad (3.2.6)$$

式中:$TRI$(Typhoon Risk Index)为台风灾害风险指数,用于表示风险程度,其值越大,则灾害风险程度越大;$H$、$S$、$V$、$R$分别表示风险评价模型中的致灾因子的危险性、孕灾环境的敏感性、承灾体的脆弱性和防灾抗灾能力各评价因子指数。

"莫兰蒂"台风预报为直接登陆闽南台风,从图3.29可以看出漳州北部至莆田沿海区域属于高风险区。

4. 台风灾害风险区划

由图3.30可以看出,2016年"莫兰蒂"台风的高风险区和较高风险区主要位于以厦门为中心的闽东南沿海县(市)及闽东北的部分县(市),其他大部分地区属于中等风险区。根据《2016年福建省气候公报》记录的莫兰蒂台风造成的灾害影响:"'莫兰蒂'是新中国成立以来登陆闽南的最强台风,'莫兰蒂'台风对福建风雨影响并重,造成的危害主要在人口最集中的闽南地区,特别是厦门全城电力供应基本瘫痪、全面停水,泉州、漳州大面积停电,经济损失极为严重",风险分析结果的高风险区与其描述影响最严重的区域基本一致。

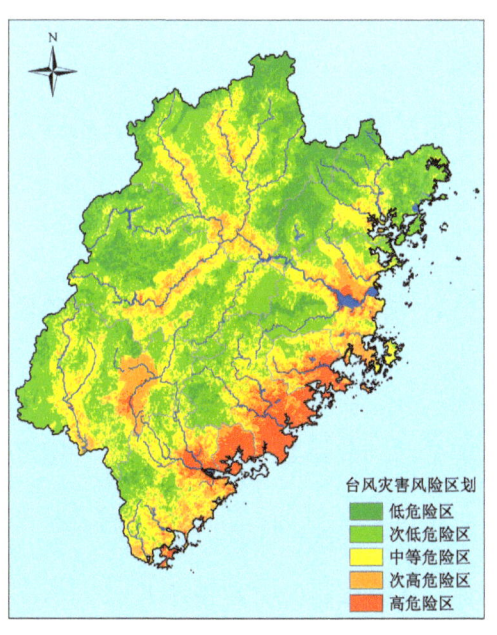

图3.29 直接登陆闽南路径的台风风险区划图

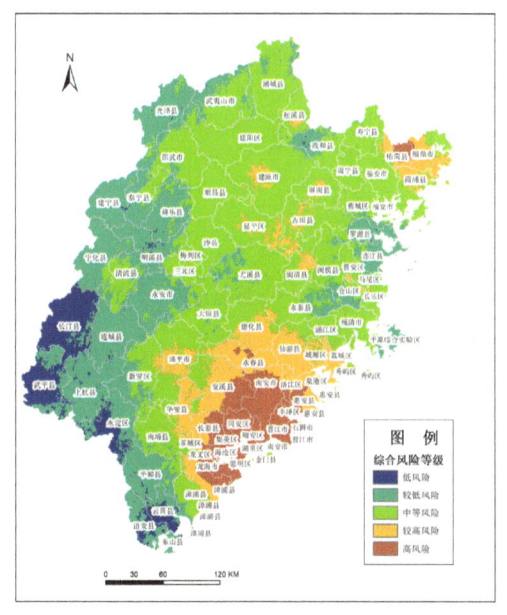

图3.30 2016年"莫兰蒂"综合风险空间格局

## 第三节 区域性暴雨

### 一、区域性暴雨过程的定义

区域性暴雨日：福建省66个国家站中，至少3个（或5%）站达暴雨及以上的雨日（日降水量数据采用20时～20时或08时～08时，本节的统计分析基于20时～20时数据）。

区域性暴雨过程：区域性暴雨日持续天数至少1天的过程或者间断1天且间断日福建省66个国家级气象观测站日降水量满足以下条件之一：第一，至少1个站达暴雨及以上；第二，至少5个站达中雨及以上。

区域性暴雨过程的开始日/结束日：区域性暴雨过程首个/最后一个区域性暴雨日。

### 二、区域性暴雨过程综合强度评估

#### （一）区域性暴雨过程综合强度评估因子

区域性暴雨过程综合强度评估采用最大过程雨强指数、最大单日雨强指数、暴雨范围指数、暴雨持续时间指数4个评估因子，各因子定义如下。

1. 最大过程雨强指数

整个暴雨过程中，全省66个国家站的过程降水量最大值定义为最大过程雨强指数 $I_{pre}$，其计算见下式。

$$I_{pre} = \max_{i=1}^{n}(P_i)$$

式中：$I_{pre}$ 为最大过程雨强指数；$P_i$ 为第 $i$ 个站的过程降水量；$n$ 为评价区气象观测站中出现降水的站数（不重复计数）。

2. 最大单日雨强指数

整个暴雨过程中，全省66个国家站的日降水量最大值定义为最大单日雨强指数 $I_{24pre}$，其计算见下式。

$$I_{24pre} = \max_{i=1}^{n}(P24_i)$$

式中：$I_{24pre}$ 为区域最大日降水量；$P24_i$ 为第 $i$ 个站的最大日降水量；$n$ 为评价区气象观测站中出现降水的站数（不重复计数）。

3. 暴雨范围指数

整个暴雨过程中，全省66个国家站中出现暴雨的总站数（不重复计数）定义为暴雨范围指数（$I_{cov}$）。

4. 暴雨持续时间指数

区域性暴雨过程的开始日至结束日总日数定义为暴雨持续时间指数 $I_{day}$。

## （二）区域性暴雨过程综合强度评估模型

选择上述 4 个评估因子建立区域性暴雨过程综合强度评估模型，权重系数采用相关系数法；评估模型见下式：

$$IR = A \times G_{pre} \times abI_{pre} + B \times G_{24pre} \times abI_{24pre} + C \times G_{cov} \times abI_{cov} + D \times G_{day} \times abI_{day} \quad (3.3.1)$$

式中：IR 为暴雨过程综合强度指数；$G_{pre}$、$G_{24pre}$、$G_{cov}$ 和 $G_{day}$ 分别为 4 个评估因子的等级；$abI_{pre}$、$abI_{24pre}$、$abI_{cov}$ 和 $abI_{day}$ 分别为标准化的 4 个评估因子值与标准化样本序列最小值的差值；A、B、C 和 D 为权重系数。

## （三）区域性暴雨过程综合强度等级划分

以 1991～2020 年 30 年所有暴雨过程为样本，采用百分位数法确定 4 个评估指标和综合强度等级划分标准。等级达到 4 级和 5 级的事件称作强事件。（表 3.8、表 3.9）

表 3.8 区域性暴雨过程 4 个评估因子与综合强度的等级划分标准

| 百分位范围(R) | R≤50% | 50%＜R≤70% | 70%＜R≤85% | 85%＜R≤95% | R＞95% |
|---|---|---|---|---|---|
| 等级 | 1 级 | 2 级 | 3 级 | 4 级 | 5 级 |
| 评估 | 一般性 | 略偏强（大、长） | 偏强（大，长） | 明显偏强（大，长） | 极端事件 |

表 3.9 福建区域性暴雨过程 4 个评估因子及综合强度等级划分

| 评估因子 | | 等级 1 级 | 2 级 | 3 级 | 4 级 | 5 级 |
|---|---|---|---|---|---|---|
| 持续时间 | 取值范围 /d | 1 | 2 | 3 | 4 | ≥5 |
| | 评估结果 | 一般性 | 略长 | 偏长 | 明显偏长 | 极端事件 |
| 暴雨范围 | 取值范围 /个 | ＜10 | 10≤A＜16 | 16≤A＜27 | 27≤A＜42 | ≥42 |
| | 评估结果 | 一般性 | 略大 | 偏大 | 明显偏大 | 极端事件 |
| 最大单日雨强 | 取值范围 /mm | ＜98.3 | 98.3≤A＜128.6 | 128.6≤A＜177.0 | 177.0≤A＜265.9 | ≥265.9 |
| | 评估结果 | 一般性 | 略强 | 偏强 | 明显偏强 | 极端事件 |
| 最大过程雨强 | 取值范围 /mm | ＜115.3 | 115.3≤A＜166.6 | 166.6≤A＜249.9 | 249.9≤A＜405.8 | ≥405.8 |
| | 评估结果 | 一般性 | 略强 | 偏强 | 明显偏强 | 极端事件 |
| 综合强度 | 取值范围 | ＜0.9 | 0.9≤A＜2.9 | 2.9≤A＜5.9 | 5.9≤A＜11.6 | ≥11.6 |
| | 评估结果 | 一般性 | 略强 | 偏强 | 明显偏强 | 极端事件 |

### 三、区域性暴雨过程的气候特征

图3.31是1961～2020年福建区域性暴雨过程年频数及其变化趋势，显示：近60年福建区域性暴雨过程年频数呈缓慢增加趋势；频数最多的是2016年的28个，其次是2000年的26个；频数最少的是1963年的9个。

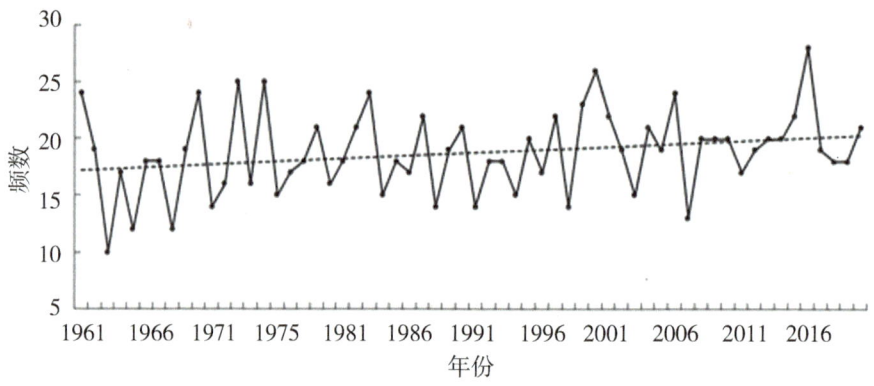

图3.31　1961～2020年福建区域性暴雨过程年频数变化

图3.32是1961～2020年福建区域性暴雨过程强事件年频数及其变化趋势。图中显示，近60年福建区域性暴雨过程强事件的年频数趋于增加，并且呈明显的年代际分布特征。1960年代中期至1980年代强事件较少，无强事件的年份多出现在这一时期；1990年代以来强事件增多。区域性暴雨过程强事件年频数最多的是2013年和2016年的6个，其次是2006年和2014年的5个。

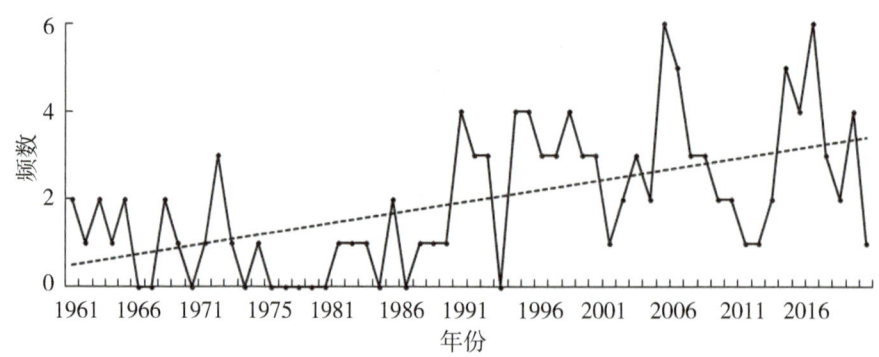

图3.32　1961～2020年福建区域性暴雨强事件年频数变化

表3.10是1961～2020年福建最强的10个区域性暴雨过程。综合强度最强的是1998年6月9～24日暴雨过程，此次过程持续16天，日降水量最大值达255.4 mm，过程降水量最大值达1055.8 mm。综合强度第二、三强的分别是2010年6月14～26日暴雨过程和1968年6月9～25日暴雨过程。

表 3.10　1961～2020 年福建区域性暴雨过程综合强度前十强过程一览表

| 序号 | 年份 | 过程日期 | 持续天数/天 | 暴雨站数/个 | 日降水量最大值/mm | 过程雨量最大值/mm | 天数等级 | 范围等级 | 日雨强等级 | 过程雨强等级 |
|---|---|---|---|---|---|---|---|---|---|---|
| 1 | 1998 | 6月9日～24日 | 16 | 43 | 255.4 | 1055.8 | 5 | 5 | 4 | 5 |
| 2 | 1968 | 6月9日～25日 | 17 | 62 | 211.9 | 771 | 5 | 5 | 4 | 5 |
| 3 | 2010 | 6月14日～26日 | 13 | 53 | 266.6 | 783.6 | 5 | 5 | 5 | 5 |
| 4 | 2005 | 6月18日～23日 | 6 | 42 | 347.9 | 764.5 | 5 | 4 | 5 | 5 |
| 5 | 2002 | 6月11日～18日 | 8 | 48 | 265.9 | 657.1 | 5 | 5 | 5 | 5 |
| 6 | 2015 | 8月8日～15日 | 8 | 39 | 307.3 | 655 | 5 | 4 | 5 | 5 |
| 7 | 2002 | 8月4日～11日 | 8 | 42 | 296.4 | 639.1 | 5 | 4 | 5 | 5 |
| 8 | 1965 | 6月11日～20日 | 10 | 52 | 175.4 | 514.1 | 5 | 5 | 3 | 5 |
| 9 | 2005 | 7月18日～22日 | 5 | 16 | 472.5 | 696.8 | 4 | 2 | 5 | 5 |
| 10 | 2016 | 9月28日～30日 | 3 | 53 | 434.4 | 491.7 | 3 | 5 | 5 | 5 |

表 3.11 和表 3.12 分别是 1961～2020 年福建雨季（5～6 月）和台风季（7～9 月）最强的 10 个区域性暴雨过程。可以看到，区域性暴雨过程综合强度前十强过程中，雨季区域性暴雨过程占 60%，且前五强均为雨季区域性暴雨过程。

表 3.11　1961～2020 年雨季福建区域性暴雨过程综合强度前十强过程一览表

| 序号 | 年份 | 过程日期 | 持续天数/天 | 暴雨站数/个 | 日降水量最大值/mm | 过程雨量最大值/mm | 天数等级 | 范围等级 | 日雨强等级 | 过程雨强等级 |
|---|---|---|---|---|---|---|---|---|---|---|
| 1 | 1998 | 6月9日～24日 | 16 | 43 | 255.4 | 1055.8 | 5 | 5 | 4 | 5 |
| 2 | 1968 | 6月9日～25日 | 17 | 62 | 211.9 | 771 | 5 | 5 | 4 | 5 |
| 3 | 2010 | 6月14日～26日 | 13 | 53 | 266.6 | 783.6 | 5 | 5 | 5 | 5 |
| 4 | 2005 | 6月18日～23日 | 6 | 42 | 347.9 | 764.5 | 5 | 4 | 5 | 5 |
| 5 | 2002 | 6月11日～18日 | 8 | 48 | 265.9 | 657.1 | 5 | 5 | 5 | 5 |
| 6 | 1965 | 6月11日～20日 | 10 | 52 | 175.4 | 514.1 | 5 | 5 | 3 | 5 |
| 7 | 1964 | 6月9日～18日 | 10 | 42 | 206.8 | 526.9 | 5 | 4 | 4 | 5 |
| 8 | 1983 | 6月13日～21日 | 9 | 41 | 245.1 | 537.2 | 5 | 4 | 4 | 5 |
| 9 | 1994 | 6月14日～20日 | 7 | 48 | 157.8 | 484.6 | 5 | 5 | 3 | 5 |
| 10 | 1975 | 6月5日～12日 | 8 | 47 | 232.4 | 357.3 | 5 | 5 | 4 | 4 |

表 3.12 1961～2020 年台风季福建区域性暴雨过程综合强度前十强过程一览表

| 序号 | 年份 | 过程日期 | 持续天数/天 | 暴雨站数/个 | 日降水量最大值/mm | 过程雨量最大值/mm | 天数等级 | 范围等级 | 日雨强等级 | 过程雨强等级 |
|---|---|---|---|---|---|---|---|---|---|---|
| 1 | 2015 | 8月8日～15日 | 8 | 39 | 307.3 | 655 | 5 | 4 | 5 | 5 |
| 2 | 2002 | 8月4日～11日 | 8 | 42 | 296.4 | 639.1 | 5 | 4 | 5 | 5 |
| 3 | 2005 | 7月18日～22日 | 5 | 16 | 472.5 | 696.8 | 4 | 2 | 5 | 5 |
| 4 | 2016 | 9月28日～30日 | 3 | 53 | 434.4 | 491.7 | 3 | 5 | 5 | 5 |
| 5 | 2006 | 7月14日～17日 | 4 | 44 | 346.7 | 586.8 | 3 | 5 | 5 | 5 |
| 6 | 1990 | 8月19日～23日 | 5 | 52 | 297.7 | 512.1 | 4 | 5 | 5 | 5 |
| 7 | 2009 | 8月8日～9日 | 2 | 28 | 415.2 | 632.7 | 2 | 4 | 5 | 5 |
| 8 | 1990 | 7月30日～8月4日 | 6 | 38 | 210.4 | 577.2 | 5 | 4 | 4 | 5 |
| 9 | 1992 | 7月4日～8日 | 5 | 62 | 192.8 | 447.9 | 4 | 5 | 4 | 5 |
| 10 | 2008 | 7月28日～30日 | 3 | 50 | 266.9 | 514.4 | 3 | 5 | 5 | 5 |

### 四、区域性暴雨过程的典型案例

1.1968 年 6 月 9～25 日特大暴雨

1968 年 6 月 9～25 日福建出现全省性连续大暴雨，66 个县市中除漳平外均出现了暴雨（图 3.33 的右图），总计 201 个站次（暴雨范围之广超过了 1998 年和 2010 年雨季高峰期的暴雨范围），其中有 27 个站次出现超过 100 mm 的大暴雨。该过程的最强降水期在 12 日和 17～19 日，尤以后者降水量为大，3 天内共有 82 个站次出现暴雨，日降水量超过 100 mm 的有 17 站次。

图 3.33 的左图是此次过程总降水量分布图，主强雨带由三明伸向宁德，累计降水量普遍超过 500 mm，高值中心在宁化（682.6 mm）—明溪（771.0 mm）—延平（606.5 mm）—屏南（642.5 mm）一线；次强雨带位于中南部沿海，由诏安（514.9 mm）、云霄（579.7 mm）经同安（493.5 mm）伸向平潭（675.5 mm）。这次强降水引发了闽江流域的特大洪水，福州竹岐水文站超警戒水位长达 159 h，19 日洪峰水位 15.92 m，超危险水位 1.42 m，洪峰流量 29400 m³/s。此次灾情以南平、三明、福州三市为重。

2.1998 年 6 月 9～24 日闽北特大暴雨

1998 年 6 月 12～24 日闽北出现大暴雨过程，过程降水量大于 500 mm 的有 11 个县市，以武夷山 1055.8 mm 为最大，光泽 989.4 mm 次之（图 3.34 的左图）；有 120 个站次出现暴雨（图 3.34 的右图），其中 35 个站次出现大暴雨，光泽县 22 日出现特

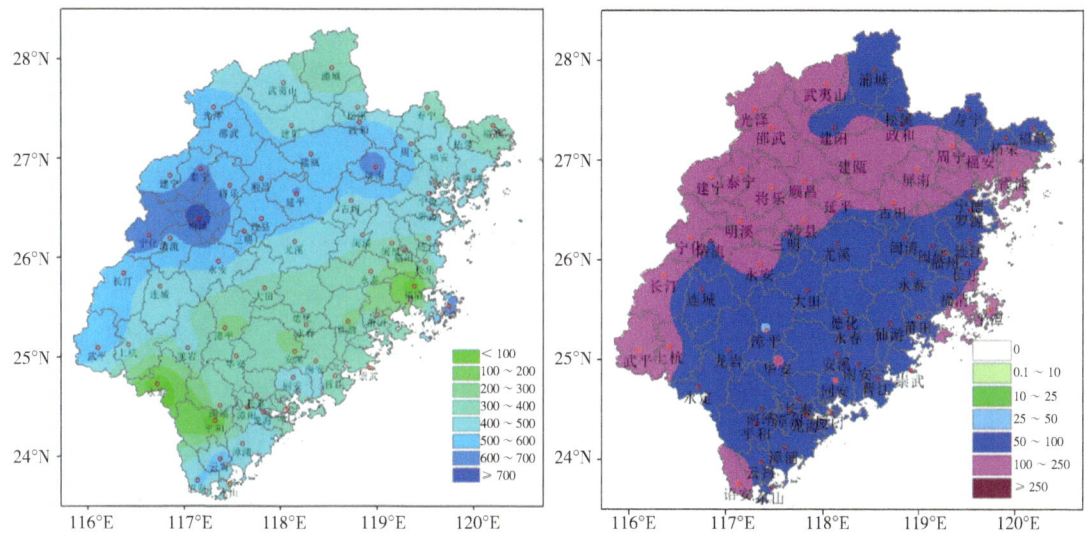

图 3.33 1968 年 6 月 9～25 日过程雨量（左）和过程最大日雨量（右）

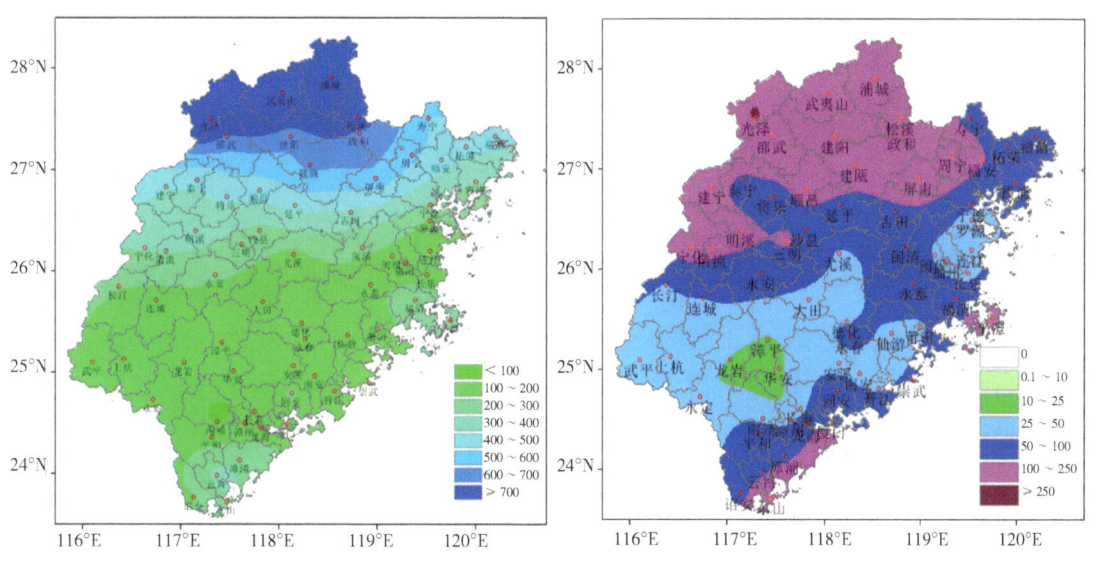

图 3.34 1998 年 6 月 9～24 日过程雨量（左）和过程最大日雨量（右）

大暴雨（日降水量达 255.4 mm）。由于降水区域集中、持续时间长，闽北各地水库暴满，江河水位骤升，建溪、富屯溪相继多次发生超过危险水位的洪水，光泽、邵武、顺昌、建瓯、延平等县（市、区）的城关水位均超过危险水位 5 m 以上。闽江干流竹歧水文站 6 月 23 日洪峰流量 33800 m³/s，创 1934 年以来的最大洪峰。

3. 2010 年 6 月 14～26 日特大暴雨

2010 年 6 月 14～26 日，福建省出现持续性暴雨至大暴雨过程。

此次暴雨过程有以下 5 个特点：

一是持续时间长。暴雨过程持续 13 天，其间 10 天出现大暴雨，强降水持续时间之长为历史少见，泰宁、浦城连续出现暴雨至大暴雨均达 5 天（均为历史首见）。

二是过程降水量多。全省各县（市）过程降水量除诏安外均 ≥ 100 mm，有 12 个县（市）≥ 500 mm，且主要集中在西北部地区。顺昌、南平、泰宁、将乐、福清和漳平等 13 个县（市）的过程降水量为 1961 年以来历史同期最大（图 3.35）。

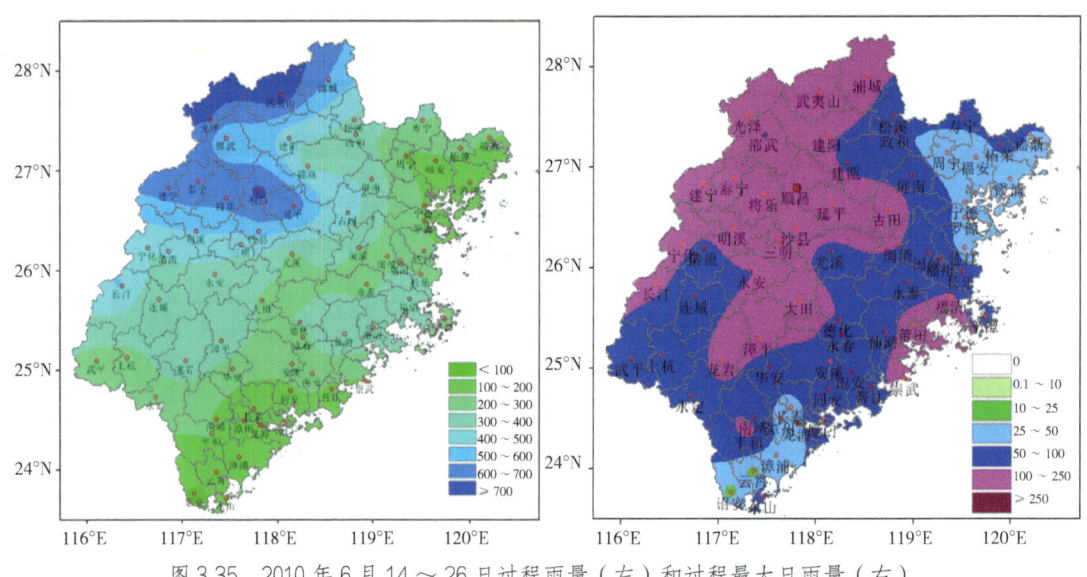

图 3.35　2010 年 6 月 14～26 日过程雨量（左）和过程最大日雨量（右）

三是暴雨范围广。9 个地市均出现暴雨，累计 134 个暴雨日次，35 个大暴雨日次。

四是降水强度大。闽西北的顺昌、武夷山、延平 3 县（市、区）最大日降水量破历史纪录。全省区域站中，1 h 降水量以福清市渔溪 100.3 mm 为最大，3 h 降水量以泰宁县新桥 194.5 mm 最大，6 h 降水量以泰宁县上青 234.5 mm 最大。建宁县樱桃岭过程降水量达 857 mm。

五是强降水区域集中，本次暴雨过程强降水落区相对集中，大暴雨和特大暴雨主要集中在南平和三明两地市，武夷山市和光泽县连续 2 天大暴雨至特大暴雨。南平、沙县大暴雨日数超过本站 6 月份大暴雨日数的历史纪录。

本次暴雨过程，闽江流域出现了特大洪水，6 月 18 日竹歧水文站洪峰流量为 29400 m³/s，上游的南平和三明两市山洪暴发、江河猛涨，地质灾害频发，大量民房倒塌，基础设施损毁，农田受淹。

### 五、暴雨灾害综合风险评估

（一）单站暴雨过程综合强度评估

1. 定义

单站暴雨日：24 h 内降雨量 ≥ 50 mm 的降雨日为单站暴雨日。

单站暴雨过程：单站暴雨日持续天数≥1天或者间断日仅1天且出现中雨及以上降水的过程。

暴雨过程开始日/结束日：暴雨过程首个/最后一个暴雨日。

2. 单站暴雨过程综合强度评估指标

采用过程雨强指数、过程最大单日雨强指数、暴雨持续时间指数3个评估因子，其定义如下。

①过程雨强指数：暴雨过程累积降水量。

②过程最大单日雨强指数：暴雨过程中，日降水量最大值。

③暴雨持续时间指数：暴雨过程从开始日至结束日的天数。

3. 单站暴雨过程综合强度评估模型

对各评价因子进行标准化处理，采用相关系数法等方法确定权重，加权求和得到暴雨过程综合强度指数，计算方法见下式：

$$IR = A \times I_{24pre} + B \times I_{pre} + C \times I_{day} \tag{3.3.2}$$

式中：$IR$ 为单站暴雨过程综合强度指数；$I_{24pre}$、$I_{pre}$ 和 $I_{day}$ 分别是标准化处理的3个评估因子值与标准化序列最小值的差值；A、B、C 为权重系数。

4. 等级划分

以1981～2010年30年单站暴雨过程的综合强度指数为样本，采用百分位数法，划分为一般性、略偏强、偏强、明显偏强及极端事件5个等级（表3.13）。

表3.13 单站暴雨过程综合强度指数等级划分及评估

| 百分位范围R | R≤50% | 50%＜R≤70% | 70%＜R≤85% | 85%＜R≤95% | R＞95% |
|---|---|---|---|---|---|
| 等级 | 1级 | 2级 | 3级 | 4级 | 5级 |
| 评估 | 一般性 | 略偏强 | 偏强 | 明显偏强 | 极端事件 |

（二）致灾危险性评估模型

致灾危险性评估主要考虑暴雨事件和孕灾环境，由雨涝指数和暴雨孕灾环境影响两部分组成。

1. 雨涝指数的计算

累加当年逐场暴雨过程强度值，得到年雨涝指数；年雨涝指数的气候平均值称为雨涝指数。

2. 暴雨孕灾环境影响系数的计算

考虑地形、河网水系和地质灾害易发程度三个评估因子，各评估因子计算方法如下：

（1）地形影响系数（Ph）

主要包括高程和地形变化。高程数据可以从基础地理信息数据中直接提取，地形

变化采用高程标准差表示。对任一评估点,利用以该点为中心、其周围8个格点的高程值计算高程标准差($S_h$):

$$S_h=\sqrt{\frac{\sum_{j=1}^{n}(h_j-\bar{h})^2}{n}} \quad (3.3.3)$$

式中:$h_j$为周围8个点的海拔高度,单位为米;$\bar{h}$为评估点的海拔高度,单位为米;$n=8$。

根据海拔高度和高程标准差,按表3.14确定地形因子影响系数。

表3.14 地形因子影响系数表

| 海拔标准差 | 海拔高度/m | | | | |
|---|---|---|---|---|---|
| | < 100 | [100,300) | [300,500) | [500,800) | ≥ 800 |
| < 1 | 0.9 | 0.8 | 0.7 | 0.6 | 0.5 |
| [1,10) | 0.8 | 0.7 | 0.6 | 0.5 | 0.4 |
| [10,20) | 0.7 | 0.6 | 0.5 | 0.4 | 0.3 |
| ≥ 20 | 0.5 | 0.4 | 0.3 | 0.2 | 0.1 |

(2)水系影响系数(Pr)

考虑评估点所在区域的水网密度,采用水网密度系数(Prm)表示,它是单位面积内自然和人工河道的总长度,按表3.15进行赋值。

表3.15 水网密度系数表

| 水网密度 | 系数 Prm |
|---|---|
| < 0.01 | 0 |
| [0.01,0.24) | 0.1 |
| [0.24,0.41) | 0.2 |
| [0.41,0.57) | 0.3 |
| [0.57,0.74) | 0.4 |
| [0.74,0.91) | 0.5 |
| [0.91,1.08) | 0.6 |
| [1.08,1.24) | 0.7 |
| [1.24,1.41) | 0.8 |
| ≥ 1.41 | 0.9 |

（3）地质灾害易发条件系数（$P_d$）

根据地质灾害易发程度，按表3.16对地质灾害易发条件系数赋值。

表 3.16 地质灾害易发条件系数表

| 系数 \ 地质灾害易发程度 | 不易发 | 低易发 | 中易发 | 高易发 |
| --- | --- | --- | --- | --- |
| $P_d$ | 0 | 0.3 | 0.6 | 0.9 |

综合考虑地形、水系、地质灾害易发程度，评估点的暴雨孕灾环境综合指数（$I_C$）可以通过$P_h$、$P_r$、$P_d$的加权平均得到，即：

$$I_C = W_h \times P_d + W_r \times P_r + W_d \times P_d \tag{3.3.4}$$

式中：$W_d$、$W_r$、$W_d$ 分别为地形影响系数、水系影响系数以及地质灾害易发条件系数的权重，三者满足 $W_h+W_r+W_d=1$，权重值的大小根据各地地理地貌地质对暴雨灾害的影响程度确定。本节按 $W_h=0.5$，$W_r=0.4$，$W_d=0.1$。

3. 暴雨致灾危险性指数

暴雨致灾危险性指数($I_r$)是由雨涝指数($I_w$)和孕灾环境影响指数($I_e$)加权综合而得，计算公式如下：

$$I_r = (1.0+I_e) \times I_w$$

4. 致灾危险性评估

对建立的暴雨致灾危险性指数，采用自然断点分类法分为4个等级。图3.36为福建省暴雨致灾危险性图，显示高风险区主要分布在沿海、南平和三明西部。

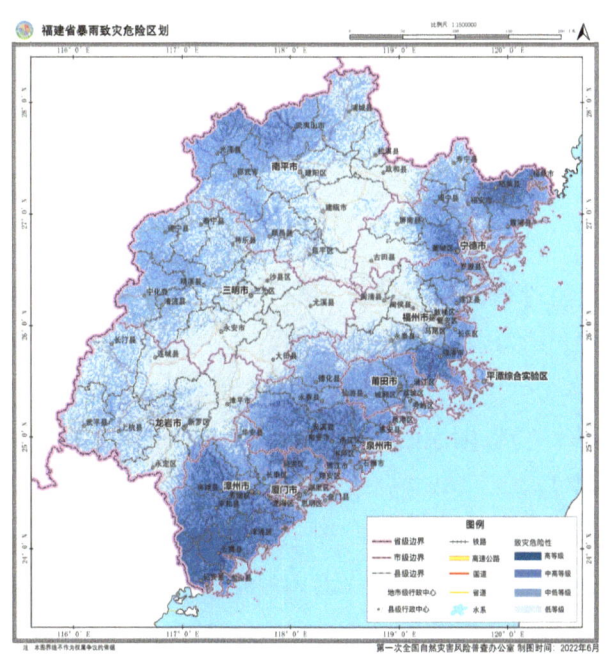

图 3.36 福建省暴雨致灾危险性区划图

## （三）主要承灾体暴露度评估

人口暴露度：各县常住人口密度。

经济暴露度：各县 GDP 密度。

农业暴露度：农作物（水稻、玉米）种植面积。

## （四）综合风险评估模型

分别将致灾危险性、承灾体暴露度和承灾体脆弱性各指标进行归一化，再加权综合，建立风险评估模型如下：

$$MDRI = (TI^{we})(EI^{wh})(VI^{ws}) \qquad (3.3.6)$$

式中：$MDRI$ 为暴雨灾害风险指数，用于表示暴雨灾害风险程度，其值越大，则暴雨灾害风险程度越大，$TI$、$EI$、$VI$ 分别表示暴雨致灾危险性、承灾体暴露度、承灾体脆弱性指数。$we$、$wh$、$ws$ 是致灾危险性、承灾体暴露度和脆弱性指数的权重。

# 第四节 区域性高温

## 一、区域性高温的定义

区域性高温日：全省 ≥ 5 个国家站日最高气温 ≥ 37.0 ℃的当日。

区域性高温过程：区域性高温日持续天数 ≥ 1 天的过程。

区域性高温过程的开始日/结束日：区域性高温过程首个/最后一个区域性高温日。

## 二、区域性高温过程强度评估

### （一）强度评估因子

采用高温极值指数、高温范围指数、高温持续时间指数 3 个评估因子，其定义如下：

1. 高温极值指数

整个高温过程中，全省国家站日最高气温最大值定义为高温过程的高温极值指数 $I_{max}$，其计算见下式。

$$I_{max} = \underset{i=1; j=1}{\overset{n; I_{day}}{Max}} (Tg_{i,j})$$

式中：$I_{max}$ 为高温过程的高温极值指数；$Tg_{i,j}$ 为全省国家站中第 i 个站在高温过程第 j 日的最高气温；$n$ 为全省国家站总站数。

2. 高温范围指数

整个高温过程中，全省国家站中出现单站高温日的站数（同一台站不重复计数）定义为高温范围指数 $I_{cov}$。

3. 高温持续时间指数

高温过程的开始日至结束日总天数定义为高温持续时间指数 $I_{day}$。

### （二）强度评估模型

选择上述 3 个评估因子建立区域性高温过程综合强度评估模型，权重系数采用相关系数法；评估模型见下式：

$$Ih = W_{max} \times I_{max} \times G_{max} + W_{cov} \times I_{cov} \times G_{cov} + W_{day} \times I_{day} \times G_{day}$$

式中：IR 为高温过程综合强度指数；$G_{max}$、$G_{cov}$ 和 $G_{day}$ 分别为 3 个评估因子的等级；$I_{max}$、$I_{cov}$ 和 $I_{day}$ 分别为标准化的 3 个评估因子值；$W_{max}$、$W_{cov}$ 和 $W_{day}$ 为权重系数。

### （三）强度等级划分

以 1991～2020 年 30 年所有高温过程为样本，采用百分位数法确定 3 个评估因子和综合强度等级标准（表3.17、表3.18）。综合强度达到 4 级和 5 级的，统称为强事件。

表 3.17　百分位范围（P）与等级划分

| 等级 | 1 | 2 | 3 | 4 | 5 |
|---|---|---|---|---|---|
| 百分位范围 | P＜50% | 50%≤P＜70% | 70%≤P＜85% | 85%≤P＜95% | P≥95% |

表 3.18　福建区域性高温过程 3 个评估因子及综合强度等级划分

| 评估因子（A） | 等级 | 1 级 | 2 级 | 3 级 | 4 级 | 5 级 |
|---|---|---|---|---|---|---|
| 高温持续时间指数 | 取值范围/天 | 1 | 2≤A＜4 | 4≤A＜6 | 6≤A＜8 | ≥8 |
| | 评估结果 | 一般性 | 略长 | 偏长 | 显著偏长 | 极端事件 |
| 高温范围指数 | 取值范围/个 | ＜16 | 16≤A＜24 | 24≤A＜33 | 33≤A＜45 | ≥45 |
| | 评估结果 | 一般性 | 略大 | 偏大 | 显著偏大 | 极端事件 |
| 高温极值指数 | 取值范围/mm | ＜38.6 | 38.6≤A＜39.1 | 39.1≤A＜39.8 | 39.8≤A＜40.3 | ≥40.3 |
| | 评估结果 | 一般性 | 略强 | 偏强 | 显著偏强 | 极端事件 |
| 综合强度 | 取值范围 | ＜-0.2 | -0.2≤A＜0.9 | 0.9≤A＜3.4 | 3.4≤A＜6.7 | ≥6.7 |
| | 评估结果 | 一般性 | 略强 | 偏强 | 显著偏强 | 极端事件 |

### 三、区域性高温过程气候特征

图 3.37 是 1961～2020 年福建区域性高温过程年频数及其变化趋势，显示：近 60 年福建区域性高温过程年频数呈增加趋势，2000 年以来持续居高；区域性高温过程频

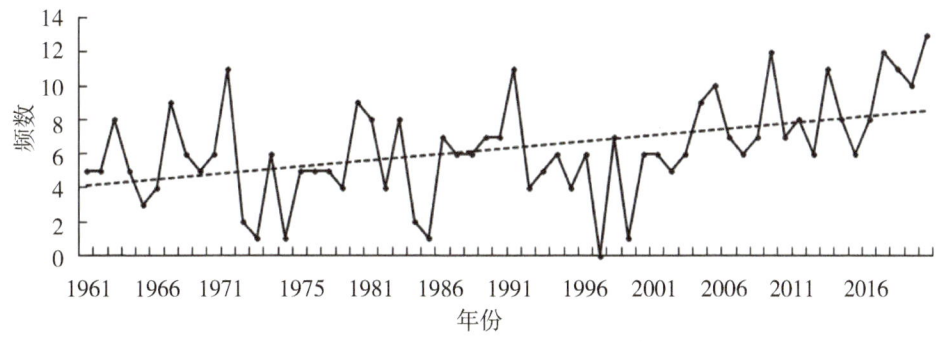

图 3.37　1961～2020 年福建区域性高温年频数变化

数最多的是 2020 年的 13 个，其次是 2009 年和 2017 年的 12 个；频数最少的是 1997 年的无过程，其次是 1973、1975、1985 和 1999 年的 1 个。

图 3.38 是 1961～2020 年福建区域性高温过程强事件年频数及其变化趋势。图中显示，近 60 年福建区域性高温强事件的年频数呈缓慢增加趋势。1960 年代中期至 1990 年代强事件较少，无强事件的年份多出现在这一时期；2000 年以来强事件增多。区域性高温强事件年频数最多的是 1971、2011 和 1989 等 6 个年份的并列 3 个。1961～2020 年的 60 年中，有 25 个年份没有出现区域性高温强事件。

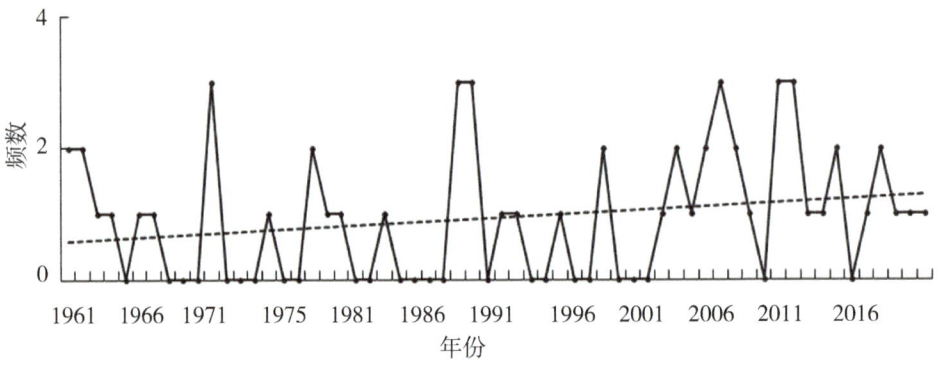

图 3.38　1961～2020 年福建区域性高温强事件年频数变化

表 3.19 是 1961～2020 年福建最强的 10 个区域性高温过程。综合强度最强的是 2003 年 6 月 30 日至 8 月 4 日高温过程，此次过程持续 36 天，过程日最高气温达 42.4℃，全省 57 个县（市）日最高气温超过 37℃。综合强度第二、三强，分别是 1967 年 7 月 16～28 日高温过程和 2020 年 7 月 11～24 日高温过程；1961 年以来的日最高气温最大值 43.2℃出现在 1967 年 7 月 16～28 日高温过程。

表 3.19　1961～2020 年福建区域性高温过程综合强度前十强过程一览表

| 序号 | 年份 | 过程日期 | 持续天数 /d | 高温站数 /个 | 日最高气温最大值 /℃ | 天数等级 | 范围等级 | 日高温极值等级 |
|---|---|---|---|---|---|---|---|---|
| 1 | 2003 | 6 月 30 日～8 月 4 日 | 36 | 57 | 42.4 | 5 | 5 | 5 |
| 2 | 1967 | 7 月 16 日～28 日 | 13 | 46 | 43.2 | 5 | 5 | 5 |
| 3 | 2020 | 7 月 11 日～24 日 | 14 | 51 | 41.1 | 5 | 5 | 5 |
| 4 | 2007 | 7 月 18 日～8 月 3 日 | 17 | 53 | 40.1 | 5 | 5 | 4 |
| 5 | 2017 | 7 月 19 日～29 日 | 11 | 49 | 40.4 | 5 | 5 | 5 |
| 6 | 2013 | 8 月 4 日～13 日 | 10 | 48 | 40.6 | 5 | 5 | 5 |
| 7 | 1988 | 7 月 2 日～10 日 | 9 | 48 | 40.8 | 5 | 5 | 5 |
| 8 | 1966 | 8 月 2 日～13 日 | 12 | 42 | 40.5 | 5 | 4 | 5 |
| 9 | 1988 | 7 月 21 日～25 日 | 5 | 49 | 41.4 | 3 | 5 | 5 |
| 10 | 2010 | 8 月 1 日～4 日 | 4 | 48 | 41.2 | 2 | 5 | 5 |

## 四、典型区域性高温过程

2003年夏季福建省出现历史上罕见的持续性高温热浪天气,其特点是气温高、时间长、范围广,助长了福建历史上严重的气象干旱。

6月30日~8月4日,全省54个县市极端最高气温超过38℃,其中有31个县市极端最高气温超过40℃,5个县市极端最高气温达到或超过42℃。全省共有39个县市(占全省59%的县市)极端最高气温创下了建站以来的最高纪录(图3.39)。闽清县累计43天日最高气温超过38℃,其中超过40℃的天数长达14天。全省最高气温出现在尤溪县,7月16日达到42.4℃。

8个县市以上日最高气温≥38℃,并持续5天以上的强高温过程(热浪)共有4次,分别出现在7月12日~7月23日、7月25日~8月3日、8月7日~8月11日和8月27日~8月31日,其中影响最大的为7月12日~7月23日和7月25日~8月3日。

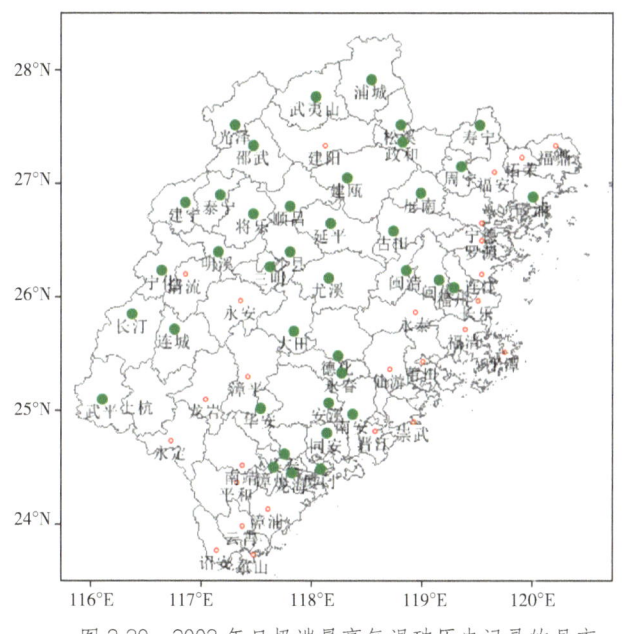

图3.39　2003年日极端最高气温破历史记录的县市

## 第五节　气象干旱

干旱指由于降水量持续偏少,降水量和蒸发量收支失衡,可能导致作物生长缺水、乃至不能满足人类生活和经济发展对水资源需求的气候现象和影响事件。干旱灾害的形成一般需要一个积累的过程。干旱在福建的气象灾害中占有重要地位,沿海平原和海岛地区,严重干旱可使溪河断流,井泉干涸,田地龟裂,民无饮水,作物枯死。特别是夏季,农作物需水量大,气温高,蒸发量大,严重干旱会给国民经济和人民生活带来重大影响。

针对不同的领域，干旱一般可分为气象干旱、农业干旱、水文干旱以及经济社会干旱等，气象干旱是其他类型干旱的起因。气象干旱的表征方式很多，气象干旱指数是监测预警评估干旱的关键参数。根据世界气象组织统计，干旱指数有55种之多，每种干旱指数都是建立在特定的时间和空间范围内，有着各自的适用范围和应用效果。各种气象干旱指数都有自身的优点，在应用中都存在一些问题和难点。

《福建气候》（第2版）中的"气候干旱"（即本版所称的"气象干旱"）是根据福建的自然季节和农业生产需求，以日降水量≤2 mm的连续日数和解除降水量，按照不同时段确定气象干旱等级和气象干旱解除指标。该气象干旱指标在福建气象部门业务应用数十年，普查的结果符合福建气象干旱基本规律和影响农业生产实际。但随着农业种植和耕作制度的改变，该气象指标的统计时段截然分离和非连续性统计方式的局限性也日渐明显。

为解决这个问题，考虑实际业务的需要，2012年国家气候中心推行了改进的气象干旱综合指数（MCI），是综合考虑前期不同时间段降水和蒸散对当前干旱的影响而构建的一种干旱指数。福建气象干旱监测、评估业务采用了该指标。本书也采用该指标对福建气象干旱重新进行统计，本节主要阐述新指标描述的气象干旱气候特征和致灾因子危险性评估，至于干旱灾害的风险区划问题正在研究中，待以后补充。

福建虽然降水量多，但有年际间的不均性，季节分布和空间分布的差异性、波动性，所以容易产生气象干旱。福建的气象干旱根据传统农业生产布局，以季节划分有春旱、夏旱和秋冬旱。其影响和危害性以夏旱为大，春旱次之，秋冬旱相对为小，这和该季节农业需求低有关。然而，随着社会经济的发展，秋冬旱危害日渐突出，影响了生活、生态用水以及工业用水。

福建气象干旱的特点是出现频率高，活动季节长，成灾范围广，并有地域多发区和高频多发季。本节基于量化指数MCI，分析福建干旱气候特征，并介绍福建气象干旱致灾危险性评估技术。

## 一、气象干旱指数和过程定义

### （一）气象干旱指数

采用国家标准 GB/T 20481-2017 气象干旱等级中改进的 MCI 指数：

$$MCI=Ka\times( a\times SPIW_{60}+b\times MI_{30}+c\times SPI_{90}+d\times SPI_{150} ) \quad (3.5.1)$$

式中：$SPIW_{60}$ 为60天标准化权重降水指数。$MI_{30}$ 为30天湿润度指数。$SPI_{90}$ 为90天标准化降水指数。$SPI_{150}$ 为150天标准化降水指数。$a$、$b$、$c$、$d$ 为经验系数，随地区和季节变化调整，秦岭和淮河以南的南方地区，冬春季取0.3、0.4、0.3、0.2；夏季取0.5、0.6、0.2、0.1。$Ka$ 为季节调节系数，由不同季节主要农作物生长发育阶段对土壤水分的敏感程度确定。

根据（3.5.1）式，采用全省 66 个国家站 1961～2020 年气温、降水资料，计算各站逐日 MCI 指数，并根据表 3.20，计算各站逐日干旱等级。

表 3.20　气象干旱综合指数（MCI）等级划分表

| 等级 | 类型 | MCI |
| --- | --- | --- |
| 1 | 无旱 | $-0.5 < \text{MCI}$ |
| 2 | 轻旱 | $-1.0 < \text{MCI} \leq -0.5$ |
| 3 | 中旱 | $-1.5 < \text{MCI} \leq -1.0$ |
| 4 | 重旱 | $-2.0 < \text{MCI} \leq -1.5$ |
| 5 | 特旱 | $\text{MCI} \leq -2.0$ |

（二）气象干旱过程

分单站干旱过程和全省干旱过程，单站干旱过程的起始时间、强度计算详见气象行业标准《区域性干旱过程监测评估方法》，全省干旱过程的起始时间、强度计算详见参考文献（张容焱等，2019）。

干旱过程根据过程开始和结束时间对应的季节进行命名，有未跨季的单季干旱（如春旱、夏旱等），跨季节按照跨季的长度分为两季连旱（如春夏连旱、夏秋连旱等）和三季连旱（如夏秋冬连旱等）。

干旱年份按照干旱开始时间所属的年份命名。

## 二、气象干旱的年际变化

1961～2020 年间，共发生 69 次干旱过程，年度干旱次数多为 1 次（36 年，占 52.17%），一年发生次数最多为 3 次，共有 5 年（1964 年、1971 年、1977 年、2007 年、2011 年），有 9 年未出现干旱（图 3.40）。

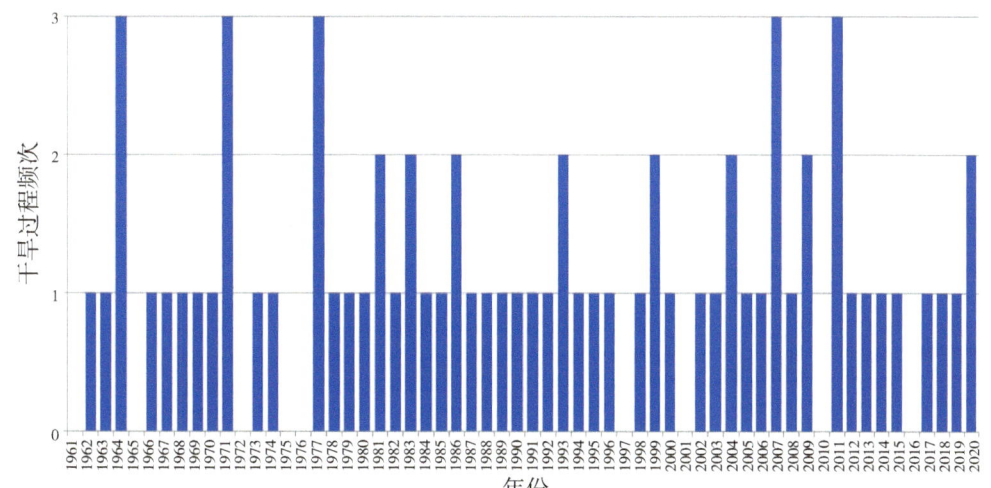

图 3.40　历年干旱过程频数年变化

干旱平均强度最大的是 2011 年的春旱（图 3.41），其次是 1962 年的冬春旱，2003 年的夏秋冬旱仅位列第 3。持续时间最长的是 2003 年夏秋冬旱，其次是 1967 年的夏秋冬旱。按照 95%、80%、50% 百分位数划分强度，阈值见表 3.21，特强干旱过程有 3 次（2011 年、1963 年和 2003 年），强干旱过程有 10 次，较强干旱过程有 21 次，弱干旱过程有 35 次。同样采用百分位数划分持续时间，特长过程有 2003 年、1967 年和 2020 年 3 次，阈值见表 3.21。多年来，干旱持续时间变化不大（图 3.41 的绿虚线），但强度变化有所增加（图 3.41 的黑虚线）。

从平均强度和持续时间两个方面，可以看出各个干旱过程不同特点。例如：1962 年和 2003 年属于干旱强度强、持续时间长的类型，2011 年春旱属于干旱强度强、持续时间短的类型，2007 年春旱属于强度弱、持续时间短的类型等。

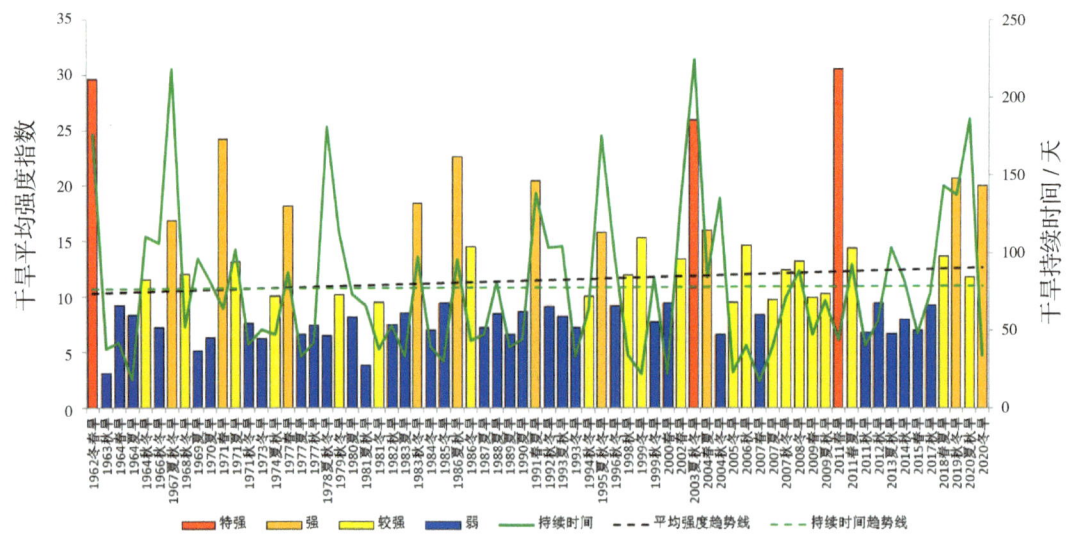

图 3.41　历史干旱过程平均强度和持续时间变化

表 3.21　干旱过程评估指标

| 持续时间（天） | | 平均强度 | |
| --- | --- | --- | --- |
| 等级 | 阈值 | 等级 | 阈值 |
| 特长 | T ≥ 184 | 特强 | I ≥ 25.2 |
| 长 | 107 ≤ T < 184 | 强 | 15.4 ≤ I < 25.2 |
| 较长 | 68 ≤ T < 107 | 较强 | 9.5 ≤ I < 15.4 |
| 短 | T < 68 | 弱 | I < 9.5 |

## 三、气象干旱的季节变化

福建气象干旱以单季旱为多,占比达58%,其中又以夏旱为最多,冬旱为次;两季连旱占比达36%,以秋冬旱为多,夏秋旱次之,冬春旱最少;三季连旱占比仅6%,皆为夏秋冬连旱,其他季节组合的三季连旱从未出现过(图3.42)。60年间共发生4次夏秋冬连旱,分别出现在1967年、1978年、1995年和2003年。

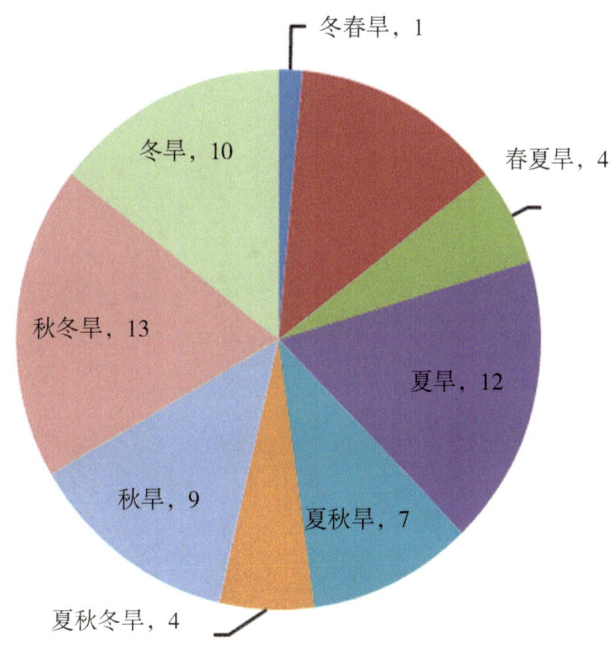

图3.42 干旱的季节分布

## 四、气象干旱的区域分布

### (一)单站不同干旱等级频数空间分布

统计各站历年(1月1日至12月31日)MCI指数表征的各类干旱强度(轻旱、中旱、重旱、特旱)年平均次数(图3.43),轻旱和中旱的空间分布相似,频数由中南部沿海向北部山区递减,其中轻旱30.8天(周宁)~65.7天(崇武),中旱18.0天(周宁)~40.9天(崇武);重旱以中南部沿海、三明南部和龙岩东部为多,年平均超过12天,最多是崇武的15.4天,最少是寿宁的5.1天;特旱年平均出现很少,分布散,长汀最少仅0.1天,最多不超过5.1天(平潭和延平),超过3.5天的县市还有诏安、南靖、永定和晋江。综上分析,鹫峰山高海拔区域干旱少且轻,中南部沿海县市干旱多且重。

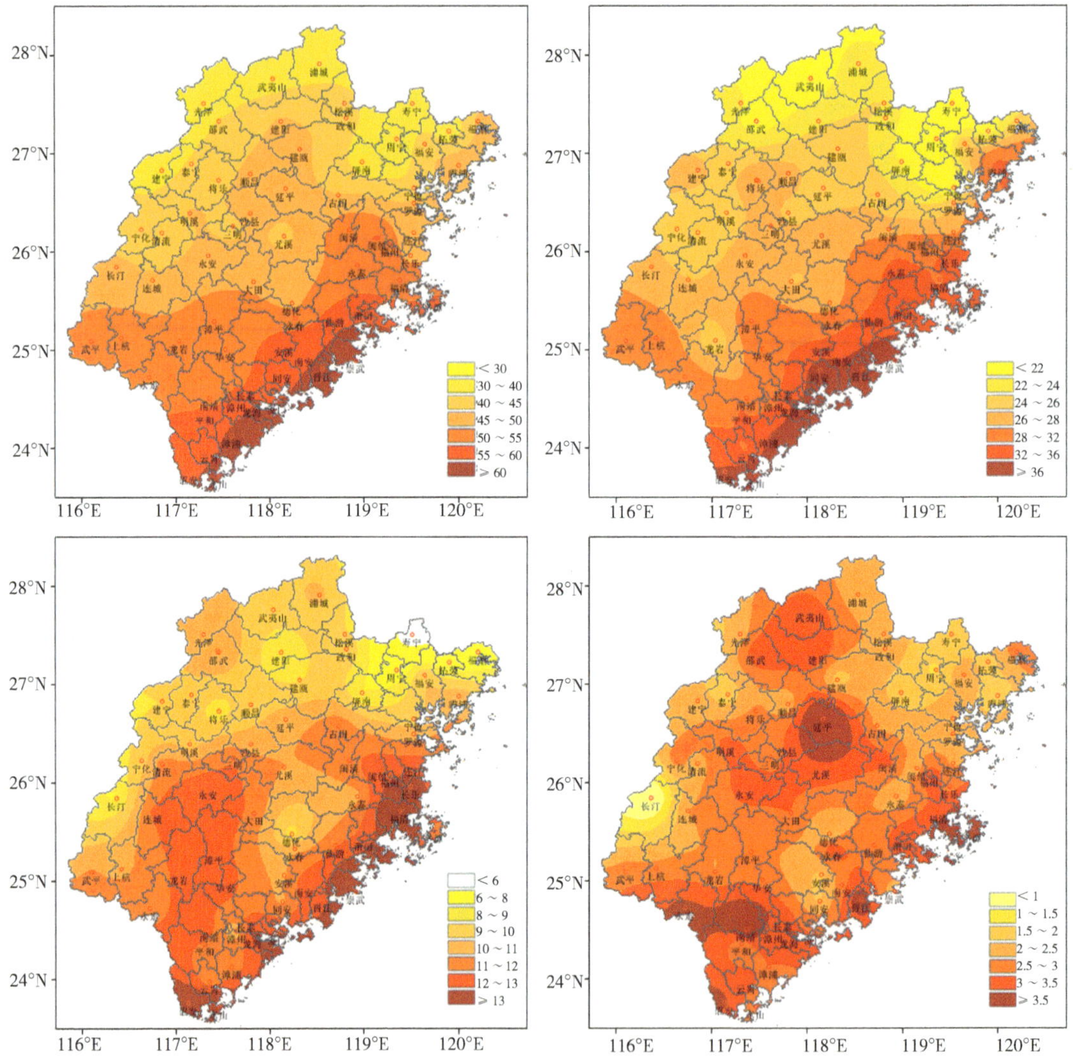

图 3.43 1961～2020 年轻旱（左上）、中旱（右上）、重旱（左下）和特旱年平均出现次数

### （二）单站最强干旱过程

各站历史最强干旱过程累计 MCI 指数最大是 28.7（平潭，2003 年），最小是 14.5（周宁，1967 年），从强度的空间分布图（图 3.44 的左图）看，宁德南部沿海至漳州沿海强度强，以及南平地区闽江流域河谷盆地和九龙江流域河谷盆地强度强，鹫峰山区和闽西强度弱。

最强干旱过程持续时间（图 3.44 的中图）也是以沿海和武夷山为长，其中宁德沿海大部、福州内陆县市、泉州—厦门—漳州接壤县市、武平县超过 220 天，即干旱时长超过 7 个月，最长的是长泰 343 天（1962 年 7 月 8 日至 1963 年 6 月 15 日），最短的有 119 天（上杭，2019 年 10 月 8 日至 2020 年 2 月 3 日）。值得一提的是，全省干旱过程最长持续时间 224 天（2003 年 6 月 19 日～2004 年 1 月 28 日），远短于单站干旱最长持续时间，对全省而言没有四季连旱，符合气候区概念，但对于局地而言，由于降水年际间、地域间分配不均，局地先后出现极端的四季连旱属正常，但没有出现一年以上的连旱，总有一段时间有足够的降水，通常间断于5～6月的雨季或台风季。

最强干旱发生年份有一定的空间规律（图3.44的右图），华安、大田、漳平、仙游，以及它们包围的泉州内陆县市（晋江和九龙江流域）、漳州南部发生年份最早（1962～1963年），其中九龙江流域最强过程具有强度强、持续时间长的特点；宁德、福州沿海及内陆大部县市（闽江流域和汀江下游）发生在2002年以后，特别是2003年的这些区域成片出现最强干旱。

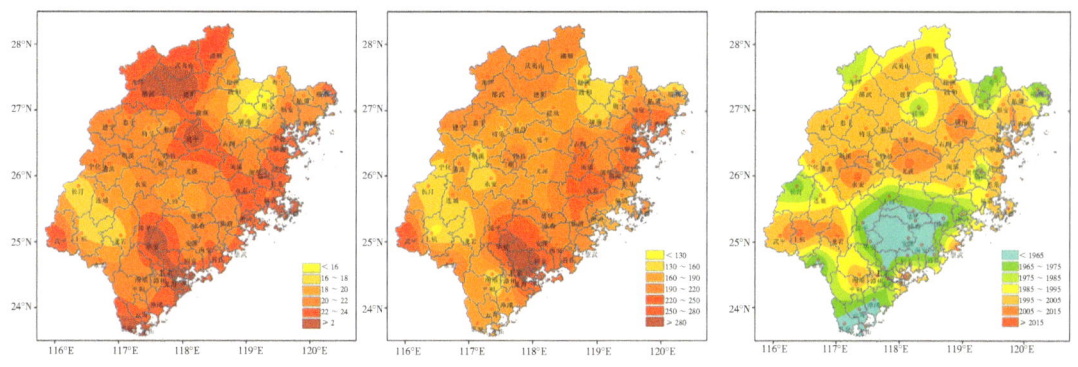

图3.44 最强干旱过程强度（左）、历时（中）和发生年份（右）空间分布

### （三）多年一遇干旱过程

多年一遇干旱是指干旱的小概率事件，在决策服务中更关注某个干旱过程历时和强度是否偏离了常态，出现对自然界有显著不利影响的极端现象。为了进一步认识福建干旱小概率事件的气候特征，采用Copula函数计算了全省和66个国家气象站2年、5年、10年、20年、50年和100年重现期下干旱强度、干旱历时，以及干旱历时和干旱强度联合重现期，各种重现期的阈值可用来衡量干旱过程的极端程度。

福建省严重干旱的年份较少，超50年一遇的干旱仅有1967年夏秋冬旱和2003年夏秋冬旱；超30年一遇的干旱为1962年冬春旱和1995年夏秋冬旱；超20年一遇的干旱为2020年夏秋旱；超10年一遇的干旱为1991年春夏旱、2002年春旱、2018年春夏旱及2019年秋冬旱；其余年份干旱重现期基本在1～3年（图3.45）。

根据单站干旱过程强度指数，分别统计了单站干旱过程强度的多年一遇阈值，由图3.46可见，无论多少年一遇，鹫峰山区都是最弱区；对于2年、5年、10年一遇的干旱，其强度的空间分布较为接近，中南部沿海一带为干旱强区［图3.46（a）～（c）］；对于20年、50年、100年一遇的干旱，除了中南部沿海地区的干旱强区外，南平西北部（光泽、邵武、武夷山）也是一个强区［图3.46（d）～（f）］。50年一遇强区干旱强度指数超过18，最强的东山达到20.1；百年一遇强区干旱强度指数超过20，最强的仍然是东山，为21.9。

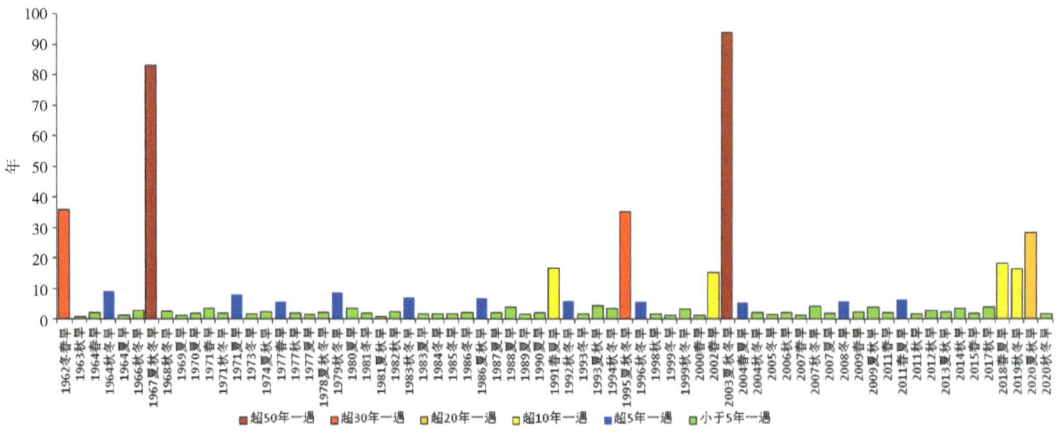

图 3.45 全省干旱过程重现期年变化

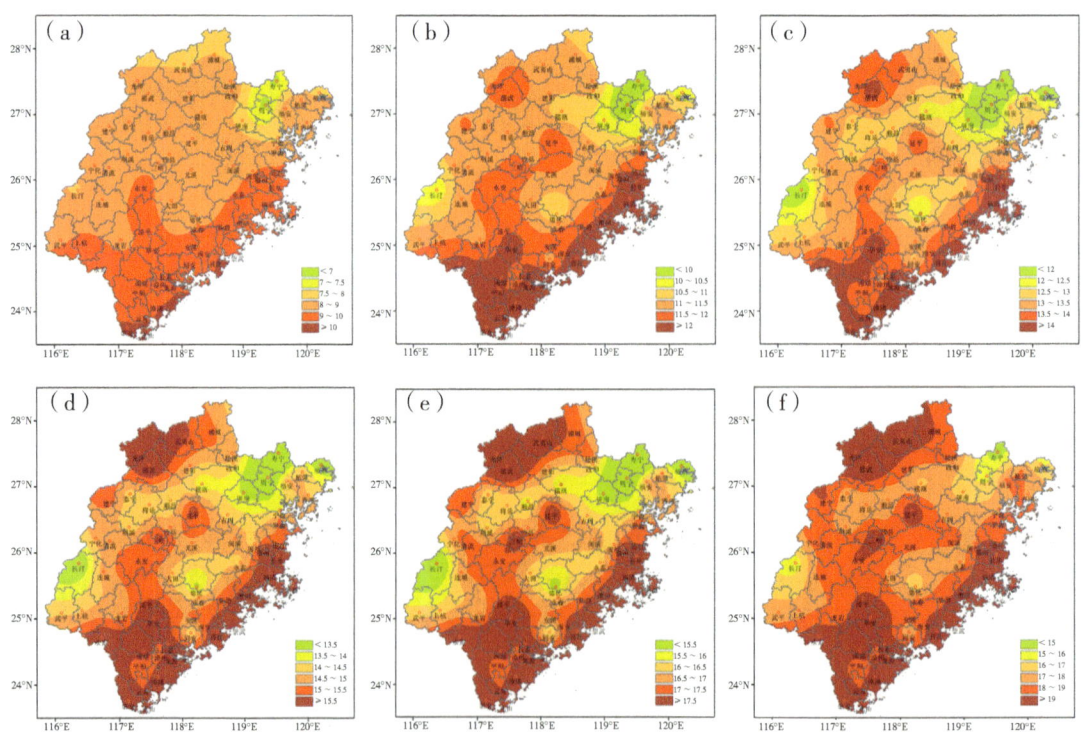

图 3.46 不同重现期下干旱强度的空间分布：2 年（a）、5 年（b）、10 年（c）、20 年（d）、50 年（e）、100 年（f）

同样的，根据单站干旱过程历时，统计了单站干旱历时多年一遇阈值，干旱历时的阈值随着重现期年数的增加，空间分布与强度阈值类似（图 3.47），鹫峰山区属于干旱历时短的区域，中南部沿海区域历时长。分析图 3.47（a），平均 2 年就会遇到历时 40～80 天的气象干旱；50 年一遇除了鹫峰山区，基本上都在 200 天以上，持续时间接近 4 个月 [图 3.47（e）]；而百年一遇全省都达到 200 天以上，其中沿海区域接近或超过300天，历时近10个月[图3.47（f）]。

综上所述，对于2年和5年这类重现期较短（频发）的干旱，中南部沿海一带有干旱历时长、干旱强度强的特点，越往北干旱历时短、干旱强度弱；但对于重现期长，特别是50年和100年一遇的干旱，中南部沿海一带仍有干旱历时长、干旱强度强的特点，另一个强度较强、历时较长的区域在南平西北部（光泽、邵武、武夷山）；鹫峰山区始终属于干旱历时最短、干旱强度最弱的区域。

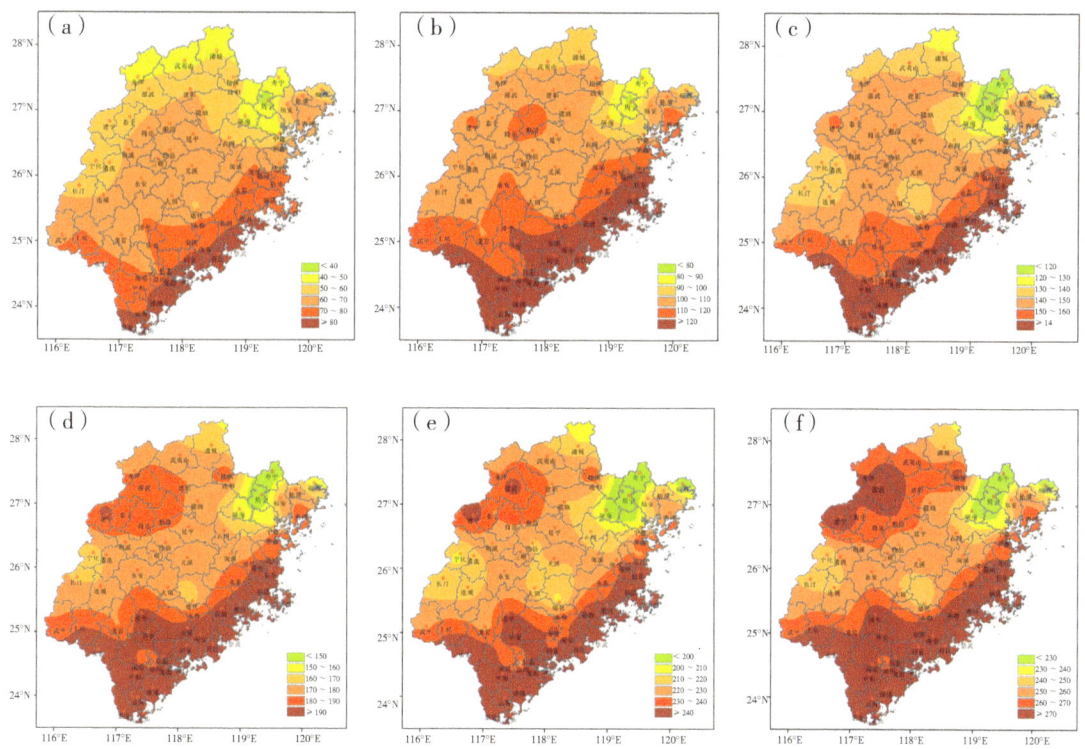

图3.47 不同重现期下干旱历时的空间分布：2年（a）、5年（b）、10年（c）、20年（d）、50年（e）、100年（f）

## 五、典型干旱事件

根据历史文献记载，选择1963年、1991年和2003年典型特旱年加以分析描述。

### （一）1962~1963年的冬春连旱和1963年秋旱

1963年是福建省历史上罕见的特旱年。干旱从上年的11月3日由南向北蔓延，12月中旬遍及全省。（注意：按照干旱年命名，本过程为1962年干旱。）春旱期内雨量特别少，各地雨量仅为常年同期的20%~45%，全省42个县市受旱。由于旱期内雨水稀少，全省4大河流水位猛降，到5月底，九龙江北溪流量仅有24.7 m³/s，为上年同期的三分之一，晋江流量5.9 m³/s，为上年同期的四分之一，汀江流量15.4 m³/s，为上年同期的40%，晋江、九龙江不少河段可以徒步而过，许多地方山泉枯竭，水库干涸,溪河断流,田地龟裂,作物枯萎,民无水饮。春季干旱的特点是持续时间长,受旱面积大,灾害损失重。从地域上看,寿宁—尤溪—武平一线以南地区(漳州、泉州和龙岩东南部)旱情发生早、结束晚、旱期雨量少,且早稻的播种和抽穗期都处在旱期之中,旱情比较严重。相比之下,连线以北地区的旱情要轻一些。全省农田受旱面积达608万亩[①],占早季作物总面积的60%左右。全省约有40万人发生饮水困难,用水采取按人口分配制。直至6月中旬的一场暴雨,才全部解除了连续7个多月的干旱。

7月下旬以后,天气晴热少雨,蒸发量大,旱象重新抬头,至9月上旬全省秋旱农田面积达454万亩,占秋季作物总面积的25%左右。受灾较重的浦城县宫岭公社17个自然村有28口井全部枯竭,群众饮水十分困难;建瓯县单、双季晚稻受旱面积13万亩,占单、双季晚稻总面积的29%;武平县晚稻受旱面积占播种面积的63%;上杭县因春夏旱相连,全县有1200亩农田无法下种。直至9月中旬12号台风降雨,各地干旱才先后结束。

沿海和龙岩东南部干旱历时长、强度强,成为全省最严重的旱区,九龙江、晋江流域发生了50年至超100年一遇的干旱(图3.48)。春秋两旱全省粮食减产4亿kg以上。

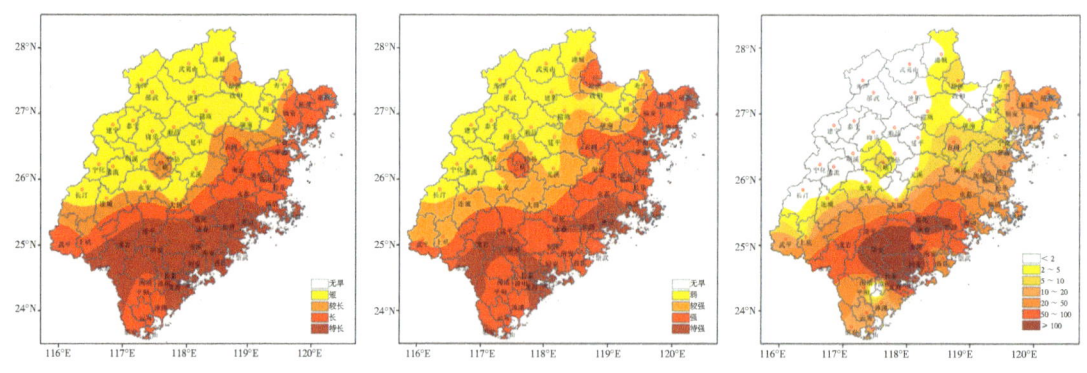

图3.48 1963年干旱历时(天,左)、干旱强度(MCI指数,中)和N年一遇(年,右)

## (二)1991年夏旱

5~6月雨季期间,受强大副高控制,福建省连续出现高温天气,全省未出现过一次锋面降水,属于罕见的"空梅"现象。7月继续受副高控制,晴热少雨,27个县市极端最高气温38℃以上。其中,有12个县超过39℃,以三明市40.4℃为最高,40个县市的高温持续10~27天。福州、泉州、宁德、莆田、厦门五地(市)以及南平、三明、龙岩部分地区降水量均比常年同期减少五成以上,霞浦、连江等县滴雨未下。全省干旱以每天30万亩左右的速度迅猛发展。内陆大部区域干旱历时长、强度强,龙岩、上杭、永定以及闽北和北部沿海发生了25~50年一遇干旱,其中福安超过了60年一遇(图3.49)。与1963年比较,强度显轻,重干旱区域主要位于内陆。

由于持续少雨,水库蓄水量锐减。全省65座大中型水库蓄水量15.46亿m³,占正

---

[①] 1亩 ≈ 666.67m² (本书不做换算)

常库容的38%。莆田东圳、仙游古洋等9座大中型水库达到或接近死水位，60座小（一）型水库和653座小（二）型水库干涸。

夏旱高峰时，61个县累计受旱面积867万亩，其中耕地面积614万亩（占全省耕地面积的三分之一）。幼林面积253万亩。南平、宁德、泉州、福州四地市受旱面积均达百万亩以上，有25个县受旱面积大于20万亩。严重的干旱，除农作物受旱损失外，其他行业损失也很严重。如林业因高温干旱，幼林死亡250多万亩，容器苗死亡1.5亿株。全省每天工业缺电300万（kw·h）以上，3个月损失工业产值近20亿元。

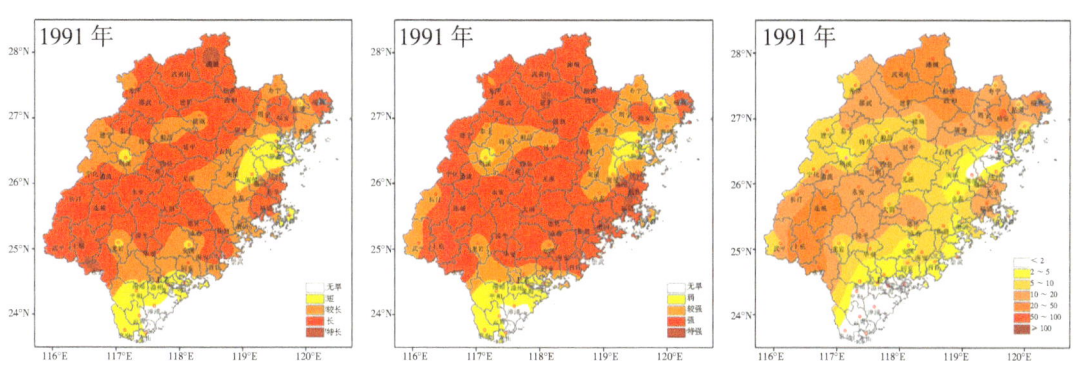

图3.49 1991年干旱历时（天，左）、干旱强度（MCI指数，中）和N年一遇（年，右）

### （三）2003年的夏秋冬连旱

2003年干旱异常严重，夏季出现罕见的持续高温少雨天气，秋冬季降水也明显偏少。该年气候干旱的突出特点有5个。

#### 1. 最高气温突破纪录

全省有28个县（市、区）极端最高气温超过40℃，创历史之最，另有1/3的县（市、区）极端最高气温38～40℃，有40%的县市极端最高气温创纪录；全省有42个县连续10天、16个县连续15天极端最高气温超过38℃。福州市持续16天超过38℃，最高气温41.7℃，突破自1885年以来的极端最高气温历史纪录。

#### 2. 降水量突破历史同期最低值

7月份全省平均降水量仅有19 mm，为历史同期最少，为多年均值的13%。1～7月全省降水量比常年同期偏少三成，偏少三成以上的县（市、区）占三分之二。

#### 3. 蒸发量突破历史同期最高值

7月份日平均蒸发量为历史同期最高。据各设区市代表站统计，7月份全省日平均蒸发量达5.1 mm，也创纪录。

#### 4. 干旱时间范围突破纪录

全省大部区域干旱历时长、强度强，其中三明、南平、宁德和福州大部县市历时特长，最长的是永泰 282 天。与 1963 年比较，历时特长和强度特强的范围显著偏大，严重旱区位于中北部区域，特别是福州局部和宁德，发生了超百年一遇的特旱（图 3.50）。

5. 旱灾损失为历史最大

全省作物受旱面积达 1060 km$^2$，其中大田作物 619 km$^2$，山地作物 379 km$^2$，幼林 62 km$^2$。受灾面积 896.2 km$^2$，成灾面积 411.8 km$^2$，绝收面积 91.2 km$^2$。预计粮食减产 52.4 万 t，经济作物损失 17.65 亿元。全省有 187 万人发生饮水困难，蕉城、屏南、柘荣、罗源、政和等县城区一度发生供水紧张。由于持续干旱，水电少发电 7.27 亿（kw·h），损失 2.54 亿元。限电时间近 3 个月。因电力不足、供水紧张，使工业用户开工不足，影响产值达 100 亿元。全年干旱损失 32 亿元。

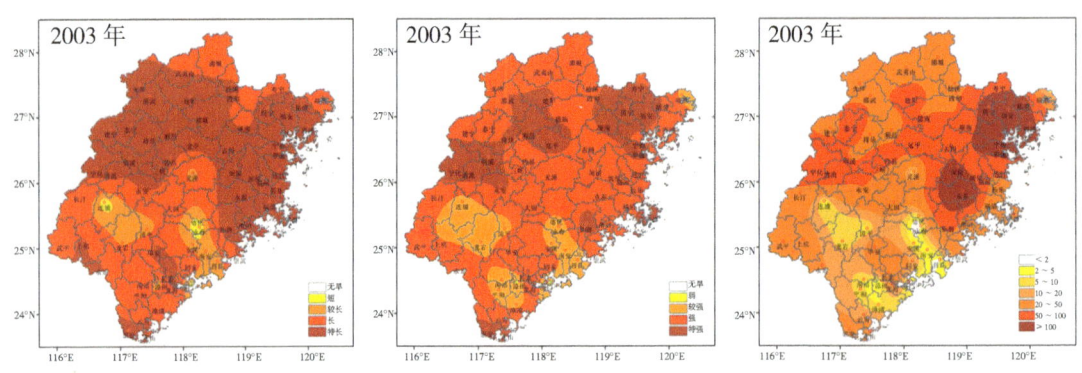

图 3.50　2003 年干旱历时（天，左）、干旱强度（MCI 指数，中）和 N 年一遇（年，右）

## 六、气象干旱致灾因子危险性评估

### （一）致灾因子构成

干旱是长时间缺雨或降水时空分布不均而形成的气候现象，干旱灾害不仅和缺水时间长短有关，还和通过综合考虑气温、降水、蒸发、风速等相关要素和前期水分状况计算而来的气象干旱强度（MCI 指数）大小有关。近年来的气候变暖，干旱灾害的形成和发展过程更加复杂，从干旱发生到产生灾害或影响的链状传递过程变得更加多样。回顾历史干旱过程，并非气象干旱强度越强，受灾面积和损失就越大。随着人工影响天气技术的提高，相对弱一点的干旱过程，可以通过人工增雨和科学调度水资源等抗旱措施得到缓解，达到减少旱灾损失的目的，因此评估气象干旱危险程度，不能完全依据灾情损失记载。

为了合理选取福建气象干旱危险性的主要致灾因子，考虑到单站干旱过程的时空多变性，同时兼顾灾害危险性评估的目的，根据各种可能影响因子的筛选，发现各站过程强度、历时和重现期，以及历年干旱过程数 4 个因子，空间分布具有典型的特色，同时他们之间的分布差异显著。从过程最强强度看（图 3.44 的左图），沿海地区和闽江流域强度强；最长历时（图 3.44 的中图）以沿海地区，特别是九龙江流域最长；多年一遇重现期（图 3.51 的左图）也是沿海大于内陆，宁德沿海，福州内陆、九龙江流域和武平发生过超百年一遇的干旱灾害；1961 年至 2020 年各地发生的干旱过程次数（图 3.51 的右图）以中南部沿海为最多，呈自沿海向内陆、自南向北递减态势。

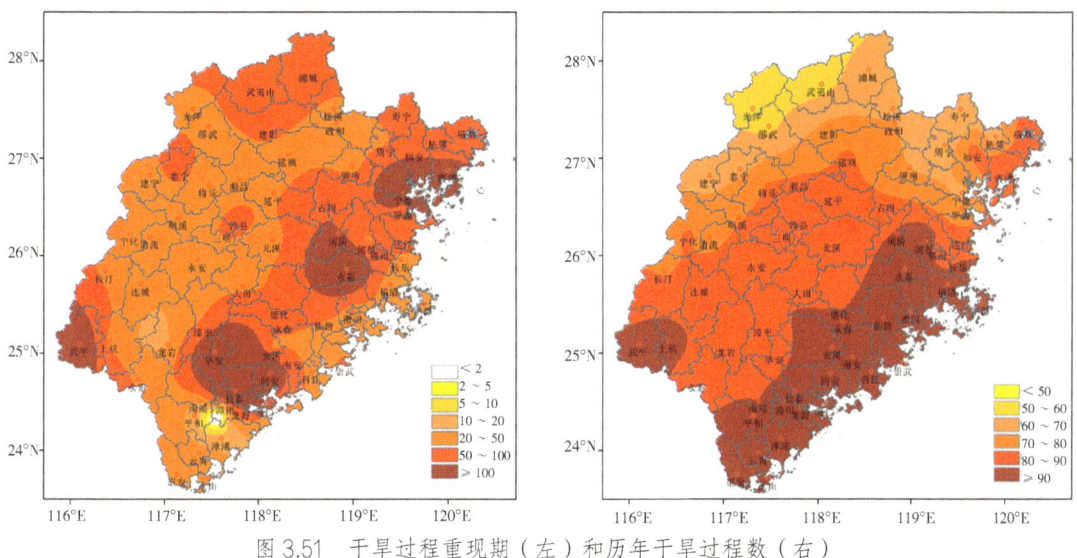

图 3.51　干旱过程重现期（左）和历年干旱过程数（右）

## （二）干旱致灾危险性评估模型

采用极差标准化和相关系数赋权法确定致灾因子权系数，得到可用于每个干旱过程的动态致灾因子危险性评估模型：

$$H_c = 0.5574 S_{mean} + 0.2996 D + 0.2130 T \quad (3.5.2)$$

式中 $H$ 为干旱致灾因子危险性指数，$S_{mean}$ 为干旱过程平均强度，$D$ 为干旱历时，$T$ 为重现期。从权系数的分配可以看出，干旱强度是主要因子，重要性占比超过 50%，干旱历时和重现期重要性相当。

干旱灾害为气候灾害，不同于台风、暴雨等天气灾害，需要更长时日的酝酿。为了得到气候态（静态）的干旱危险性 $H$ 分布，引入各站干旱过程频数 $F$，得到危险性大小计算表达式：

$$H = H_c \times F \quad (3.5.3)$$

## （三）区域干旱过程危险性时序特征

以 98%、95%、90% 和 80% 的百分位数法划分（3.5.2）式计算的结果，得到不同危险性等级阈值（表 3.22）。由此得到 1961 年来历史气象干旱过程的危险性评估（图 3.52）：1962 年冬春旱和 2003 年夏秋冬旱为高危险过程，1967 年夏秋冬旱和 2011 年春旱为较高危险过程，中危险有 10 个过程，其中 2018～2020 年连续 3 年出现中等危险的气象干旱，导致近年来降水稍偏少就出现水资源紧张问题。

表 3.22　全省干旱致灾因子危险性划分阈值

| 等级 | 1 | 2 | 3 | 4 |
| --- | --- | --- | --- | --- |
| 等级名称 | 高危险 | 较高危险 | 中危险 | 低危险 |
| 阈值 | $H \geq 0.76$ | $0.76 > H \geq 0.57$ | $0.57 > H \geq 0.37$ | $H < 0.37$ |

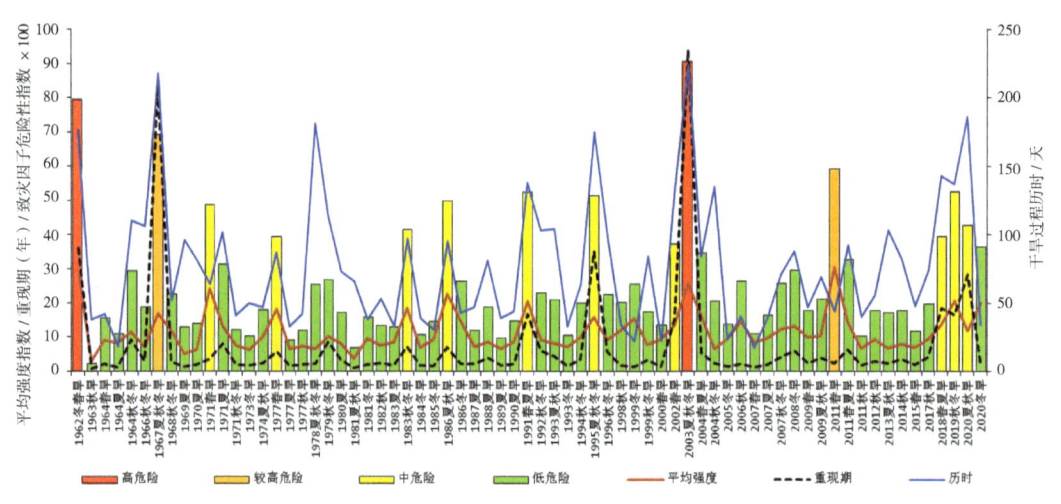

图 3.52　全省历史干旱过程致灾因子危险性大小评估

## （四）致灾因子危险性区划

危险性区划就是分析致灾因子危险性大小空间分布情况，是一种区域干旱严重程度的空间划分，相对每次干旱过程来说是静态的，区划的意义在于了解干旱潜在危险性区域分布。

选取全省66个国家站历史干旱过程各因子最大值，标准化后按（3.5.3）式计算危险性指数，绘制图 3.53。由图可见，沿海地区危险性高于内陆，其中闽江中下游、九龙江流域、宁德沿海和龙岩西南部，属于较高等级以上危险区，且闽江和九龙江两大水系的高危险区，有沿河谷向内陆延伸的走势，危险性最大中心在九龙江流域；而鹫峰山和武夷山区域干旱致灾因子危险性低。据《灾害大典》记载：闽江口以南沿海各县市是福建干旱的高发

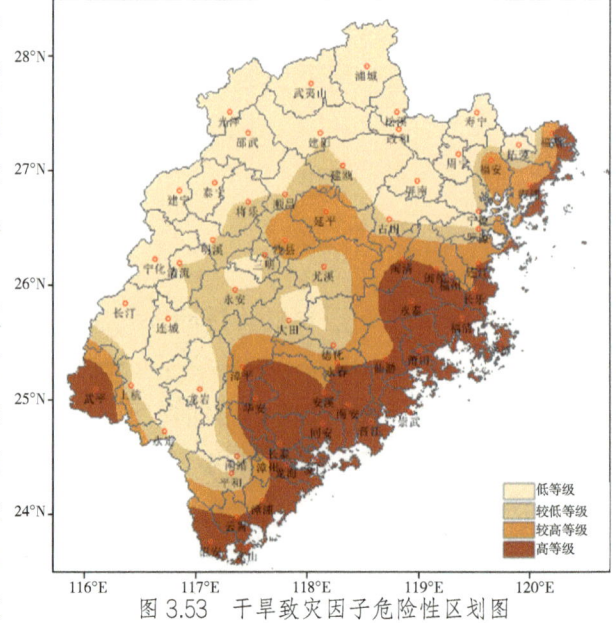

图 3.53　干旱致灾因子危险性区划图

区；鹫峰山脉数县为少发区；中南部沿海地区的内陆县和龙岩地区南部也比较易见干旱。另外，福建水利规划队曾对福建省重点旱片作过实地调查，闽西北山区比较零星分散，主要分布于河流源头和小流域的河谷地带，成片的干旱集中于东南沿海，主要分布在沿海缺水的丘陵地带，这些结论与上述分析相一致。

### （五）多年一遇干旱致灾危险性区划

采用（3.5.2）式，分别计算10年、20年、50年和100年一遇干旱过程66个国家气象站致灾因子危险性指数，采用自然断点法绘制全省区域分布图。由图3.54可见，10年一遇干旱全省皆为低等级危险［图3.54（a）］；20年一遇干旱仅东山、云霄出现较低等级危险［图3.54（b）］，50年一遇干旱长汀、德化、建瓯、鹫峰山区和福鼎仍为低等级危险，其余区域皆为较低等级危险，其中福州沿海和崇武以南沿海为较高等级危险［图3.54（c）］；100年一遇干旱全省大部分区域为较高等级危险，其中长乐以南沿海出现高等级危险［图3.54（d）］。此结论表明，在福建出现50年以上重现期的干旱事件极有可能造成旱灾。

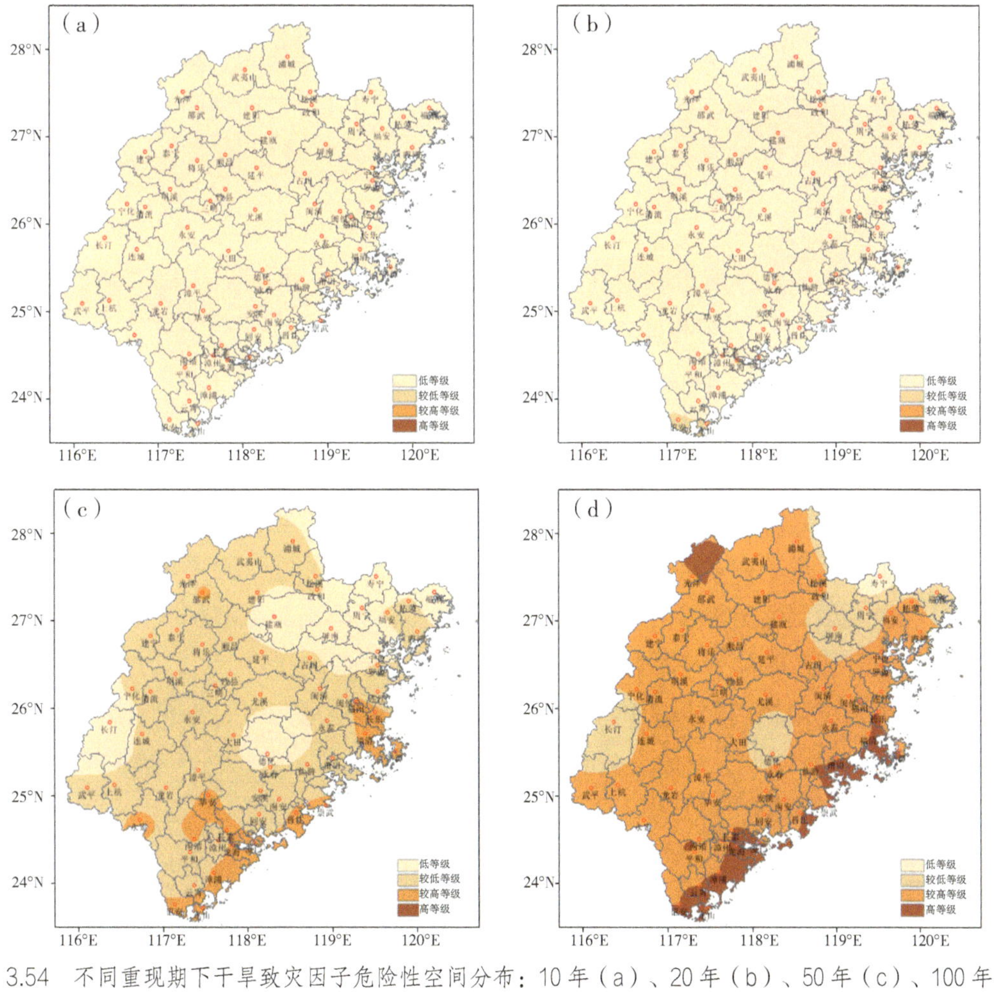

图 3.54 不同重现期下干旱致灾因子危险性空间分布：10年（a）、20年（b）、50年（c）、100年（d）

## 第六节 低温冷害

福建低温冷害主要有寒潮或冷空气带来的低温雨雪冰冻天气，以及倒春寒、五月寒、寒露风（在福建又统称"三寒"）。它们共同的天气特点都是冷空气入侵，都有显著的过程降温现象，多出现在冬春和秋冬季节转化之时，寒潮和"倒春寒"偶有交集，比如2005年3月中旬初的冷空气入侵，厦门市出现倒春寒暨寒潮天气。

寒潮之后进入冬天，寒露风之后进入秋天，若再无断崖式的显著降温，即使冷空气持续入侵，气温持续低于临界温度，也不算寒潮或寒露风天气。但气温条件达到倒春寒和五月寒标准之后，若气温尚未回升，则仍属倒春寒和五月寒天气。

寒潮是来自北方的强冷空气侵袭，造成大范围迅速而剧烈的降温，且气温低到一定程度，有时伴有风雨、霜雪等天气现象的天气过程。寒潮一般在秋末冬初和冬末初春季节转换时容易出现。寒潮及持续的低温雨雪冰冻天气，对农作物、交通、输电线路、对人体健康会有不利影响，甚至可能造成危害。

"三寒"天气对农业生产影响较大，是危害水稻和果树以及水产养殖的灾害性天气之一。从福建"三寒"的常见性与危害性来看，第一是寒露风，第二是倒春寒，第三是五月寒。但随着气候变暖，加上种植制度改革，以及种养殖注重天气变化调整生产进程，"三寒"天气对农业的影响有所减轻。

### 一、寒潮

寒潮是冬半年极地或寒带冷空气在特定的环流形势下，强烈爆发大举南侵的现象，所经之地降温、大风、雨雪和冻害相继出现，它是冬季最主要的气象灾害，主要影响作物安全越冬和生长，带来的低温雨雪冰冻还会造成道路结冰使交通中断，通信和输电电杆倒伏，使通信和供电中断、水管破裂使供水中断。

福建的寒潮（低温雨雪冰冻灾害）和北方的比具有5个特点：
①它无"三北"地区那种冰封雪飘的景象，因为这里毕竟地处亚热带。
②起始季节迟于北方，终止季节早于北方，平均寒潮次数少于北方。
③虽然极端最低气温不及北方，但过程降温的幅度并不亚于北方。
④福建寒潮持续时间，一般比北方要短，气温回升较快。
⑤受武夷山脉阻挡与摩擦的影响，除沿海和局部山脉隘口外，寒潮带来的大风也比北方要小而少。

#### （一）寒潮的标准
1. 单站寒潮

根据气预函〔2014〕110号《冷空气过程监测业务规定》，以单站降温幅度和日最低气温为条件，进行单站寒潮的监测识别。

①日最低气温24 h内降温幅度≥8℃，或48 h内降温幅度≥10℃，或72 h内降温幅度≥12℃（其中48 h、72 h内的气温必须是连续下降的）。

②日最低气温≤4℃。

2.区域寒潮过程

至少连续2天，且每日≥20%的监测站点出现寒潮，则为一次全省性寒潮过程；若站点数量＜20%，则为一次区域性寒潮过程。

### （二）寒潮发生的时空特征

1.寒潮发生的地域特征

从空间看，由于冷空气由北向南入侵时，越往南往东，其势力不断减弱，影响越来越小。所以，北部地区寒潮多于南部，也早于南部。西北部地区寒潮天气多，东南部沿海地区寒潮天气比较少。根据新指标，1991～2020年全省各地出现寒潮的天数为0天（平潭、东山）～115天（屏南）。除屏南外，明溪、宁化、寿宁、光泽、建宁5县的寒潮日数也达100天及以上；中南部沿海县市不足10天。

从图3.55可以看出，年寒潮概率，南平、三明两地大部、宁德西部、龙岩北部县市可达80%以上，其中建宁、明溪2县年年均出现寒潮；沿海县市多数在30%以下。福建省纬度最北的浦城共有27年出现寒潮，年寒潮概率90%，仅2000年、2001年、2019年未出现；福州共有5年出现寒潮天气，年出现寒潮概率为16.7%。

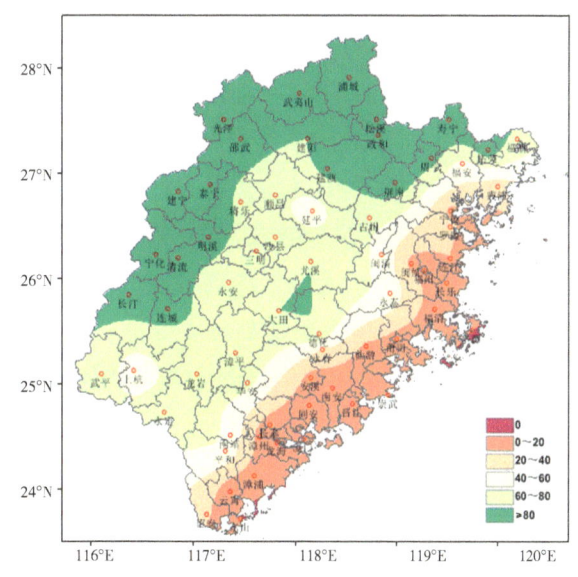

图3.55 各县市寒潮发生概率分布图（%）

2.寒潮活动的季节特征

1991～2020年的寒潮过程统计结果表明，近30年来全省共发生39次寒潮过程，最早出现在10月下旬，1993年10月31日至11月2日，南平、三明和宁德的10个县市出现寒潮；最迟的寒潮过程为1995年3月25～28日，南平、三明、宁德、龙岩的19个县市出现寒潮。11月、12月和2月是寒潮过程的多发期，近30年来分别出现8次、14次和6次，而1月仅出现5次。这是由于寒潮天气具有显著降温特征，所以，从季节上看，秋冬转换和冬春变化季节更容易发生寒潮，而最冷的严冬季节倒不容易出现寒潮。

就浦城和福州单站近30年的资料来看，浦城共出现70天寒潮，寒潮最早出现时间是1993年11月1日，最迟是1995年3月26日。福州共出现8天寒潮，2010年最早，出现于12月16日，出现最迟是2020年2月18日。

3. 寒潮活动的年代变化

在气候变暖的大背景下，福建寒潮次数有减少的趋势，1961～1990年的统计数字是累计58次，平均每年1.9次；最近30年（1991～2020年）与前30年（1961～1990年）相比，总体上看，寒潮出现频次明显减少，并伴随寒潮过程初日推迟、终日提早等现象，但寒潮过程的平均综合强度反而略有增加，且强过程出现次数更频繁。这或表明，在气候变暖背景下，尽管寒潮次数减少，但强度和极端性反而增强。

### （三）寒潮的路径与天气

1. 寒潮源地

影响福建的寒潮其初始源地，可追溯到北冰洋。包括新地岛以西的寒冷洋面；新地岛以东的寒冷洋面以及冰岛以南洋面三处。来自上述源地的冷空气（分别占49%，18%，33%），经西伯利亚中部至蒙古高原，势力往往还会发展并达鼎盛时期。近50年间，影响福建的寒潮中，曾有数例蒙古高压一度达到1082～1084 hPa的强度。

2. 寒潮路径

（1）前期路径

冷空气移入中国以前，可分如下4条路径：

西路：冷空气于50°N以南，自西东移，入中国新疆。

西北路：冷空气自新地岛以西洋面经白海、西伯利亚西部进入中国新疆。

北路：冷空气自新地岛以东洋面，经泰米尔半岛、西伯利亚中部与蒙古进入中国。

东路：冷空气自西伯利亚东部及鄂霍次克海，向西南方向插下，进入中国东北地区。

（2）后期路径

通常进入中国后的寒潮路径以河套地区为界，又分西路、中路与东路。

西路：冷空气经新疆于青藏高原东侧南下，其影响范围可遍及长江以南广大地区，福建有较强降温。

中路：冷空气经蒙古进入中国河套地区而后南下，经湘赣而影响福建。

东路：冷空气主力经东北、华北，从沿海南下而影响福建。

3. 寒潮天气

（1）持续期

据福建1991～2020年的39次寒潮过程，持续期为3～5天，其中持续5天的仅3次，分别是1991年12月26～30日、2002年12月7～11日和2006年1月5～9日。

（2）温、风、雨

影响福建的寒潮，其天气表现不外三类，即：阴寒型、晴寒型、先阴寒后晴寒型。

天气特色是受寒潮路径制约的：西路寒潮以降温强而著称，天气多晴好或短暂的降雪，辐射冷却厉害，极端气温很低，台湾海峡风力不大，此类寒潮曾创下福建最低气温-12.8℃的记录（1991年12月29日建宁）；东路寒潮的天气特色是降温相对为轻，天气多阴雨或降雪，沿海东北大风很强；中路寒潮的主导天气介乎其间。如上天气表现与高空的流场特征，地面冷高路径，福建及其沿海的等压线走向有关。

### （四）寒潮的环流形势

寒潮爆发是经向环流发展与影响的结果，不外两大类别：一是阻塞高压崩溃引导冷空气的大举南侵；二是移动发展性的经向环流中，深槽的过境过程。

归纳触发寒潮的天气形势大致可分5种，即：小槽发展型、低槽东移型、横槽转竖型、经向环流型与低槽旋转型。

### （五）积雪和雨凇、雾凇

福建所处的地理位置造就了福建冬暖少霜雪的气候特点，但是个别年份，强寒潮长驱直入，北部地区往往大雪封山，中部地区出现雨夹雪，南部则出现严重霜冻。

积雪、雨凇和雾凇多发生于鹫峰山区、南平北部和三明西部，高海拔山区的日数相对多些。雨凇出现的机会比雾凇大，范围也比雾凇大。

积雪多出现在冬季（12~2月），最早积雪出现在11月23日（柘荣，1979年），最晚积雪出现在4月2日（柘荣，1974年）；最多年积雪日数为23天（寿宁，1983/1984年冬季）；最深积雪40 cm（周宁，1978年2月16日）。

雨凇多出现在12~3月，最早出现于11月下旬末，最晚出现在4月中旬。最多年份达7天（寿宁，1984年），1991~2020年年均日数不超过2天。雾凇多出现在12~2月，最多年份9天（建宁，1962年，1991~2020年年均日数不超过1天）。

积雪及雨凇、雾凇对交通运输、输电线路影响很大。2008年冬季的低温雨雪冰冻严重，建宁县雨凇日数11天，全省经济损失53.6亿元。

1980年代后，受气候变暖影响，积雪、雨凇和雾凇日数明显减少。2020年12月福建雨凇和雾凇天气重现。

### （六）强寒潮和低温冷害实例

1.1991年12月26~30日的强寒潮

此次寒潮全省各地降温多在12~20℃，建宁极端最低气温达-12.8℃，福州也出现了-1.7℃的罕见记录。寒潮影响期间闽北、闽西普降大雪，全省农作物受冻175万亩，闽北、闽东等地交通中断，公路干线中断1~2天，乡村公路中断2~4天，公路结冰路滑引起交通事故造成人员伤亡。一些县市因水管破裂和水表冻坏而停水。电讯和供电曾一度中断。直接经济损失总计7亿元。

2.2008年1~2月的低温雨雪冰冻灾害

这里应该做一个说明，前文已提及，寒潮过程更多强调降温，但有些年份冷空气带来的降温幅度虽然不很突出，但受冷空气持续影响，持续一个较长时段的低温和雨雪天气，造成的结冰、霜冻对农业、能源、民众生活也会造成严重影响。如2008年1~2

月的低温雨雪冰冻灾害。

2008年1月下旬至2月上旬，受冷空气不断南下和西南暖湿气流的共同影响，福建省出现了大范围持续阴冷天气，西部、北部遭受罕见的低温冻害，这次低温雨雪冰冻过程的特点是：日平均气温偏低、气温日较差小、持续时间较长和造成灾害损失重。部分县（市）最低气温持续在0～3℃（高海拔山区-3～0℃）；南部沿海地区最低气温8～11℃；其余大部分县（市）最低气温3～7℃。1月下旬中后期至2月初，西部、北部的部分县（市）先后出现冰雪、持续性的冻雨和道路结冰，其中建宁县从1月26日至2月2日持续8天出现冻雨现象；2月4日福建省西部、北部地区再次出现较大范围的雨雪天气过程，共有17个县（市）出现雪或雨夹雪天气。

这次灾害给电力输送、交通运输、农业生产、林业、人民生活等各方面造成较严重的影响和经济损失。全省高速公路因受冰冻雨雪影响，共封闭16次，影响6个进口。省内205、316、303、306等国道、省道共封闭22次。南平市的浦城、光泽、武夷山、邵武、松溪，三明市的建宁、宁化、泰宁、将乐、明溪，龙岩市的长汀、武平、上杭、连城等山区县（市）电网因电力线路覆冰及高山毛竹树木覆冰倾压，相继出现输电线路跳闸，据不完全统计，220 kV线路跳闸2条；110 kV线路跳闸9条；35 kV变电站停运12座，线路跳闸35条，倒杆339基；10 kV线路跳闸521条，线路受损3012.2 km，倒杆16424基；0.4 kV线路受损2629.3 km，倒杆18105基，受灾行政村1829个，乡镇212个、停电用户611729户。据不完全统计，全省受灾人口103万人，直接经济损失53.6亿元。

3. 2010年12月15～18日的寒潮

全省63个县（市）出现寒潮天气，为全省性寒潮和大范围降雪过程。此次过程的特点是影响范围广、最低气温低、降雪范围广且积雪深厚。从15日起全省气温大幅度下降，内陆地区过程降温幅度达15～18℃，沿海地区达14～16℃。16～19日各地持续低温，17日早晨中北部大部分县市最低气温降至0℃以下，闽西北部分县市最低气温在-6～-3℃，局部高海拔山区低于-7℃，以屏南县的-7.6℃为最低。从15日下午起至16日，中北部地区共30个县市出现雪、雨夹雪、冰粒等天气，其中南平全部、三明大部、宁德西北部出现中至大雪，并有积雪；浦城、泰宁的积雪深度达11 cm。

由于持续的低温和大范围的雨雪天气，西部、北部出现大范围的道路积雪结冰和农作物受冻等低温冻害，给农业生产、交通运输和民众生活造成了一定的影响，尤以交通运输方面的影响最重。其中，光泽县1个乡镇、37个村停电，316国道部分路段和一些村道因结冰无法通行，全县27个通信基站中断，25处接入网停电，受灾用户3400户；在农业方面，蔬菜、苗木、烟叶等大棚压倒11座。寿宁县受灾人口6.3万人，蔬菜受损760 hm²，直接经济损失580万元。清流县钢架大棚受损21座，烤烟棚受损29座，苗木受灾 800 亩，花卉受灾 202 亩，猪、羊冻死 335 头，渔业养殖损失 1.25 万 kg；蔬菜、烟苗等经济作物受灾近 1.9 万亩，毛竹损失 1.7 万根。清流全县大部分地方受灾，部分乡镇电力、交通相继中断，蔬菜等农作物、家畜等受灾。将乐县烟叶、蔬菜、毛竹受损 6450 亩，引水管冻裂 3 km，总损失 151 万元。建宁县受灾人口 51820 人，农作物受灾 12 万亩，损坏房屋 73 间，死亡牲畜 60 头只，局部区域因电线压断停电，出县客运班车全部停运。尤溪县受灾人口 11.85 万人，农作物成灾 7800 亩，直接经济损失 1300 万元。长汀县农业受灾损失 1200 万元，林业受灾损失 1000 万元，畜牧水产受灾损失 670 万元，合计损失 2870 万元。连城县大田作物共受灾面积 3153.3 hm²，成灾面积 1620 hm²，经济损失达 7845 万元。永定县农作物受低温冻害严重，农作受灾面积 36904 亩，成灾 17830 亩，绝收 58 亩，总经济损失 3002 万元。漳浦县受霜冻影响，全县农作物受冻厉害，受灾面积 4.5 万亩，绝收面积 3 万亩，减产 8 万 t，直接经济损失 1.45 亿元。

4. 2020 年 12 月 30 日至 2021 年 1 月 1 日的寒潮

全省 60 个县（市）日最低气温 48 h 降温超过 10.0℃，其中 27 个县（市）降温超过 12.0℃，以霞浦 14.4℃为最大。43 个县（市）过程日极端最低气温低于 0℃，以 12 月 31 日屏南的 −7.0℃为最低。全省 58 个县（市）达寒潮标准，多地出现降雪。福州市继 1975 年 12 月 4～14 日的强寒潮鼓山出现银装素裹之后，高海拔山区再次出现少见的雾凇雨凇景观。

## 二、倒春寒

### （一）倒春寒定义与标准

倒春寒开春后农业的第一害。"倒"是指时间概念，一般进入春季后，气温逐渐回升。但个别年份，受冷空气影响，会出现气温不升反降现象。"寒"是指强度概念，持续降温和相对低温达到一定程度后，对正在播种、育秧的水稻造成寒害。倒春寒是早稻播种、育秧期的灾害气候问题。特别是秧苗长到两叶包心，进入"断乳期"前后，抗寒力大为减弱，遇低温易枯叶死苗，导致烂秧；进入大田的秧苗会座苗不长甚至死亡。

由于倒春寒和农事关系密切，闽北、闽南农时季节不一，所以，倒春寒的时空标准也有地域差别，福建气象部门具体这样界定倒春寒标准：

北部地区（包括南平、三明、宁德、福州、莆田地区及龙岩西北部，泉州地区西北部）：3 月下旬，日平均气温≤12℃，维持期≥5 天；或 4 月上旬，日平均气温≤12℃，维持期≥4 天，称倒春寒。

南部地区（指福建北部以外的其他地区）：3 月中、下旬日平均气温≤12℃，维持期≥4 天；或 4 月上旬，日平均气温≤12℃，维持期≥3 天，称倒春寒。

倒春寒的强度按下列标准定义：

重倒春寒年：60% 以上的测站（≥ 40 个县市）出现倒春寒。

中度倒春寒年：30% ～ 60% 的测站（20 ～ 39 个县市）出现倒春寒。

轻度倒春寒年：10% ～ 30% 的测站（7 ～ 19 个县市）出现倒春寒。

无倒春寒年：不足 10% 的测站（≤ 6 县市）出现倒春寒。

### （二）倒春寒频率与强度

#### 1. 倒春寒的频率

全省各县市倒春寒出现的概率 3% ～ 90%，南北差异较大，基本特点是北多南少；北重南轻。周宁等高海拔地区出现概率 80% 以上，基本属当地正常的气候现象。但由于高山区以单季稻为主，所以，影响不大。闽北大部地区（包括宁德、南平、三明大部和龙岩局部）倒春寒出现的概率为 30% ～ 63%；闽南倒春寒出现的概率小于 30%。就全省而言，重度倒春寒平均约 4 年出现一次。据张淑惠对 1961 ～ 1998 年利用全省 65 个县市气象台站的气象资料统计，把倒春寒年类分为重、中、轻、无 4 类，得到闽北出现概率分别为 29%、26%、13%、32%；闽南分别为 7%、13%、13%、67%。

#### 2. 倒春寒的强度

从年代际变化上看，每年出现倒春寒的县市为 0 ～ 63 个，最多的是 1970 年和 1985 年，分别为 63 个和 58 个县市，说明这两年倒春寒是最强的。总的来说，60% 的年份有倒春寒（具体见表 3.23），说明了倒春寒确实是福建常见的灾害性气象。最近 30 年来，随着气候变暖，倒春寒呈减弱趋势，但 2000 ～ 2020 年有 15 年无一个县市出现倒春寒。

表 3.23　1961 ～ 2020 年福建各级倒春寒频率

| | 重度 | 中度 | 轻度 | 无 |
| --- | --- | --- | --- | --- |
| 次数 / 年 | 6 | 12 | 18 | 24 |
| 出现频率 /% | 10.0 | 20.0 | 30.0 | 40.0 |
| 年例 | 1962、1970、1976、1985、1991、1996 | 1961、1964、1965、1979、1982、1986、1988、1992、2004、2005、2011、2016 | 1963、1968、1969、1972、1974、1975、1978、1980、1983、1984、1987、1989、1993、1994、1995、1999、2008、2020 | 1966、1967、1971、1973、1977、1981、1990、1997、1998、2000、2001、2002、2003、2006、2007、2009、2010、2012、2013、2014、2015、2017、2018、2019 |

### （三）倒春寒的天气类型

以气温、降水、日照三要素的出现情况进行分类，福建的倒春寒有 3 种类型：

阴冷型：特点是天气多阴霾，平均气温低，日变幅小，相对湿度大，基本无日照。此类占总数三分之二以上，一般维持期也较长，导致的烂秧现象也最为严重。

晴冷型：特点是天气干冷，平均气温低，极端气温低，气温日较差大，日照较多。这类过程的维持期一般不长，对秧苗的威胁主要是晨间的低温，特别是有霜冻时影响更大。此类过程居少数。

混合型：特点是先阴冷，后放晴，机遇与危害不如第一种。

### （四）倒春寒的环流形势

倒春寒的环流背景多属南支波动活跃型，中纬度常有阻塞高压系统存在，如稳定的乌拉尔阻塞高压或中亚阻塞高压，同时副高较弱，脊线位于15°N附近，西脊点在120°E以西，华南上空短波槽活跃，锋面稳定地维持于南岭一带，冷空气活动频繁，阴寒持久。

福建倒春寒过程结束，主要有两种环流形势：第一种是中纬度的阻塞高压崩溃其下游的平直环流被一次经向环流过程所取代，随冷空气的南压，阴寒过程结束；第二种是低纬副高加强北顶，使阴寒天气过程退出福建，此类副高的加强有的表现为南海高压的增强，有的表现为西太平洋副高的增强。

### （五）3次倒春寒年例

1.1970年的倒春寒

这是近60年福建最严重的倒春寒，是春寒、倒春寒连续出现的年份。从2月26日至3月26日整整一个月，其间只有2天见太阳，7次频繁的冷空气，出现了近60年最低平均气温（偏低3.8℃）、最少日照、最多倒春寒县市、最多日平均气温≤12℃的累计日数的历史纪录。

该年倒春寒的低温阴雨天气给各地的早稻造成严重烂种烂秧现象，使播种插秧季节推迟1～2个节气。根据省农业局生产组和省农科站调查，全省早稻烂种烂秧损失种子1442万kg，其中，漳州地区就达476万kg，导致早季普遍缺秧。是相当严重的一年，需从外地调运1000多万kg种子加以补充。另外，低温阴雨天气对小麦扬花也有一定的影响。

2.1985年的倒春寒

这是历史上最严重的倒春寒之一。3月11～24日，冷空气连续入侵福建，北部的建阳、三明、福州、宁德4地市的日平均气温几乎都降到了12℃以下，其他地区也出现5～7天日平均气温低于12℃的倒春寒天气，闽南的漳州、泉州和龙岩3地市也达到倒春寒标准。3月8～12日，鹫峰山区和建阳地区的大部以及三明、龙岩2地市局部达到寒潮标准，过程总降温幅度9～16℃，最大48h降温幅度6～15℃（其中寿宁为14.6℃）。最低气温北部和内陆地区0～6℃，南部和沿海地区6～8℃。3月27日起，又一股冷空气影响福建，除漳州、龙岩等地区局部外，大部分地区出现连续3～5天日平均气温≤12℃的倒春寒天气。3月份的平均气温从北到南为9～15℃，较常年偏低2～3℃，尤其3月中旬偏低3～6℃。日平均气温稳定通过12℃的日期比常年推迟了 10～20 天。

倒春寒使全省早稻烂种烂秧损失种子 230 万 kg，春播期比常年推迟 10～15 天。但许多地区根据农业部门和气象部门的建议，将播种时间人为地推迟半个月左右，遇到后期的较好天气，大大减少了烂秧，保证了双季早稻的播种面积，如浦城县早稻烂种烂秧量仅为播种量的 8%，闽南地区受春寒影响虽比较严重，但部分县市如漳浦、云霄和南靖等县由于采取了预防措施，早稻烂种烂秧不仅比上年少，有的地方甚至是历史上最少的一年。

3.1991 年的倒春寒

这是 20 世纪 90 年代以来最重的倒春寒。3 月 26 日起北部地区达寒潮标准，福州等 5 地市连续 6～12 天≤12℃，除漳州市外，各地出现"倒春寒"，早稻烂种烂秧损失种子 120 万 kg。

## 三、五月寒

### （一）五月寒定义与标准

福建早稻的孕穗扬花期在"小满""芒种"节气，此时最怕低温，农民的语言称"五月寒"，五月是指农历。据农业气象的观测试验数据，我们定义对应这两个节气，即 5 月下旬至 6 月中旬，凡出现日平均气温≤20℃、维持期≥3 天的降温过程，称"五月寒"。五月寒过程降温越重，维持期越长，危害越重。随着农业种植结构调整，以及气候变暖，五月寒的影响有减小的趋势。

### （二）五月寒频率与强度

1. 五月寒的频率

闽北（包括宁德、南平、三明大部和龙岩局部）五月寒出现的概率为 7%～40%，中度及以上五月寒平均 5 年出现一次，相对倒春寒而言，频率低，强度弱；闽东地区包括福州一带概率大致相近，有的年份其维持期还较长，降温也较强，这与锋面弯曲，闽东北处在锋后的冷区有关；闽南五月寒出现的概率很小，不足 7%，厦门和漳州等南部县市几乎无五月寒。

2. 五月寒的强度

从年代际变化上看，出现五月寒县市最多的是 1975 年和 1990 年，分别为 51 个和 41 个县市，说明这两年五月寒是最强的，也说明出现全省性五月寒很少见，有些年份基本无五月寒，如 1971 和 1991 年无一个县市出现五月寒。和倒春寒相比，可以发现一个很巧合的现象，两个最强的倒春寒和五月寒都相距 16 年，两个最弱的倒春寒和五月寒都相隔 21～22 年，两个强弱年间隔 1～4 年。总的来说，40% 的年份有轻度及以上的五月寒（具体见表 3.24），平均每年 10 个县市出现五月寒（多为高海拔山区），属于轻度五月寒。但中度及以上的五月寒出现概率只有 18%，平均约 5 年出现一次。

表 3.24　1961～2020 年福建各级五月寒频率

|  | 重度 | 中度 | 轻度 | 无 |
| --- | --- | --- | --- | --- |
| 出现年次数/年 | 2 | 8 | 12 | 38 |
| 出现频率/% | 3.3 | 13.3 | 20.0 | 63.4 |

### （三）五月寒的天气类型

五月寒隶属前汛期的低温现象，它多与连续性的较强降水过程相伴出现，以"冷式切变"过程比较多见，晴冷型的五月寒过程也有，但年例很少，影响也轻。

### （四）2 次五月寒年例

1.1975 年的五月寒

受较强冷空气影响，5 月下旬气温显著偏低，出现罕见的低温阴雨天气，与常年同期比较，龙岩、龙溪两专区 5 月下旬平均气温偏低 2～3℃，其余地区偏低 3～4℃，是 1961 年以来同期的最低值。

受低温冷害的影响，省内 5 个地区（莆田、三明、龙岩、宁德、建阳）早稻减产约 1.88 亿 kg。莆田专区早稻发生退花、白壳、无粒和黑粒等现象，全区 6 月 10 日前抽穗扬花的 26 万多亩早稻（占双季早稻面积的 20%，其中闽清 3 万亩，永泰 2 万亩，长乐 5 万亩，福清 3 万亩，莆田 8 万亩，仙游 5 万亩），由于遇到低温，不结实率很高，一般要比常年减产一成以上，受灾严重的减产二至三成。闽清县早插早熟品种结实率受到影响，据坂东公社田间调查，"龙福二号"品种 5 月 27 日抽穗，不实率达 67.5%，"梅花一号"6 月 1 号抽穗，不实率达 25.3%，"705"品种不实率达 25.5%。东桥公社南坑大队 800 亩早稻中有 400 多亩早熟品种减产一成左右。

2.1981 年的五月寒

5 月初和 5 月底 6 月初，出现两次强降温过程，五月寒从出现范围看位列第 6，从出现累计天数看位列第 2，其平均持续时间（累计天数/县市数）则位列第 1。所以，该年五月寒是比较强的，出现的低温过程次数之多、持续时间之长、范围之广、损失之重都是历史上罕见的。福鼎、柘荣、周宁、霞浦、罗源、连江、长乐、崇武、晋江、东山、福州等 14 个站出现了建站以来同期的月极端最低气温。由于两次低温过程出现在小满和芒种两个节气内，双季早稻正处在孕穗期内，因此造成的危害较重。

据省农业厅统计，前一次降温过程，全省 90 多万亩早稻遭受寒害，其中受害严重的有 20 多万亩，早稻叶片严重发黄，分蘖停止，有的甚至死苗，需要重插。建宁县 10 万亩早稻受寒害，占种植面积的 83%，死苗严重，里心公社 90% 的早稻遭受寒害，其中需要重插的 2000 亩。后一次低温过程全省早稻受害面积达 230 多万亩，其中绝收 30～50 万亩。三明地区早稻受影响面积 36 万亩，其中 13 万亩受害严重，大部分绝收。宁德地区早稻因寒害而绝收或基本绝收的达 9 万亩，估计稻谷减产 0.5 亿 kg。

其中,古田县受害面积16.5万亩,占总面积的91%,比上年减产六点六成,结实率小于30%的4.5万亩,基本绝收的有7万亩,该县平湖公社99%的双季早稻受灾,预计比上年减产九成左右。

### 四、寒露风

#### (一)寒露风的定义与标准

寒露风是入秋以后(福建除高海拔山区县9月上旬入秋外,大部县市10月上中旬才入秋),北方冷空气南侵造成的临界降温现象,对适处扬花期的晚稻来讲危害很大,会造成空壳率的提高,进而造成减产甚至绝收。所以,寒露风是根据水稻生长需求制定的。据《福建省灾害性天气预报服务用语暂行规定》(闽气科预函〔2012〕8号),以双季晚稻抽穗扬花期间(9月1日～10月20日),出现连续≥3天、日平均气温≤20℃的天气过程,称为"20型"寒露风,标志日期以第一天为准。由于水稻品种生理属性的不同,除"20型"的寒露风外,对农业服务时还有23℃的统计标准。

#### (二)寒露风的开始日期

1. 开始日期

全省各县市寒露风平均开始日期为9月19日(周宁)～10月20日(莆田、同安、漳浦)。平潭、东山、诏安、云霄近30年未出现寒露风。分布特征是由北至南开始出现寒露风,特点是高山区早,平地迟;北部早,南部迟;内陆早,沿海迟(图3.56)。平均开始日期除鹫峰山区的周宁、寿宁、屏南、柘荣以及建宁等部分县市在10月之前外,其他大部分县市出现在10月;沿海县市出现晚,10月16～20日才出现。等时线基本呈东北—西南走向,这与环流系统——高空低槽、地面冷锋的常规走向是大体一致的。

2. 离差特征

鉴于大气环流的年际差异,初秋北方冷空气活动的迟早、强度与路径各年有异,所以,寒露风有迟有早,有强有弱,其出现早是强度偏强的主要指标。近30年,就全省情况来看,寒露风出现较早的年份有1997、2004、2006年等,较晚的年份有2005、2012年等。

根据鹿世瑾的研究,可从如下三个统计特征量看出寒露风出现的差异性。

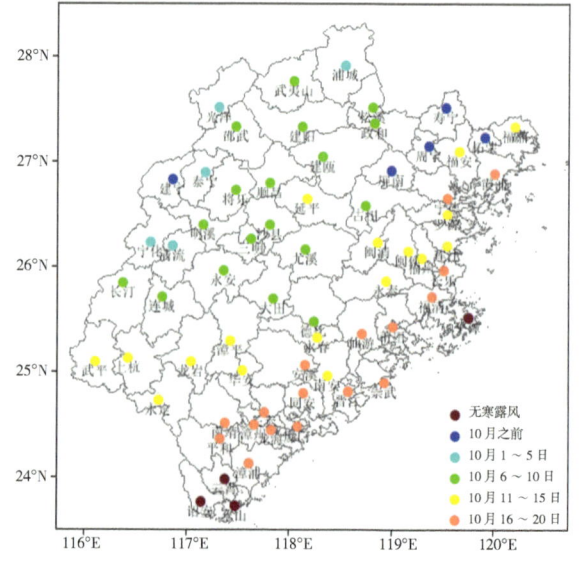

图3.56 福建寒露风平均开始日期

极差：极差（R）即最早与最晚之差，可以此度量寒露风的最大波动范围。据1951～1998年的统计结果，福建各地寒露风的极差介于28～50天，其空间分布：武夷山区和沿海地带相应为小，一般为30～40天，而东北—西南向的闽中地带为大，介于40～50天。

标准差：标准差 $S$ 值的分布可看出福建各地寒露风的平均振动情况，其值全省介于7.3～11.4天，空间分布也是东北—西南向的中间地带为大。

变异系数：变异系数 $C=S*/t*$。它是样本标准差与多年均值的比值，用以反映寒露风相对波动的大小。这里 $S*$ 是去掉1951～1998年间两个最早年和两个最晚年后求得的标准差；$t*$ 是去掉上述4个样本后所得的均值，而且是原点化处理后的平均量，计算结果全省 $C$ 值介于0.45～0.80。

从 $R$、$S$、$C$ 三个统计表征量的计算结果，可以看出福建寒露风的离散度是很大的，反映了这一季节气候现象的不稳定性。显见，寒露风迟早变化是福建晚稻产量的重要因素之一。

3. 安全齐穗期

福建晚稻抽穗扬花保证80%的年份不受低温危害的安全齐穗期分布，从24个代表站来看，宁德地区西部的寿宁、屏南等700 m以上的高寒山区9月10日必须齐穗；南平地区、三明地区和龙岩地区西北部9月下旬中后期应当齐穗；宁德地区东部、福州地区西北部、龙岩地区东部应掌握在10月上旬后期齐穗，其余地区应掌握在10月中旬末下旬初齐穗。与当地寒露风的平均日期相比，一般提早6～8天。如上统计事实与"寒露不勾头，割来喂老牛"（闽北），"霜降抽不齐，牵牛犁"（闽南）的农谚基本符合。所以顺应气候规律，合理利用气候资源，因地制宜地安排播种期，控制扬花期是晚稻安全过关的关键所在。

4. 寒露风的分批性

寒露风来临，全省自北而南是一次出现，还是多次陆续出现取决于当年的冷空气强度。鹫峰山脉的寿宁、屏南等地，海拔甚高，寒露风很早，作特区考虑，除此，我们对其他站点1991～2020年寒露风来临期的分批情况作了统计，从表3.25可以看出，福建寒露风的来临，绝大部分的年份是2～4次降温过程。

表 3.25 福建寒露风的分批性

| 分批性 | 一批 | 二批 | 三批 | 四批 | 五批 | 六批 | 合计 |
| --- | --- | --- | --- | --- | --- | --- | --- |
| 年数 | 1 | 8 | 9 | 8 | 2 | 2 | 30 |
| % | 3.2 | 26.7 | 30 | 26.7 | 6.7 | 6.7 | 100 |

### (三)寒露风的开始日期

对适处扬花期的晚稻来讲,寒露风来临时天气状况不同,扬花受阻的情况也就不同。一般说来,其危害是阴冷重于晴冷。

从福建的地域代表性和寒露风活动季节的差异选取寿宁(闽东北)、建阳(闽北)、龙岩(闽西)、漳州(闽南)4个代表站,分别普查寒露风影响期间各站逐日的日照、降水量和相对湿度,基本可归纳为两种组合类型,即:

晴冷型(干型):每天日照多在6～11 h;无雨或基本无雨;相对湿度多在70%以下,超过80%者很少。

阴冷型(湿型):天气主阴雨;基本无日照,或不足4 h,相对湿度多在80%以上。

统计发现两型的比例因地而异:寿宁,晴冷型共15年(占46.9%);阴冷型为17年(占53.1%),这17年中有13年(76.5%)有中雨以上降水。建阳,晴冷型为24/38 = 63.2%;阴冷型为14/38 = 36.8%,其中,中雨降水占9/14 = 64.3%。龙岩,晴冷型为27/38 = 71.1%;阴冷型为11/38 = 28.9%,其中,中雨降水为4/11 = 36.4%。漳州,晴冷型的机遇为29/38 = 76.3%;阴冷型为9/38 = 23.7%,而中雨降水仅1/9 = 11.1%。如上事实进一步说明了为什么寒露风成灾闽北往往多于闽南,重于闽南。

### (四)寒露风的垂直差异

气温随海拔高度上升而降低这是一般规律,但下降的幅度因季节和地形、地理因素而异。福建山峦起伏,具有立体气候特色,探索不同季节、不同地区温度的垂直差异,对掌握各地双季稻爬山的最大临界高度,而因地制宜的搭配品种,安排茬口具有重要意义。对比了七仙山气象站与武夷山市气象站(高差1211 m),九仙山气象站与德化县气象站(高差959 m)以及高差也较悬殊的寿宁与福安,德化与永春的气象资料,发现初秋季节正是一年当中温度递减率最大的时期,平均而言,武夷山、寿宁一带每上升100 m降温0.5～0.6℃,德化更大,降温0.6～0.7℃。此时正值福建晚稻抽穗扬花期,所以山区的安全齐穗期相应要比当地平原地区提早。以浦城为例,按气象站的资料(该站海拔283 m)保险系数为80%的晚稻安全齐穗期是9月21日,用温度垂直递减率为0.55℃/100 m这一水准来推算,800 m的山区,安全齐穗期大致应在9月4日前后,提早17天,这样每升高100 m,大致提早3天左右。

气温垂直递减率在农业种植上意义重要。如:福州与上海纬差5°即550 km,常年10月逐日的平均温差4.3℃,平均每北上100 km递减0.78℃,而这一季节的垂直递减率是每升高100 m递减0.60℃,两者的比值为1:769,这就是说垂直递减是南北水平递减的769倍。为什么江浙一带的平原地区晚稻扬花常能顺利过关,而闽北山区风险还大于前者?问题就在这里。因此,顺应地理天时,科学掌握和安排安全齐穗期至关重要。

## （五）寒露风的年例

1966年是寒露风开始最早的年份，也是成灾最为严重的一年。全省成灾204万亩，损失1.47亿kg，其中南平地区占140万亩，1.2亿kg；1986年9月中旬末至月底的强降温，使230万亩晚稻扬花受害，产量比1985年减少4.4亿kg，成为20世纪80年代单产最低的一年，这两年低温成灾主要在北部；1979年全省170万亩成灾，重灾占86万亩，以南部为主，漳州、龙岩两地市损失0.69亿kg；1976年受灾面积145万亩，全省有46个县（市）减产，一成以上者占17个，也以北部为重，估计该年总的损失约1亿kg。除此，1958年、1959年、1971年、1972年、1980年、1984年、1988年等，损失也在0.5亿kg左右。从历史成灾年例来看，福建晚稻的低温寒害南北均有可能，但以北部为多，为重。福建农谚中流传的"禾怕寒露风""寒露风仓库空"正是民众对寒露风危害性的形象描述。

## 第七节　强对流天气

### 一、冰雹

冰雹是从对流云中降落的一种固态降水物，由透明和不透明冰粒相间组成圆球形或圆锥形的冰块，直径一般为5～50 mm，大的有时可达10 cm以上，又称雹或雹块。

冰雹发生在春季和春夏之交，对农业作物生长危害很大，尤其烟叶。严重时还会损坏瓦房、树木，砸伤行人和牲畜。

与全国相比，福建属少雹区，这与大气零度层较高有关，如春季平均在3500～4000 m。由于正温区很厚，容易使已形成的冰雹，还没落至地面已经融化，所以观测上的固体降水很少。

本节所采用的冰雹资料来源于福建省66个县市1961～2020年的记载，不仅包含气象站观测资料，还包含文献、县志史料等辅助记载，并以气象站代表县域进行统计。

（一）冰雹的成因

冰雹是由积雨云中强烈的对流作用而引起的恶劣天气，属中、小尺度天气现象。冰雹来临时常有大风、雷暴与之相伴出现。

冰雹形成通常必须具备三个条件：

①大气低层要有充沛的水汽。

②要有深厚的上干、下湿对流性不稳定层结和适宜高度的大气0℃层、-20℃层。

③要有助长上升气流的冲击力，包括自下而上急剧增大的垂直风切变；另外，地形、地势也会对冰雹的频率和强度有一定影响。

## （二）冰雹的时空分布

### 1. 年特征

1961～2020年福建省累计冰雹日数总计1994天，平均每年33天。

福建冰雹空间分布的一般规律是山区多于平原，内陆多于沿海，高海拔地带是福建冰雹的高频区。1961～2020年60年间累计冰雹日数超过40天的有24个县市，以尤溪67天为最多，沙县64天，宁化63天次之。南部沿海县市多为12天，是冰雹少见的地区（图3.57）。福建冰雹相对活跃之区在南平北部、三明南部和龙岩、福州内陆和三明东部、鹫峰山区，大致呈东北—西南向。

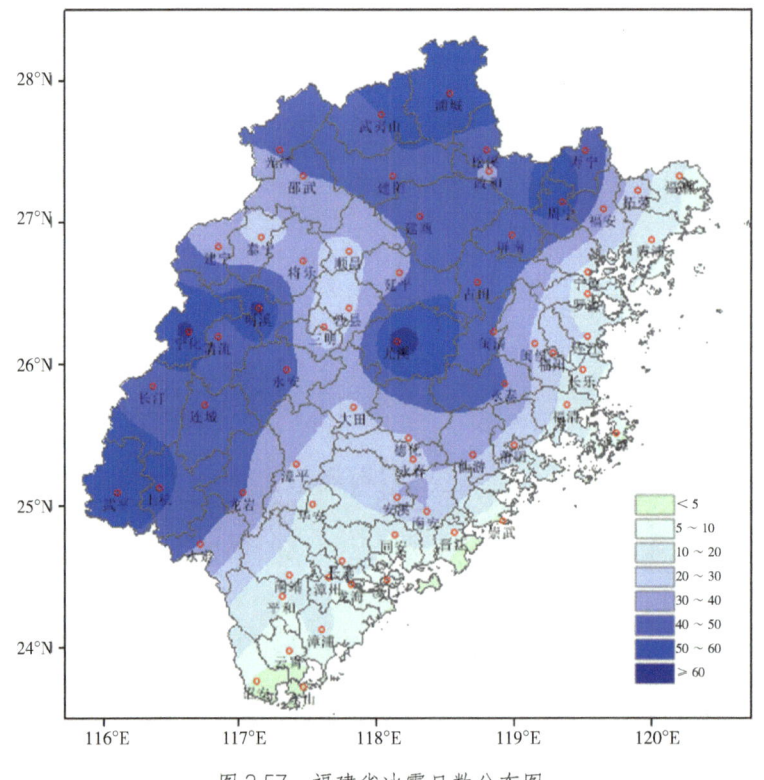

图3.57　福建省冰雹日数分布图

### 2. 季特征

福建冰雹主要出现在春、夏季（图3.58），其中早春季（3～4月）降雹次数最多，夏季（7～9月）次之，雨季（5～6月）再次。早春季的空间分布与年频数相像，龙岩、三明、南平以及福州和宁德的内陆地区都是高值区；夏季高值中心在鹫峰山区，闽西为次高中心；雨季频数大为减少，仅南平北部、龙岩三明交界处和福州三明交界处较多；秋季（10～11月）和冬季（12月至翌年2月）则更少，60年里不超过6次。

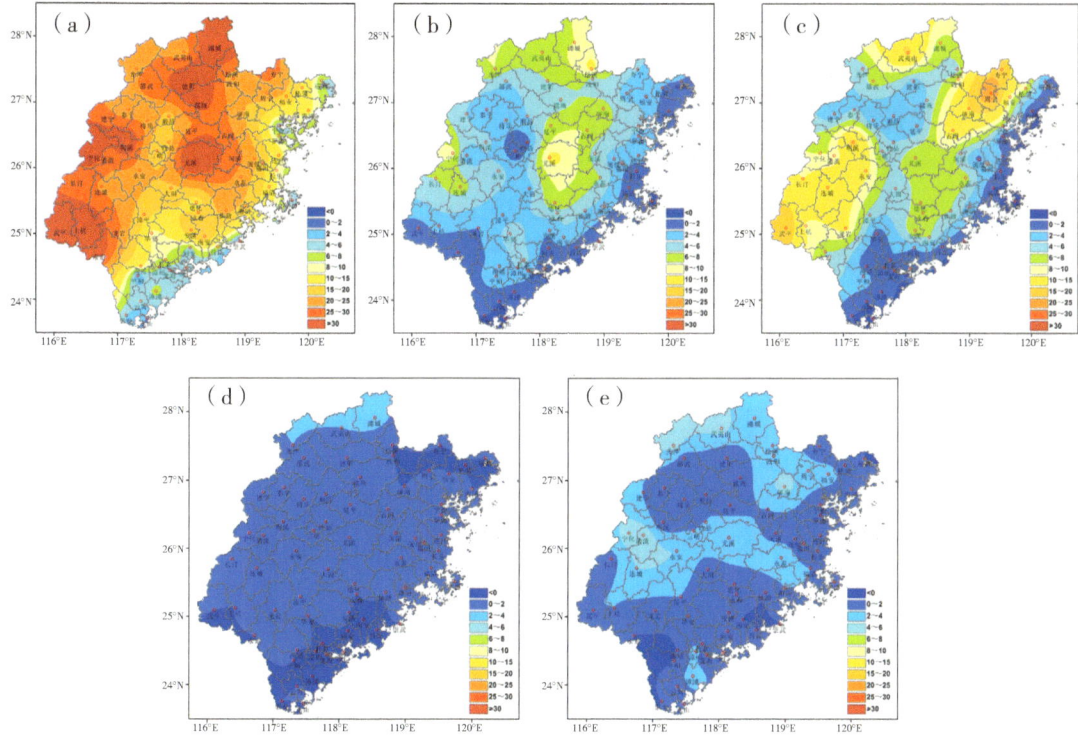

图 3.58 福建省早春（a）、雨（b）、夏（c）、秋（d）、冬（e）各季节冰雹频数分布图

### 3. 月特征

月际分布呈双峰型，主峰在 3 月，次峰在 7 月（图 3.59）。3～5 月占 71.8%，7～8 月占 16.9%，合计占全年的 88.7%。季节高度集中是福建冰雹的一大特点，尤以 3 月、4 月最为多见，各占年冰雹日数的 24.7% 和 37.5%。这与此一时期来自低纬的暖湿气流已经比较活跃，而北方的冷空气仍相当频繁，且势力也较强盛，容易满足冰雹形成的物理条件和流场要求有关。这一时期也是福建冰雹灾害危害最大的时期，该时期正是作物生长关键时期，尤其是烟叶生长的关键期，冰雹对其危害很大。为加强气象服

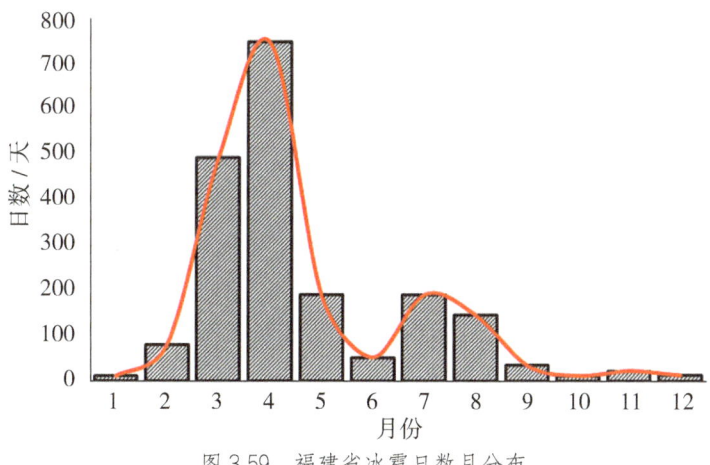

图 3.59 福建省冰雹日数月分布

务的针对性，2005 年以来，福建省气象部门和烟草部门密切合作，在烟叶主产地，也是冰雹相对频发的县市，开展了人工消雹影响天气作业。

福建冰雹最早发生在 1 月，共有 11 个县市，以沙县 1962 年 1 月 3 日出现的冰雹为最早。最晚发生在 12 月，共有 13 个县市，以三明市和漳州市 12 月 19 日出现冰雹为最迟。

### （三）较大范围冰雹过程特征

#### 1. 降雹连续天数

以 1961～2020 年的资料统计，过程降雹站数超过 4 个共有 102 次，其中多数集中在 3 天以下（图 3.60），占总过程数的 74.5%。若以出现超过 20 个站的冰雹过程定义为较大范围冰雹过程（以下简称大过程），60 年间共发生 14 次（表 3.26），持续时间以 2～4 天为多，最长的持续 9 天（1983 年 4 月 8～16 日）。大过程冰雹事件主要发生在龙岩，三明，南平的建阳、建瓯、延平以及古田，闽清一带（图 3.61）。

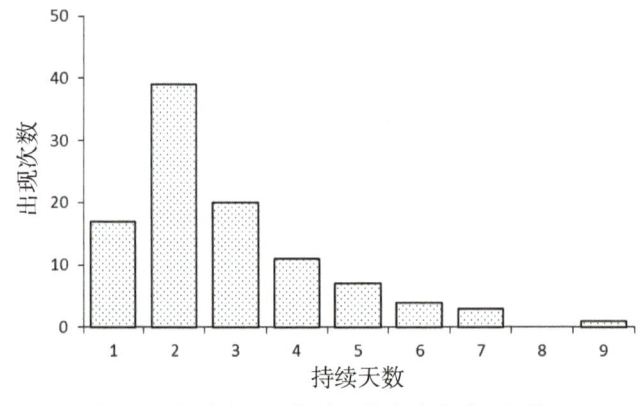

图 3.60　福建省不同持续天数的冰雹过程频数

表 3.26　冰雹大过程一览表

| 序号 | 年份 | 起月 | 起日 | 止月 | 止日 | 降雹天数 | 降雹区域（地市） | 降雹站次 |
| --- | --- | --- | --- | --- | --- | --- | --- | --- |
| 1 | 1972 | 4 | 15 | 4 | 21 | 7 | 全省 | 35 |
| 2 | 1973 | 4 | 1 | 4 | 3 | 3 | 南平、三明、龙岩、宁德、福州、莆田、泉州 | 37 |
| 3 | 1973 | 4 | 11 | 4 | 11 | 1 | 宁德、福州、莆田、泉州、厦门、漳州 | 21 |
| 4 | 1976 | 4 | 17 | 4 | 18 | 2 | 南平、三明、龙岩、宁德、福州、莆田、泉州 | 30 |
| 5 | 1979 | 3 | 27 | 4 | 2 | 7 | 南平、三明、龙岩、福州、泉州、漳州 | 20 |

续表

| 序号 | 年份 | 起月 | 起日 | 止月 | 止日 | 降雹天数 | 降雹区域（地市） | 降雹站次 |
|---|---|---|---|---|---|---|---|---|
| 6 | 1983 | 4 | 8 | 4 | 16 | 9 | 南平、三明、龙岩、宁德、福州、泉州、漳州 | 32 |
| 7 | 1987 | 3 | 12 | 3 | 15 | 4 | 三明、龙岩、宁德、福州、莆田、泉州、漳州 | 35 |
| 8 | 1987 | 3 | 23 | 3 | 24 | 2 | 南平、龙岩、三明、福州、泉州 | 22 |
| 9 | 1988 | 3 | 15 | 3 | 17 | 3 | 南平、三明、龙岩、宁德、福州、泉州、厦门 | 35 |
| 10 | 1992 | 4 | 26 | 5 | 1 | 6 | 南平、三明、宁德、福州、漳州 | 20 |
| 11 | 1995 | 4 | 15 | 4 | 17 | 3 | 南平、三明、宁德、福州 | 25 |
| 12 | 2012 | 4 | 10 | 4 | 12 | 3 | 南平、三明、龙岩、福州、莆田、泉州 | 32 |
| 13 | 2013 | 3 | 19 | 3 | 20 | 2 | 南平、三明、龙岩、福州 | 23 |
| 14 | 2014 | 3 | 26 | 3 | 29 | 4 | 南平、三明、龙岩、福州、莆田 | 31 |

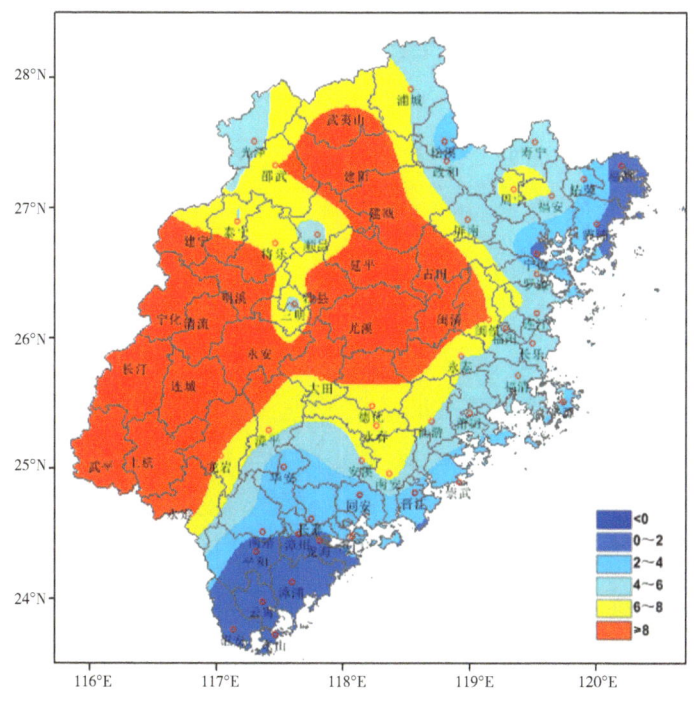

图 3.61　大过程中各县（市）冰雹频次空间分布

## 2. 降雹持续时间和直径

福建降雹的持续时间，短的只有二三分钟，长的可达十多分钟以至 0.5 h 以上，如 1975 年 4 月 19 日建阳降雹超 1 h，是该地历史上从未见过的，又如 1976 年 4 月 16 日下午建阳的黄地村，连续降雹 1 h，积雹 0.4 mm。据记载，历史上最长降雹时间沿海不超过 0.5 h，内陆基本超过 0.5 h，其中建阳、连城、上杭、武平、尤溪近 1 h（图 3.62 的左图）。

全省除漳州大部外，基本上都出现过 10 cm 以上的冰雹（图 3.62 的右图），连城、武平、尤溪和闽清冰雹直径最大，超过 20 cm。

综观图 3.62，龙岩地区和福州三明交界处冰雹不仅个大，持续时间也长。

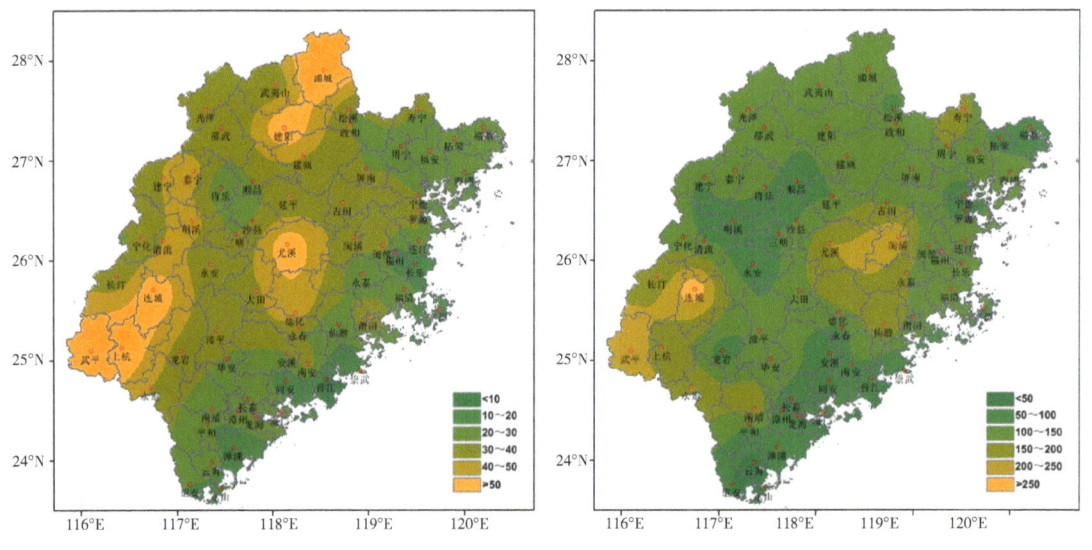

图 3.62　1961～2020 年最长降雹时间（min）和最大直径（mm）分布图

### （四）冰雹过程实例

#### 1. 1976 年 4 月 17～18 日

1976 年 4 月 17 日 12 时，闽北的邵武市首先出现冰雹，而后沿闽江向东南移动，19～20 时至尤溪县，21 时 10 分至 24 分雹区过福州，18 日 1 时移到海岛平潭县，在省内历时 13～14 h。这次冰雹过程的环流形势属乌拉尔高压型，前部的主槽位于贝加尔湖与巴尔喀什湖之间，河套以西至长江中游一带有阶梯槽不断南移；华南低空（850 hPa）有 16 m/s 的喷流，17 日上午地面冷锋移入福建，冰雹随锋面南压，至夜间离境入海。

此次冰雹所经之地毁坏建筑面积 1036 万 m²，瓦片损失近 3 亿块。灾情尤以福州为重，福建省气象台实测最大冰雹直径为 6.0 cm，雹体平均重量 7.9 g，最重者 29.5 g，市区降雹中心地带更大，有的街道积雹 10 cm，最大者群众反映如碗口。冰雹过境时，实测极大风速为 30.3 m/s（NW），雹过又降暴雨。全市受损建筑面积 812 万 m² 折合 5404 万元，另有其他物资损失约 1000 万元。作物受灾 5 万亩，触电死亡 4 人，受伤近百人，市内树木、通信线路严重受毁，有些街区公共汽车中断数日，垃圾杂物近10天才清毕。

2. 2010年3月5～6日

2010年3月5日傍晚前后，受西南暖湿气流影响，南平、三明两市自西向东12个县市出现了较大范围的冰雹、雷雨大风等强对流天气。冰雹直径最大约50 mm，出现在邵武和明溪，雷雨大风以三明市的22 m/s（9级）最大。此次强对流天气过程，其特征是发生时间偏早和影响范围较大，南平、三明两市进行了大范围的人工消雹作业，在一定程度上削弱了降雹强度。尽管如此，仍然对福建省西北部地区造成了严重影响。南平、三明两市灾害程度为近年来最为严重，其中政和县因土木结构房屋受龙卷风袭击倒塌造成2人死亡，受伤12人。邵武市遭遇了有气象记录以来最为严重的雹灾，是受灾最重的地区，许多农户家中屋顶被冰雹砸破开了一个个天窗，屋内尽是被冰雹打下的破碎瓦砾。另外有着千年历史的邵武市和平古镇有2000多户民房屋顶被砸穿，古镇中几乎所有的明清古民居片瓦不全。据福建省民政厅不完全统计：南平、三明两地12个县市28.81万人受灾，紧急转移安置9.27万人，农作物受灾面积13.48 km$h^2$，损坏房屋12.85万间，直接经济损失4.72亿元。

3. 2020年5月6日

2020年5月6日，受低层切变影响，连城、永泰、同安、集美、安溪、南安、晋江、石狮、芗城、龙文、龙海、尤溪、武平、城厢、永春、上杭、长汀、秀屿、仙游、德化、福州、平和、漳浦、翔安、闽清、邵武、闽侯、福清、沙县、宁化、建宁、泰宁、建瓯、顺昌、光泽共35个县（市、区）出现冰雹，各地冰雹直径普遍在5～20 mm，最大50 mm。此次冰雹过程有以下特点，一是5月大范围降雹前所未见；二是单日降雹范围最广；三是中南沿海等少雹区出现集中降雹。据福建省民政厅不完全统计：南平、三明两地6个县市10888人受灾，紧急转移安置73人，农作物受灾面积2672.2 hm$^2$，损坏房屋796间，直接经济损失3394.5万元。

（五）冰雹致灾危险性评估

1. 评估模型

冰雹大小、持续时间、密度和伴随大风是冰雹过程是否成灾的主要因素，冰雹越大，持续时间长，冰雹灾害的强度越大；降雹频次（雹日）越多时，发生冰雹灾害的可能性越大，因此冰雹灾害致灾危险性评估需综合考虑冰雹强度和降雹频次的综合作用。根据1961年以来收集的资料完整度，选取平均冰雹大小（$X_D$）、平均降雹持续时间（$X_T$）和降雹频次 $X_R$，采用综合加权法，根据经验权重比为3：2：5，致灾因子危险性指数 $VE$：

$$VE = 0.3 \times X_D + 0.2 \times X_T + 0.5 \times X_R \quad (3.7.1)$$

## 2. 冰雹致灾危险性区划

利用（3.7.1）式，计算全省66个国家站的冰雹危险性指数，采用自然断点法分区绘制危险性区划图。由图3.63可以看出，南平北部、三明南部和东部、龙岩大部、福州西部、宁德西部属于高危险性区域，沿海属于低危险性区域。

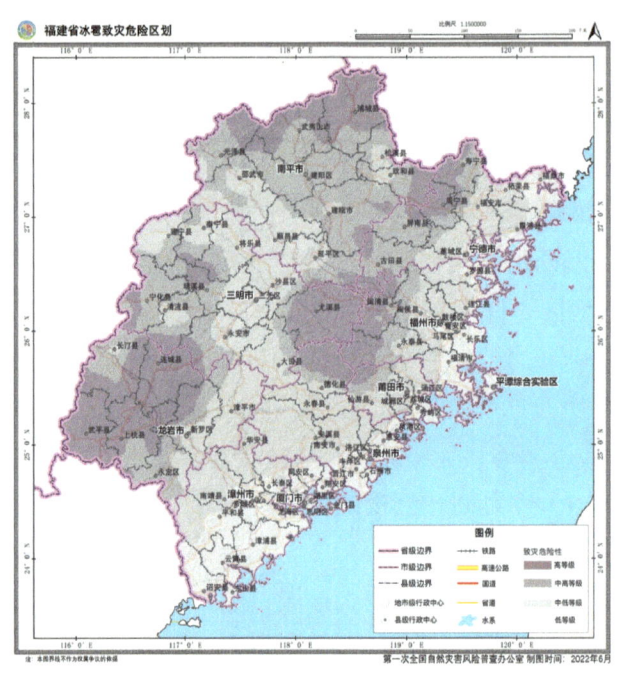

图3.63　冰雹灾害致灾因子危险性区划

## 二、雷电

雷电是自然界最为壮观和重要的大气现象之一。从远古时代以来，雷电始终吸引人类极大的关注，因为它会危及人类及动物的生命安全、引发森林大火、损坏各种建筑。但是对雷电的物理本质的了解，绝大部分是近代才获得的，尤其是高速摄影、雷电定位等现代技术成果在雷电监测中的应用，大大丰富了人们对雷电的认识。福建地处东南沿海，东邻太平洋，属亚热带季风气候，且地形以丘陵山地为多，独特的地理位置和气候条件，造成了福建每年雷电活动极为频繁，属雷电高发区。

### （一）雷电的形成和分类

#### 1. 雷电的形成

雷电是由带电的雷暴云放电引起的，是不同极性的积雨云之间、或云与大气之间、或云与大地和地物之间的放电现象，多数雷暴云放电是在云间或云内发生的。

一般认为，雷暴云的聚集和带电是由于热气流的上升冷凝产生冰晶，冰晶碰撞分裂后，较轻的部分带负电荷并形成大块的雷云，较重的部分带正电荷并可能凝聚成水滴下降，在下落过程中与其他水粒子发生碰撞，结果一部分被另一水生成物捕获，增大水生成物的体积，另一部分云粒子被反弹回去，这些反弹回去的云粒子通常带正电荷，悬浮在空中形成一些局部带正电的云区，而水生成物带上负电荷。由于水成物下降的速度快，而云粒子的下降速度慢，因而正、负电荷的微粒逐渐分离，最后形成带正电的云粒在云的上部，而带负电的水生成物在云的下部。整块雷暴云里边可以有若干个电荷中心。

随着雷暴云的发展和运动，一旦空间电场强度超过大气游离放电的临界电场强度时就会发生放电。放电过程中，由于闪电通道中的温度骤增，使空气体积急剧膨胀，从而产生冲击波，导致强烈的雷鸣。雷电放电时会出现强烈的闪光和爆炸的轰鸣声，这就是人们见到和听到的电闪雷鸣。

雷电的形成与雷暴紧密联系，雷暴是伴有雷电，有时还伴有大风甚至冰雹的局地强对流天气；雷电是发生在雷暴天气过程中的一种天气现象。因此，雷电的时空分布甚至分类和雷暴的形成机制密切相关。雷暴可分成三大类：一是局地热雷暴，由地面接收太阳辐射升温所致，多发生在午后和傍晚，多见于夏季；二是锋面雷暴，是冷暖空气相互作用的结果，发生于锋面附近，多见于春季；三是地形雷暴，由气流遇高山阻挡被迫抬升所形成。

2.雷电的分类

根据雷电发生的位置分为云闪和地闪两大类。云闪是指不与大地和地物发生接触的闪电，包括云内闪电、云际闪电和云空闪电；地闪是指雷云与大地和地物之间的放电过程，亦指与大地和地物发生接触的闪电。按先导方向与回击电流方向，地闪可分为下行负闪、下行正闪、上行负闪、上行正闪四种类型，其中下行负闪最为常见。

根据雷电的形状又可分为线状闪电、带状闪电、球状闪电和联珠状闪电。线状闪电最为常见，包括线状云闪和线状地闪。带状闪电是宽度达十几米的闪电，比线状闪电要宽几百倍。球状闪电看上去类似于一团火球，较为罕见。联珠状闪电的形状像挂在空中的一长串珍珠般的发光亮斑，也称为链状闪电。

（二）雷电的时空分布

雷电的大小和多少以及活动情况，与所在区域的地形特征、气候条件及所处的纬度有关。一般山地雷电比平原多，沿海地区比大陆腹地要多，建筑越高，遭雷击的机会越多。根据福建省闪电定位系统监测数据，以2015～2020年福建省闪电活动为例，对雷电的时空分布做简要分析。

1.雷电活动月变化

2015～2020年福建省地闪活动覆盖全年12个月，初雷都发生在1月，以正闪为主；终雷都发生在12月，全部为正闪。2015～2020年福建省初雷、终雷信息见表3.27。

表 3.27  2015～2020 年福建省初雷、终雷信息

| 类型 | 年份 | 发生时间 | 发生地点 | 雷电流强度 / kA |
|---|---|---|---|---|
| 初雷 | 2015 | 1月1日 23:38:47 | 宁德福鼎 | -25.97 |
| | 2016 | 1月5日 3:32:29 | 三明宁化 | 45.99 |
| | 2017 | 1月1日 2:46:21 | 泉州永春 | 41.63 |
| | 2018 | 1月3日 13:53:38 | 漳州龙海 | 9.8 |
| | 2019 | 1月7日 5:34:35 | 漳州漳浦 | 26.1 |
| | 2020 | 1月3日 2:41:24 | 泉州南安 | 14.7 |
| 终雷 | 2015 | 12月21日 23:40:11 | 厦门 | 65.03 |
| | 2016 | 12月31日 5:34:55 | 漳州云霄 | 40.43 |
| | 2017 | 12月30日 4:09:23 | 漳州南靖 | 7.59 |
| | 2018 | 12月31日 19:24:21 | 三明永安 | 22.05 |
| | 2019 | 12月31日 0:14:20 | 泉州德化 | 17.3 |
| | 2020 | 12月31日 22:29:09 | 漳州长泰 | 19.3 |

从雷电活动情况看，1～3月福建大多数地区地闪活动较弱，从4月份开始地闪活动趋于增加，7～9月份地闪活动最为频繁，主要集中在中部和东南沿海地区，到10月份后地闪活动趋于减少，10～12月份全省地闪活动较弱。

从地闪次数月分布对比图（图 3.64）看，各年不同月份地闪活动差异较大，这与当年度气候条件有关。总体上看，地闪活动从4月开始加强，至9月开始减弱。

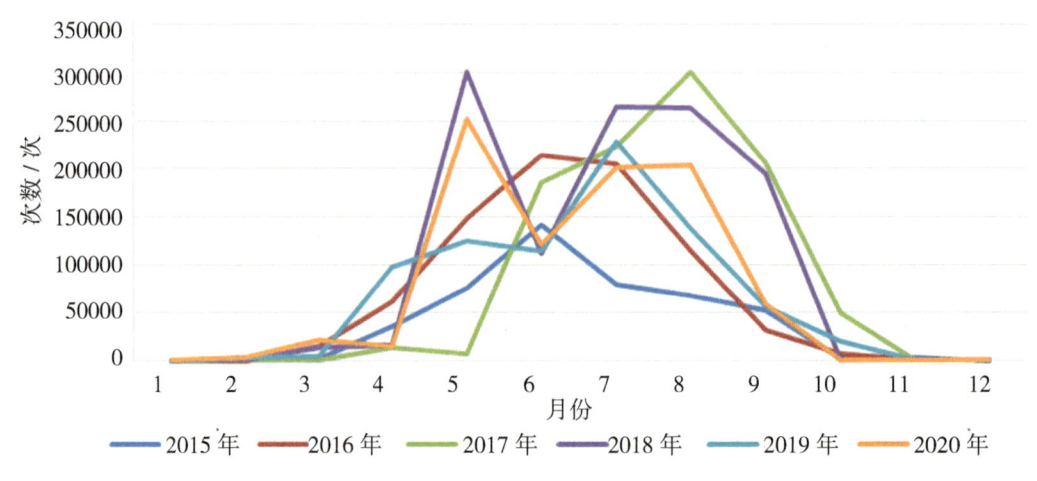

图 3.64  2015～2020 年福建省地闪次数月分布对比图

## 2. 雷电活动日变化

从地闪时段次数分布对比图（图3.65）看，福建省全天各时段均有地闪发生，午后到上半夜地闪活动较强，尤其以13~20时的地闪活动最强，2~8时地闪活动最弱。地闪时段次数分布呈单峰分布，总体分布趋势各年份基本一致。

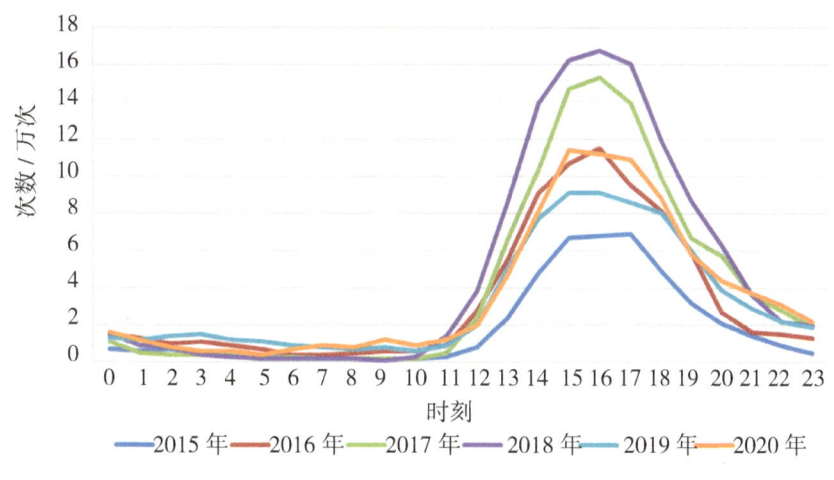

图3.65　2015~2020年福建省地闪时段次数分布对比图

## 3. 雷电的空间分布

2015~2020年福建省地闪密度分布情况如图3.66所示，福建省中部、南部地区地闪活动较强，闽北和闽西南地闪活动相对较弱。

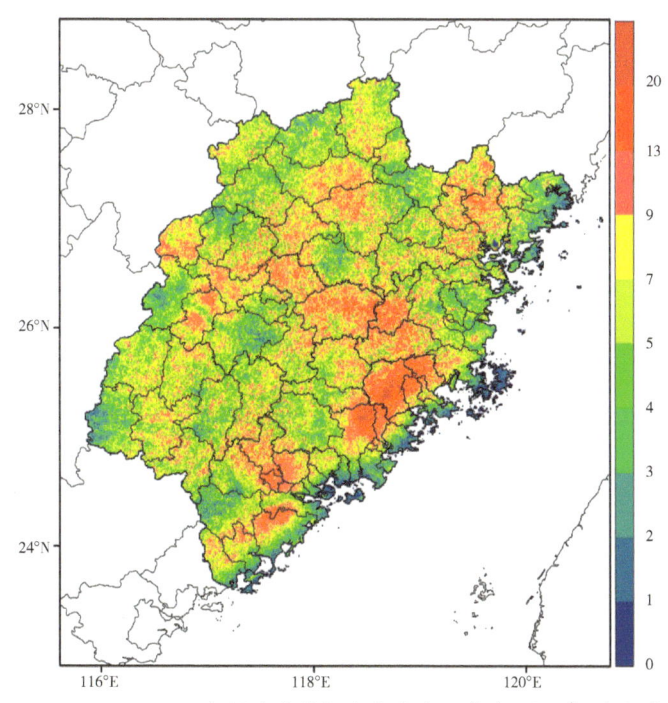

图3.66　2015~2020年福建省地闪密度分布图［次/（km²·年）］

从各地市的地闪密度分布图（图 3.67）看，各个地区的地闪密度也存在差异，莆田地区的年平均地闪密度最高，三明次之，平潭地闪密度最低。

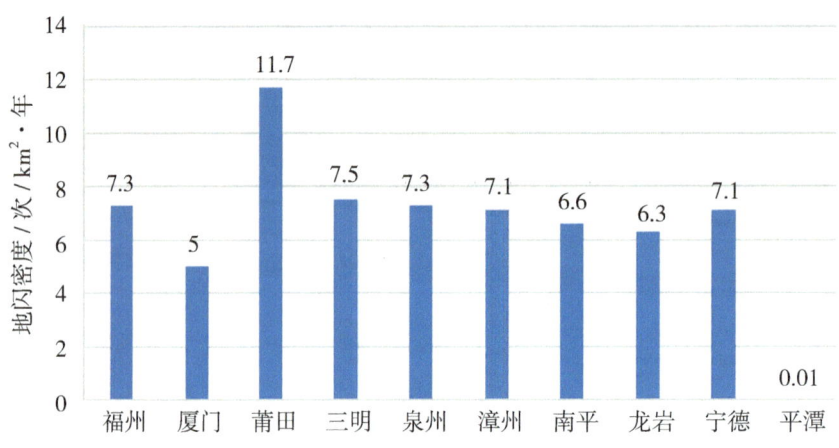

图 3.67　2015～2020 年福建省各地市地闪密度分布图

### （三）雷电危害与形式

**1. 雷电的危害**

雷电灾害是指因雷电对生命体、建（构）筑物、电气和电子系统等所造成的损坏，泛指雷击或雷电电磁脉冲入侵和影响，造成人员伤亡或财务受损、部分或全部功能丧失，酿成不良的社会和经济后果的事件。包括直接的人员伤亡和经济损失，及由此衍生的经济损失和不良社会影响。

**2. 危害的形式**

雷电产生的高温、猛烈的冲击波以及强烈的电磁辐射等物理效应，使其能在瞬间产生巨大的破坏作用。根据雷电危害特点的不同，雷电的危害形式主要有直接雷击和雷电感应两种。雷击的破坏力极大，它的破坏作用也是综合的，包括有电、磁、热和机械等性质的破坏效应。雷电的危害形式如图 3.68 所示。

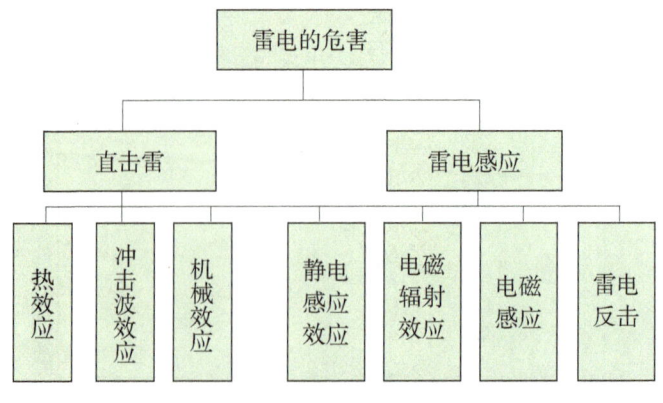

图 3.68　雷电的危害形式

（1）直接雷击

直接雷击是带电的云层与大地上某点之间发生迅猛的放电形成的，直击雷破坏性极强，通过产生热效应、冲击波效应和机械效应造成损害，可在瞬间造成人员伤亡，击毁建（构）筑物、供配电系统、通信设备等，引发易燃物品火灾至造成爆炸事故，极大危害人民财产和人身安全。

（2）雷电感应

雷电感应是雷电放电时在附近导体上将产生静电感应和电磁感应，它可能使金属部件之间产生火花。雷电感应的危害主要分为静电感应效应、电磁辐射效应、电磁感应和雷电反击，雷电感应事故发生率高，危害面广，后果十分严重。

静电感应是由于雷云接近地面，在地面凸出物顶部感应出大量异性电荷所致。在雷云与其他部位放电后，凸出物顶部的电荷失去束缚，以雷电波形式，沿突出物极快地传播。

电磁感应是由于雷击后，巨大雷电流在周围空间产生迅速变化的强大磁场所致。这种磁场能在附近的金属导体上感应出很高的电压，从而损坏电气设备。

（3）雷击人身的危害形式

雷电灾害的一种严重形式就是对人身的伤害。雷电对人的危害是雷电流迅速通过人体，可立即使呼吸中枢麻痹，心室纤颤或心跳骤停，以致使脑组织及一些主要脏器受到严重损害，出现休克或突然死亡，雷击时产生的电火花，还可使人遭到不同程度的烧伤。

雷电造成人身伤亡的形式主要有4种，直接雷击、接触雷击、旁侧闪络和跨步电压。直接被雷击的受害者，必然或至少在开始时，身体通过了全部的雷电流。当雷电先导临近地面时，地面上的人体头部便会激向上流光，雷电流就会从头部进入人体，再从两脚流入大地。如果有几个人紧挨着站在一起，就可能全部被雷电伤害。例如，2004年7月23日下午，在北京居庸关长城，近百名游客挤在烽火台避雨，数十人因雷击被震倒地上，一些游客瞬时失去知觉，15名游客因雷击受伤被送进医院治疗。

当人体位于被雷击物体附近时，可能发生以下3种伤害情形之一：当人体正巧与被雷击物体相接触时，将受到接触电压伤害；当人站在与被雷击物体很近时，一部分雷电流可能击穿空气通过人体对地泄放，这种危害称为旁侧闪络；当人体站在与被雷击物体稍远而未发生旁侧闪络时，由于雷击点附近地面的土壤电阻率分布不均匀，地面上各点间的电位不一致，人的两脚间所站的地面电位不同，这种电位差在人的两脚间就产生电压，也就会有雷电流通过人体的下肢，形成跨步电压伤害。两脚之间距离越大，跨步电压也就越大。

3. 雷电灾害特征

雷电灾害是联合国国际减灾委员会公布的最严重的十大自然灾害之一，它的危害程度仅次于暴雨洪涝和气象地质灾害,已成为第三大气象灾害。雷电灾害也被国际电工委员会(IEC)称为电子时代的一大公害。雷电的发生具有时空随机、瞬时性强、破坏力大的特点,雷击频繁造成人身伤亡、建(构)筑物和电气设备损毁,甚至引发重大安全事故,严重威胁着社会公共安全和人民生命财产安全。

随着现代科学技术的推广和普及,各种智能化、网络化的高、精、尖设备已遍及各行各业,雷电灾害也呈现了新的特征。一是雷电灾害的从传统的单点受灾,扩大为成片受灾,从传统领域扩展为几乎所有行业。二是从二维空间入侵到三维空间,从直接雷击和过电压的沿线路传输到雷击电磁脉冲,从三维空间入侵各个角落造成灾害。三是出现了以农村雷击伤亡人员多和以城市经济损失大为特征两个严重的雷电灾害中心。据不完全统计,福建省2000～2020年共发生4670起,致使人员伤亡475人,同时还造成巨大的经济损失。从雷电发生的次数看,福建省西部和中西部地区的三明、南平、龙岩和泉州等地区雷电发生次数较高,沿海地区雷电发生次数较低。

4. 雷电灾害案例

① 2000年7月2日20时05分,建阳化工总厂樟脑车间脱氧工段升华室遭雷击,造成整个脱氧工段升华室着火,过火面积1000多平方米,厂房设备被焚烧,烧毁半成品樟脑片30多吨,直接经济损失共计300万元。

② 2002年6月26日,云霄县云陵110 kV主变压器、电流稳压器等遭雷暴袭击,导致停电25 h,不正常供电100 h,直接损失50万元。

③ 2004年8月31日下午,漳州电信公司长泰电信局6套小灵通天线遭直击雷击,发射天线断落,损失50多万元。

④ 2006年6月17日12时,福鼎市地税局办公楼遭雷击,击坏5部网络交换机、8台计算机主机、8台显示屏、2台监控系统服务器、2套综合布线系统、1台电视机。此次雷灾造成直接经济损失15万元、间接经济损失20万元。

⑤ 2006年5月1日20时50分、6月14日21时30分左右,连城县田茶行政村遭雷击,200余台电视机、200余部电话机、数十个闭路电视扩大器、60余台DVD机损坏,击死1头耕牛,击塌1座住房。此次雷灾造成直接经济损失20多万元。

⑥ 2007年5月18日午后,石狮市锦尚镇港东村村民6人乘竹筏到晋江围头海域钓鱼,遇雷暴天气,在礁石上垂钓的5个人正欲起身撤离,突遭直接雷击,2人当场身亡,3人昏迷苏醒后遇救。

⑦ 2008年8月10日14点左右,安溪县官桥镇石鸡湖矿山雷雨大作,工人们都在简易工房内避雨,雷电释放的电流沿架空电线窜入工房并从插座爆出,工人廖某离插座最近,雷电流击中其眉心,当场身亡,直接经济损失15万元。

⑧ 2009年6月18日下午约2点30分,德化县雷峰镇李溪村一对夫妻在水田里插秧时突遭雷击,双双遇难。据介绍,老两口插秧的头顶上正好有2条电线经过,一根

电杆在田中，雷响后另一根电线杆起火燃烧，电线击落水田中。

⑨2011年6月25日下午18时，平潭县岚城乡中南村遭雷击，造成100台家用电器损坏，直接经济损失近100万元。其中一村民家屋顶削去一角，屋内照明线路、3台电视机和1辆正在充电的电动车均遭到不同程度损坏。

⑩2014年6月28日福建省三明市永安市半罗山煤矿遭雷击，击坏20个监控摄像头、2台监控主机、10台电脑。直接经济损失22万元。

⑪2014年3月28日福建省南平市延平区福建南平铝业有限公司遭雷击，击坏80台操控箱。直接经济损失80万元。

⑫2017年9月20日14时00分，福建省龙岩市连城县隔川乡新营村遭雷击，击毁3处暗线墙面，击坏25台电视机、20台电冰箱、18个漏电开关。直接经济损失20万元。

### （四）雷电灾害的防御

1. 加强雷电监测

由于雷电发生的瞬时性和随机性，对雷电的科学认识主要依赖于高时间分辨率探测技术的进步。随着电子技术、高速大容量数据采集技术、高时间精度GPS技术、计算机和通信技术等现代技术的发展，对雷电物理特征进行的全方面观测取得了许多成果，通过对雷电光、电、磁方面的研究，可以对雷电物理过程和机理加深了解，进而减少雷电灾害。

为实现对雷电天气过程的监测，福建省布设了天气雷达、闪电定位、大气电场、闪电峰值电流、闪电通道成像等监测设备，形成了覆盖全省的雷电综合监测网。

2. 加强雷电预警

雷电临近预警是通过综合利用闪电监测、雷达、大气电场、卫星气象观测资料，采用区域识别、跟踪和外推算法、多种资料集成预报方法或其他相对成熟的算法，得到雷电临近预警产品。当雷电发生概率较大时，气象部门将向公众发布雷电预警信号。雷电预警信号分三级，危害程度从低到高分别以黄色、橙色、红色表示。

## 三、龙卷风

龙卷风是一种强烈的、小范围的空气涡旋，低压、高温、高湿、强对流云是龙卷出现的共性表现，有时还有冰雹相伴，是破坏力极大的局地性灾害天气。

### （一）龙卷风的特点

1. 时空尺度

龙卷风的着地水平范围，小者直径仅几米、几十米，最大者可达千米以上，上部直径一般有数千米，最大可达万米。龙卷风生消全过程不过几分钟至数十分钟，最长者可维持两三个小时。

### 2. 直观外形

龙卷风是从积雨云底部猛烈盘旋下垂的漏斗状云体，形似象鼻，有的可触及地面，有的仅悬挂于空中。出现于陆地上的称陆龙卷，见于水域上空的称水龙卷。通常水龙卷的强度比陆龙卷要弱。龙卷漏斗云的轴，初始期一般垂直于地面，至发展的后期，当上、下层风速相差较大时，会变为倾斜状或弯曲状。

### 3. 气压与风速

气压低，风速强是龙卷风的一大特点。龙卷风的水平气压梯度很大，近中心部位急速旋转的涡度值量级可达 $10^{-1}/s \sim 10^{-2}/s$。龙卷云中局地涡度变化值比气旋生成时大百万倍，所以龙卷可在数分钟之内形成。龙卷风的中心气压强者可达 700 hPa，甚至 500 hPa 以下。龙卷风中心附近的最大风速普遍可超过 12 级，一般为 50～100m/s，有时可达 300m/s，因此，能吸起地面的物体，抛向天空。台湾省实测的最大风速值为 67 m/s，1998 年 7 月上旬美国实测之龙卷风速为 483 km/h，折合风速 134 m/s。

### 4. 移向与移速

龙卷风来去匆匆，其移向移速是由其母云决定的，移速一般 40～50 km/h，最快可达 90～100 km/h，路径多呈直线，生命全程一般只有数千米，个别可达数十千米，美国曾测到的最长路径为 160 km。

### （二）龙卷风的形成条件和强度分级

龙卷风的形成要具备 4 个条件：第一，要有很强的风速切变，观测发现龙卷风发生时的最大风速切变层其厚度多在 0.5～2.5 km；第二，大气层结不稳定，具有很强的超绝热温度梯度；第三，在支持强烈上升运动（通常可达 20 m/s）的小尺度积雨云中，具有极丰富的水汽含量；第四，有适宜的环流场配置，构成对流层的底层有强烈的暖湿辐合。

龙卷风主要出现在中纬度地区，出现次数最多的国家是美国，据统计，2000～2020 年美国平均每年出现 1000 余次龙卷风。在我国，长江中下游、珠三角、东北、华北等平原地区龙卷相对高发，其中江苏、广东、湖北、安徽出现次数较多。福建省多山，龙卷风较少，强度较弱。

龙卷风强度分级判据包括 4 个方面：一是最大风速；二是路径长度；三是路线宽度；四是破坏力。现国际通用的是富士达—皮尔逊分级表（表 3.28）。

表 3.28 龙卷风强度分类表

| F 等级 | 伴生的破坏 | 路径长度 $L_{px}$ / km | 路径宽度 $W_{px}$ / m |
|---|---|---|---|
| F0 | $V_F < 33$ m/s，轻度破坏。对烟囱和电视天线有一些破坏，树的细枝被刮断，浅根树被刮倒 | < 1.6 | < 16 |

续表

| F 等级 | 伴生的破坏 | 路径长度 $L_{px}$ / km | 路径宽度 $W_{px}$ / m |
|---|---|---|---|
| F1 | $V_F$ = 33～49 m/s(32.6 m/s 是飓风起始风速)，中等破坏。剥掉屋顶表层，刮坏窗户，轻型车拖活动住房（或野外工作室）被推倒或推翻；一些树被折断或连根拔起；行驶的汽车被推离道路 | 1.6～5.0 | 10～50 |
| F2 | $V_F$ = 50～69 m/s，相当大的破坏。掀掉框架结构房屋的屋顶，留下坚固的直立墙壁，农村不牢固的建筑物被毁坏；车拖活动住房（或野外工作室）被毁坏；大树被折断或连根拔起；火车车厢被吹翻；产生轻型飞射物；小汽车被吹离公路 | 5.1～16.0 | 51～160 |
| F3 | $V_F$ = 70～92 m/s，严重破坏。框架结构房屋的屋顶和一些墙被掀掉；一些农村建筑物被完全毁坏；火车被吹翻；钢结构的飞机库和仓库型的建筑物被扯破；小汽车被吹离地面；森林中大部分树被连根拔起、折断或被夷平 | 16.1～50.9 | 161～509 |
| F4 | $V_F$ = 93～116 m/s，摧毁性破坏。整个框架结构的房屋毁坏，留下一堆碎片；钢结构被严重破坏；树木被吹起后产生小的撕裂，碎片飞扬；汽车和火车被抛出一些距离或滚动相当的距离；产生大的飞射物 | 51～160 | 510～1600 |
| F5 | $V_F$ = 117～140 m/s，难以置信的破坏。整个框架结构的房屋从地基上被抛起；钢筋混凝土结构被严重破坏；产生大小相当于汽车的飞射物；会发生难以置信的现象 | 161～507 | 1601～5070 |
| F6～F12 | $V_F$ = 140 m/s 到声速 (330 m/s)，不可思议的破坏。万一发生最大风速超过 F6 的龙卷风，破坏的程度和形式是不可思议的。许多飞射物，如冰柜、水加热器、贮罐和汽车，会对建筑物产生严重的次生破坏 | | |

说明：本表引自《核导则》。$V_F$ 为风速。

### （三）福建龙卷风的时空分布

由于龙卷风空间尺度小、生命史短，历史事件收集存在一定难度。一般通过以下途径进行收集核实补充，一是基于各县、市气象局历年灾情报表；二是已整编和归纳的科研成果；三是查阅报纸、电视、网络等媒体的报道；四是实地调查。通过广泛收集，互为印证，尽可能地做到数量少遗漏和信息基本准确。

1. 年频数分布

通过广泛收集与调查，1959～2020 年福建省龙卷风记录共 113 次，平均每年 1.8 次。福建龙卷风记录最多的年代为 20 世纪 80～90 年代，以 1983 年和 1997 年出现得最多，各 7 次。2000 年以后，除 2001 年有 6 次记录外，其他年份均较少（图 3.69）。

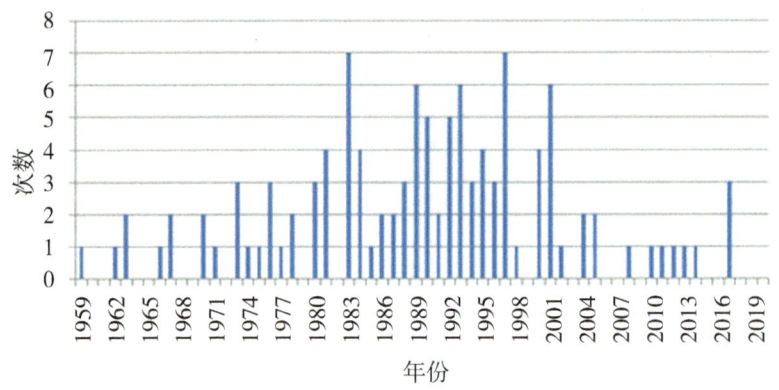

图 3.69　1959～2020 年福建龙卷风次数年际变化特征

## 2. 地理分布

在 1959～2020 年已知的 113 次龙卷风中，空间分布具有内陆山区少，沿海平原地区多的特点。出现次数最多的地区是泉州市，有记录以来出现了 22 次；其次是福州 17 次；再次宁德 13 次（图 3.70）。

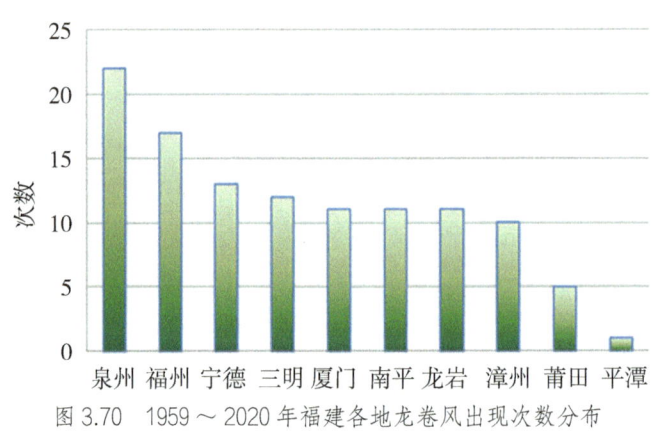

图 3.70　1959～2020 年福建各地龙卷风出现次数分布

龙卷风空间分布的另一个主要特点是，中部沿海特别是江溪的下游是龙卷风发生最多的地区，强度大的龙卷风如 F2 级大多分布在此区域。

福建沿海平原是一个窄狭的相对地势较平坦的地区，宽度一般只有几千米到十几千米，背后就是鹫峰山和戴云山脉，当偏南暖湿气流吹来时被强迫抬升容易出现强对流天气。

中部沿海地区龙卷风较多的另一个重要原因是除了春季强对流天气较多外，台风季节台风诱发的强对流天气也较多，是锋面系统和热带系统共同影响的结果。

## 3. 季节分布

福建龙卷风出现频率以春、夏季为多，其中春季（3～6 月）出现次数最多，占总数的 64.6%；夏季（7～9 月）居次，占 29.2%。月际分布呈现"双峰型"特征，出现最多的月份为 4 月，共计 37 次；其次是 7 月 20 次（图 3.71）。

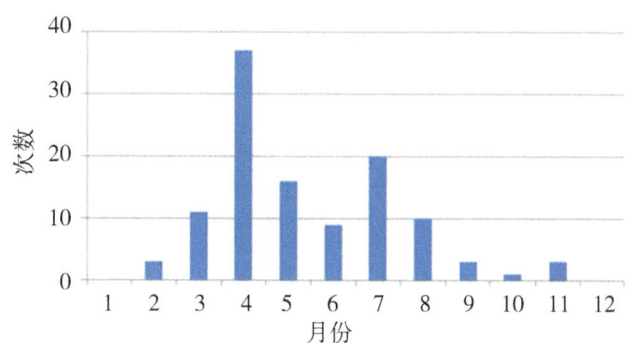

图 3.71　1959～2020 年福建各月龙卷风出现次数分布

4. 日分布

从白天到夜间，几乎每个时次都有发生的可能，但以午后到傍晚这段时间里最多，其中 13～17 时发生频次最高。午后到傍晚下垫面受辐射增温，加热低层大气，导致大气层结处于不稳定状态，易出现强对流天气，龙卷风多发是理所当然的。

（四）较强及近年龙卷风个例

① 1959 年 9 月 11 日 15 时 40～45 分，罗源县城关西南 20 km 的凤坂大队出现龙卷风，向东北移去，经陈厝、坑下、岸下等 5 村，长达 3 km，狂风拔树、卷石冲墙、翻厝，把直径 0.66 m 的大榕树折断，重 500 多千克的烟囱卷上天空。

② 1977 年 7 月 25 日 15 时 20 分～16 时 10 分，漳浦县东北部的前亭公社遭龙卷风袭击，死亡 4 人，重伤 13 人，轻伤 75 人，倒塌房屋 6 间，482 间房屋瓦片被大风吹落，损坏果树 65 株，其中一株 20 cm 粗的龙眼树被拦腰折断。

③ 1981 年 3 月 14 日 16 时 50 分，南安县北部的九都、码头、蓬华、诗山、向阳、罗东等公社突然遭受龙卷风袭击。龙卷风仅维持 5～10 分钟，最大风力估计有 12 级。向阳公社一名在田里劳作妇女被大风刮到岸上碰伤而死亡，一头拴在石头上的小水牛被大风连牛带石吹到 50 多米远处。九都公社水库里的机电船被风卷到岸上，250 多千克重的石质大门斗被大风刮倒 2 个，1 个石楣被大风吹进天井中。罗东公社罗溪桥头的宋代古塔塔尖被风吹掉。输电、广播、电话线杆被大风刮断刮倒 145 根，大风刮倒刮断果树 2300 多株。

④ 2017 年 6 月 13 日早上 6 时半左右，诏安县桥东镇的村中村突然刮起龙卷风，沿着附近公路移动，整个过程持续了十几分钟。当地一些瓜棚被卷走，荔枝树被连根拔起。诏安近 50 年并无关于龙卷风的记载，此次出现实属罕见。

⑤ 2017 年 7 月 3 日 10 时 07 分左右，厦门两度出现"龙卷风"。集美大桥北端附近往岛内方向，拍到了酷似"龙吸水"的景象，这条龙卷的下端在五缘湾附近。"龙吸水"的景象存在时间很短，只过了 2～3 分钟就消失了。

## 第八节　雾霾

雾霾是雾和霾的合词。雾和霾既有很大的区别，又紧密融合、结伴同行，是自然界里常见的天气现象。但今天形成在车水马龙、人口集中、高楼林立、经济发达的城市环境下，雾和霾已不再纯粹、自然，常通称为雾霾天气。随着人们生活水平不断提高，群众对健康环境的需求越来越迫切。近年来，各级政府及其职能部门、老百姓、媒体等高度关注"大范围雾霾天气"这一环境气象灾害性事件。王宏等根据2005～2020年气象和环保部门观测资料，参照中华人民共和国有关气象行业标准和规范，分析了近15年福建省雾霾（霾）天气的分布规律及其成因，对比了雾霾和霾的异同点，并提出减缓雾霾的对策建议。

### 一、雾霾的定义和分级

雾由水汽组成，是近地层空气中悬浮大量微小水滴，使水平能见度降至1 km以下的天气现象（水平能见度1～10 km为轻雾）。

霾是大量极细微干尘粒均匀地浮游在空气中，使水平能见度小于10 km的空气普遍混浊现象，霾一般呈灰色或黄色，是污染源排放和气象条件共同作用的结果。

雾和霾不仅在影响能见度的物质组成上有本质区别，而且相对性质也有较大差距。出现雾时空气比较潮湿，相对湿度接近100%；出现霾时空气相对干燥，相对湿度在80%以下。但是相对湿度在80%～95%的雾和霾难以区分，随着湿度的变化和光化学作用的影响二者共存且可互相转换，通称"雾霾天气"。

根据能见度大小将雾霾（霾）天气分4个等级（图3.72）：轻微（能见度5～10 km）、轻度（能见度3～5 km）、中度（能见度2～3 km）、重度（能见度<2 km）。轻微雾霾天气下，人们无需防护。轻度—重度雾霾（霾）天气（能见度<5 km）对交通安全、人体健康、生态环境等具有危害性，主要表现在：低能见度天气容易引发海、陆、空交通安全事故；高浓度细粒子对人体呼吸、消化以及心血管系统等危害大；污染气体与水汽结合形成的酸雾对建筑物有很大的腐蚀作用，对城市景观、生态环境造成负面影响。

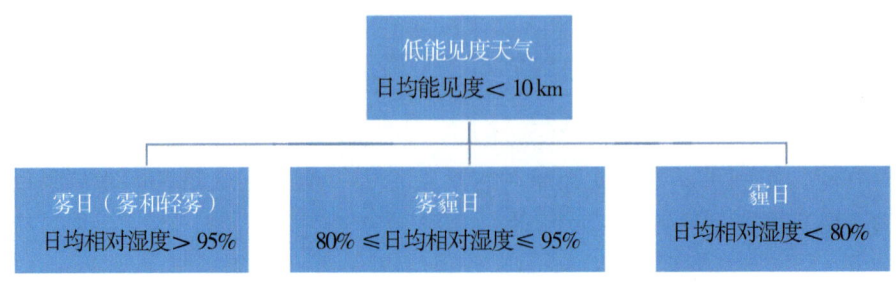

图3.72　雾日、雾霾日、霾日的定义示意图

在福建，雾霾天气大部分以雾为主，程度轻微，危害性不大。以福州市为例，雾霾天气细颗粒物（$PM_{2.5}$）平均浓度为 43.3 μg/m³，高于雾日（34.1 μg/m³），但明显低于霾日的细颗粒物平均浓度 67.7 μg/m³。

## 二、雾霾和霾的分布特征

### （一）空间分布特征

福建雾霾天气出现少，较全国平均水平低、污染程度轻。年平均 26～48 天，总体呈现南部地区多、北部地区次之、中部地区少，靠近陆地多、海湾少的状态。

雾霾天气多，集中发生在中南部沿海城市。南部地区年平均 9～14 天，中部 5～8 天，北部仅 1～3 天。一般为轻度或中度级别，持续时间 2～3 天。

单就霾来说，区域分布差异大，年平均 5～88 天，中南部地区霾日数明显多于北部地区，而且一些相邻的城市霾日数可能相差数倍，霾日数的分布与局地污染物的排放量有密切关系。

福建省雾霾天气下，细颗粒物浓度更接近雾日，是以雾为主的雾霾天气，程度轻微，危害小，分布呈现南部＞北部＞中部，沿海＞内陆的状态。霾天气和严重的雾霾天气的区域分布规律类似，均表现为中南部地区明显多于北部地区，说明除了与气象条件有关外，霾天气和大范围的雾霾天气的发生与城市化进程、经济发展速度、汽车保有量、建筑物布局、人口密度、污染源排放等关系密切。

### （二）时间分布规律

雾霾天气和霾日数季节变化特征明显。冬春季节是福建省雾霾天气的高发期，约占全年的 88.9%；夏秋季节占 11.1%。2～5 月为雾霾天气高发期，其中 4 月雾霾天气最多，其次是 2 月、3 月和 5 月。

霾的高发期也是在冬春季节，约占全年的 74.0%，夏秋季节占 26.0%，其中 3 月霾日数最多，其次是 1 月、4 月和 5 月。

雾霾和霾的日变化规律近似相反。雾霾的高发时段出现在夜间至清晨，白天少发；霾的高发时段出现在中午前后，夜间至清晨少发。这与雾、霾的物质组成和空气湿度有关，雾霾天气时相对湿度大，出现霾时相对湿度小。

对比 2005～2020 年福建省雾霾天气日数年变化趋势可见，不同年份雾霾日数波动大，年际变化规律不明显。但从霾日数分布可见，福建省霾日数年变化在 2007 年或 2008 年达到高峰期后，呈现明显下降趋势，2020 年全省霾日数合计不超过 20 天，达到近年来的最低值。有统计数据显示，在福建省加大污染物减排力度的近 10 年，颗粒物浓度不断下降（2020 年全省 $PM_{2.5}$ 平均浓度只有 20.0 μg/m³，达到欧盟第二阶段的标准限制），这是霾日数明显减少的主要原因。

综上分析，福建省雾霾天气和霾日数的季节分布规律类似，但日变化规律近似相反。雾霾日数年际波动大，变化规律不明显，但霾日数年变化呈明显下降趋势，可见近15年，福建省霾日数并没有随经济发展、城镇化进程加快而增加，反而出现下降趋势，空气质量呈现明显好转态势。这一方面与政府部门优化产业和能源结构，积极开展节能减排等环境治理工作有关，另一方面与大气扩散能力增强，天气条件有利于大气污染物的扩散和清除有关。

### 三、雾霾天气的气候成因

平流雾是引发城市雾霾天气的主要原因。在平流雾天气背景下，受静稳天气、西南气流及海陆风影响，加上局地污染物排放超过大气环境容量，容易产生雾霾天气。

平流雾多出现在海陆交界地区，当海上暖湿空气与陆地冷地表之间有较大温差时，近地表气层的温度会迅速降低，相对湿度不断增大而形成雾。平流雾较辐射雾影响范围广，厚度大，持续时间长。福建省冬春季节发生的雾主要为平流雾，是海陆交界处常见的天气现象；另外，受孟加拉湾强盛的西南暖湿气流影响，也易发生大范围平流雾。平流雾下，白天太阳辐射加强，气温上升，湿度下降，但对污染物浓度和能见度的影响不大，易形成雾霾混合共存体，当维持时间较长时，雾霾天气容易加重，造成污染。

雾霾天气易发生在连续静稳天气背景下。从地面气象要素特征、边界层及逆温层结构、近地层辐射能量收支以及动力条件进行诊断分析发现，雾霾易发生在静稳天气形势下，大气层结稳定，低层存在不同程度的逆温，地面风速小，垂直上升运动弱，相当于一个暖盖阻止了近地层的水汽或污染物向上输送；特别是夜间地面辐射降温剧烈，使得雾和霾不易向上发展而只是聚集于低层；以上条件均有利于雾霾的发展和维持。

局地污染物排放是 $PM_{2.5}$ 的主要来源。但由于与福建紧邻的"长三角""珠三角"地区是我国大气污染较重的区域，不排除区域间的污染物输送造成 $PM_{2.5}$ 浓度升高的可能性。

### 四、雾霾天气的减缓对策

统计表明福建省空气质量总体状况在全国名列前茅，台湾海峡的特殊地形、自然条件和天气气候条件，有利于大气污染物扩散；福建森林覆盖率高、绿化程度好，有利空气中的污染物的净化，因此福建省空气质量总体状况良好。最近15年，霾日数一致呈现明显下降趋势，2020年达到15年来最低值，表明福建省环境空气质量明显好转。

福建雾霾天气形成的原因和分布与我国中东部地区秋冬季节出现的大范围严重的雾霾天气有所不同，大部分出现的是轻微级别的雾霾天气，一般无需特别防护，因此不应谈雾霾天气或霾就恐慌或恐惧，即使冬春季出现雾霾天气或霾天气很正常。但是，每年中南部部分城市出现大范围的雾霾天气，或中度级别以上霾天气的可能性还是存在的，因此，务必保持谨慎的态度来看待环境气象问题。

减缓雾霾天气、大气环境污染等环境气象不利影响，是生态文明建设，建设美丽中国，不断优化和改善人类生活环境的客观要求。为此建议如下。

①重视污染物减排，加强减排制度建设和工程措施建设。加强区域大气污染的协同治理，结合实现碳达峰和碳中和目标的相关措施，建立有效防治大气污染长效机制。

②重视科技支撑，加强治污减排技术、环境气象等相关领域的研究。开展气象和地形条件下大气复合污染的化学组成、物理特性、形成和演化过程的研究；深化对不同区域的细粒子化学组分差异分析研究，为设计区域空气质量改善的情景方案，确定最优污染物削减方案，针对性开展治理工作，控制相应污染物排放提供决策依据。

③加强部门间的合作，建立大气污染潜势预报预警和应急防控机制。气象部门与生态环境部门继续合作，持续开展基于6种污染物（$PM_{10}$、$SO_2$、$NO_2$、$O_3$、$PM_{2.5}$、$CO$）的城市空气质量指数预报和雾霾（霾）预警预报业务；完善重污染天气应急预案机制，在出现极端不利的气象条件时，及时启动预案，实行重点排放源限产限排。

④加强对社会公众环境气象知识的科普宣传，提升公众防御意识和应对能力。对社会公众进行雾霾、霾、沙尘、空气质量、光化学烟雾、酸雨等相关知识科普，建立重大环境气象灾害性事件的专家新闻发布制度。

### 问答题

（1）气象灾害的致灾因子有哪些？
（2）福建省气象灾害的主要特点有哪些？
（3）福建的台风暴雨发生与哪些因素有关？
（4）台风致灾因子危险性空间分布特征有哪些？
（5）区域性暴雨灾害高危险性区域分布在哪些？
（6）区域性高温过程的定义是什么？
（7）福建气象干旱的季节特征有哪些？
（8）福建气象干旱致灾因子危险性空间分布特征有哪些？
（9）福建省寒潮发生的地域和时间特征有哪些？
（10）冰雹灾害的主要致灾因子有哪些？
（11）雷电地闪密度的时空分布特征有哪些？
（12）气象灾害风险预警的目标是什么？
（13）如何认识灾害性天气与气候资源和气象灾害的关系？

# 第四章　山地气候

福建素有"八山一水一分田"之称,地形复杂,山地、丘陵广布,地势的高低起伏带来的山区立体气候特征明显,武夷山区、戴云山区等山区一年四季大气边界层特征各具特色,山区与沿海热力变化又产生一些局地环流。山地气候是福建气候的重要组成部分,充分研究山地气候,对于气候资源的开发利用具有重要意义。

## 第一节　地形对气温的影响

### 一、气温直减率

一般地讲,山区气温随海拔高度的增加而递减。福建省各地山区气温随海拔高度降低的速率,即气温直减率一般在 0.6℃/100 m 左右。但由于地理环境的不同,各地区的气温直减率有明显的差异。

表 4.1 列出了福建省几个山地的气温直减率。资料大都取自 1000 m 以下的高度上,观测时间为 1~2 年。可以看出,其值变化在 0.43~0.70℃/100 m,平均为 0.52℃/100 m。武夷山区最小,为 0.43℃/100 m,福安境内的鹫峰山区最大,为 0.70℃/100 m。

表 4.1　主要山地气温直减率

| 地区 | 武夷山区（黄岗山） | 武夷山区（黄岗山） | 鹫峰山区（福安） | 戴云山北部（尤溪） | 戴云山南部（同安） | 博平岭（上杭） |
|---|---|---|---|---|---|---|
| 站名 | 小浆—崇安 | 峰顶—大安源 | 蛇头—沙坑 | 大坪洋—城关 | 圳上—上陵 | 关地—大池 |
| 海拔 /m | 1052~205 | 2150~800 | 820~250 | 1050~126 | 930~355 | 940~510 |
| 年平均气温 /℃ | 14.6~18.0 | 9.7~15.0 | 14.6~18.6 | 14.6~18.8 | 16.0~19.0 | 16.0~18.3 |
| 直减率 | 0.40 | 0.43 | 0.70 | 0.45 | 0.52 | 0.53 |
| 资料年代 | 1959 | 2001~2002 | 1978~1979 | 1978~1979 | 1980 | 1980 |

表 4.1 表明,地理环境对气温直减率的大小有重大影响。福建省山地的气温直减率由沿海向内陆减小。如地处沿海鹫峰山区（福安）的气温直减率是地处内陆武夷山地区的气温直减率的 1.6 倍。这是因为,沿海地区受海洋的影响,地面及山体下部的气温较高,从而加大了这一地区的气温直减率。相反,武夷山位于福建西北腹地,山

区谷地气流不畅，夜间低层大气辐射降温强烈，气温低，山体上下部温差小，气温直减率也相应较小。

表4.2表明，气温直减率的大小随季节而变化。福建山区气温直减率均以夏季为大，冬季为小。其原因是，山体上部冬、夏季之间气温较差小，而山体下部气温较差大，导致夏季山体上下部温差大，冬季山体上下部温差小，所以夏季的气温直减率要比冬季的大。

表4.2　武夷山区1、4、7、10各月气温直减率（℃/100m）

| 月份 | 1 | 4 | 7 | 10 |
| --- | --- | --- | --- | --- |
| 福建武夷山区 | 0.38 | 0.35 | 0.47 | 0.45 |

## 二、坡向与气温直减率

林之光指出，由于高大山体能够阻止冷空气南下，山坡南麓的气温必然高于北麓，使得山体南坡的气温直减率比北坡大。表4.3是武夷山主峰黄岗山南、北坡的气温直减率对比。不难看出，无论是年平均气温或年平均最高、最低气温，其直减率都是南坡大于北坡，差值在0.01～0.04℃/100m。四季之中，冬、春、秋三季与全年的情形相似，但夏季则相反，北坡的气温直减率反而高于南坡，这可能是因为夏季北坡为背风坡，山麓空气流通不畅，气温较高，而南坡山麓受偏南气流的调节，气温较低。

表4.3　武夷山南、北坡的气温直减率（℃/100m）对比

| 项目 | 坡向 | 站名 | 1月 | 4月 | 7月 | 10月 | 年 |
| --- | --- | --- | --- | --- | --- | --- | --- |
| 平均气温直减率 | 北坡 | 黄岗山—永平 | 0.29 | 0.49 | 0.65 | 0.49 | 0.47 |
| 平均气温直减率 | 南坡 | 黄岗山—崇安 | 0.37 | 0.53 | 0.62 | 0.51 | 0.50 |
| 平均最高气温直减率 | 北坡 | 黄岗山—永平 | 0.39 | 0.58 | 0.78 | 0.68 | 0.57 |
| 平均最高气温直减率 | 南坡 | 黄岗山—崇安 | 0.49 | 0.63 | 0.74 | 0.72 | 0.61 |
| 平均最低气温直减率 | 北坡 | 黄岗山—永平 | 0.25 | 0.44 | 0.53 | 0.35 | 0.40 |
| 平均最低气温直减率 | 南坡 | 黄岗山—崇安 | 0.32 | 0.47 | 0.48 | 0.37 | 0.41 |

戴云山南坡的年平均气温直减率为0.52℃/100m，北坡为0.45℃/100m，差值为0.07℃/100m，是武夷山南、北坡年平均气温直减率的两倍左右。这是由于两坡所处地理环境和气候环境存在较大差异所致。南坡位于同安境内，属沿海，山麓气温终年较高，而北坡的尤溪地处内陆，山麓气温较低。可见，戴云山南、北两坡气温直减率的较大差异是由坡向、地理环境等多种因素共同决定的。

### 三、海拔高度与气温直减率

气温直减率随海拔高度的变化是非线性的。即使在同一山体的同一坡向上,气温直减率也并非常数。一般说来,气温直减率随海拔高度的增高而增大,即山体上部的气温直减率大于山体下部。

武夷山主峰黄岗山南、北两坡平均气温直减率与海拔高度的关系列于表4.4。表中"桐木关—黄岗山"和"苦坑山—黄岗山"可分别代表山体北、南两坡的上部;"葛仙庙—桐木关"和"小浆—苦坑山"可分别代表山体北、南两坡的中部;"永平—葛仙庙"和"崇安—小浆"可分别代表山体北、南两坡的下部。可以看出,无论北坡还是南坡,全年和各月的平均气温直减率基本上都是上部大于中部,中部大于下部。以年平均而言,山体上部在0.6℃/100 m以上,下部在0.4℃/100 m左右,上、下部相差约0.2℃/100 m,这是一个不小的数字。四季之中,差值以冬季最大,夏季最小,以北坡为例,1月份为0.363℃/100 m,7月份为0.246℃/100 m。冬季上、下差异大的主要原因是由于冬季山体下部常出现逆温,使得山体下部的气温直减率变小。

表4.4 黄岗山两坡气温直减率(℃/100 m)与海拔高度的关系

| 坡向 | 部位 | 站名 | 高差 | 1月 | 4月 | 7月 | 10月 | 年 |
| --- | --- | --- | --- | --- | --- | --- | --- | --- |
| 北坡 | 下部 | 永平—葛仙庙 | 985 | 0.234 | 0.416 | 0.508 | 0.406 | 0.426 |
| | 中部 | 葛仙庙—桐木关 | 762 | 0.223 | 0.498 | 0.748 | 0.472 | 0.432 |
| | 上部 | 桐木关—黄岗山 | 318 | 0.597 | 0.628 | 0.754 | 0.754 | 0.628 |
| 南坡 | 上部 | 苦坑山—黄岗山 | 492 | 0.508 | 0.629 | 0.772 | 0.710 | 0.608 |
| | 中部 | 小浆—苦坑山 | 596 | 0.402 | 0.553 | 0.705 | 0.738 | 0.553 |
| | 上部 | 崇安—小浆 | 847 | 0.213 | 0.457 | 0.457 | 0.202 | 0.378 |

表4.5是福建境内鹫峰山等三个主要山体上、下部年平均气温直减率的差异情况,它们同样反映出了气温直减率上大、下小的规律,其差值在0.30~0.38℃/100 m,与武夷山上、下部的差值水平相当。

表4.5 各山体气温直减率(℃/100 m)与海拔高度的关系

| 山区 | 鹫峰山区(福安) | | 戴云山区(同安) | | 博平岭(上杭) | |
| --- | --- | --- | --- | --- | --- | --- |
| 部位 | 上部 | 下部 | 上部 | 下部 | 上部 | 下部 |
| 站名 | 蛇头—咸洋 | 咸洋—沙坑 | 圳上—龙潭仓 | 龙潭仓—上陵 | 关地—秀东 | 秀东—大池 |
| 海拔高度 | 820~700 | 700~2500 | 930~690 | 690~355 | 940~720 | 720~510 |
| 直减率/℃/100 m | 1.0 | 0.62 | 0.75 | 0.36 | 0.73 | 0.43 |

## 四、海拔高度与 ≥ 10℃积温

日均气温稳定 ≥ 10℃积温的多寡是衡量一地热量资源丰富与否的重要指标，研究其随海拔高度的变化规律对开发山区气候资源有重要意义。

表 4.6 是 1983～1984 年武夷山区各坡向积温（单位：℃）和 2001～2002 年黄岗山东南坡积温随海拔高度的分布情况。显而易见，随着海拔高度的增加，武夷山各坡向的积温值都迅速减少。其中南坡积温递减速率为 158.4℃/100 m，北坡为 157.1℃/100 m，两坡数值基本相当，而西北坡要小得多，仅有 97.2℃/100 m，根据郑成洋等 2001 年至 2002 年的观测资料，黄岗山东南坡的气温直减率为 185℃/100 m。

表 4.6　武夷山各坡向不同高度年稳定 ≥ 10℃积温及递减速率

| 坡向 | 东南坡（1983～1984） | | | | 西北坡（1983～1984） | | | | 北坡（1983～1984） | | | |
|---|---|---|---|---|---|---|---|---|---|---|---|---|
| 站名 | 黄坑 | 老虎场 | 三港 | 坳头 | 高洲 | 姚家 | 禹溪 | 揭家 | 大赛 | 山头 | 炉岙 | 凤阳山 |
| 海拔高度/m | 300 | 500 | 750 | 900 | 290 | 470 | 770 | 980 | 290 | 810 | 1050 | 1490 |
| 积温 | 5534.8 | 5285.0 | 4591.1 | 4384.6 | 5103.8 | 4829.7 | 1512.3 | 4435.8 | 5326.8 | 4652.5 | 4297.3 | 3442.0 |
| 递减率 | 158.4℃/100 m | | | | 97.2℃/100 m | | | | 157.1℃/100 m | | | |

| 坡向 | 黄岗山东南坡（2001～2002） | | | | | | |
|---|---|---|---|---|---|---|---|
| 海拔高度/m | 800 | 1150 | 1350 | 1550 | 1750 | 1950 | 2150 |
| 积温 | 4016.4 | 3898.1 | 3256.4 | 3002.0 | 2631.1 | 1938.6 | 1922.2 |
| 递减率 | 185℃/100 m | | | | | | |

## 五、山区逆温与暖带

气温随高度增加而升高的现象称为逆温。福建山区，特别是北部山区近地层逆温出现概率较大。从形成机制上来讲，山区逆温可分为辐射逆温和平流逆温。对于低层而言，因地面强烈辐射而形成辐射逆温居多，但对于高层而言，则由于暖空气流到冷的地面或气层上而形成的平流逆温居多。

陈仲根据武夷山主峰黄岗山 1 年的梯度观测资料，对山体南、北两坡逆温出现的情况进行了分析，得出的主要结论如下。

### 1. 逆温分布情况

武夷山南坡最低气温出现逆温的天数以最低两层最多，其中 205～395 m 出现 79 天，395～707 m 出现 118 天。高层以 1209～1684 m 最多，共有 33 天。北坡由于资料不全，不能反映逆温的全貌，但也可以看出最低层75～262 m较多，共出现115天，高层的1402～1882 m也较多，共有33天（表4.7）。

表4.7 武夷山南、北两坡各层1年最低气温出现逆温日数

| 南坡 | 海拔高度/m | 205～395 | 395～707 | 707～1052 | 1052～1209 | 1209～1648 | 1648～2100 |
|---|---|---|---|---|---|---|---|
| | 日数 | 79 | 118 | 35 | 15 | 33 | 11 |
| 北坡 | 海拔高度/m | 75～262 | 262～605 | 605～1060 | 1060～1402 | 1402～1822 | 1822～2100 |
| | 日数 | 115 | | | 24 | 33 | 20 |

日平均气温出现逆温的情况与最低气温相似（表4.8）。南坡逆温主要集中两个层次，第一层在205～707 m，共出现109次，占全年逆温次数的64%。第二层在1209～1648 m，共出现32次，占全年逆温次数的19%。北坡75～262 m共出现98次，1060～1822 m共出现99次。南坡1648 m以上和北坡1822 m以上逆温出现的概率都相当小。

表4.8 武夷山南、北两坡各月平均气温出现逆温日数

| 坡向 | 海拔高度/m | 1月 | 2月 | 3月 | 4月 | 5月 | 6月 | 7月 | 8月 | 9月 | 10月 | 11月 | 12月 | 年 |
|---|---|---|---|---|---|---|---|---|---|---|---|---|---|---|
| 南坡 | 1648～2100 | 2 | 4 | 1 | 1 | 2 | 0 | 0 | 0 | 0 | 4 | 1 | 15 |  |
| | 1209～1648 | 4 | 8 | 3 | 3 | 1 | 0 | 0 | 0 | 0 | 0 | 2 | 11 | 32 |
| | 1052～1209 | 0 | 2 | 0 | 1 | 0 | 0 | 1 | 0 | 0 | 0 | 1 | 1 | 6 |
| | 707～1052 | 2 | 4 | 0 | 0 | 0 | 0 | 0 | 0 | 0 | 1 | 1 | 1 | 9 |
| | 395～707 | 7 | 2 | 7 | 5 | 3 | 0 | 7 | 5 | 3 | 17 | 6 | 2 | 64 |
| | 205～395 | 10 | 0 | 1 | 0 | 1 | 0 | 0 | 1 | 0 | 21 | 10 | 1 | 45 |
| 北坡 | 1822～2100 | 2 | 4 | 1 | 0 | 0 | 0 | 0 | 0 | 0 | 0 | 0 | 5 | 12 |
| | 1402～1822 | 2 | 14 | 5 | 2 | 0 | 0 | 0 | 0 | 0 | 8 | 15 | 54 |  |
| | 1060～1402 | 5 | 13 | 4 | 2 | 2 | 0 | 0 | 0 | 0 | 0 | 5 | 14 | 45 |
| | 605～1060 |  |  |  |  |  |  |  |  | 0 | 1 | 4 | 12 | — |
| | 262～605 |  |  |  |  |  |  |  |  |  | 1 | 1 | 1 | — |
| | 75～262 | 15 | 0 | 13 | 0 | 2 | 0 | 8 | 5 | 7 | 25 | 10 | 1 | 98 |

2. 逆温的强度与厚度

表4.9是武夷山南、北两坡逆温的强度和厚度，其主要特点如下：

①平均逆温最大强度出现在低层，南坡在205～395 m，北坡在75～262 m。

②逆温平均最大强度北坡大于南坡，北坡为0.86℃/100 m，南坡为0.32℃/100 m，

北坡为南坡的 2.6 倍。最大强度北坡为 1.66℃/100 m，南坡为 0.84℃/100 m，北坡是南坡的近两倍。

③平均逆温厚度南坡大于北坡，南坡的平均厚度为 502 m，北坡为 187 m，南北坡平均厚度之比为 2.7∶1。

表 4.9　1959 年 10 月武夷山南、北坡逆温最大强度（℃/100m）和平均厚度（m）

| 坡向 | 平均最大强度 | 最大强度 | 平均最暖高度 | 平均厚度 |
| --- | --- | --- | --- | --- |
| 南坡 | 0.32<br>205～395 m | 0.84 | 707 m | 502 m |
| 北坡 | 0.86<br>75～262 m | 1.66 | 262 m | 187 m |

由于逆温的存在，山区气温的最大值往往不出现在地面，而是出现在山体下部的某个高度上，这一高度称为最暖高度。最暖高度上下摆动的地带称为山区暖带。研究山区暖带的分布规律，对于合理安排山区作物布局有非常重要的意义。

表 4.10 是武夷山 1959 年 10 月～1960 年 3 月最低气温最暖高度出现日数的统计结果。陈仲根据这一结果，并参考日平均气温逆温次数随高度的分布情况，得出了武夷山南、北坡的暖带高度，南坡在 400～700 m，北坡在 260～600 m。根据国内其他地区观测的结果，不同山区、不同坡向，山区暖带所在高度差别是比较大的。

表 4.10　武夷山南、北坡最暖高度出现日数

| 坡向 | 站名 | 海拔/m | 10 月 | 11 月 | 12 月 | 1 月 | 2 月 | 3 月 | 合计 |
| --- | --- | --- | --- | --- | --- | --- | --- | --- | --- |
| 南坡 | 苦坑山 | 1648 | | | 1 | 1 | | | 2 |
| | 长坑山 | 1209 | | | 0 | 3 | | | 3 |
| | 小浆 | 1052 | 7 | 2 | 1 | 2 | 5 | 1 | 18 |
| | 洋庄 | 707 | 19 | 8 | 3 | 9 | 9 | 7 | 55 |
| | 后溪仔 | 395 | 3 | 3 | 0 | 2 | 6 | 2 | 16 |
| | 合计 | | 29 | 13 | 5 | 17 | 20 | 10 | 94 |
| 北坡 | 桐木关 | 1822 | | | | 1 | | | 1 |
| | 七仙山 | 1402 | | | | 2 | 3 | 2 | 7 |
| | 葛仙庙 | 1060 | 7 | 2 | 1 | 3 | | | 13 |
| | 娘娘庙 | 605 | 14 | 3 | 1 | 4 | 8 | 4 | 34 |
| | 杨村 | 262 | 6 | 4 | 2 | 3 | 6 | 2 | 23 |
| | 合计 | | 27 | 9 | 4 | 13 | 17 | 8 | 78 |

## 第二节　地形对降水的影响

### 一、海拔高度与降水量

由于暖湿气流越山时被强迫抬升，产生凝结效应，因而在山区，降水量一般随海拔高度的增加而增加。雨量分布的多寡受地形、地势的影响非常明显，几个多雨中心均在山区，其中武夷山、鹫峰山区是本省降水最多的地区，年降水量在2000 mm以上，其次是戴云山脉、博平岭地区，年降水量达1700 mm以上。

表4.11是武夷山主峰黄岗山1959～1960年的降水梯度观测资料，林之光分析的主要结果是：

①年、月降水量随海拔高度的增加而增加。年雨量的垂直梯度分别为81.2 mm/100 m（南坡）和88.5 mm/100 m（北坡），北坡、南坡量值基本相当。

②降水垂直梯度有季节性变化。在1、4、7、10四个代表月中，以春季的4月份最大，南、北坡的降水垂直梯度分别为7.8 mm/100 m和10.7 mm/100 m。7月份次之，南、北坡分别为6.8 mm/100 m和9.1 mm/100 m。10月份因为整个山区为秋高气爽的天气，降水量本身就小，因而垂直梯度最小，南、北坡的降水垂直梯度分别为1.1 mm/100 m和1.5 mm/100 m。

表4.11　武夷山南、北坡降水量（mm）、雨日（d）随高度分布

| 坡向 | 地名 | 1月 | | 4月 | | 7月 | | 10月 | | 年 | |
|---|---|---|---|---|---|---|---|---|---|---|---|
| | | 降水量 | 雨日 | 降水量 | 雨日 | 降水量 | 雨日 | 降水量 | 雨日 | 降水量 | 雨日 |
| 北坡 | 永平 | 90.0 | 12.0 | 138.4 | 14.5 | 59.0 | 9.0 | 15.3 | 4.0 | 1585.5 | 160.0 |
| | 杨村 | 105.1 | 10.5 | 160.9 | 15.0 | 95.0 | 13.5 | 20.1 | 3.5 | 1641.5 | 173.5 |
| | 娘娘庙 | 111.3 | 11.5 | 185.4 | 17.0 | 96.2 | 14.0 | 21.0 | 4.0 | 1808.8 | 191.5 |
| | 葛仙庙 | 107.4 | 12.0 | 181.1 | 15.0 | 126.3 | 14.0 | 18.4 | 5.0 | 1851.2 | 191.0 |
| | 七仙山 | 104.0 | 11.0 | 219.0 | 17.0 | 163.9 | 18.5 | 15.0 | 6.0 | 2086.5 | 204.5 |
| | 桐木关 | 103.9 | 13.0 | 216.1 | 19.0 | 190.7 | 17.5 | 18.4 | 7.0 | 2275.8 | 214.5 |
| 山顶 | 黄岗山 | 152.2 | 15.5 | 354.5 | 20.8 | 243.3 | 19.5 | 38.1 | 9.5 | 3375.9 | 236.5 |
| 南坡 | 苦坑山 | 103.3 | 12.0 | 215.3 | 18.0 | 184.8 | 17.0 | 27.3 | 5.5 | 2533.2 | 207.5 |
| | 长坑山 | 92.1 | 12.0 | 176.9 | 18.0 | 154.1 | 17.0 | 13.0 | 4.5 | 2046.9 | 201.5 |
| | 小浆 | 87.8 | 11.5 | 196.1 | 18.5 | 135.9 | 14.5 | 16.7 | 3.5 | 2228.4 | 196.0 |
| | 洋庄 | 78.2 | 9.0 | 189.8 | 17.5 | 146.6 | 13.5 | 13.4 | 2.5 | 2015.9 | 175.5 |
| | 后溪仔 | 60.6 | 9.5 | 197.3 | 17.5 | 105.8 | 15.0 | 10.7 | 3.0 | 1769.2 | 182.0 |
| | 崇安 | 71.4 | 9.0 | 206.6 | 17.5 | 112.9 | 15.0 | 10.1 | 2.0 | 1834.2 | 172.0 |

③降水垂直梯度随海拔高度变化呈非均一性，且上部大，下部小（表 4.12）。南、北两坡上部的年降水垂直梯度分别为 109 mm/100 m 和 146.6 mm/100 m，而下部仅有 46.6 mm/100 m 和 29.9 mm/100 m。各季降水垂直梯度随海拔高度变化也有相同的规律。由于春、夏季低层大气中水汽较为丰富，地形的抬升作用对降水的影响也最为明显，所以春、夏季山体上下部降水垂直梯度差别最大。

表 4.12　武夷山山体上、下部降水垂直梯度分布（mm/100 m）

| 坡向 | 山脉部位 | 年降水量梯度 |
| --- | --- | --- |
| 北坡 | 上部：黄岗山—葛仙庙<br>下部：葛仙庙—永平 | 146.6<br>29.9 |
| 南坡 | 上部：黄岗山—小浆<br>下部：小浆—武夷山 | 109.3<br>46.4 |

## 二、坡向与降水量

迎风坡雨量多，背风坡雨量少，是坡向对降水量影响的一般规律，其主要原因是迎风坡的动力抬升作用，易于成云致雨。而背风坡为下沉气流，有气流越山后的"焚风"效应，不利于成云致雨。

福建山区冬季北坡为迎风坡，夏季南坡为迎风坡，所以，冬季北坡的雨量一般多于南坡，而夏季南坡的雨量一般多于北坡。武夷山各季雨量随坡向的变化清楚地说明了这一点。1 月份，武夷山北坡 6 个测点的总雨量为 621.7 mm，南坡 6 个测点的总雨量为 493.4 mm，北坡比南坡多 128.3 mm。7 月份，武夷山南坡各个测点的总雨量为 840.1 mm，北坡各个测点的总雨量为 731.1 mm，南坡比北坡多 109.0 mm。

福建地处华南，夏季和春末、秋初都有夏季风活动，即使是冬季，也不乏海洋暖气团的踪迹，所以，就全年来讲，福建山地南坡的降水量比北坡要大得多。表 4.13 是 1983～1985 年武夷山南、北两坡各测点的年平均雨量。可以看出，在各个高度上，南坡的雨量都大于北坡。在 500m 和 1000m 左右的两个高度上，年雨量南坡比北坡分别多 727 mm 和 764 mm。北坡 4 个测点的平均年雨量为 2000 mm，南坡 4 个测点的平均年雨量为 2550 mm，南坡比北坡多 550 mm。

表 4.13　武夷山南、北两坡各测点年平均雨量对比

| | 测点 | 高州 | 姚家 | 禹溪 | 揭家 |
| --- | --- | --- | --- | --- | --- |
| 西北坡 | 海拔 / m | 290 | 470 | 770 | 980 |
| | 降水量 / mm | 1755 | 1944 | 2130 | 2121 |
| | 测点 | 黄坑 | 老虎场 | 三港 | 场头 |
| 东南坡 | 海拔 / m | 300 | 500 | 750 | 940 |
| | 降水量 / mm | 2174 | 2721 | 2422 | 2885 |
| 南北坡降水量差 /mm | | 419 | 727 | 292 | 764 |

## 三、海拔高度与降水强度

年降水量与年雨日之比值定义为降水强度。从武夷山降水强度的变化（表4.14）中，可以看出以下3个特点。

①山体上部的降水强度一般比山体下部大，最大值为武夷山顶部的 14.3 mm/d。

②降水强度的最小值不在山体的最下部，北坡出现在 605 m 高度上，南坡出现在 395 m 的高度上。

③南坡的降水强度比北坡略大，南坡各个测点的平均降水强度为 11.4 mm/d，北坡各个测点的平均降水强度为 10.5 mm/d。

表 4.14  武夷山南、北两坡降水强度随高度的变化

| 坡向 | 北坡 | | | | | | 山顶 |
|---|---|---|---|---|---|---|---|
| 站名 | 永平 | 杨村 | 娘娘庙 | 葛仙庙 | 七仙山 | 桐木关 | 黄岗山 |
| 海拔 /m | 75 | 262 | 605 | 1060 | 1402 | 1822 | 2100 |
| 年降水量 / mm | 1585.5 | 1641.5 | 1808.8 | 1851.2 | 2086.5 | 2275.8 | 3375.9 |
| 年雨日 /d | 160.0 | 173.5 | 191.5 | 191.0 | 204.5 | 214.5 | 236.5 |
| 降水量强度 / mm/d | 9.9 | 9.5 | 9.4 | 9.7 | 10.2 | 10.6 | 14.3 |
| 坡向 | 南坡 | | | | | | |
| 站名 | 苦坑山 | 长坑山 | 小浆 | 洋庄 | 后溪仔 | 崇安 | |
| 海拔 /m | 1648 | 1209 | 1052 | 707 | 395 | 205 | |
| 年降水量 / mm | 2533.2 | 2046.9 | 2228.4 | 2015.9 | 1769.2 | 1834.2 | |
| 年雨日 /d | 207.5 | 201.5 | 196.0 | 175.0 | 182.0 | 172.0 | |
| 降水量强度 / mm/d | 12.2 | 10.2 | 11.4 | 11.5 | 9.7 | 10.7 | |

## 四、最大降水高度

因水汽含量的垂直分布等方面的原因，山区降水量随高度的增加是有一定限度的。总是存在这样一个高度，在这个高度以下，降水量随高度的增加而增加，超过这一高度，降水量反而随高度的增加而减少。这一高度称为山区最大降水高度。

武夷山北段黄岗山是武夷山的第一高峰，有关单位曾进行过两次系统的梯度观测。第一次观测所得资料列于表4.14，各坡向年平均降水量随高度的变化如图4.1所示。

由表和图可以看出，武夷山的年降水量和各月降水量均随海拔高度的增加而增加，海拔最高的黄岗山（2100 m）的年降水量最大（3375.9 mm）。

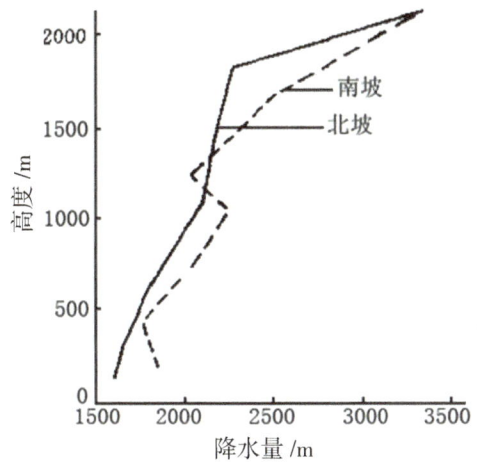

图 4.1 武夷山年平均降水量高度变化

第二次观测的降水资料列于表 4.13，各坡向年平均降水量随高度的变化如图 4.2 所示，北坡和东南坡的降水量均随海拔高度的增加而增加，西北坡降水量随高度的变化虽有波动，但上部降水量随高度的升高仍呈增加趋势。因此，可以认为，两次考察中，均未发现武夷山区主峰黄岗山的最大降水高度。

图 4.3 是武夷山南段东部龙岩市万安溪降水量随海拔高度的变化曲线，可以清楚地看出这地区的最大降水高度在海拔 1000 m 左右。

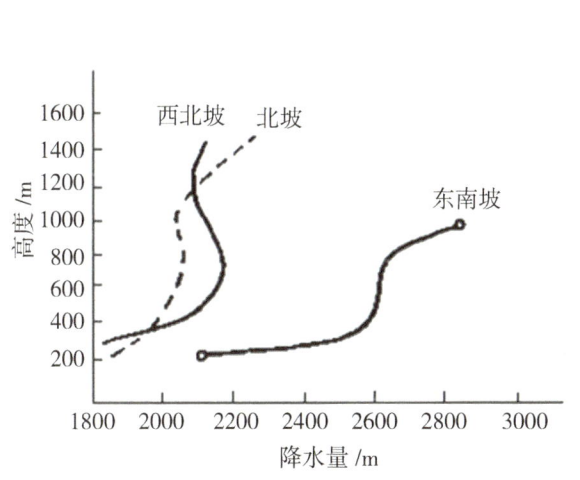

图 4.2 武夷山各坡向年降水量高度变化

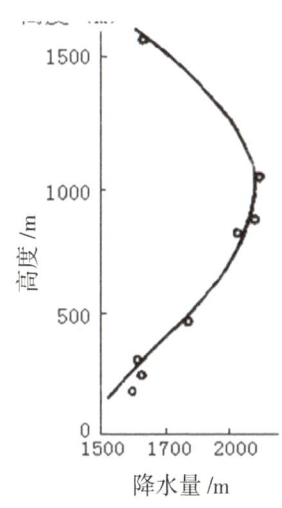

图 4.3 龙岩万安溪降水量高度变化

## 第三节 地形对日照的影响

### 一、海拔高度与日照时数

福建山地日照随海拔高度变化的总趋势是，日照随海拔高度的增加而减少，其原因是，山体上部云雾多，高度越高，云雾笼罩的机会就越多。各季比较，夏季高海拔地区日照显著偏少，冬季又略高。如：闽中戴云山的汤川乡，日照数比尤溪县城夏季少9%，冬季反而多13%。

表4.15是武夷山1983年4月～1986年3月日照的系统梯度观测资料，从中可以看出如下特点：

①年日照时数的最大值出现在海拔最低处的山麓，东南、西北、北坡都是如此。

②800 m以下的高度上，日照随海拔高度的增加而迅速递减，800 m处，年日照时数最少。

③800～1000 m，年日照时数随海拔高度的增加而略有增加。1000 m以上，年日照时数又随海拔高度的增加而减少。

表4.15  武夷山不同坡向日照时数（h）分布（1983年4月至1986年3月）

| 坡向 | 地点 | 海拔/m | 1月 | 4月 | 7月 | 10月 | 4～10月 | 年 |
| --- | --- | --- | --- | --- | --- | --- | --- | --- |
| 东南坡（福建） | 建阳 | 183 | 110.6 | 115.3 | 250.6 | 179.1 | 1251.0 | 1802.7 |
| | 黄坑 | 300 | 100.7 | 89.4 | 203.6 | 139.2 | 1038.7 | 1534.5 |
| | 老虎场 | 500 | 99.5 | 89.7 | 188.4 | 128.8 | 980.9 | 1491.6 |
| | 三港 | 750 | 80.4 | 75.3 | 133.6 | 88.5 | 671.6 | 1062.7 |
| | 坳头 | 940 | 82.4 | 81.4 | 145.6 | 95.0 | 742.6 | 1144.5 |
| | 平均 | | 94.7 | 90.2 | 184.4 | 126.1 | 937.0 | 1407.2 |
| 西北坡（江西） | 五府山 | 210 | 98.7 | 105.5 | 208.2 | 115.2 | 1265.5 | 1609.9 |
| | 高州 | 290 | 102.4 | 103.3 | 189.4 | 114.4 | 995.8 | 1517.8 |
| | 姚家 | 470 | 102.9 | 99.5 | 179.9 | 102.2 | 937.0 | 1468.4 |
| | 禹溪 | 770 | 104.6 | 92.9 | 177.3 | 102.0 | 898.6 | 1415.5 |
| | 揭家 | 980 | 105.3 | 109.1 | 198.3 | 113.6 | 991.0 | 1547.7 |
| | 七仙山 | 1408 | 127.9 | 102.3 | 185.0 | 120.6 | 880.6 | 1507.8 |
| | 平均 | | 107.0 | 102.1 | 189.7 | 113.3 | 994.8 | 1511.2 |
| 北坡（浙江） | 龙泉 | 198 | 113.4 | 119.0 | 224.2 | 139.8 | 1181.8 | 1753.9 |
| | 大赛 | 290 | 98.4 | 103.8 | 206.6 | 119.2 | 1012.7 | 1512.3 |
| | 坪兰头 | 525 | 88.8 | 102.7 | 218.7 | 119.2 | 1042.3 | 1532.0 |
| | 山头 | 810 | 101.8 | 96.5 | 189.7 | 112.9 | 1005.1 | 1506.8 |
| | 炉岙 | 1050 | 120.8 | 97.0 | 204.7 | 122.7 | 969.6 | 1547.1 |
| | 凤阳山 | 1490 | 117.7 | 98.4 | 171.8 | 132.0 | 928.2 | 1468.6 |
| | 平均 | | 106.8 | 102.9 | 206.0 | 124.3 | 1023.3 | 1553.5 |

省内外的观测表明，地区不同，日照时数随海拔高度的增加而增加的速率也互有差别。如鹫峰山区的寿宁，比东南山麓的福安海拔高度高 782 m，年日照时数比福安少 677.4 h，平均海拔每升高 100 m，日照减少 86.7 h。广西的金秀比象州高 681.8 m，年日照时数比象州少 462.4 h，平均海拔每升高 100 m，日照减少 67.8 h。而广东粤西山区的信宜境内，前排海拔高 750 m，不足 1000 h，而信宜气象站海拔 85 m，年日照达 1939 h，平均海拔每升高 100 m，日照减少 143.9 h。

## 二、坡向与日照时数

由于福建地处东南沿海，夏季风影响时间较长，山体的南坡云雨较多。在不受地形遮蔽因素的影响下，山体南坡的日照应该少于北坡。

表 4.15 还表明，武夷山年日照时数以北坡最多，年均 1553.5 h，东南坡最少，年均 1407.2 h，后者比前者少 146.3 h。

各季的情况有所不同。冬、春、夏三季与全年的情况相似，都是北坡多于南坡。而秋季各坡向则是基本相当，这是由于秋季空气湿度小，各坡向云雨都较少之故。

## 第四节 地形对风的影响

山区的海拔高度对风速的大小有重要影响，一般地讲，年平均风速随海拔高度的增加而增大。如山区的气象台站（海拔高度一般在 300 m 以下）的年平均风速大都在 1.6 m/s 以下，而在海拔 1000 m 以上的年平均风速都在 4 m/s 以上，海拔 1650 m 的九仙山则达 6.5 m/s。

山区地形对风速的影响也较大，如坡向对风速的影响表现在迎风坡的风速较大，背风坡的风速相对较小；风由开阔地区进入狭窄地区时，由于狭管效应，风速增大；开阔的山顶，高空强劲的风速未受周围山脉的阻挡，风速较大。

山区的风向与地形及山体的走向关系密切，主导风向一般与峡谷相平行。同时表现出明显的山谷风特征。

### 一、山谷风成因

山谷风是以一天为周期的山地及其周边地区局部热力环流。山谷地带，由于坡地气温昼高夜低，于是白天风从谷地吹向山顶，称谷风；夜间相反，风从山坡吹向谷底，称山风（如图 4.4 所示）。

山谷风的日变化基本与当地气温的日变化相应匹配。通常上午 8～10 时谷风开始出现，风速逐渐增大，14～15 时风速达到最大，然后风速逐步减小，日落以后山风开始。

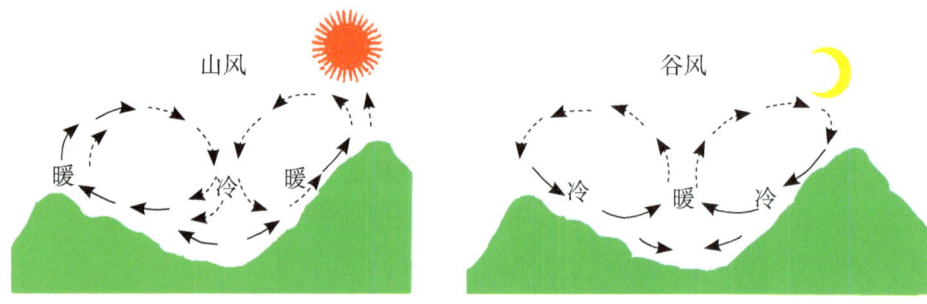

图 4.4 山谷风示意图

## 二、山谷风特征

吴滨等利用福州八一水库、软件园、省体育中心 3 个自动气象站观测数据（表 4.16，图 4.5 至图 4.7）分析了福州市区北部山谷风特征，表明 3 个站年平均出现山谷风的日数分别为 137.5 天、96.7 天、72.6 天。可以看出越靠近山体，山谷风频率越高，表现也越显著，如省体育中心距离山体略远，山谷风的表现明显弱许多。月变化特征为，6～8 月山谷风日数最多，冬季略少。

表 4.16　福州市 3 个代表站山谷风日数月变化（天）

|  | 1月 | 2月 | 3月 | 4月 | 5月 | 6月 | 7月 | 8月 | 9月 | 10月 | 11月 | 12月 | 年 |
|---|---|---|---|---|---|---|---|---|---|---|---|---|---|
| 软件园 | 8.3 | 6.6 | 8.9 | 8.6 | 9.6 | 9.6 | 10.4 | 8.9 | 6.4 | 8.4 | 5.3 | 5.9 | 96.7 |
| 八一水库 | 12.4 | 9.4 | 14.6 | 14.4 | 12 | 17 | 15 | 15.6 | 9.6 | 9.4 | 12 | 9 | 137.5 |
| 省体育中心 | 3.6 | 4.6 | 6.2 | 8.2 | 8.75 | 7 | 7.8 | 9.2 | 6.2 | 6.4 | 3.75 | 3.4 | 72.6 |

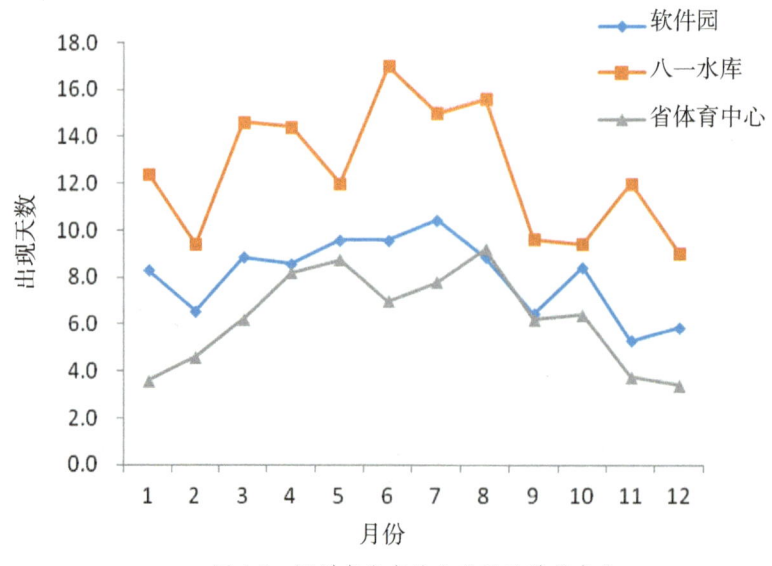

图 4.5　福州市代表站山谷风日数月变化

山风出现的时间基本集中在 17～22 时，也有部分时间是在夜里 0～5 时。

谷风出现的时间集中在 8～11 时，软件园和省体中心由于距山体有一定的距离，谷风开始时间更晚一些。

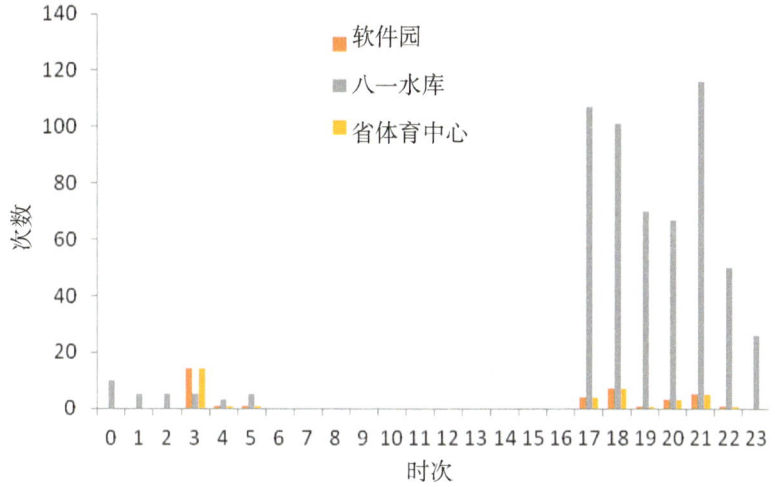

图 4.6　福州市代表站山风出现的时间频次

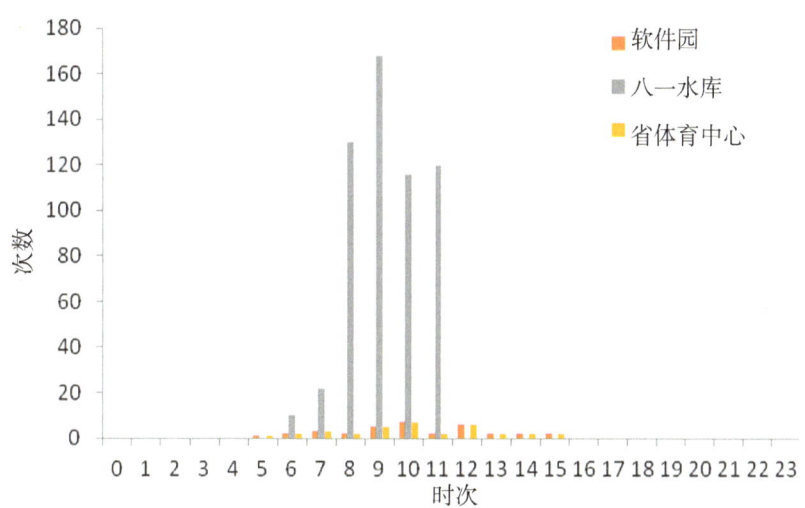

图 4.7　福州市代表站谷风出现的时间频次

福建省气候中心 2019 年开展的三明市大田县风环境特征研究项目，分析了城关各季山谷风的日变化特征。大田县城关位于溪谷地带，东、西部均为高大山体，通过大田县气象站四季代表月风向日变化特征（图 4.8）可以看出，受地形影响，风的日变化特征明显，表现出明显的山谷风特征，即夜里（02 时）出现偏 W 或 NNW 方向的山风，随着日出山风的频率减少，系统风占主导，正午时冬季偏 E 风，夏季偏 SSW 风为主，春、夏季谷风（偏 E 风）特征明显，秋冬季被系统风所覆盖，表现不显著。

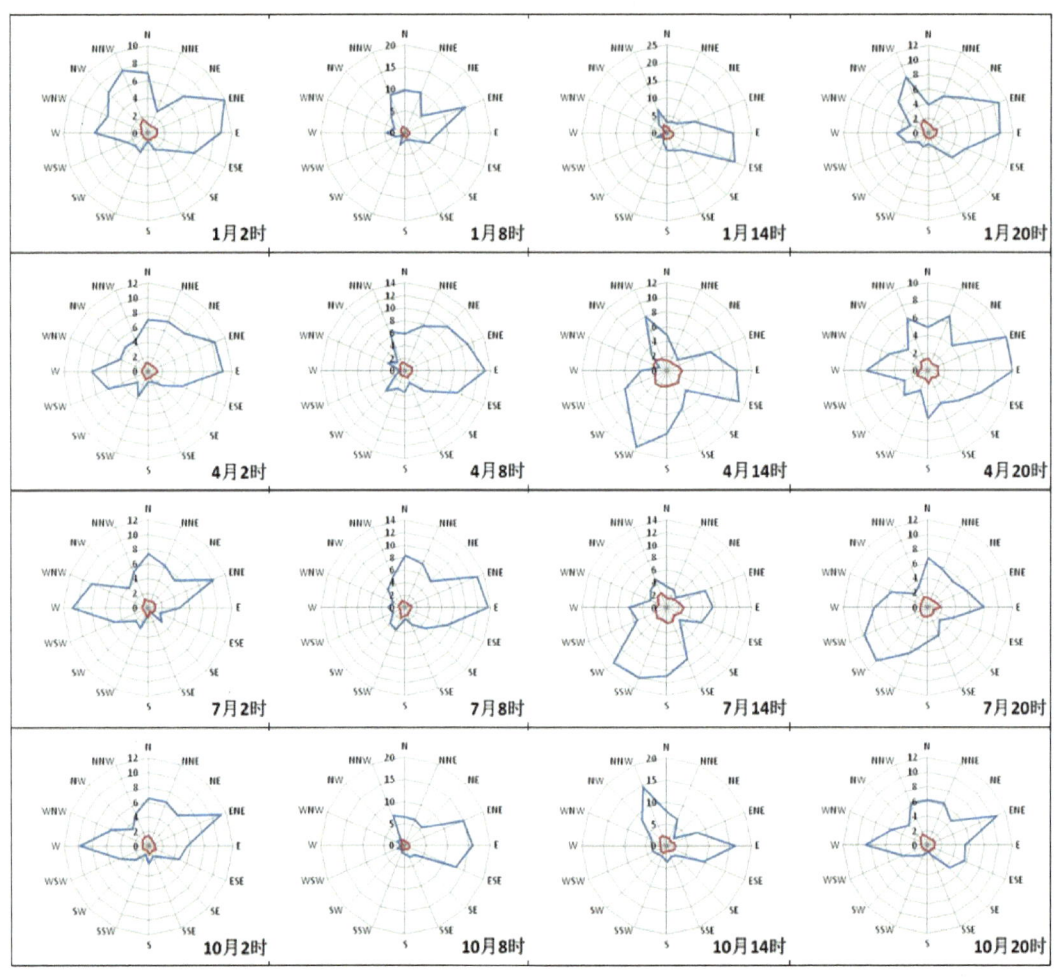

图 4.8 大田站代表月代表时次风向玫瑰图

问答题

（1）福建山区气温直减率是多少？各地一样吗？沿海与内陆的差异如何？

（2）坡向与海拔高度对气温直减率有何影响？

（3）山区暖带的高度南、北坡分别是多少？

（4）简述海拔高度与降水的关系。

（5）简述海拔高度与日照时数的关系。

（6）简述山谷风的日变化特征。

# 第五章　海洋气候

福建地处东南沿海，受海洋的调节作用，沿海地区夏无酷暑，冬无严寒，气温适中，具有独特的海洋气候特征，其中海岸带气候特征是福建非常显著的地方气候。由海岸线向陆域延伸10 km，向水域延伸至水深15 m的一个狭长地带被称为"海岸带"，它是海洋与陆地的过渡地带，包括陆域和水域两个部分。海岸带是水、陆、气三种物理性质截然不同的介质相互交绥的地区，有着许多与一般地区不同的气候特征，如气温由水域向陆域递增；降水由水域向陆域迅速递增，水平降水梯度非常大；受台湾海峡"狭管效应"影响，风速大、大风日数多，且由水域向陆域递减，海陆风特性明显。

海岸带气候特征，福建省气候中心宋德众已在多本论著中详细阐述，本章重点介绍海陆风、海雾及海上大风的气候特征。

## 第一节　海陆风

### 一、海陆风成因

大气中的适应过程是温度场决定气压场，气压场决定风场。

海陆风是以一天为周期的局部热力环流，起因于相邻的海面与陆地的气层，昼夜温差大，于是形成相反的气压梯度，产生相反方向的空气流动。图5.1是海陆风形成的示意图。

白天陆地气温高，海面气温低，气压相反，海面高、陆面低，于是吹海风（向岸风，风从海上吹向陆地），夜间相反，吹陆风（离岸风，风从陆地吹向海面）。

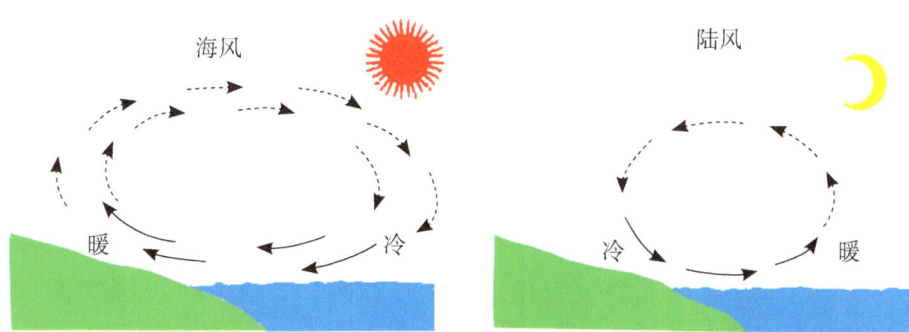

图5.1　海陆风示意图

## 二、海陆风特点

吴滨等人利用2009年6月~2010年5月沿海从南到北均匀分布的10个梯度测风塔（图5.2）1年的测风数据，分析了沿海的海陆风时空变化规律。

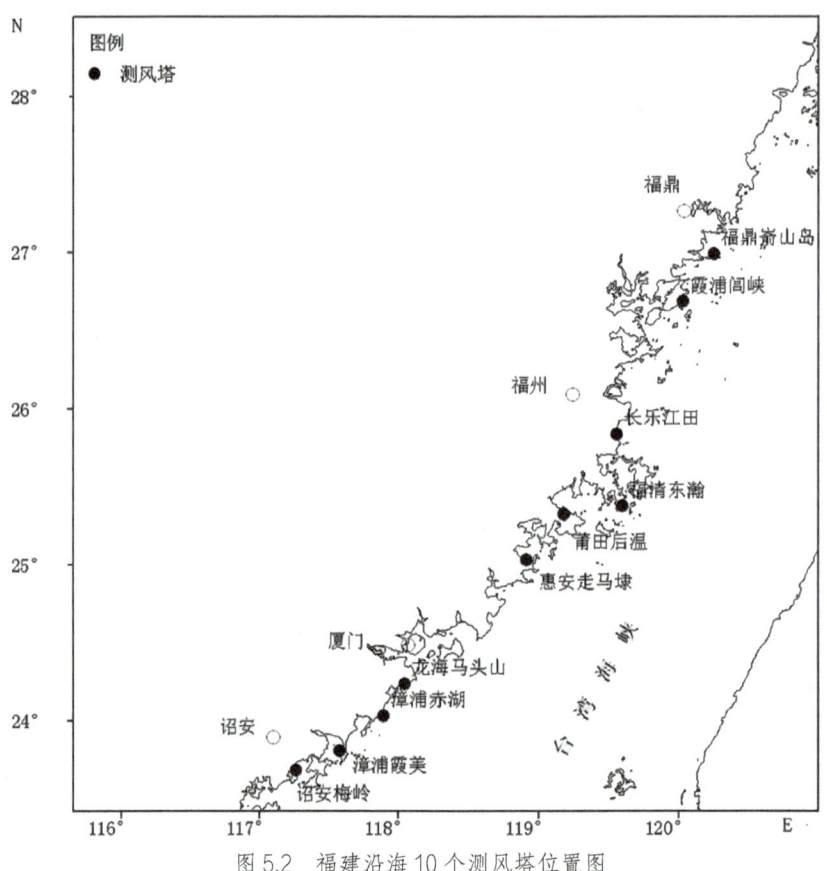

图5.2 福建沿海10个测风塔位置图

福建沿海的地形特点为东北-西南走向，北部沿海（闽江口以北）以高山为主，中部沿海（泉州以北至闽江口）为丘陵地形，南部沿海（泉州以南）为平原及丘陵地形。福建的季风非常明显，年主导风向为NE及NNE，其中夏季盛行SW风，其他季节为NE或NNE，由于主导风向顺着台湾海峡的走向，因此海风主要是NNE-SW风向，陆风则为W-N风向。

对海陆风日的确定，由于10 m高度受下垫面的影响较大，故吴滨等应用梯度塔50 m高度的风向变化来确定海陆风日，采用夜间02时的风向度数与午后14时的风向度数相减，其差值的绝对值在90~270度，且海风及陆风的维持时间均大于3 h，则认为风向有明显的变化，为典型的海陆风日。

### （一）海陆风日数的地理分布

全年海陆风日数总的特点是福清东瀚至龙海马头山全年出现海陆风日数为

44～60天，长乐以北为66～94天，漳浦以南为69～92天，南、北两地均多于中部沿海。中部沿海由于受台湾海峡"狭管效应"的影响，常年风速较南北两地大，其系统风加之摩擦风为绝对主导风向，因此海陆风分量的表现不如南北两地明显。

### （二）海陆风日数的季节变化

就季节而言，海陆风日数均以春季(3～6月)最多，次多季节南、北两地有一定差异，漳州沿海夏季(7～9月)多于冬季(12～2月)，福清以北沿海冬季多于夏季，莆田沿海夏季多于冬季，泉州、厦门沿海冬季多于夏季，秋季(10～11月)沿海各地均最少。这可以从沿海风的年变化特点加以解释，福建沿海秋季受冷空气影响，风速为全年最大的时段，此时在强大的偏NE系统风的作用下，不易出现海陆风现象，冬季风速略小于秋季，在没有冷空气南下，风速较小的时段内则会出现海陆风现象，而春季及夏季风速更小一些（表5.1、图5.3）。

就各月而言，沿海地区总的趋势是3月份海陆风日出现的概率最大，全省平均8.6天，占月日数的27.7%，其次是4月份，平均日数为7.5天，出现频率为25%。

表5.1　沿海测风塔海陆风各月及年出现的日数

| 测风塔（由北向南） | 出现日数/天 | | | | | | | | | | | | |
|---|---|---|---|---|---|---|---|---|---|---|---|---|---|
| | 1月 | 2月 | 3月 | 4月 | 5月 | 6月 | 7月 | 8月 | 9月 | 10月 | 11月 | 12月 | 年 |
| 福鼎嵛山岛 | 11 | 8 | 9 | 7 | 8 | 2 | 6 | 3 | 3 | 3 | 2 | 4 | 66 |
| 霞浦闾峡 | 9 | 7 | 9 | 12 | 10 | 7 | 8 | 4 | 3 | 3 | 7 | 7 | 86 |
| 长乐江田 | 10 | 5 | 12 | 7 | 8 | 10 | 7 | 12 | 4 | 5 | 5 | 9 | 94 |
| 福清东瀚 | 6 | 5 | 4 | 6 | 3 | 8 | 2 | 4 | 1 | 1 | 2 | 2 | 44 |
| 莆田后温 | 3 | 2 | 3 | 6 | 2 | 6 | 6 | 2 | 6 | 4 | 1 | 3 | 46 |
| 惠安走马埭 | 8 | 4 | 8 | 7 | 8 | 9 | 4 | 4 | 0 | 3 | 5 | 0 | 60 |
| 龙海马头山 | 5 | 6 | 10 | 7 | 4 | 5 | 4 | 5 | 0 | 0 | 5 | 7 | 58 |
| 漳浦赤湖 | 5 | 7 | 10 | 5 | 7 | 8 | 6 | 8 | 5 | 4 | 2 | 2 | 69 |
| 漳浦霞美 | 6 | 7 | 10 | 8 | 6 | 6 | 6 | 8 | 7 | 4 | 3 | 3 | 74 |
| 诏安梅岭 | 3 | 8 | 11 | 10 | 13 | 6 | 5 | 14 | 6 | 4 | 5 | 7 | 92 |
| 平均 | 6.6 | 5.9 | 8.6 | 7.5 | 6.9 | 6.9 | 5.4 | 6.8 | 3.1 | 3.1 | 3.7 | 4.4 | 68.9 |
| 频率/% | 21.3 | 21.1 | 27.7 | 25.0 | 22.3 | 23.0 | 17.4 | 21.9 | 10.3 | 10.0 | 12.3 | 14.2 | 18.9 |

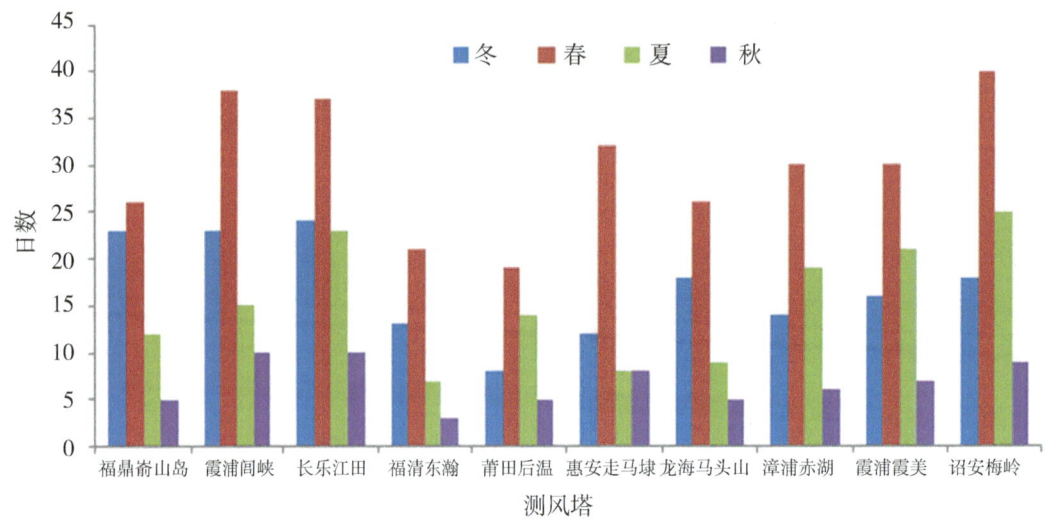

图 5.3 各个测风塔各季海陆风日数

### （三）海陆风的日变化

海陆风日变化，基本与当地气温的日变化相应匹配。通常上午 8～10 时海风开始出现，风速逐渐增大，14～15 时风速达到最大，然后，风速逐步减小，日落以后海风消退，转而陆风开始，海风的历时长于陆风。

1. 海陆风的日变化

张伟等利用福建沿海 1986～2011 年 18 个地面气象观测站资料分析了海陆风频次日变化特征（图 5.4）。海风的分布频次呈现正弦式变化，从 07 时开始，海风的频次明显增大，约 14 时达到峰值，14～18 时均是海风的盛行期，之后开始迅速下降。北部海风出现相对较早，07～08 时海风频次开始明显增多；中部地区在 08 时开始；南部地区则到了 09 时才开始明显增多，即相比北部地区，南部地区的海风要相对迟一些。

陆风的分布频次与海风相反，09～12 时为陆风迅速向海风转换的时期，21～24 时则是海风向陆风迅速转换的时期。从陆风的平均起风时刻来看，北部在傍晚 17～18 时附近，陆风的频次就开始增大，中部则相对迟一些，为 18～19 时，南部则是最迟的，平均在 19～20 时，即北部、中部平均转陆风时刻依次推迟 1 h 左右。

春季出现陆风变海风的时间在 09：00～10：00，最晚可达 11 时以后，夏季在 08：00～09：00，秋冬季在 09：00～10：00 时，最晚也可达 11 时，符合地面升温的规律；而海风变陆风的时间各季均在 20 时左右，但最晚也可达 22 时以后。由于地形对风向的影响较复杂，所以各地的变化局地性较强。

2. 海陆风转换特点

海陆风出现当日，当海风以偏北风为主时，其上午风向顺时针偏转，由陆风变海风，傍晚逆时针偏转，由海风变陆风，如表 5.2 为霞浦闾峡测风塔海风为偏北风时风向的

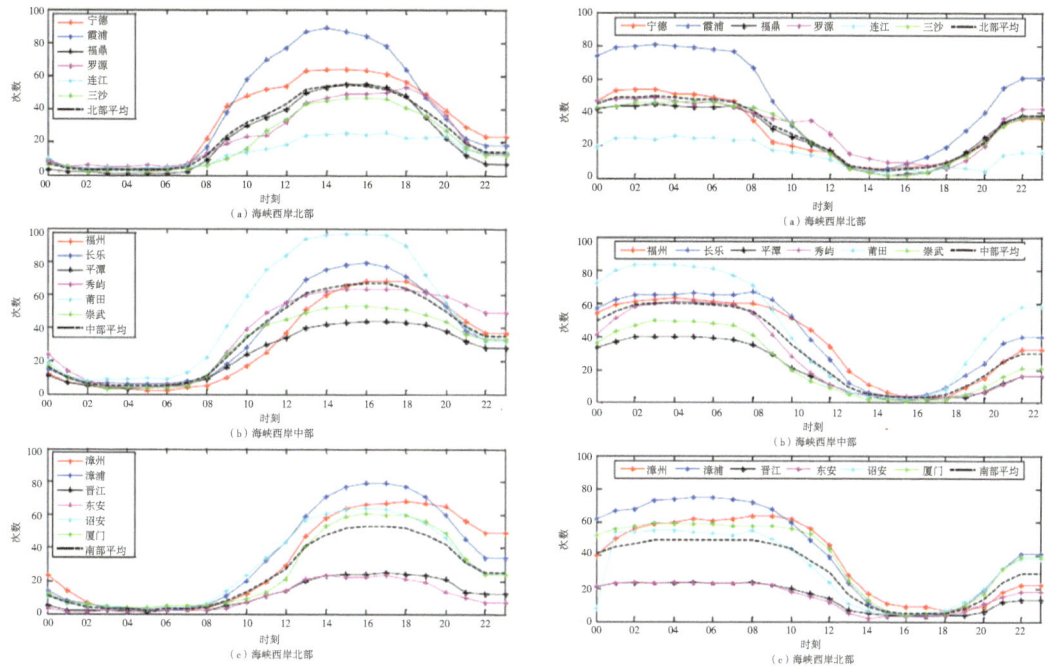

图 5.4 海峡西岸海陆风日的海风（左）、陆风（右）频次随时间分布特征

日变化特点，夜间风向为 WNW—N 的陆风，次日 09 时以后，WNW—N 风向频率减少，ENE—ESE 频率开始增加，陆风开始转海风，风向顺时针偏转至 ENE—ESE，16 时左右，随着海风的减弱，风向逆时针旋转变陆风；当海风以偏南风为主时，正好相反，上午风向逆时针偏转，由陆风变海风，傍晚顺时针偏转，由海风变陆风，如表 5.3 霞浦间峡海风为偏南风时风向的日变化，夜间风向以偏西风的陆风为主，上午 10 时左右，风向逆时针偏转成海风，19 时左右风向开始顺时针旋转变成陆风。在福建沿海只有夏季偏南风多一些，其他季节基本上以偏北风为主。此特点在大风状态下表现更明显，在小风状态下规律性就不很明显了。

表 5.2 霞浦间峡测风塔海风为偏北风向频率

| 时次 | 风向频率 /% | | | | | | | | | |
|---|---|---|---|---|---|---|---|---|---|---|
| | WNW | NW | NNW | N | NNE | NE | ENE | E | ESE | SE |
| 00:00 | 2.8 | 5.6 | 11.1 | 30.6 | 13.9 | 5.6 | 2.8 | 2.8 | — | — |
| 01:00 | — | 13.9 | 16.7 | 19.4 | 11.1 | — | 2.8 | — | — | — |
| 02:00 | 11.1 | 22.2 | 16.7 | 22.2 | 8.3 | 2.8 | — | 2.8 | — | — |
| 03:00 | 8.6 | 17.1 | 17.1 | 11.4 | 8.6 | 8.6 | 2.9 | — | 2.9 | — |
| 04:00 | 6.1 | 15.2 | 18.2 | 15.2 | 3 | — | 3 | 6.1 | 3 | 3 |
| 05:00 | 13.9 | 19.4 | 8.3 | 13.9 | — | 5.6 | 5.6 | — | — | — |

续表

| 时次 | 风向频率 /% | | | | | | | | | |
|---|---|---|---|---|---|---|---|---|---|---|
| | WNW | NW | NNW | N | NNE | NE | ENE | E | ESE | SE |
| 06:00 | 16.7 | 19.4 | 2.8 | 16.7 | 8.3 | 8.3 | — | 2.8 | — | 5.6 |
| 07:00 | 11.1 | 13.9 | 5.6 | 11.1 | 8.3 | 11.1 | 2.8 | 2.8 | — | 2.8 |
| 08:00 | 11.1 | 2.8 | — | 22.2 | 16.7 | 8.3 | 8.3 | — | 2.8 | 2.8 |
| 09:00 | 8.3 | 2.8 | — | 11.1 | 16.7 | 16.7 | 2.8 | 11.1 | 2.8 | 11.1 |
| 10:00 | 5.6 | — | 2.8 | 5.6 | 2.8 | 19.4 | 27.8 | 2.8 | 8.3 | 5.6 |
| 11:00 | 2.8 | — | — | — | 2.8 | 11.1 | 22.2 | 8.3 | 16.7 | 2.8 |
| 12:00 | 2.8 | — | 2.8 | — | — | 11.1 | 25 | 5.6 | 13.9 | 5.6 |
| 13:00 | 2.8 | 2.8 | — | 5.6 | — | 5.6 | 22.2 | 16.7 | 11.1 | 8.3 |
| 14:00 | — | 2.8 | — | — | — | 2.8 | 27.8 | 16.7 | 13.9 | 11.1 |
| 15:00 | — | 2.8 | — | — | 5.6 | 19.4 | 22.2 | 5.6 | 2.8 | 13.9 |
| 16:00 | — | — | 5.6 | — | 2.8 | 30.6 | 11.1 | 5.6 | 2.8 | 8.3 |
| 17:00 | 2.8 | — | — | 2.8 | 8.3 | 27.8 | 8.3 | 5.6 | 2.8 | 2.8 |
| 18:00 | 2.8 | — | — | 11.1 | 19.4 | 25 | 5.6 | 2.8 | — | — |
| 19:00 | — | 5.6 | 5.6 | 16.7 | 8.3 | 25 | 13.9 | 2.8 | 5.6 | — |
| 20:00 | — | — | 8.3 | 8.3 | 16.7 | 33.3 | 11.1 | — | — | — |
| 21:00 | — | — | 2.8 | 13.9 | 16.7 | 38.9 | 5.6 | — | — | — |
| 22:00 | 2.8 | — | — | 11.1 | 25 | 30.6 | 8.3 | — | — | — |
| 23:00 | — | — | 5.6 | 8.3 | 19.4 | 36.1 | 5.6 | 2.8 | 2.8 | — |

表 5.3　霞浦间峡测风塔海风为偏南风向频率

| 时次 | 风向频率 /% | | | | | |
|---|---|---|---|---|---|---|
| | S | SSW | SW | WSW | W | WNW |
| 00:00 | — | 10.5 | 21.1 | 5.3 | 5.3 | — |
| 01:00 | — | 21.1 | 5.3 | 10.5 | — | — |
| 02:00 | 5.3 | — | 5.3 | 5.3 | 5.3 | 5.3 |
| 03:00 | — | — | 5.6 | 5.6 | 5.6 | 11.1 |
| 04:00 | — | 5.6 | 11.1 | — | 11.1 | — |
| 05:00 | 5.3 | — | 5.3 | 10.5 | 5.3 | — |

续表

| 时次 | 风向频率 /% | | | | | |
|---|---|---|---|---|---|---|
| | S | SSW | SW | WSW | W | WNW |
| 06:00 | — | — | 15.8 | 10.5 | — | — |
| 07:00 | — | — | 21.1 | — | 5.3 | 10.5 |
| 08:00 | 5.3 | — | 10.5 | 10.5 | — | — |
| 09:00 | — | — | — | 15.8 | — | — |
| 10:00 | — | 5.3 | 10.5 | 5.3 | 5.3 | — |
| 11:00 | 5.3 | — | 21.1 | — | — | — |
| 12:00 | 21.1 | 5.3 | 10.5 | — | — | — |
| 13:00 | 10.5 | 21.1 | 10.5 | — | — | — |
| 14:00 | 10.5 | 26.3 | 5.3 | 5.3 | — | — |
| 15:00 | — | 26.3 | 5.3 | — | 5.3 | — |
| 16:00 | 10.5 | 21.1 | 5.3 | 10.5 | 5.3 | — |
| 17:00 | 10.5 | 15.8 | 10.5 | 5.3 | — | — |
| 18:00 | — | 26.3 | 10.5 | 5.3 | — | 5.3 |
| 19:00 | 5.3 | 10.5 | 31.6 | 5.3 | — | 5.3 |
| 20:00 | — | 10.5 | 21.1 | 5.3 | 10.5 | — |
| 21:00 | 5.3 | 5.3 | 26.3 | 15.8 | — | 5.3 |
| 22:00 | 5.3 | — | 26.3 | 21.1 | — | — |
| 23:00 | 10.5 | 10.5 | 26.3 | 5.3 | — | — |

3. 海陆风的局地特征

福建沿海地面风向变化具有海陆风的某些特性，完全属于经典意义上的海陆风并不多，经典意义的海陆风风向一般为垂直于海岸线风向之间的转换，在风速较小时（风速＜5 m/s）海陆风比较典型，风向在偏东—偏西方向转换，如图 5.5。但在风速大时，系统风占主导地位，风向转变的角度很小，风向不与海岸线垂直，反而近于与海岸平行，如图 5.6，陆风被系统风所牵制，表现为 N 风，这说明海、陆热力性质的不同并不是决定沿海地面风向的唯一因素，福建沿海的海陆风特点大多数以这种不太典型的现象为主。

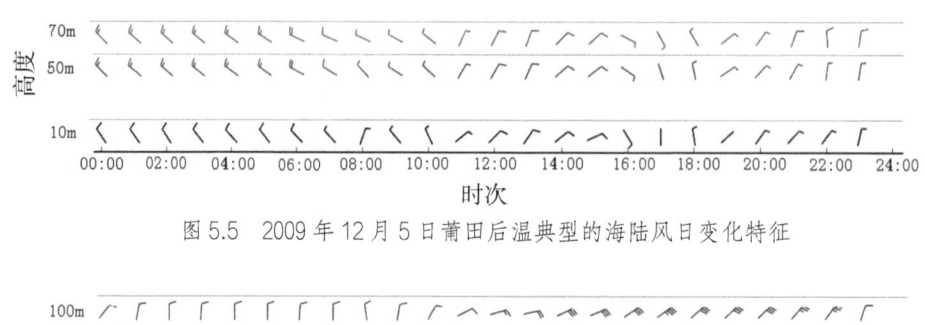

图 5.5  2009 年 12 月 5 日莆田后温典型的海陆风日变化特征

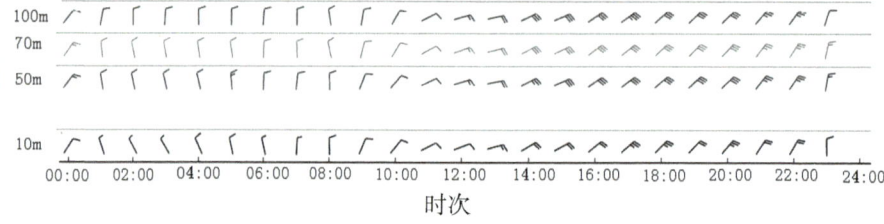

图 5.6  2009 年 10 月 17 日漳浦赤湖典型的海陆风日变化特征

### 三、海陆风的发展高度与水平范围

#### （一）海陆风的垂直变化特征

海陆风的转换一般从低层开始，当陆风转为海风时，10 m 高度由于地面加热升温最快，故风向最先开始偏转，随着地面加热高度的上升，各层大气温度逐渐开始升高，由下至上风向依次开始偏转，50 m 一般比 10 m 晚 10 min 左右，100 m 晚 30 min 左右。同样，海风转陆风时也是低层首先开始偏转。但在大风区域（平均风速 ≥ 5 m/s），如中部沿海地区的福清东瀚等，由于整层风速均较大，低层至高层海陆风转换的时间间隔则较短。整个海陆风环流完成陆风转海风所需要的时间大约为 2.5 h。

图 5.7 为漳浦赤湖 100 m 塔一个典型海陆风日各高度层陆风转海风的变化过程，

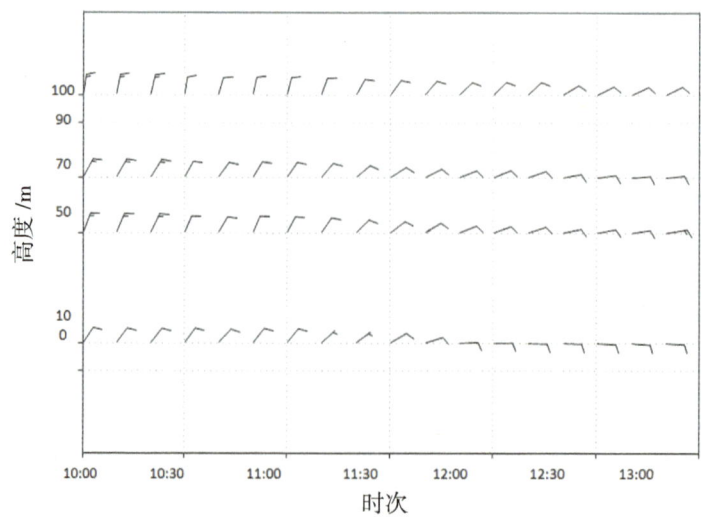

图 5.7  2009 年 10 月 2 日漳浦 100 m 塔陆风转海风时各层风向变化

由图可以看出，11：00 左右，风向开始转换，10 m 风向首先开始从 NNE 风向顺时针偏转，其后过 10 min 左右，50 m 和 70 m 风向逐渐偏转，100 m 风向更滞后约 30 min。

### （二）发展高度及水平范围

由于海陆风是局地性热力环流，通常发展的高度不会超过 600 m，相对比较，海风的发展高度高于陆风。

荀爱萍利用 2016 年 5 月至 2017 年 4 月翔安风廓线雷达资料分析厦门地区海陆风环流的发展高度，在出现的 64 个海陆风日中，海陆风环流发展到 150 m 以上高度的有 31 天（48%），发展到 270 m 以上高度的有 18 天，390 m 以上高度的有 7 天，发展到 510 m 以上高度的有 5 天。

有关的观测事实说明海风通常仅深及内陆 20 km 左右；陆风只达海面 10 km 以内。

## 四、海陆风的形势背景与气象要素分布

### （一）海陆风的形势背景

林长城等利用 2009 年 6 月至 2012 年 5 月福建沿海 11 座测风塔观测结果（表 5.4），分析了海陆风的天气形势，沿海的海陆风现象多数在高空槽、大陆冷高压、暖区辐合控制下出现，其次为低涡切变、副高及边缘、台风/热带辐合带边缘、变性冷高压和台风/热带辐合带。

夏季的海陆风更多的是副高及边缘导致，当副高加强西伸并控制华南大部分区域、低层有异常反气旋环流并且南风异常主要位于内陆地区，地面又没有明显系统控制时，容易出现海陆风中尺度环流。这是由于副高控制下基本为晴空区，陆地的温差增大导致海陆热力差异更加明显，同时地面没有显著的主导风向导致海陆风更加显著。

表 5.4 沿海不同区域在不同天气系统影响下的海陆风分布结果

|  | 大陆冷高压 | 变性冷高压 | 低涡切变 | 高空槽 | 暖区辐合 | 副高及边缘 | 台风/热带辐合带 | 台风/热带辐合带边缘 |
| --- | --- | --- | --- | --- | --- | --- | --- | --- |
| 北部沿海 | 40 | 26 | 34 | 53 | 33 | 30 | 5 | 16 |
| 中部沿海 | 52 | 37 | 37 | 59 | 54 | 36 | 11 | 30 |
| 南部沿海 | 58 | 32 | 37 | 59 | 59 | 47 | 12 | 53 |
| 合计 | 150 | 95 | 108 | 171 | 146 | 113 | 28 | 99 |

### （二）海陆风的气象要素特征

1. 海陆风的平均风速

海陆风日的日平均风速基本上小于 5 m/s（表 5.5）。如 10 m 风速，除福清东瀚外，

所有塔的日平均风速均小于 4 m/s，70 m 高度除福清外均小于 5 m/s。福清东瀚由于地处海坛海峡的突出部，常年风速较大，年平均风速达 8 m/s 以上，由于风速较大，其海陆风日数也明显少于其他地区。

表 5.5　各测风塔不同高度海陆风日平均风速

| 测风塔 | 平均风速 /m/s | | | |
|---|---|---|---|---|
| | 10 m | 50 m | 70 m | 100 m |
| 福鼎嵛山岛 | 3.8 | 4.9 | 4.8 | 4.8 |
| 霞浦闾峡 | 2.7 | 3.1 | 3.1 | - |
| 长乐江田 | 3.1 | 4.1 | 4.0 | - |
| 福清东瀚 | 4.5 | 5.3 | 5.4 | - |
| 莆田后温 | 3.3 | 4.3 | 4.5 | - |
| 惠安走马埭 | 3.2 | 3.7 | 4.0 | - |
| 龙海马头山 | 2.8 | 3.4 | 3.5 | - |
| 漳浦赤湖 | 3.5 | 4.4 | 4.8 | 5.1 |
| 漳浦霞美 | 3.2 | 3.9 | 4.1 | - |
| 诏安梅岭 | 3.7 | 4.5 | 4.5 | - |

2. 有无海陆风的气象要素对比

表 5.6 为福建省气候中心 1995 年 7～8 月在崇武考察期间观测的有无海陆风气象要素对比，有海陆风时，表现为气温高、日较差大、湿度小、风速小、云量少、降水概率小；无海陆风时相反。就大气稳定度来看：有海陆风的夜晨，"稳定类（E、F）"的频率高，为 64.3%～71.4%；无海陆风夜晨，稳定类的频率低，为 25.0%～42.9%。

表 5.6　1995 年 7～8 月有无海陆风崇武站气象要素对比

| 时间 要素 | 7月 | | | 8月 | | |
|---|---|---|---|---|---|---|
| | 有海陆风 | 无海陆风 | 较差 | 有海陆风 | 无海陆风 | 较差 |
| 日平均气温 /℃ | 27.5 | 26.6 | 0.9 | 27.1 | 26.9 | 0.2 |
| 气温日较差 /℃ | 5.2 | 3.8 | 1.4 | 5.3 | 4.4 | 0.9 |
| 相对湿度 /% | 87 | 91 | -4 | 86 | 87 | -1 |
| 平均风速 /m/s | 3.3 | 5.1 | -1.8 | 3.0 | 4.8 | -1.8 |
| 总云量 | 5.4 | 7.9 | -2.5 | 6.4 | 7.7 | -1.3 |
| 低云量 | 2.2 | 5.2 | -3.0 | 3.6 | 5.6 | -2.0 |
| 降水概率 /% | 16.7 | 60.0 | -43.3 | 21.4 | 58.8 | -37.4 |

### 五、海陆风的利弊影响

海陆风总是出现在晴朗的天气条件下(阴沉的天气,有锋面系统的天气不会出现),能给人以神清气爽的感觉。但昼夜间反复的逆向气流和湍流过程,则不利于大气污染物质的稀释和疏散,它会导致随风漂流的污染物反复出现,从而延长了污染过程的历时。因此沿海地带投建工业,能源设施项目时,应注意当地局地环流的特点与规律,制订相应的工程标准,并确立相应的环保对策。

## 第二节 海雾

海雾是直接受海洋影响,发生在海上或沿海地区上空,使大气能见度小于1000 m的天气现象。海雾主要是暖湿空气流经较冷的海面,冷却并凝结而成的雾。

海雾对海上船舶安全航行影响很大,船舶碰撞、触礁造成的海难许多和海雾有关。

福建是海洋大省,大力发展海洋产业是福建的发展方向。作为一种海上灾害性天气,海雾特别是浓雾,对航运、渔业捕捞、水产养殖、石油等海上资源勘探、开发,乃至军事活动都有重要影响。

### 一、海雾的类型与成因

(一)类型

雾可分辐射雾、平流雾、辐射-平流雾与蒸汽雾4种。海雾主要属平流雾,其次为平流辐射雾。

(二)成因

1.海雾形成的基本条件

①水汽丰富。据统计温度露点差≤1℃占出现雾日的88%,当时的相对湿度多在90%~100%。

②近地层空气层结稳定。有低空逆温更为有利,且逆温层顶的高度多在925 hPa以下。

③有暖气流流进冷海面。通常风速在2~4 m/s比较有利,大于6 m/s,小于1 m/s不利。

2.福建海雾的成因

福建海雾是在下述环境条件并满足上面三个因素下形成的:台湾海峡有两种洋流,一种是浙闽沿岸的冷流,一种是黑潮分支的台湾暖流,从而使台湾海峡表层水温形成东暖西冷,北低南高的分布趋势。在适宜的天气形势下当台湾海峡上空北上暖流活跃时,福建沿海就易出现海雾。此类海-气配合条件以春季比较多见,因而成为海雾的高频季节。

因此福建沿海地区的雾以春季平流雾占绝大多数，地面低压槽、温带气旋或静止锋等系统是台湾海峡两岸雾的主要天气系统。

## 二、海雾的季节变化

### （一）年雾日分布

福建年平均海雾日数（表5.7）南部沿海为20～40天，中、北部沿海10～20天。南部沿海的雾日数最多，其中厦门年均达38.3天。

### （二）季节变化

春季和冬季是雾日较多的季节，夏、秋季雾日最少（图5.8）。以表5.7中5个站的四季平均雾日分布：春季（3～6月）平均占65.9%；夏季（7～9月）平均占4.1%；秋季（10～11月）平均占2.8%；冬季（12～2月）平均占26.5%。年内海雾最多的月份是3月或4月，最少的月份是10月。

由于暖流北上影响的季节是南早北迟，所以，福建的海雾高频期南部沿海要早于北部。

表5.7 福建沿海代表站年月平均雾日数（天）（1991～2020年）

| 月份 | 1 | 2 | 3 | 4 | 5 | 6 | 7 | 8 | 9 | 10 | 11 | 12 | 年 |
| --- | --- | --- | --- | --- | --- | --- | --- | --- | --- | --- | --- | --- | --- |
| 霞浦 | 3.2 | 3.0 | 4.8 | 4.0 | 1.8 | 1.2 | 0.0 | 0.1 | 0.0 | 0.0 | 0.8 | 1.8 | 21.2 |
| 平潭 | 0.7 | 2.3 | 3.2 | 4.0 | 2.4 | 0.4 | 0.0 | 0.0 | 0.0 | 0.0 | 0.3 | 0.4 | 13.9 |
| 崇武 | 1.3 | 2.9 | 4.9 | 7.8 | 6.0 | 1.3 | 1.1 | 0.4 | 0.0 | 0.1 | 0.5 | 0.4 | 26.6 |
| 厦门 | 3.8 | 5.5 | 8.0 | 6.8 | 5.8 | 2.6 | 0.3 | 1.0 | 0.8 | 0.4 | 1.1 | 2.0 | 38.3 |
| 东山 | 1.3 | 3.5 | 5.8 | 5.2 | 3.1 | 1.4 | 1.0 | 0.8 | 0.3 | 0.1 | 0.4 | 0.7 | 23.4 |

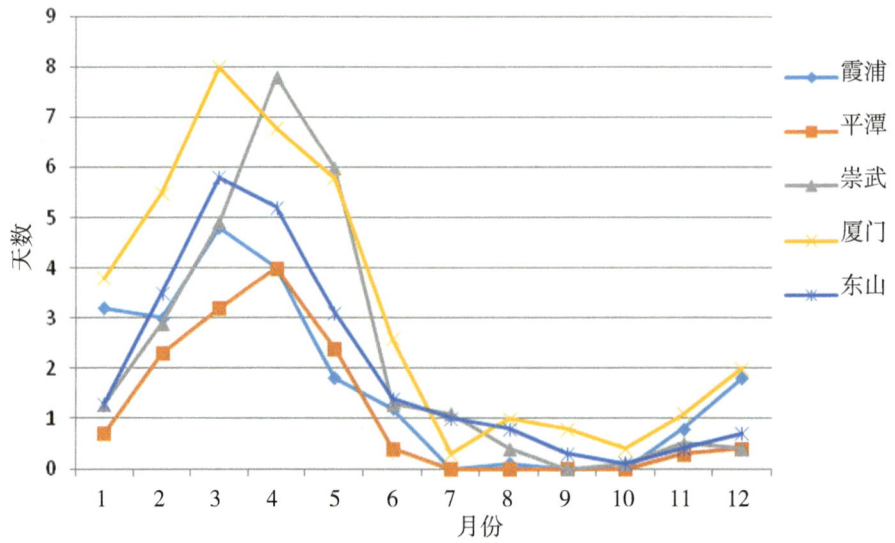

图5.8 沿海代表站雾日月变化特征

## 三、海雾的日变化

### （一）最长连续雾日

雾日的持续性取决于有利成雾的天气形势的稳定性。福建沿海最长连续雾日，南部沿海为 7 天左右，北部沿海 12 天左右，均在 4 月。

### （二）海雾生、消日变化

海雾的生、消可发生于一天的任何时刻，但以夜间—清晨形成的频率为高，且凌晨浓度为重，这与日极端低温的出现时刻有一定关系，12～16 时海雾形成的频率最低；海雾消散的时刻多在日出后的上午。

海雾从形成至消散的历时，半数以上小于 6 h，超过 7 h 者占 33%～48%。但也有甚长的记录：台山历时 60 h，东山 44 h，平潭 24 h。

## 四、有利海雾形成的天气形势

福建的海雾主要为平流型，高频季节在春季，主要的环流形势有 5 种。

1. 气旋影响型

多发生在 3、4 月份，正是江淮气旋多发季节，江淮气旋发展，福建沿海处于暖区部位，偏南气流源源不断地向区域内输送暖湿空气。由于此时下垫面相对较冷，极易在海峡地区形成平流雾。

2. 冷锋型

冷锋过境之前，时有短暂的海雾出现。锋前雾主要来自暖气团的暖雨滴在锋下冷气团中蒸发，使空气达到饱和而形成；锋后雾则由于锋后风速较大，带动冷空气与前方暖湿空气混合而形成雾。由于海峡地区水域面积较大，水面蒸发量大，一旦有冷空气平流至此，易在海面上形成蒸发雾。冷锋型雾是台湾海峡地区形成雾的最主要形势之一。

3. 切变、静止锋型

福建沿海处在低空切变和地面静止锋之前，吹西南风，湿度大，易见海雾，且历时较长。

4. 西南倒槽型

西南倒槽东伸，福建处于该槽的东南方，沿海吹偏南风，风速不大，也有利海雾生成。

5. 高压入海回流型

地面冷高压由大陆入东海，福建沿海处在高压底部，回流作用有时也会出现海雾。

## 第三节 海上大风

受台湾海峡"狭管效应"影响,福建沿海及海上大风是福建海洋气候特征的重要表现。造成海上大风最主要的两个天气系统为冷空气南下引起的东北或偏北大风及热带气旋大风。福建省气候中心利用近十年来沿海地区、海上岛屿自动气象观测站及海上浮标站的风观测资料统计了海上大风的特征。

### 一、海上大风日数

沿海地区的大风日数在第二章第五节中已介绍,这里重点介绍海上大风。统计了海上3个浮标站近十年的观测结果,3个浮标站分别为宁德浮标,位于福鼎沙埕港以东60 km左右海上;福州浮标,位于平潭岛以东约50 km的海上;厦门浮标,位于漳浦古雷半岛以东近60 km海上。

从表5.8可以看出,台湾海峡中部是海上大风最多的区域,福州浮标站年平均大风日数为120天,此处为台湾海峡最狭窄的部位,观测期间大风日数最多的年份达150天。其次为海峡南部区域,厦门浮标站年平均大风日数为109天,最大年份为130天,此区域仍为台湾海峡"狭管效应"的影响区。北部海域受"狭管效应"影响最小,大风日数最少,宁德浮标站年平均大风日数64天。

秋、冬季是大风日数最多的季节,受冷空气南下的影响,从10月至次年2月,每个月均有半个月左右出现大风天气,12月则20多天,其间的大风日数占全年的70%左右。春、夏季的大风日数占全年的30%左右,3月和9月仍受冷空气的影响,大风日数略多于4~8月,夏季的大风日数取决于热带气旋的多寡,夏季各月大风日数在5天左右。

表5.8 海上浮标站大风日数(极大风速≥17.2 m/s)出现日数(天)(2011~2019年)

| 月份 | 1 | 2 | 3 | 4 | 5 | 6 | 7 | 8 | 9 | 10 | 11 | 12 | 年 |
|---|---|---|---|---|---|---|---|---|---|---|---|---|---|
| 宁德浮标 | 11 | 5 | 4 | 3 | 2 | 2 | 4 | 4 | 6 | 7 | 7 | 9 | 64 |
| 福州浮标 | 17 | 13 | 11 | 5 | 3 | 3 | 4 | 5 | 8 | 15 | 15 | 23 | 120 |
| 厦门浮标 | 17 | 13 | 9 | 6 | 3 | 2 | 2 | 2 | 6 | 14 | 14 | 21 | 109 |

### 二、海上大风极值

虽然海上大风主要集中在秋冬季,但大风极值则出现在台风季,观测到的极大风速出现在宁德地区,宁德浮标记录的极大风速为51.5 m/s,出现在2018年7月12日,由1808号强台风"玛莉亚"造成;1323号强台风"菲特"浮标观测到的极大风速为48.8 m/s,福鼎星仔岛自动气象站记录的极大风速为50.7 m/s;0608号超强台风"桑美"

登陆期间海上还未建设浮标站,但台山海岛站风速观测记录达56.3 m/s(17级)后损毁,同时防汛部门测站(台山)2006年8月10日15时53分测得极大风速达70.8 m/s,另据部队福鼎合掌岩测站(海拔高度700m左右)的观测资料,该站10日17时14分极大风速达75.8 m/s,超过17级。厦门沿海的极大风速略小于宁德地区,1614号强台风"莫兰蒂"为1949年以来登陆闽南的最强台风,9月15日在厦门翔安沿海登陆,厦门附近出现超过17级的阵风,最大值出现在厦门湖里区滨海街道(66.1 m/s),厦门本站最大阵风达到16级(54.9 m/s)。宁德以南至厦门以北地区的风速虽然小于南北两地,但热带气旋影响期间也经常出现40 m/s以上的大风(表5.9)。

图5.9为福建省气候中心利用2008～2019年福建省区域自动气象站大风观测数据绘制的极大风速空间分布图,可以看出,宁德沿海地区是风速最大的区域,其次是厦门市,再次为宁德以南沿海,漳州沿海虽然最小,可能是由于近期10年来没有强的台风登陆,但其大风极值不会小,如8015号台风1980年9月19日在漳浦登陆,东山气象站观测到的十分钟平均最大风速达48 m/s,极大风速则更大。

表5.9 海上浮标站各月大风极值(m/s)(2011～2019年)

| 月份 | 1 | 2 | 3 | 4 | 5 | 6 | 7 | 8 | 9 | 10 | 11 | 12 | 年最大 |
|---|---|---|---|---|---|---|---|---|---|---|---|---|---|
| 宁德浮标 | 23.1 | 25 | 23.2 | 21.5 | 32.2 | 23.3 | 51.5 | 32.6 | 38.1 | 48.8 | 25.3 | 24.3 | 51.5 |
| 福州浮标 | 26.1 | 25.6 | 23.4 | 23.2 | 24 | 29.6 | 40.3 | 41.4 | 42 | 29.4 | 25.6 | 28.3 | 42 |
| 厦门浮标 | 25.2 | 24.2 | 27.7 | 26.5 | 23.2 | 28.3 | 29.8 | 28.5 | 37.9 | 29.7 | 28.8 | 25.9 | 37.9 |

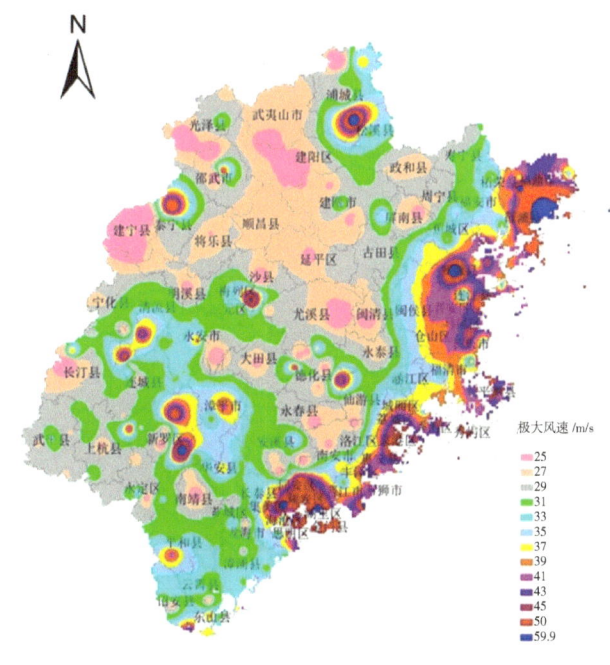

图5.9 福建省2008～2019年自动气象站极大风速空间分布

### 三、海上大风阵风系数

气象上大风的定义是指瞬时风速（极大风速）达到或超过 17.0 m/s（或目测估计风力达到或超过 8 级）的风。常规气象观测中风速有 3 种历时，即 2 min 平均风速、10 min 平均最大风速、极大风速（3s 瞬时风速）。对于极大风速的观测除福州、厦门 20 世纪 70 年代初有记录外，其余台站在 2003 年前后测风仪器改为风速（自动）/ 风杯传感器后才有极大风速的观测。10 min 平均最大风速基本站在 20 世纪 70 年代初开始有记录，一般气象站在 1985 年前后开始有记录。

经济建设、社会服务、工程设计中经常用到极大风速，尤其是重现期极大风速，由于极大风速观测序列较短，为了得到长序列的极大风速样本，我们一般用 10 min 平均最大风速与之换算，引入了阵风系数的概念，即极大风速与 10 min 平均最大风速的比值为阵风系数（表 5.10）。

表 5.10　海上浮标站阵风系数结果

| 站名 | 阵风系数 | 样本数 |
| --- | --- | --- |
| 宁德浮标 | 1.14 | 3257 |
| 福州浮标 | 1.17 | 8193 |
| 厦门浮标 | 1.14 | 8725 |

吴滨等人利用多年沿海自动气象站及海上浮标站计算了平均阵风系数，结果发现阵风系数与下垫面粗糙度的关系非常大，海上下垫面比较平缓，因此阵风系数较小，在 1.2 以下，阵风系数由沿海向内陆逐渐增大（图 5.10），为 1.2～2.1，空间分布总的特点是中部的福清、平潭沿海最大，其他地区略小，进入内陆后受地形的影响较大，局地性较强，系数的变化比较大。

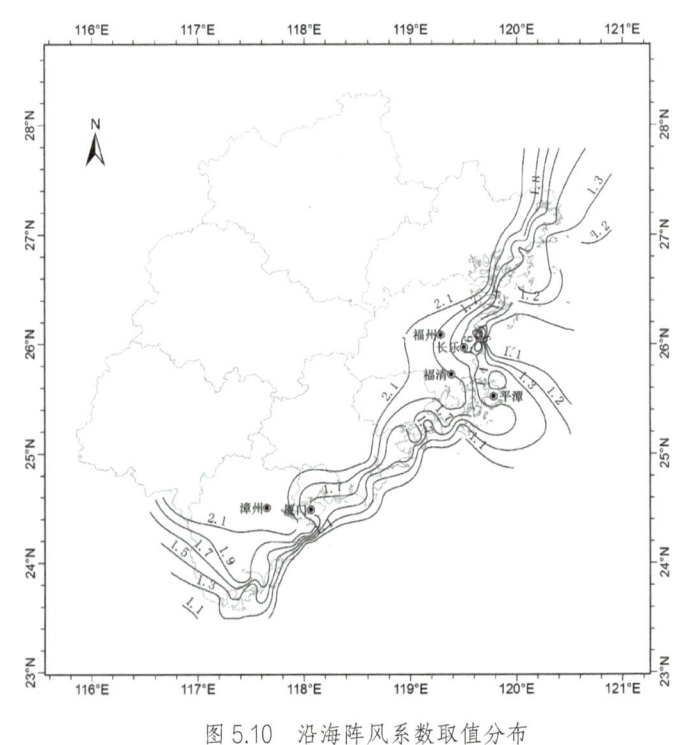

图 5.10　沿海阵风系数取值分布

**问答题**

(1) 简述福建海陆风的空间分布特点。

(2) 简述海陆风的转换时间特点。

(3) 举例说明海雾的时间及空间分布特征。

(4) 简述海上大风的特征。

# 第六章　城市气候

城市气候环境是城市总体规划设计的前提，城市总体规划确定了一个城市的性质、规模、发展方向，是对一定时期内城市性质、发展目标、发展规模、土地利用、空间布局以及各项建设的综合部署和实施措施。城市总体规划不同于详细规划，主要包含以下几方面内容：

① 论证城市发展依据，确定城市性质和发展方向，预测城市人口规模，选定有关的城市规划定额指标。

② 进行城市用地选择，确定规划区范围和城市用地发展方向；确定城市布局形式和城市功能分区。

③ 制订城市道路系统规划和城市交通规划。

④ 制订给水、排水、防洪、供电、供热、燃气供应、邮电和城市用地工程准备措施等各项工程规划，并制订城市工程管线综合设计的规划。

⑤ 制订城市活动中心和主要公共建筑位置的规划方案。

⑥ 制订城市园林绿地系统规划。

⑦ 制订城市郊区规划。

⑧ 地震设防城市应制订城市防震规划。

⑨ 改建旧城区的城市，应制订城市改建规划。

⑩ 确定近期建设地区范围，制订城市近期建设规划。

⑪ 估算城市近期建设总投资。

⑫ 拟定实施规划的步骤和措施。

上述内容许多方面均涉及城市气候问题，因此开展城市总体规划气候可行性论证越来越重要。通常而言，我国城市总体规划主要关注城市规模、城市定位、城市布局（诸如工业区、居住区、商业区、文教区等的选址、扩张）。城市总体规划气候可行性论证应该在充分理解城市总体规划意图的基础上进行，明晰规划部门在规划项目中有关气候问题方面的需求，针对需求确定气候可行性论证的实施方案。针对不同重点的实施方案在内容上有所偏重，一般来说包含城市热岛、城市通风、城市内涝等内容。

## 第一节　城市热岛

城市热岛现象是城市气候学中研究最多的一个方面。城市热岛的强度与城市化过程中城市规模扩大（如城区土地利用面积的增大）与改变和城市人口不断增加（如人为热源增多等）有关。对规划而言，气温的分析即规划地热环境状况的判断将在诸如城市绿地布局、水体布局、功能区布局等方面给出建议和指导。

## 一、城市热岛评估方法

目前，城市热岛强度的评估主要有两种方法：一是基于气象观测站气温资料的统计计算；二是基于卫星遥感资料的地表温度反演。从技术方法和采用的资料不同，两种方法计算结果适用范围也不一样。第一种方法是采用气象观测站的气温资料直接计算出热岛强度，其所表现的是城区和郊区两个点的实际气温差值。如果要反映热岛强度的空间分布，需要在各个点之间进行空间插值，其误差决定于测点密度和下垫面的性质。一般情况，这种方法难以反映复杂条件的小气候城区热岛强度空间分布。第二种方法是利用卫星遥感数据反演城市不同时间尺度的地表温度，并用自动气象站数据对卫星遥感反演的地表温度进行订正和比较，从地表温度空间差异获得城市热岛强度连续分布。这种方法很直接，技术也比较成熟，但资料的连续获取有困难，需要决定于当地天空状况。因此，在开展城市热岛强度评估时，尽可能把两种方法结合起来，可以起到互补和互校验的作用。

### （一）基于气象观测站气温资料计算城市热岛强度

城市热岛强度为同一时间城市与其附近郊区气温的对比。即：

$$H_t = T_c - T_s \tag{6.1.1}$$

式中 $T_c$ 为城区气温，$T_s$ 为郊区气温。根据差值 $H_t$ 的大小将城市热岛强度分为无、弱、中等、强、极强 5 个等级（表 6.1）。

时间尺度一般为日、旬、月、季、年，也可以为任意时间段。城区多个气象站的热岛强度的平均值，即可代表该城市的热岛强度。

表 6.1 城市热岛强度评估因子分级标准

| 热岛强度 /℃ | $H_t \leqslant 0.5$ | $0.5 < H_t \leqslant 1.5$ | $1.5 < H_t \leqslant 2.5$ | $2.5 < H_t \leqslant 3.5$ | $H_t > 3.5$ |
|---|---|---|---|---|---|
| 等级 | 1（无） | 2（弱） | 3（中等） | 4（强） | 5（极强） |

最终用热岛强度等级为"无"及"弱"的区域所占面积的百分比 P 作为评估标准，确定城市热岛强度分级。热岛面积无量纲评估因子的分级标准见表 6.2。

表 6.2 城市热岛面积评估因子分级标准

| 面积百分比 $P$/% | $P \leqslant 20$ | $20 < P \leqslant 40$ | $40 < P \leqslant 60$ | $60 < P \leqslant 80$ | $P > 80$ |
|---|---|---|---|---|---|
| 等级 | 1 | 2 | 3 | 4 | 5 |

## （二）基于卫星遥感资料的城市热岛强度评估

在分析城市热环境时，采用卫星遥感资料如 MODIS 资料、Landsat 系列卫星影像资料反演得到城市地表温度的连续变化，将研究区内地表温度与郊区温度（郊区农田平均地表温度）的差定义为热岛强度，从而计算出城市热岛强度。依照表 6.3 中的标准对不同等级热岛强度进行划分。

表 6.3　热岛强度等级划分（℃）

| 类 | 热岛强度范围/日 | 热岛强度范围/季、年 | 热岛强度等级 |
| --- | --- | --- | --- |
| 1 | ≤ -7.0 | ≤ -5.0 | 强冷岛 |
| 2 | -7.0 ~ -5.0 | -5.0 ~ -3.0 | 较强冷岛 |
| 3 | -5.0 ~ -3.0 | -3.0 ~ -1.0 | 弱冷岛 |
| 4 | -3.0 ~ 3.0 | -1.0 ~ 1.0 | 无热岛 |
| 5 | 3.0 ~ 5.0 | 1.0 ~ 3.0 | 弱热岛 |
| 6 | 5.0 ~ 7.0 | 3.0 ~ 5.0 | 较强热岛 |
| 7 | > 7.0 | > 5.0 | 强热岛 |

## 二、热岛效应特点

以近年来基于卫星遥感资料开展的福州市热岛效应的研究成果，来分析热岛效应的特点。采用 2016 ~ 2020 年 MODIS Terra 和 Aqua 传感器数据，具体为 8 天合成的 1 km 分辨率地表温度数据（MOD11A2 和 MYD11A2），挑选晴天，云覆盖量 < 10% 的数据，共 226 幅影像进行相应合成分析。

### （一）热岛效应年变化

图 6.1 所示福州市城市热岛的空间差异性明显，从较强冷岛至较强热岛均有分布。热岛主要分布在福州主城区、长乐市、福清市的沿海地区，热岛区域与土地覆盖中城区范围基本一致。各热岛等级所占面积如图 6.2 所示，结合城市热岛空间分布，2016 ~ 2020 年的年均城市热岛变化并不明显，说明福州市地表温度变化不明显，进一步说明影响地表温度变化的因素变化不明显，比如下垫面变化、气候因素和人为因素等。

整个福州市"无热岛"所占面积最大，其次是"弱冷岛""弱热岛"（图 6.2）。"弱冷岛"主要分布在森林地区，"无热岛"主要分布在农田地带，而"弱热岛"则主要分布在城区范围。

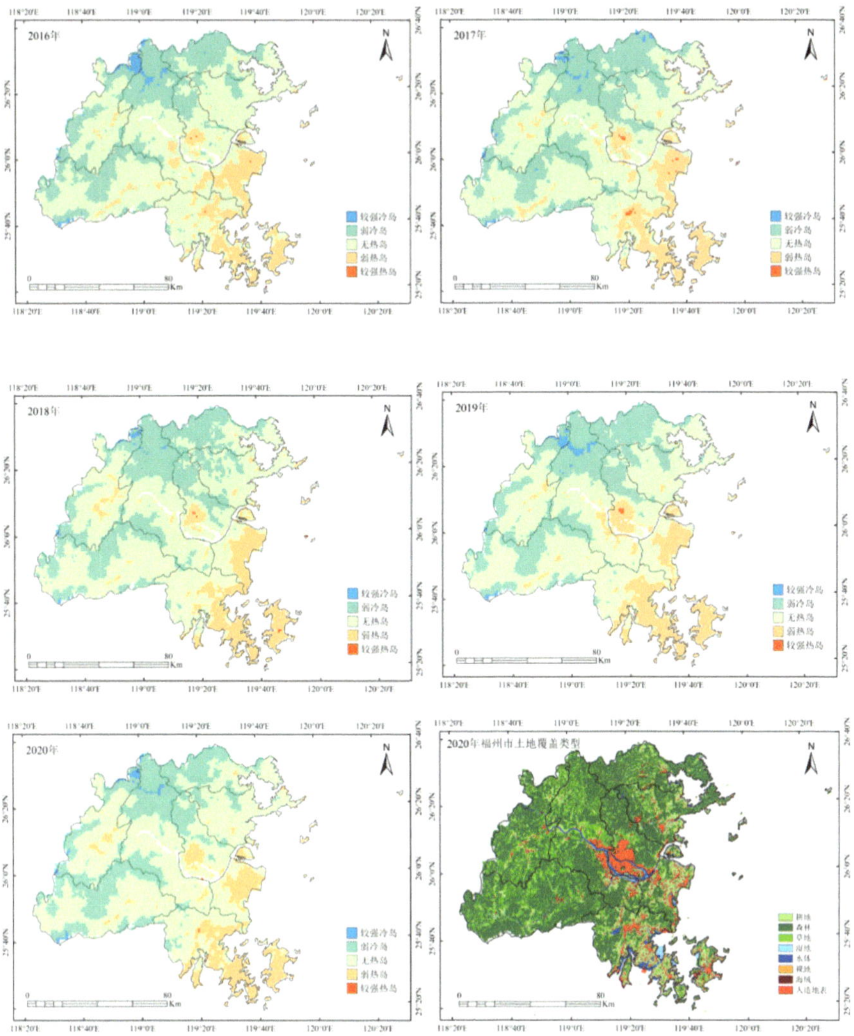

图 6.1 2016～2020 年福州市年均城市热岛时空分布,以及 2020 年土地覆盖分类(来源于 GlobeLand30)

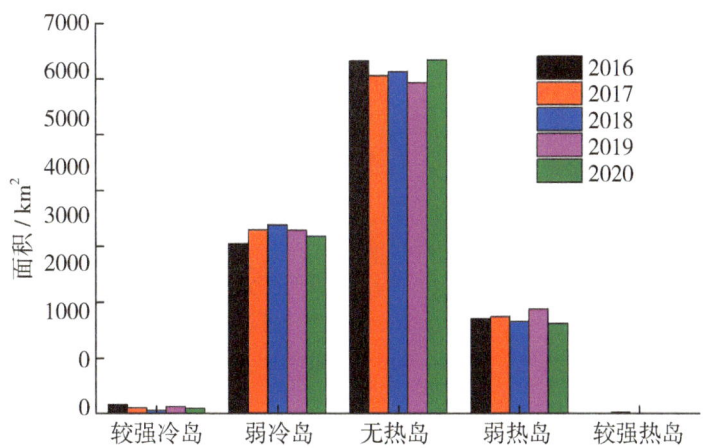

图 6.2 2016～2020 年整个福州市每年各热岛等级面积变化

## （二）热岛效应季节变化

夏季热岛效应比较明显，"较强热岛"面积大于其他季节，并且出现"强热岛"（图6.3）。较强热岛主要分布在福州主城区、长乐市沿海地区以及福清市中部，强热岛则主要在主城区出现。统计了每个季节各热岛等级的面积（图6.5），冬季无"较强热岛"，春季和秋季"较强热岛"面积基本一致，春季分布在主城区，秋季在长乐市沿海地区。图6.4放大局部区域，热岛的季节变化更加明显。

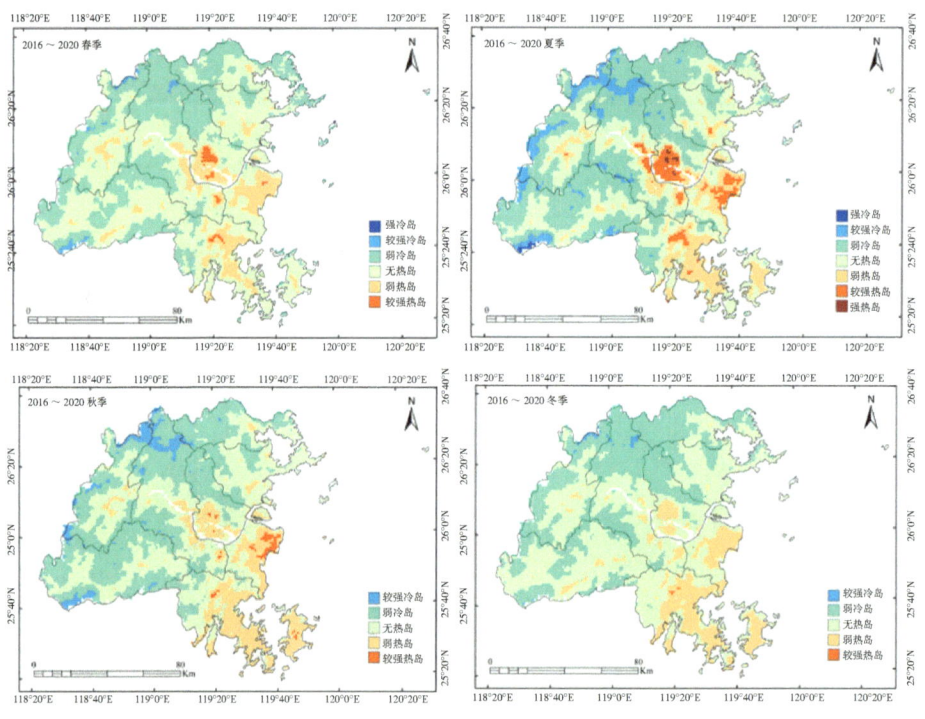

图6.3　2016～2020年福州市5年平均的季节平均城市热岛空间布局

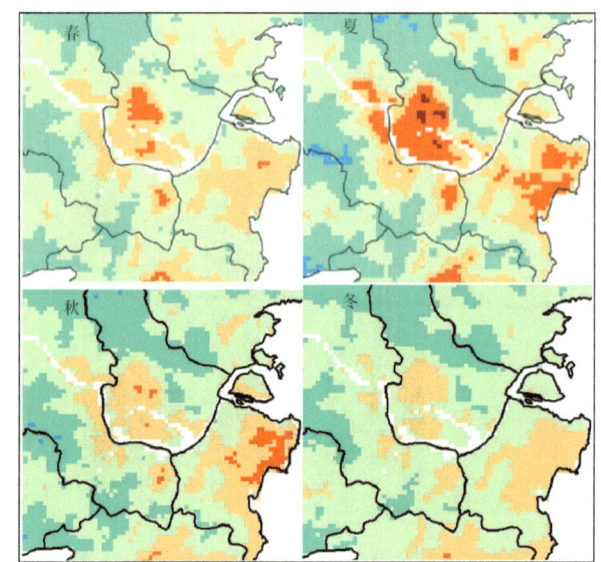

图6.4　2016～2020年5年平均城市热岛，主要建成区范围城市热岛季节变化

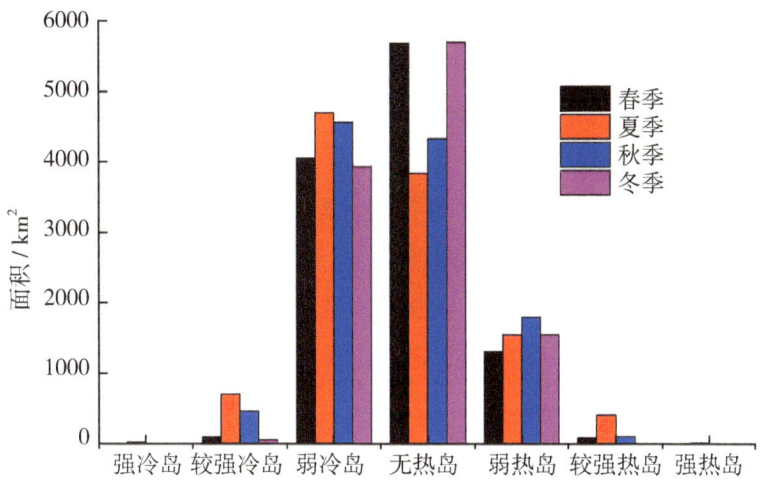

图 6.5 2016～2020 年整个福州市 5 年平均各季节的热岛等级面积

(三)热岛效应日变化

白天热岛非常明显,夜间城区体现为"弱热岛"(图 6.6)。城区范围内,白天热岛强度大于夜间,因为白天城区地表温度更高,导致城郊差也增大,白天热岛分布与土地覆盖中"人造地表"分布基本一致。局部区域放大,白天和夜间热岛变化更加明显,城区植被较少,不透水面较大,错综复杂的下垫面降低了城市地表反照率,相较于自然地表,混凝土等不透水材质的比热容小,导热率大,导致白天城市地表温度快速升高,地表温度高于郊区,热岛强度较大。

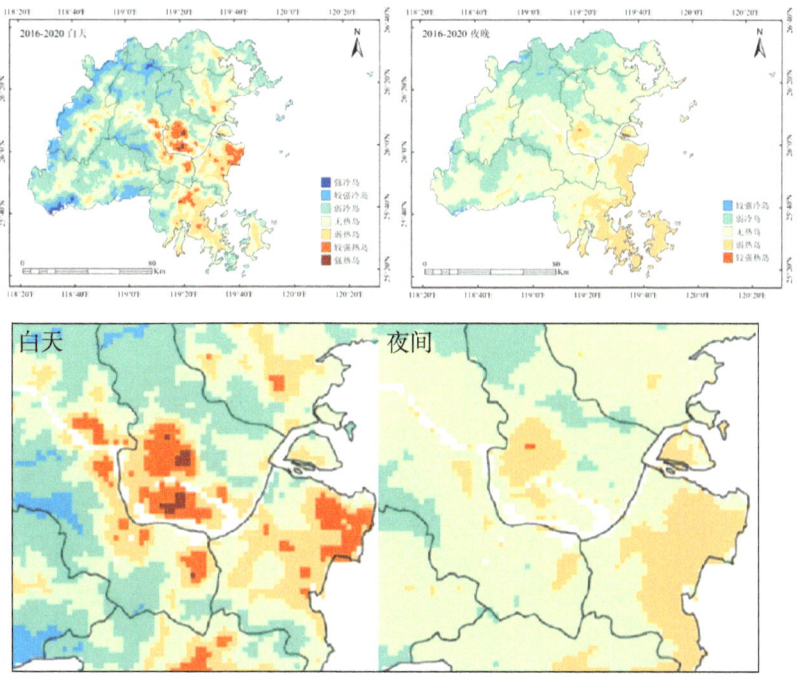

图 6.6 2016～2020 年福州市 5 年平均的白天和夜间城市热岛分布

研究表明城市热岛效应的日变化特征，在弱风和无云条件下，相对于周围的乡村，城市具有较小的冷却率（夜间）和加热率（白天）；城乡温差在日落后3～5h以后达到最大值，之后逐渐减弱，在日出后温差基本消失；热岛强度在午后达到最强；而强度最强的季节通常出现在冬季夜间。

余永江等人分析了2008年1～7月福州城市热岛效应。结果表明：1～2月热岛效应，白天强于夜间，11时左右热岛效应最强，强度约为1.0℃；随后振荡下降，18时热岛效应最弱，强度约为0.4℃；再随后，热岛效应再开始增强，在7～8时又出现极值。3～7月热岛效应，夜间强于白天，0～8时是热岛效应最强的时间段，日出后热岛效应逐步减弱，中午前后热岛效应最小；14时以后热岛效应又开始增强。

## 第二节　城市风环境

### 一、城市风环境与城市规划

日益发展的工矿企业向大气排放着大量的烟尘、废气等污染物，同时企业机器的轰鸣声又干扰附近的居民生活，这些污染物和噪声的污染程度与当地的风向风速有着密切的关系。所以掌握好风的变化规律，有利于做好布局，保障城市居民的健康。认识和掌握地面风的变化规律，依据当地1、7月和年风向频率玫瑰图，根据风玫瑰图的形状，可以将风向大致可分为季节变化型、主导风向型、无主导风向型和准静止风型等四大类型。

#### （一）季节变化型

盛行风向随着季节的变化而转变，1、7月风向变化大于135°、小于等于180°者称为季节变化型。它是福建的主导类型。该型所属地区冬夏风向基本相反，福建省沿海和内陆部分地区均有分布。如平潭1月NNE风向频率为38%，加上相邻（N和NE）的盛行风向频率达78%；7月盛行风为SW，频率达29%，加上相邻（SSW和WSW）的盛行风向频率达59%。冬季比夏季强，冬季盛行风向更为集中，其盛行风向频率比夏季的盛行风向频率高19%（图6.7）。

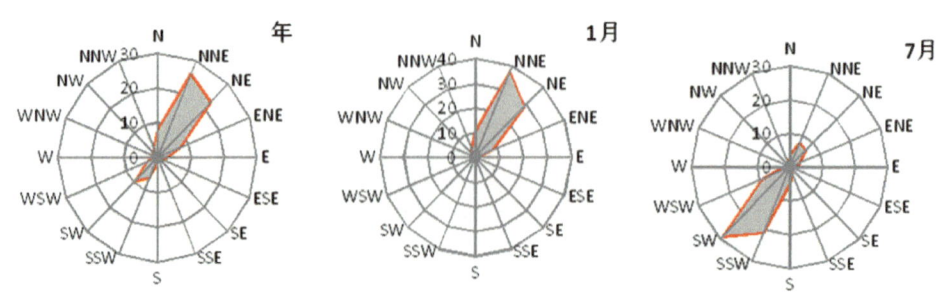

图6.7　平潭年、1月、7月风向玫瑰图

在季节变化型地区内进行城市规划时，要将向大气排放有害气体的工厂企业布置在风向频率最小的方向，即在居住区盛行风向频率最小风向的下游方向，从而避开冬夏对吹的风向。

有的地方从全年风向频率玫瑰图上很难看出方向相反的两个盛行风向，而只有一个主导风向，其他风向频率均很小，这时应将1、7月的风频玫瑰图和年风频玫瑰图一并考虑，才能作出正确的规划。如福清市，全年盛行 NE、NNE 和 N 向风频率分别为 18%、17% 和 11%，其他风向频率均在 5% 以下，看不出两个相反的盛行风向，而从 1 月和 7 月风向玫瑰图可以看出，冬季盛行风向为 N—NNE—NE，频率之和为 61%；夏季则盛行风向为 SSW、S、SE 和 SSE 向风，频率之和为 44%。因此，该地区的城市规划仍采用上述的规划原则（图 6.8）。

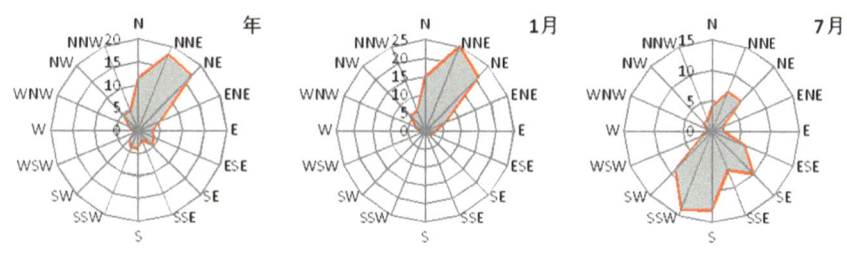

图 6.8　福清年、1月、7月风向玫瑰图

福建省的少数地方如光泽、同安、龙海等地虽然主导风向随季节有所变换，但其夹角小于 112.5°，此种情况，可将居住区布置在夹角之内，而在其相对应方向上布置排放有害物质的工业企业。

（二）主导风向型

一年中基本吹一个方向的风，盛行风向的变化在 90° 之内，为主导风向型。该型零星分布在福建省东半部，如寿宁、长泰等地。长泰全年盛吹 SE—SSE 风向，其频率 18%，加上 ESE 和 S 的频率达 30%，静风频率 18%，其他风向频率为 3%～7%。在该型区进行城市规划时，要将向大气排放有害物质的工业企业布置在年主导风向的下风方向，居住区布置在常年主导风向的上风向（图 6.9）。

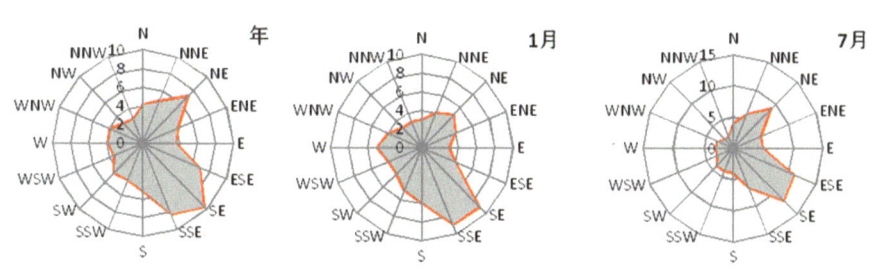

图 6.9　长泰年、1月、7月风向玫瑰图

## （三）无主导风向型

全年风向不定，没有一个主导风向，各风向频率相差不大，一般在10%以下，称为无主导风向型。福建省主要出现在闽江支流河谷地带的松溪、建阳、将乐和沙县等地。这些地区的静风频率高达40%～62%，全年各风向频率都在10%以下，最大为10%，最小为1%。如建阳年各风向频率中，NNW风向频率最大才10%（见表6.4）。

表6.4 建阳年风向频率（1991～2020年平均）

| 风向 | N | NNE | NE | ENE | E | ESE | SE | SSE | S |
|---|---|---|---|---|---|---|---|---|---|
| 频率/% | 7 | 4 | 3 | 2 | 3 | 3 | 4 | 4 | 4 |
| 风向 | SSW | SW | WSW | W | WNW | NW | NNW | C | |
| 频率/% | 4 | 3 | 2 | 2 | 5 | 8 | 10 | 33 | |

在无主导风向区域进行城市规划或工业厂房布局时，要着重考虑风速，风速愈大，大气污染物质浓度愈低，污染浓度与风速成反比。为了将风向风速的影响同时考虑，常用污染系数（烟污系数、卫生防护系数等）来表示，即：

污染系数＝某方向频率/该向平均风速

也可用无因次污染风频公式来表示：

污染风频＝某方向风向频率/（该向平均风速/总平均风速）

在静风频率较高地区，其污染系数为：

$$P_i = N f_i u / u_i + u f_o / 0.75 \quad (6.2.1)$$

式中 $N$ 为风向方位值，$f_i$ 为 $i$ 方向风向频率，$f_o$ 为静风频率，$u_i$ 为 $i$ 方位风向的平均风速，$u$ 为多年平均风速。

在该型区城市规划时，应将向大气排放有害物质的工业企业布置在污染系数最小方位或最大风速的下风向上，居住区在污染系数最大的方位或上风方向上。考虑到福建省这几个地方的静风频率较高在40%以上，布置居住区时应适当考虑卫生防护距离。

## （四）准静止风型

我们将全年静风频率在50%左右，年平均风速在1.0 m/s以下者称准静止风型。该型分布在闽江和九龙江上游河谷地带，测站周围高山环绕、地形闭塞，造成气流不畅，静风增加。如尤溪（见表6.5）。

表6.5 尤溪年风向频率（1991～2020年平均）

| 风向 | N | NNE | NE | ENE | E | ESE | SE | SSE | S |
|---|---|---|---|---|---|---|---|---|---|
| 频率/% | 2 | 3 | 4 | 7 | 9 | 5 | 4 | 3 | 3 |
| 风向 | SSW | SW | WSW | W | WNW | NW | NNW | C | |
| 频率/% | 2 | 3 | 2 | 3 | 3 | 3 | 3 | 42 | |

在该区进行城市规划布局时，必须将向大气排放有害物质的工业企业设置在居住区的卫生防护距离之外。卫生防护距离按照《大气有害物质无组织排放卫生防护距离推导技术导则》（GB/T 39499-2020）的规定计算。

## 二、城市通风廊道

城市通风廊道的构建是提升城市空气流通能力、缓解城市热岛、改善人体舒适度、降低建筑物能耗的有效措施，对局地气候环境的改善有着重要的作用。构建城市通风廊道主要的分析内容如下。

### （一）背景风环境分析

1. 软轻风下的主导和次主导风向统计分析

统计全年及不同季节软轻风（0.3～3.3m/s 的风速）在各风向上的频率，绘制风频率玫瑰图，分析得到全年及不同季节的软轻风主导风向和次主导风向。

2. 风速时空分布

利用规划城市范围内区域自动气象站至少一整年观测的逐小时或逐分钟风向、风速资料，计算出各站的累年年平均风速和累年月平均风速，空间插值生成相应的风速栅格分布，通过用自然断点法将风速分级，分析风速的时空分布特征。

3. 背景风场数值模拟

使用中尺度气象模式通过多重嵌套或中尺度气象模式耦合小尺度气象模式进行降尺度，模拟得到规划城市典型月份和典型天气条件下水平分辨率不大于 1 km 的风场，模拟结果科学地体现地形和城市下垫面对背景风场的影响，针对规划城市气候特点，选择不同季节下的平均风速为软轻风且主导风向为软轻风主导或次主导风向的天气条件作为典型天气条件进行数值模拟。

4. 局地环流风场分析

基于规划城市范围内区域自动气象站至少一整年观测的逐小时或逐分钟风向、风速资料，对全年及不同季节山谷风、海陆风及河陆风/湖陆风等局地环流风场的主导风向和起止时间进行统计分析。参考山体、水体走向以及数值模拟结果，综合确定属于山（谷）风、海（陆）风、河（陆）风、湖（陆）风的风向范围。

### （二）通风量计算

以大气混合层厚度乘以混合层内的平均风速来表示，计算公式为：

$$V_E = \int_0^H u(z)\,dz = \bar{u}H \quad (6.2.2)$$

其中，$V_E$ 为通风量，单位为 $m^2/s$；$H$ 为大气混合层厚度，单位为 m；$u$ 为垂直方向上高度 $z$ 所对应的风速，单位为 m/s；$\bar{u}$ 为大气混合层内的平均风速，单位 m/s。通常以数值模拟和气象观测的方法获取大气混合层厚度和混合层内的平均风速。依据此方法计算规划城市范围内的通风量，以及空间分布图，根据分布图可进行规划城市通风能力强弱的辨识。

## （三）地表通风潜力估算

该指数由天空开阔度和粗糙度长度获得，受建筑物、植被覆盖影响。其中建筑覆盖是降低空气流通的主要因素，而自然植被和接近周边开敞区域则是增加空气流动的因素。

根据粗糙度长度和天空开阔度的计算，按表6.6进行地表通风潜力等级划分，该等级划分适合于城市总体规划或区域规划，不适合于详细规划及街区尺度规划。依据此计算结果进行绘图分析，得到规划城市地表通风潜力等级空间分布图，根据分布图可进行规划城市通风潜力高低的辨识。

表6.6 地表通风潜力等级划分

| 通风潜力类型 | 一级 | 二级 | 三级 | 四级 | 五级 |
| --- | --- | --- | --- | --- | --- |
| 粗糙度长度/m | >0.5 | 0.1～0.5 | ≤0.1 | 0.1～0.5 | ≤0.1 |
| 天空开阔度 | — | 0.75～0.90 | 0.75～0.90 | ≥0.9 | ≥0.9 |
| 含义 | 无 | 一般 | 较高 | 高 | 很高 |

## （四）城市热岛强度计算

采用本章第一节的方法，利用卫星影像反演得到的地表温度来计算城市热岛强度。

## （五）绿源识别

城市陆地表面温度具有水体＜林地＜农田＜草地＜裸地＜城镇的规律，且相比较硬化下垫面，水体、林地、农田等植被地区少人为排放，是相对清洁空气源地，即绿源。其对城市局地小气候具有一定的改善效果，可以起到降温、增湿、降尘作用。利用Landsat-TM卫星资料估算水体、林地、农田等地区的面积，以此确定绿源的强弱（表6.7）。

依据此计算结果进行绘图分析，得到规划城市绿源强度空间分布图，根据分布图可进行规划城市绿源强弱的辨识。

表6.7 绿源等级划分

| 类型 | 一级 | 二级 | 三级 | 四级 |
| --- | --- | --- | --- | --- |
| 土地利用类型 | 水体 | 林地 | 林地 | 农田或林地 |
| 面积/m² | — | ≥20000 | 16000～20000 | 农田≥16000或林地在12000～16000 |
| 含义 | 强绿源 | 较强绿源 | 一般绿源 | 弱绿源 |

## （六）通风廊道规划

综合上面的研究，在城市用地类型现状或规划分布图上叠加背景风环境、地表通风潜力、通风量、城市热岛、绿源空间分布图，依据此结果展开进一步分析，构建出通风廊道。在城市总体/区域规划层面，可构建城市主通风廊道和次级通风廊道，具体如下。

### 1. 主通风廊道

城市主通风廊道与软轻风下的主导风向基本平行，在现有用地覆盖无法完全满足的情况下，两者夹角应小于30°。城市主通风廊道的宽度不小于200 m，长度大于5000 m为宜，如能形成以贯穿整个城市的廊道为最优。

在规划时，主通风廊道沿着通风潜力较大的狭长地区构建。在构建过程中，要连通绿源与城市中心，打通重点弱通风量分布区、达到阻隔城市热岛连片、集中发展的目的。

此外，在用地上，除增加可行的通风廊道用地外，可依托城市现有主要交通干道、天然河道、绿化带、已有高压线走廊、相连的休憩用地、非建筑用地等空旷地作为廊道的载体。

### 2. 次级通风廊道

城市次级通风廊道与软轻风下的次主导风向平行，在现有用地覆盖无法完全满足的情况下，两者的夹角应小于30°。城市次通风廊道的宽度不小于50 m。同时，廊道内障碍物垂直于气流流动方向的宽度应尽量小于廊道宽度的10%。其长度1000 m以上为宜。

在规划时，次通风廊道应沿着通风潜力较大的地区构建。在构建过程中，要使其连通绿源与建成密集区，达到降低城市热岛强度的目的。除此之外，尽量弥补城市主通风廊道在现有用地覆盖下无法保证的"断头"廊道区域，特别是局地弱通风量区域，且次级廊道方向应利于与城市主通风廊道相连成网络，辅助和延展主通风廊道通风效能以及沟通、连接局地绿源和风环境较差区域的功能。

除增加可行的通风廊道用地外，可依托城市现有街道、公园、河渠、建筑线后移地带及低矮楼宇群等作为廊道的载体。

### 3. 通风廊道规划方案完善

通风廊道规划构建完后，由于用地布局、建筑布局/高度等发生了改变，可对比评估通风廊道规划前后的环境改善效果。常用具体分析指标是廊道规划前后局地通风量大小的改变、热岛强度的变化。

将分析结果和规划编制部门进行研讨，以便进一步完善廊道规划。此评估可借助数值模拟、现场观测或风洞试验等技术完成。

除此之外，廊道规划过程中，在通风潜力差、强热岛的区域出现现状用地无法满足通风廊道构建时，应提出改善此区域通风环境的其他规划建议，如旧城改造时改变用地性质、新建建筑物控高、楼宇绿化等。

### 三、福州通风廊道研究部分成果

詹庆明等运用遥感、地理信息技术和气候学、生态学模型分析研究福州区域的风环境特点，并结合夏季山谷风和海陆风的时空特点，找出城区入风口，挖掘现有通风廊道。

#### （一）基于遥感技术的热环境分析

以 Landsat 7 卫星遥感影像为数据源，通过对 Landsat ETM+ 遥感影像数据进行筛选，得出 2007 年 9 月 13 日、2010 年 8 月 4 日和 2014 年 6 月 12 日这 3 日中卫星过境时间均为上午 10 时的数据为可用的数据。其次，通过预处理、亮温计算、比辐射率计算及地表温度反演，求得这 3 年地表温度数据的平均值，得出福州市区夏季白天地表温度分布图（图 6.10）。

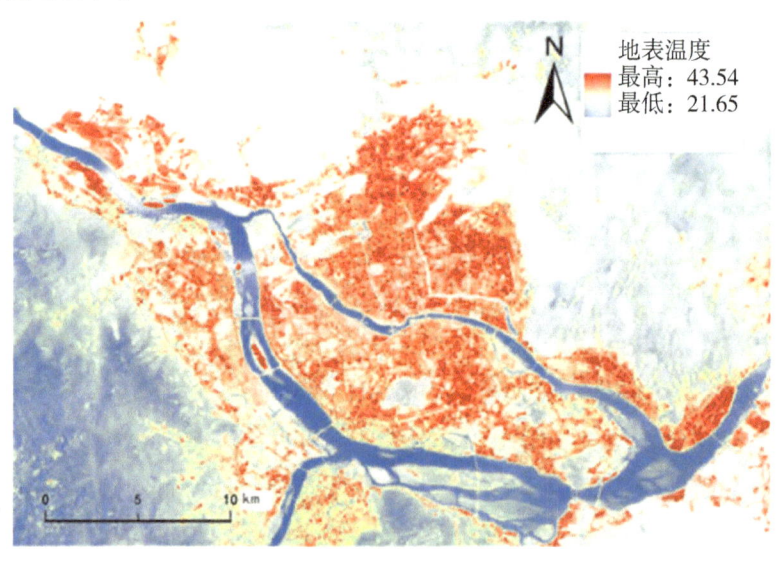

图 6.10　福州市区夏季白天地表温度分布（℃）

#### （二）WRF 模式模拟福州风场特征

吴滨等运用 WRF 模式模拟了福州市冬、夏典型日 1 km 分辨率风场特征。

系统风特征：冬季夜里开始福州城区以 NW 风向为主，风从西北部的闽江吹向整个城区，再从东南部吹向长乐进入海上，这种风速状态维持至 14 时，其后城区风速减小，海上的 NE、E 风开始增强，长乐沿海地区已被海上的 NE 所覆盖，受地形影响城区变为偏 E 风。夏季主导风向为 SW 风，风从福州南部闽侯的青口镇及南通镇进入城区，并沿乌龙江、闽江向西北方向进入内陆。

局地风特征：夜里福州市区表现出明显的海陆风及山谷风的特征，此时风速较小，城区东部陆风特征明显，风向由陆地吹向海上，而福州市北部及西部，周边海拔较高的山顶，风由山顶吹向谷地，表现为明显的山风特征，这种局地风的特征一直维持至凌晨，随着太阳的出升，至06时山风的风速减小，山风特征开始减退，但城区内的陆风风速加大，表现明显风向由陆地吹向海上。至09时山风特征已基本消失，风向已改变，出现谷风特征，即风由城区吹向山上，陆风风速减小，即将被海风所取代，11时海风已进入城区，此时风速不是很大，随后风速逐渐增大，海风大举进入城区，从14时风向风速图可以清晰地看出海风的表现，海风维持到17时以后，陆风兴起，城区基本为陆风所取代（图6.11、图6.12）。

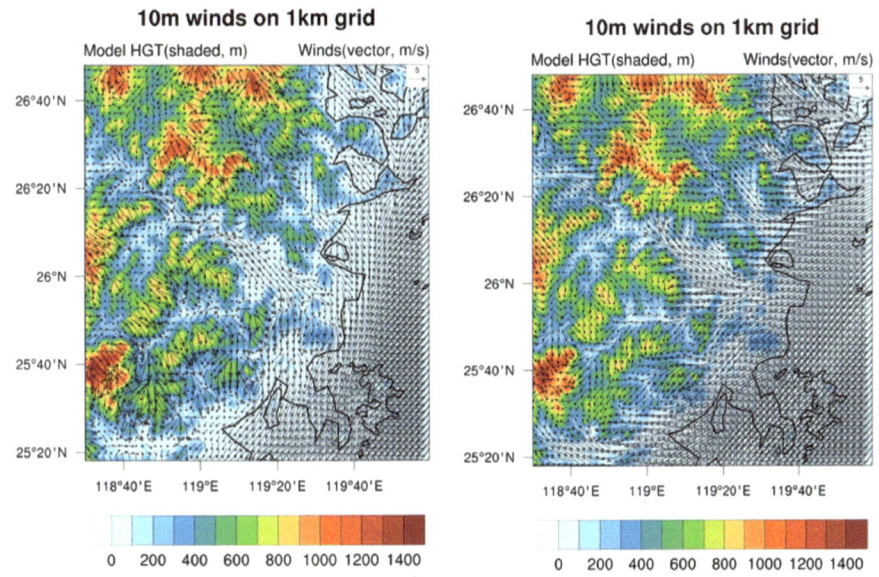

图6.11 2016年1月18日02时和15时局地风典型日风向风速变化

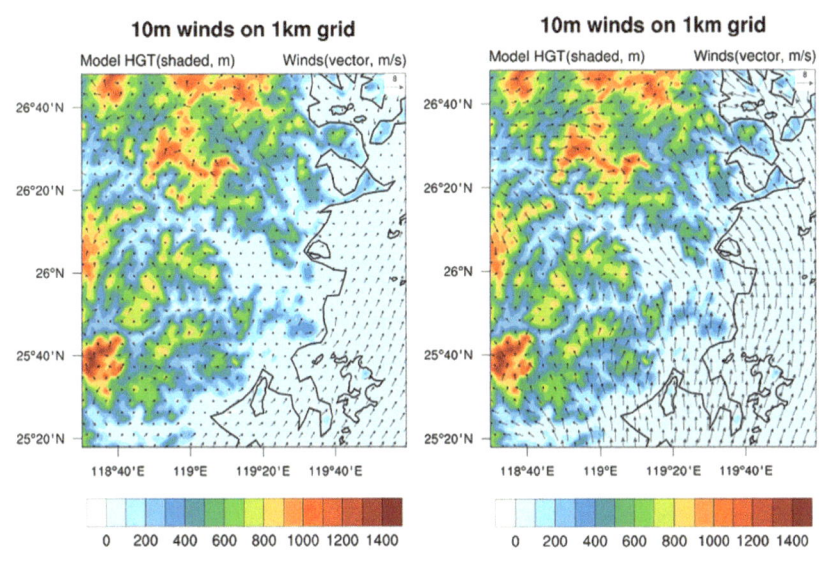

图6.12 2016年7月23日02时和15时局地风典型日风向风速变化

## （三）福州市通风廊道

结合道路、水系、绿地、开敞空间和城市风环境评估，山谷风和海陆风的时空特点，识别福州通风廊道，并划定出通风廊道控制区（图6.13）。

福州市区的自然风源分为3类，即东南—西北方向的系统风和海陆风、来自城区西面和南面的夏季风，以及来自城区北面和西面的山谷风。由于福州的系统风和海陆风中的偏东风经过长乐区，且乌龙江与闽江相交点的南北两侧均为山地，草霞洲及周边区域作为南风和东风的汇集点，是非常重要的入风口，故而祥谦、营前和长乐地区的城市建设需要严格控制建筑密度、建筑高度，预留出城市通风口。再者，对整个福州而言，城市南部和东部均属于上风方向，要严格禁止引入有污染物排放的企业。在城市中心区，闽江北部沿山麓的地方也应控制建筑密度和高度，预留出通风廊道，将更多的山谷风引入中心城区。

图6.13 福州市通风廊道示意图

## 第三节　城市内涝

所谓内涝，这里指由于较强降水形成的雨水汇集，加上地面水的渗透能力差，排水管网能力相对不足，引起表面径流更多流向低洼处，形成局地积水的现象。城市化导致水泥地面增多，排水能力不足以应对强降水，容易造成内涝。另外，城市立体交通建设形成的路口、地下停车库、地下人行通道等人为造成局地低洼处，也容易形成局地积水。

城市内涝一般具有突发性、局地性和暂时性特点，即持续时间一般在1 h或数小时，短时强降水是造成城市内涝的最主要气象因素。2005年10月，"龙王"台风致使福州市出现严重内涝，其24 h的降水量为243.8 mm，其中1 h雨量就达119.9 mm，3 h雨量185.0 mm，强降水量集中在12 h以内。2011年8月，"南玛都"热带风暴造成福建省莆田市 1 h 雨量达 75.4 mm，6 h 雨量 295.7 mm，莆田市主城区受淹近半。严重的内涝会对交通、地下设施和装备造成严重的影响。

通过科学规划和积极应对，城市内涝是可防可控的。主要的应对办法有两个：一是加强城市排水管网建设，增强工程防御能力。在城镇总体规划时，科学、合理地规划设计城市排水系统，加强相关的气候论证，针对可能出现的降水强度，结合区域布局，从工程措施上加大城市排水管网建设，加强地铁、地下通道、地下停车场等地下设施的防内涝能力，才能提高防御能力，减轻内涝影响。二是建立临近的气象预警体系和应急预案，提前防御，规避或减轻内涝的危害。

## 一、城市暴雨强度公式

暴雨强度公式是科学、合理地制订城市排水工程规划和排水工程设计的基础，它为市政建设、水务、规划等部门提供科学的理论依据和准确的设计参数。根据中华人民共和国国家规范《室外排水设计规范》（GB50014-2006，2021 版）规定，在进行城市排水工程设计时，设计雨水量应通过当地的暴雨强度公式进行计算，因此合理编制当地的暴雨强度公式是提高城市防灾减灾和排洪防涝能力的现实需要。以下以福州乌山气象站的资料为例，说明暴雨强度公式的推求过程。

### （一）暴雨强度公式推求流程

暴雨强度公式推求包括样本建立、频率适线、参数推求、精度检验等，具体流程如图 6.14。

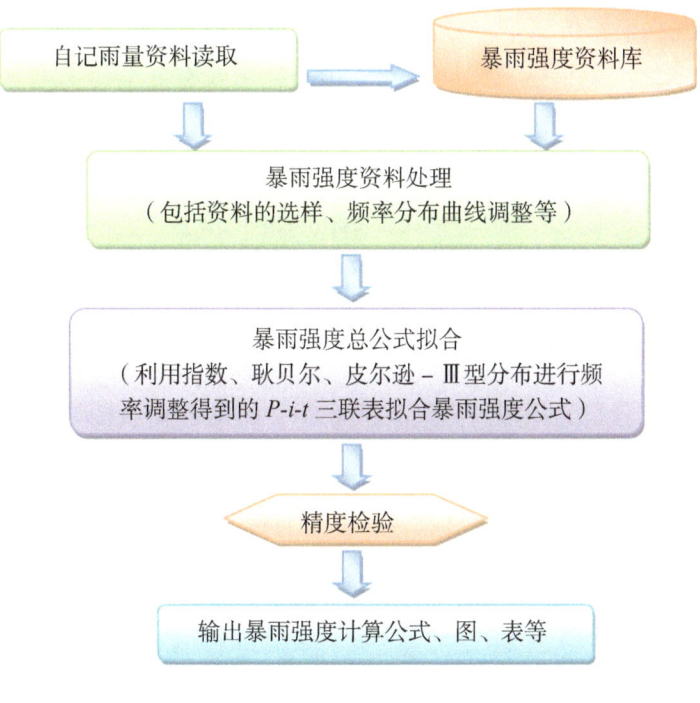

图 6.14　暴雨强度总公式拟合流程

## （二）暴雨强度公式计算样本建立

暴雨样本资料的选样方法有年最大值法、年超大值法、年超定量法与年多个样法等。根据《室外排水设计规范》（GB50014-2006，2021版）的推荐，采用年最大值法建立暴雨强度公式的统计样本，即将逐年 5 min、10 min、15 min、20 min、30 min、45 min、60 min、90 min、120 min、150 min、180 min 共 11 个降雨历时有效资料样本的最大值，作为建立短历时暴雨强度公式的统计样本。

## （三）样本资料的理论频率分布曲线调整

首先对年最大值样本进行频率分布适线。暴雨强度公式统计中常用的理论频率曲线有 P-Ⅲ型分布曲线、指数分布曲线、耿贝尔分布曲线等，3 种曲线分布频率分析方法均为目前国内在暴雨强度公式推求中常用的频率分析方法，其中 P-Ⅲ曲线应用最为广泛，指数分布在南方城市处理年多个样法的样本运用较多，耿贝尔分布近年来被更多地应用在暴雨强度的样本处理中，在最大值法选样的系列中应用有较好的效果。P-Ⅲ分布曲线是研究此类问题的基础，指数分布是其偏态分布的下"捺"部分，耿贝尔分布是 P-Ⅲ分布的一个特例，其参数 $C_S$ 为定值，将三参数简化为双参数，图形也变形为一条直线。

分别采用3种曲线对样本资料进行频率调整，根据每种频率分布结果，得出重现期、降雨强度和降雨历时三者的关系，即 $P$-$i$-$t$ 的关系表。选用何种分布曲线主要看分布曲线对原始数据的拟合程度，误差越小、精度越高的分布越有代表性。

### 1. 耿贝尔分布曲线

耿贝尔曲线是根据极值定理导出的，频率分布形态为偏态铃形分布，降雨强度与重现期在其频率格纸中呈一直线。当有 $n$ 年最大值就有 $n$ 个最大项 $x$，构成一个样本序列，因最大项是极值，因此其分布又称为极值分布。耿贝尔分布频率曲线是 P-Ⅲ曲线的一个特例，$C_S$ 固定为 1.140，所以只有均值、$C_V$ 两个参数。其分布函数为：

$$F(x)=\exp(-\exp(-(x-b)/a)) \qquad (6.3.1)$$

公式中 $a$ 为分布的尺度参数，$b$ 为分布的位置参数。

频率拟合值 $x$ 的计算公式为（$P$ 为重现期）：

$$x=-a\times\ln(\ln(P/(P-1)))+b \qquad (6.3.2)$$

表 6.8、表 6.9 分别为福州乌山气象站 1961～2012 年（52 年）样本推求的耿贝尔分布系数表和 $P$-$i$-$t$ 三联表。

表 6.8　耿贝尔分布系数表（福州乌山气象站）

| 参数\历时/min | 5 | 10 | 15 | 20 | 30 | 45 | 60 | 90 | 120 | 150 | 180 |
|---|---|---|---|---|---|---|---|---|---|---|---|
| a | 70.1 | 60.6 | 56.8 | 54.3 | 49.4 | 44.5 | 41.1 | 32.6 | 28.7 | 23.8 | 20.7 |
| b | 336.6 | 272.3 | 231.4 | 199.5 | 160.7 | 125.5 | 104.1 | 80.4 | 65.0 | 55.2 | 48.5 |

表 6.9　耿贝尔分布的 *P-i-t* 三联表（福州乌山气象站）

| 历时/min<br>i/mm/min<br>重现期（年） | 5 | 10 | 15 | 20 | 30 | 45 | 60 | 90 | 120 | 150 | 180 |
|---|---|---|---|---|---|---|---|---|---|---|---|
| 100 | 3.94 | 3.3 | 2.953 | 2.69 | 2.323 | 1.978 | 1.757 | 1.379 | 1.179 | 0.986 | 0.862 |
| 50 | 3.66 | 3.05 | 2.713 | 2.465 | 2.117 | 1.791 | 1.585 | 1.242 | 1.059 | 0.887 | 0.775 |
| 20 | 3.26 | 2.71 | 2.393 | 2.16 | 1.84 | 1.542 | 1.355 | 1.061 | 0.899 | 0.754 | 0.659 |
| 10 | 2.96 | 2.45 | 2.153 | 1.925 | 1.627 | 1.351 | 1.177 | 0.92 | 0.776 | 0.651 | 0.57 |
| 5 | 2.64 | 2.17 | 1.893 | 1.685 | 1.407 | 1.151 | 0.993 | 0.774 | 0.647 | 0.544 | 0.477 |
| 3 | 2.4 | 1.96 | 1.693 | 1.49 | 1.23 | 0.991 | 0.845 | 0.658 | 0.544 | 0.459 | 0.403 |
| 2 | 2.16 | 1.76 | 1.513 | 1.315 | 1.07 | 0.849 | 0.713 | 0.553 | 0.452 | 0.383 | 0.336 |

2. 指数分布曲线

指数分布公式 $X = a \times \ln P + b$ 有较高的精度，式中：$X$ 表示一定历时的降雨强度；$a$ 表示离散程度的参数；$b$ 表示分布曲线的下线；$P$ 表示重现期。参数 $a$、$b$ 用最小二乘法求得：

$$a = \frac{\frac{1}{n}\sum_{i=1}^{n} x_i \times \ln P_i - \frac{1}{n}\sum_{i=1}^{n} x_i \times \frac{1}{n}\sum_{i=1}^{n} x_i \times \ln P_i}{\frac{1}{n}\sum_{i=1}^{n}(\ln P_i)^2 - (\frac{1}{n}\sum_{i=1}^{n}\ln P_i)^2} \quad (6.3.3)$$

$$b = \frac{1}{n}\sum_{i=1}^{n} x_i - a \times \frac{1}{n}\sum_{i=1}^{n} \ln P_i \quad (6.3.4)$$

频率拟合值 $x$ 的计算公式为：

$$x = a \times \ln P + b \quad (6.3.5)$$

表 6.10、表 6.11 分别为福州乌山气象站 52 年最大值样本的指数分布系数表和 *P-i-t* 三联表。

表 6.10　指数分布系数表（福州乌山气象站）

| 历时/min<br>参数 | 5 | 10 | 15 | 20 | 30 | 45 | 60 | 90 | 120 | 150 | 180 |
|---|---|---|---|---|---|---|---|---|---|---|---|
| a | 87.7 | 76.5 | 72.6 | 69.0 | 63.4 | 57.9 | 53.3 | 41.8 | 36.2 | 30.3 | 26.6 |
| b | 290.6 | 231.9 | 192.7 | 162.9 | 126.8 | 94.2 | 75.3 | 58.0 | 45.8 | 39.1 | 34.3 |

表 6.11  指数分布的 *P-i-t* 三联表（福州乌山气象站）

| i/mm/min \ 历时/min \ 重现期/年 | 5 | 10 | 15 | 20 | 30 | 45 | 60 | 90 | 120 | 150 | 180 |
|---|---|---|---|---|---|---|---|---|---|---|---|
| 100 | 4.16 | 3.5 | 3.153 | 2.88 | 2.507 | 2.16 | 1.92 | 1.501 | 1.274 | 1.069 | 0.938 |
| 50 | 3.8 | 3.18 | 2.853 | 2.59 | 2.243 | 1.92 | 1.698 | 1.328 | 1.123 | 0.943 | 0.828 |
| 20 | 3.32 | 2.76 | 2.453 | 2.215 | 1.897 | 1.602 | 1.407 | 1.098 | 0.924 | 0.777 | 0.682 |
| 10 | 2.94 | 2.44 | 2.153 | 1.925 | 1.633 | 1.362 | 1.185 | 0.924 | 0.774 | 0.651 | 0.572 |
| 5 | 2.58 | 2.13 | 1.853 | 1.64 | 1.37 | 1.122 | 0.965 | 0.751 | 0.623 | 0.526 | 0.462 |
| 3 | 2.32 | 1.89 | 1.633 | 1.43 | 1.177 | 0.944 | 0.802 | 0.622 | 0.513 | 0.433 | 0.38 |
| 2 | 2.1 | 1.71 | 1.453 | 1.26 | 1.023 | 0.804 | 0.672 | 0.521 | 0.425 | 0.36 | 0.316 |

3.P-Ⅲ 分布曲线

P-Ⅲ型曲线是一条一端有限一端无限的不对称单峰、正偏曲线，数学上常称伽马分布，其概率密度函数为：

$$f(x) = \frac{\beta^a}{\Gamma(a)}(x-a_0)^{a-1}e^{-\beta(x-a_0)} \qquad (6.3.6)$$

频率拟合值 $x$ 的计算公式为：

$$x = \bar{x}(1+C_v\Phi) \qquad (6.3.7)$$

式（6.3.6）中，离均系数 $\Phi$ 为包含 $C_s$ 参数的伽马函数，可利用 EXCEL 函数 Gammainv 求得。计算时先用矩法计算 P-Ⅲ 曲线分布中的均值、$C_v$、$C_s$ 三个参数，作为下一步适线的初估值，再采用经验适线法对经验点进行理论频率曲线的适线。具体做法是：

①根据初始计算的 $C_v$、$C_s$ 值对其进行调整。随着 $C_v$ 的增大，理论频率曲线上端变陡，中段曲率增大，下端曲线下倾，整条曲线的斜率明显增大；而随着 $C_s$ 的增大，理论频率曲线的上端变陡，中段曲率变大，下端曲线变平缓，整条曲线的斜率无明显变化。

②根据新调的 $C_v$、$C_s$ 值再查离均系数 $\Phi$ 值表，计算理论频率曲线纵坐标，绘制理论频率曲线。

③观察理论频率曲线是否符合经验点的分布趋势，若基本符合点群分布趋势，则统计参数即为对总体的估计值，否则，继续调整统计参数重新适线。

在调整 $C_v$、$C_s$ 时，应注意以下两点。首先，根据经验点调整每一个历时相应的

$Cv$、$Cs$ 值，直至使该 $Cv$、$Cs$ 值下的理论频率曲线与子样点群适合，记下最终的 $Cv$、$Cs$ 大小，及 $Cs/Cv$ 值。然后，将所有 11 个历时的曲线进行整体调整，使 $Cs/Cv$ 值尽可能地接近于某一个值，以成为一簇曲线。根据相应的参数给出相应频率分布下的重现期、暴雨强度、降雨历时三者之间的关系表。

耿贝尔分布是 P-Ⅲ 分布参数固定的一种特殊情况。样本固定时，耿贝尔的分布参数是固定的，而 P-Ⅲ 分布可以通过调整 $Cv$、$Cs$ 值使频率拟合值和原始资料的平均相对均方误差尽量减小。通过 P-Ⅲ 分布的参数调整找到比耿贝尔、指数分布更好的较优解理论上是可以实现的。

由于暴雨强度公式编制关注重点是 2～20 年重现期（对应的频率段为 50%～5%），因此在适线时主要考虑短重现期的适线情况。经过多次适线调整，最终确定一组 P-Ⅲ 分布曲线，该组分布的 $Cv$、$Cs$ 如表 6.12 所示，$P$-$i$-$t$ 三联表如表 6.13 所示，P-Ⅲ 分布曲线和原始数据散点图如图 6.15 所示。

表 6.12　P-Ⅲ 分布 $Cv$、$Cs$ 系数表（福州乌山气象站）

| 历时/min | 5 | 10 | 15 | 20 | 30 | 45 | 60 | 90 | 120 | 150 | 180 |
|---|---|---|---|---|---|---|---|---|---|---|---|
| $Cv$ | 0.225 | 0.232 | 0.241 | 0.259 | 0.281 | 0.299 | 0.311 | 0.325 | 0.331 | 0.342 | 0.350 |
| $Cs$ | 0.782 | 0.805 | 0.845 | 0.912 | 0.989 | 1.056 | 1.074 | 1.134 | 1.155 | 1.205 | 1.235 |
| $Cs/Cv$ | 3.500 | 3.500 | 3.500 | 3.500 | 3.500 | 3.500 | 3.500 | 3.500 | 3.500 | 3.500 | 3.500 |

表 6.13　P-Ⅲ 分布的 $P$-$i$-$t$ 三联表（福州乌山气象站）

| 重现期/年 \ $i$/mm/min \ 历时/min | 5 | 10 | 15 | 20 | 30 | 45 | 60 | 90 | 120 | 150 | 180 |
|---|---|---|---|---|---|---|---|---|---|---|---|
| 100 | 3.7 | 3.06 | 2.693 | 2.425 | 2.08 | 1.729 | 1.487 | 1.18 | 0.988 | 0.849 | 0.754 |
| 50 | 3.48 | 2.87 | 2.52 | 2.265 | 1.927 | 1.591 | 1.367 | 1.082 | 0.903 | 0.775 | 0.688 |
| 30 | 3.18 | 2.61 | 2.28 | 2.035 | 1.72 | 1.407 | 1.205 | 0.95 | 0.789 | 0.676 | 0.598 |
| 20 | 2.92 | 2.4 | 2.08 | 1.85 | 1.55 | 1.258 | 1.075 | 0.846 | 0.698 | 0.596 | 0.527 |
| 10 | 2.64 | 2.16 | 1.867 | 1.645 | 1.367 | 1.098 | 0.933 | 0.73 | 0.6 | 0.511 | 0.451 |
| 5 | 2.36 | 1.93 | 1.653 | 1.45 | 1.187 | 0.944 | 0.798 | 0.621 | 0.508 | 0.43 | 0.377 |
| 3 | 2.18 | 1.77 | 1.513 | 1.32 | 1.073 | 0.849 | 0.717 | 0.554 | 0.453 | 0.382 | 0.335 |
| 2 | 3.7 | 3.06 | 2.693 | 2.425 | 2.08 | 1.729 | 1.487 | 1.18 | 0.988 | 0.849 | 0.754 |

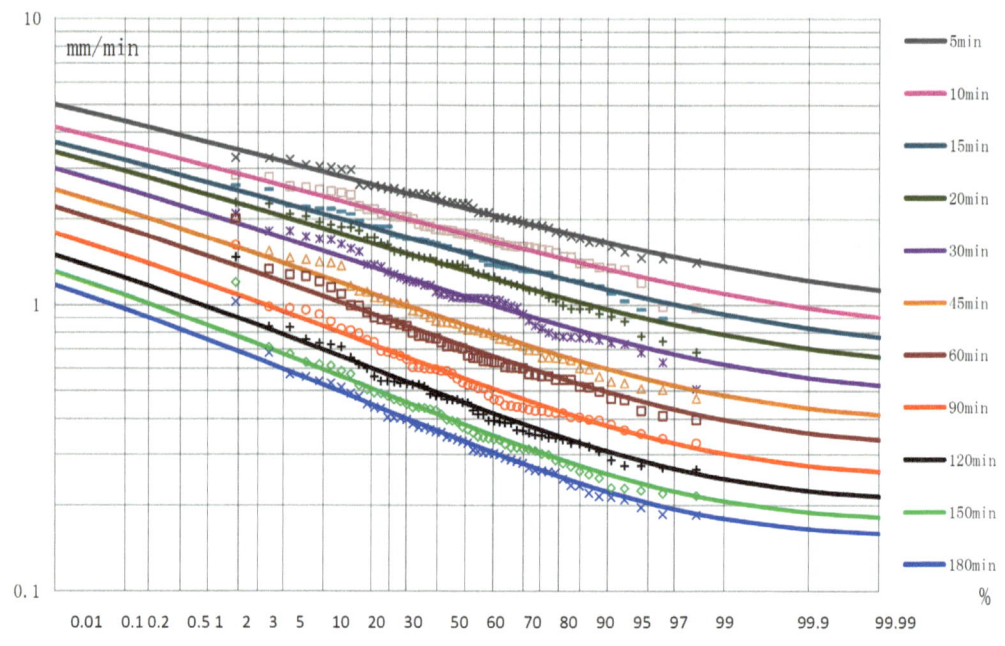

图 6.15 P-Ⅲ分布曲线及原始资料点图（福州乌山气象站）

### （四）暴雨强度公式拟合

**1. 公式定义**

依据《室外排水设计规范》（GB50014-2006，2021版），暴雨强度公式的形式为：

$$q=\frac{167A_1(1+c\lg P)}{(t+b)^n} \tag{6.3.8}$$

式中：$q$ 为暴雨强度（单位：L/(s·hm$^2$)），和降雨量 $i$（单位：mm）转换关系式为：$q=i\times 10000/(t\times 60)$；$P$ 为重现期（单位：a），取值范围为 2～100a；$t$ 为降雨历时（单位：min），$t$ 的取值范围为 5～180min。重现期越大、历时越短，暴雨强度就越大，而 $A_1$、$b$、$c$、$n$ 是与地方暴雨特性有关且需求解的参数：$A_1$ 雨力参数，即重现期为 1a 时的 1min 设计降雨量（单位：mm）；$c$ 为雨力变动参数；$b$ 为降雨历时修正参数，即对暴雨强度公式两边求对数后能使曲线化成直线所加的一个时间参数（单位：min）；$n$ 为暴雨衰减指数，与重现期有关。

**2. 暴雨强度的频率和重现期的计算公式**

在暴雨强度频率的计算中，常用频率公式：

$$Pl=\frac{M}{N+1}\times 100\% \tag{6.3.9}$$

式中 $Pl$ 为频率，$N$ 为样本总数，$M$ 为样本的序号（样本按从大到小排序）。暴雨强度重现期 $P$ 是指等于或超过它的暴雨强度出现一次的平均时间，单位为年。

对于年最大值法，重现期计算公式为：

$$P=\frac{N+1}{M} \quad (6.3.10)$$

重现期为 2、3、5、10、20、30、50、100 年，相对应的频率为：50%、33.3%、20%、10%、5%、3.33%、2%、1%。

从（6.3.8）式可以看出，暴雨强度公式为已知关系式的超定非线性方程，公式中有 4 个参数，显然常规方法无法求解，因此参数估计方法设计和减少估算误差尤为关键。首先对式（6.3.8）进行线性化处理：

将暴雨强度公式 $q=\dfrac{167 \times A_1 \times (1+c \times \lg P)}{(t+b)^n}$ 两边取对数得：

$$\ln q = \ln 167A_1 + \ln(1+c\lg P) - n\ln(t+b) \quad (6.3.11)$$

令 $y=\ln q$，$b_0=\ln 167A_1$，$x_1=\ln(1+c\lg P)$，$b_2=-n$，$x_2=\ln(t+b)$ 即得 $y=b_0+x_1+b_2 x_2$。

由频率拟合的 $P$-$i$-$t$ 三联表，应用数值逼近法和最小二乘法解此二元线性回归方程，可求得 $b_0$、$b_2$，从而可求得 $A_1$、$n$，进而推算出暴雨强度总公式。在具体计算时，由于 $b$、$c$ 也是未知数，因此还无法直接应用最小二乘法求解方程。$b$ 值为降雨历时修正参数，单位为 min，我国已有的暴雨强度公式中，最大 $b$ 值出现在江苏无锡，为 46.4，这里将 $b$ 值在（0，50）范围内取值，步长为 0.001；$c$ 值为雨力变动参数，我国已有暴雨强度公式中最大的 $c$ 值出现在河南济源，为 1.537，而 $1+c\lg P$ 要大于 0，$p=0.25$ 时，$\lg P=-0.602$，所以 $c<1.666$，这里将 $c$ 值在（0，1.666）范围内取值，以 0.001 为间隔。对所有组合进行迭代，求得每种组合的 $b_0$、$b_2$，从而可求得 $A_1$、$n$，推算出暴雨强度总公式，计算出暴雨强度理论值 $q'$，同时算出频率拟合的降雨强度 $q$ 与暴雨强度理论值 $q'$ 的平均相对均方误差、平均绝对均方误差，采用数值逼近法选取误差最小的一组 $A_1$、$n$、$b$、$c$ 为所求。

3. 短历时暴雨强度总公式推求结果

表 6.14 给出了由 3 种频率分布的 $P$-$i$-$t$ 三联表分别推求的暴雨强度总公式各参数。

表 6.14 暴雨强度总公式参数表

| 频率分布拟合 | 1961～2012 年（数据年限） | | | |
| --- | --- | --- | --- | --- |
| | $A_1$ | $n$ | $c$ | $b$ |
| 指数 | 9.781 | 0.655 | 0.893 | 11.248 |
| 耿贝尔 | 10.515 | 0.653 | 0.737 | 11.049 |
| P-Ⅲ | 12.178 | 0.689 | 0.633 | 11.257 |

4. 精度检验与公式推荐

精度检验分为两个阶段，第一阶段为频率拟合的精度检验，分别计算出两种频率分布的拟合值与原始数据的平均相对均方误差。

平均相对均方误差：$\sigma_q = \sqrt{\dfrac{1}{n}\sum_{i=1}^{n}(\dfrac{q_i' - q_i}{q_i})^2} *100\%$ （6.3.12）

$q'$ 为频率曲线拟合暴雨强度值，$q$ 为原始暴雨强度值，$n$ 为样本数。

对比三种频率曲线适线的平均相对均方误差（表6.15），福州站的 P-Ⅲ 分布适线结果与原始数据的平均相对均方误差均小于耿贝尔和指数分布。

表6.15  P-Ⅲ、耿贝尔、指数频率适线的平均相对均方误差

| 站点 | P-Ⅲ分布 | 耿贝尔分布 | 指数分布 |
| --- | --- | --- | --- |
| 福州 | 5.506 | 6.717 | 7.363 |

第二阶段为对暴雨强度计算结果进行精度检验。对于年最大值法，计算重现期 2～20 年的暴雨强度，并将算得的暴雨强度理论值和频率拟合值的平均绝对均方误差和平均相对均方误差，与《室外排水设计规范》（GB50014-2006，2016 版）规定的精度对照。规范指出：对于年最大值法取样，在一般强度的地方，平均绝对均方误差均不宜大于 0.05 mm/min，在较大强度的地方，平均相对均方误差均不宜大于 5%。

平均绝对均方误差：$\sigma_R = \sqrt{\dfrac{1}{n}\sum_{i=1}^{n}(R_i' - R_i)^2}$ （6.3.13）

平均相对均方误差：$\sigma_{q'} = \sqrt{\dfrac{1}{n}\sum_{i=1}^{n}(\dfrac{q_i'' - q_i'}{q_i'})^2} *100\%$ （6.3.14）

式（6.3.13）和式（6.3.14）中，$R'$ 为暴雨强度公式计算的理论分钟降雨量，$R$ 为频率拟合分钟降雨量（即 P-i-t 三联表对应的 i 值），二者单位为 mm/min，$q''$ 为暴雨强度公式计算的理论暴雨强度值，$q'$ 为频率曲线拟合的暴雨强度值，二者单位为 L/（s·hm²），$n$ 为样本数。

由福州站暴雨强度总公式求得的暴雨强度理论值与3种频率分布拟合暴雨强度值的平均相对均方误差，分钟降雨量理论值与频率拟合分钟降雨量值的平均绝对均方误差等如表 6.16 所示。

表6.16  P-Ⅲ、耿贝尔、指数分布推求暴雨强度公式的均方误差

| 频率分布拟合 | 平均绝对均方误差（mm/min） | 平均相对均方误差（%） |
| --- | --- | --- |
| 指数 | 0.053 | 5.88 |
| 耿贝尔 | 0.046 | 4.87 |
| P-Ⅲ | 0.035 | 3.54 |

由精度检验结果，对于由 P-Ⅲ 分布曲线拟合值推求的福州站短历时暴雨公式，其计算的暴雨强度理论值与频率拟合值的均方误差均达到规范要求且小于耿贝尔分布、指数分布。

根据以上结果，最终选择由 P-Ⅲ 分布曲线的 $P$-$i$-$t$ 三联表推求的暴雨强度公式。

$$q=\frac{2029.637（1+0.633\lg P）}{（t+11.257）^{0.689}} \qquad (6.3.15)$$

在实际应用中，福州市内有两个国家站，即福州乌山站和晋安站，福州市区位于闽江河谷盆地，福州乌山、晋安两站同处于市区内，两站直线距离约 5 km。从地形下垫面、气候系统、导致大暴雨的中小尺度天气系统等方面来看，两站间的差别甚微。分别推求了两个站的暴雨强度公式后，从工程安全的角度出发，选择暴雨强度更大者，作为推荐的福州城区暴雨强度公式。最终推荐晋安站计算结果为福州城区暴雨强度公式，即

$$晋安站（福州市区推荐公式）：q=\frac{2457.435（1+0.633\lg P）}{（t+11.951）^{0.724}} \qquad (6.3.16)$$

## 二、设计暴雨雨型

雨水设计流量是城市雨水管网设计的基础输入参数。以前采用的推理公式法假定降雨在整个汇水面积上的分布是均匀的，且暴雨强度、径流系数和汇流面积均恒定不变。事实上，降雨是一个随机变量，在空间上和时间上都是变化的，用一个站点的暴雨资料推算的暴雨强度代表整个区域的暴雨强度且大小不变，是存在很大误差的，此外径流系数不但与降雨有关，还与下垫面息息相关。因此，中华人民共和国国家规范《室外排水设计规范》（GB50014-2006，2021 年版）提出雨水设计流量的计算宜采用数学模型法，数学模型法是一种基于流量过程线的设计方法，其中设计暴雨雨型是整个计算的基础。

暴雨雨型设计的基础是对暴雨过程样本的统计，采用的方法有芝加哥雨型法、Pilgrim&Cordery 法、同频率分析法等。

### （一）芝加哥雨型

以统计的暴雨强度公式为基础设计暴雨雨型。通过引入雨峰位置系数 $r$ 来描述暴雨峰值发生的时刻，将降雨历时时间序列分为峰前和峰后，并分别计算峰前和峰后不同时刻的降雨强度，进而得出各时段的累积降雨量。

芝加哥雨型确定包括综合雨峰位置系数确定及芝加哥降雨过程线模型确定，具体流程见图 6.16。

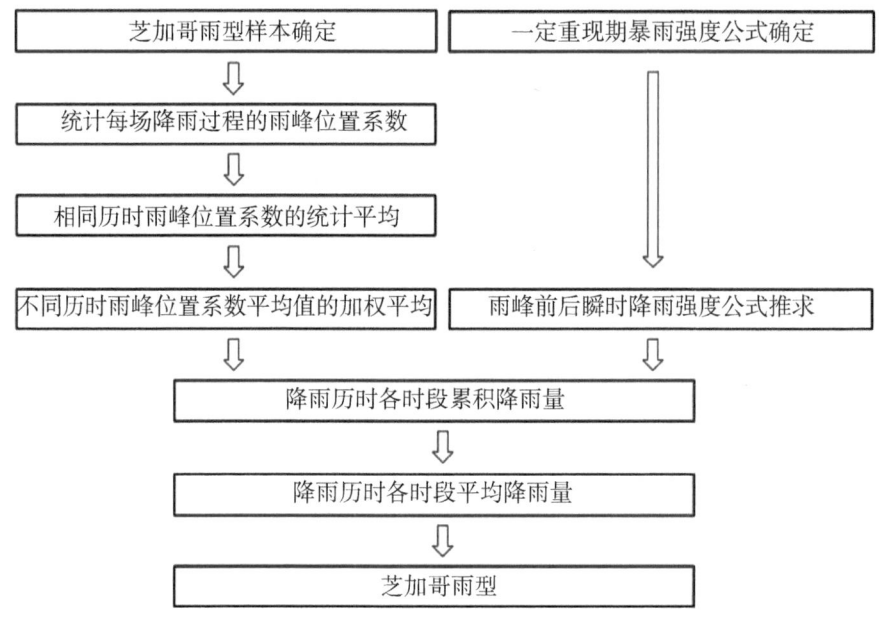

图6.16 芝加哥雨型确定流程

1. 雨峰位置系数的确定

①降水场次的划分：根据福建的降水特点，以 180 min 为最小降水间隔，定义该降水间隔内无雨来区分间隔前后为两场降水，将一系列连续的降水资料划分成若干个独立场次；

②样本序列确定：采用滑动求和方法统计气象站 1 min 间隔的 60 min、120 min、180 min、360 min 历时雨量值，挑选各场次各历时的最大滑动求和值作为各历时场次降雨样本，最后以各历时约平均一年一场的标准从大到小挑选出推求各历时雨型的样本序列。

③各历时雨峰位置确定：各历时所有样本以 5 min 间隔为步长，滑动计算降水合计值，统计各时间段的雨量，挑出各样本雨量最大的时刻；接着挑取各样本雨峰的平均位置，作为各历时的雨峰位置。

④雨峰位置系数 $r$：综合雨峰位置系数由不同历时的雨峰位置系数加权平均而得，分别以历时为权重对各历时的雨峰位置系数求平均。

2. 不同重现期下雨峰前、后降水强度计算

取一定重现期下暴雨强度公式形式为：$q = \dfrac{A_1}{(t+b)^n}$ （6.3.17）

其中：$A_1 = A(1+c\lg P)$ （6.3.18）

雨峰发生前（上升段）：$q_a = \dfrac{A_1\left[(1-n)t_b/r+b\right]}{(t_b/r+b)^{n+1}}$ （6.3.19）

雨峰发生后（下降段）：$q_b = \dfrac{A_1 \left[ (1-n) t_a/(1-r) + b \right]}{(t_a/(1-r) + b)^{n+1}}$ （6.3.20）

式中：$q_a$、$q_b$ 分别为一定重现期下某时刻上升段和下降段暴雨强度（mm/min）。

$q$ 为设计降雨历时 $t$ 内的平均设计暴雨强度（mm/min）。

$r$ 为综合雨峰位置系数，$r$ 值在 0～1。

$t_a$、$t_b$ 分别为雨峰向下降段和上升段的时间（min）。

$A$、$c$、$n$、$b$ 均为暴雨强度总公式对应的参数。

## （二）Pilgrim&Cordery 法

Pilgrim & Cordery 法基于多场实测暴雨过程，通过子段雨量排名确定雨峰位置，可以作为芝加哥雨型雨峰位置系数的参考。以平均排名原则确定各子段在过程中的排序，排名最小的子段为过程中雨量最大段，反之亦然；以平均雨量比例确定排序后各子段在总降水过程中的降水比例。

对于某历时 P 而言，用 Pilgrim & Cordery 法确定设计雨型需经过以下几个步骤：

①以 1 min 分辨率滑动统计降水量，以一年一遇的阈值确定大雨样本。

②以 5 min 步长将每个降雨过程样本划分为若干子段（子段下标 i=1，2，…，P/5），并计算各子段降雨量及占本场大雨总雨量的比例。

③对各子段在各样本内按降雨量排序，降雨量最大段赋予段排序号 1，以此类推（段序下标 j=1，2，…，P/5）。

④求所有样本中各子段（i=1，2，…，P/5）的平均排序号，平均值最小的子段赋予最终降水过程中最大降水量比例，以此类推。

⑤统计所有样本中各排序段（j=1，2，…，P/5）的平均降水比例，把比例最大者赋予平均排序号最小的子段。

⑥求本历时各重现期降雨量，将重现期降雨量按各子段的最终比例分配，从而确定设计雨型。

## （三）同频率分析法

亦称"长包短"方法，是研究设计雨型较为成熟的方法，主要应用在洪水、暴雨的过程放大方面等，以及 1440 min 长历时雨型。同频率分析法的基本思路是：在某重现期的水平下，以出现最大值次数最多或最大值平均位置为标准确定某一时段长度的峰值位置，同时计算非峰值时段雨量比例，之后接着确定下一更短时段长度的降水峰值位置及其余各段雨量比例，以主峰对齐原则将该时段长度雨型并入上一较长历时雨型中，依此循环，直至时段长度缩短到预定的时段长度如 60 min。

具体推求方法：

①从 1 min 分辨率的雨量资料中，滑动统计 1440 min 长度的降雨量。

②以平均约一年一场的标准从大到小挑选降水场次作为统计样本。

③重复①、②两步,确定 720 min、540 min、360 min、180 min、120 min、60 min 历时的统计样本。

④以出现最大降水量次数最多或最大值平均位置的原则确定各历时中 5 min 间隔累计降雨量在本历时中的峰值位置。

⑤以出现最大降水量次数最多或最大值平均位置的原则,确定最大 720 min 在 1440 min 中的位置,对于非最大值段位置的其余 720 min 时段,计算所有样本中 5 min 间隔各段的平均雨量比例。

⑥同理,在最大 720 min 出现位置的范围内,确定 360 min 最大降雨段的位置,以主峰对其的原则将 360 min 的降雨过程并入 720 min 降雨过程中,从而确定非最大值段,进一步以 5 min 间隔的确定余下 360 min 各段平均雨量比例。如此递归,直至将 60 min 雨型并入。

⑦以某一重现期水平,计算 1440 min、720 min、540 min、360 min、180 min、120 min、60 min 历时的降雨量,将 1440 min 减去 720 min 的雨量按④中计算的比例赋予 1440 min 中各非最大值段,将 720 min 减去 360 min 的雨量按比例赋予 720 min 中各非最大值段。依此类推,直至将 60 min 短历时雨型并入总的 1440 min 雨型。

### 三、部分城市暴雨强度公式及设计暴雨雨型

通过暴雨强度公式推求方法计算了省内部分市县暴雨强度公式及芝加哥雨型的雨峰系数 $r$,见表 6.17。

表 6.17 福建省部分县市暴雨强度公式和设计暴雨雨型

| 城市/县城 | 资料起止时间 | 暴雨强度公式[升/(秒·公顷)] | 综合雨峰位置系数 |
|---|---|---|---|
| 福州(晋安站) | 1982~2012 年 | $q=\dfrac{2457.435(1+0.633\lg P)}{(t+11.951)^{0.724}}$ | 0.375 |
| 长乐区 | 1963~2014 年 | $q=\dfrac{1326.815\times(1+1.056\lg P)}{(t+10.7)^{0.598}}$ | 0.439 |
| 福清市 | 1980~2014 年 | $q=\dfrac{1518.76\times(1+0.75\lg P)}{(t+11.8)^{0.608}}$ | 0.395 |
| 闽侯县 | 1983~2015 年 | $q=\dfrac{5019.517\times(1+0.81\lg P)}{(t+21.9)^{0.882}}$ | 0.402 |
| 罗源县 | 1980~2015 年 | $q=\dfrac{1427.556\times(1+0.768\lg P)}{(t+7.9)^{0.607}}$ | 0.456 |
| 永泰县 | 1981~2016 年 | $q=\dfrac{2416.657\times(1+0.686\lg P)}{(t+11.0)^{0.741}}$ | 0.372 |

续表

| 城市/县城 | 资料起止时间 | 暴雨强度公式［升/（秒·公顷）］ | 综合雨峰位置系数 |
|---|---|---|---|
| 连江县 | 1980～2015年 | $q=\dfrac{1727.815\times(1+0.843\lg P)}{(t+6.0)^{0.697}}$ | 0.422 |
| 闽清县 | 1975～2015年 | $q=\dfrac{2257.756\times(1+0.613\lg P)}{(t+10.2)^{0.709}}$ | 0.365 |
| 平潭综合实验区 | 1961～2012年 | $q=\dfrac{1097.636(1+0.854\lg P)}{(t+9.1)^{0.566}}$ | 0.452 |
| 宁德主城区 | 1972～2014年 | $q=\dfrac{1431.621\times(1+0.672\lg P)}{(t+7.5)^{0.579}}$ | 0.437 |
| 福鼎市 | 1981～2014年 | $q=\dfrac{2743.223\times(1+0.854\lg P)}{(t+17.7)^{0.733}}$ | 0.411 |
| 福安市 | 1985～2014年 | $q=\dfrac{2384.543\times(1+0.398\lg P)}{(t+9.5)^{0.698}}$ | 0.385 |
| 屏南县 | 1961～2014年 | $q=\dfrac{2604.305\times(1+0.542\lg P)}{(t+13.3)^{0.769}}$ | 0.400 |
| 霞浦县 | 1980～2014年 | $q=\dfrac{1247.156\times(1+0.736\lg P)}{(t+6.5)^{0.594}}$ | 0.371 |
| 古田县 | 1975～2015年 | $q=\dfrac{1700.728\times(1+0.61\lg P)}{(t+5.4)^{0.693}}$ | 0.346 |
| 寿宁县 | 1980～2015年 | $q=\dfrac{2271.033\times(1+0.646\lg P)}{(t+12.1)^{0.717}}$ | 0.411 |
| 周宁县 | 1980～2015年 | $q=\dfrac{1582.392\times(1+0.898\lg P)}{(t+7.4)^{0.681}}$ | 0.456 |
| 柘荣县 | 1980～2016年 | $q=\dfrac{1339.34\times(1+0.558\lg P)}{(t+6.5)^{0.566}}$ | 0.494 |
| 莆田主城区 | 1974～2015年 | $q=\dfrac{1236.802\times(1+0.568\lg P)}{(t+5.6)^{0.554}}$ | 0.424 |
| 仙游县 | 1980～2015年 | $q=\dfrac{2956.902\times(1+0.7\lg P)}{(t+12.6)^{0.772}}$ | 0.438 |
| 泉州主城区 | 1980～2014年 | $q=\dfrac{1517.455(1+0.763\lg P)}{(t+11.3)^{0.612}}$ | 0.465 |
| 晋江市 | 1980～2014年 | $q=\dfrac{1517.455(1+0.763\lg P)}{(t+11.3)^{0.612}}$ | 0.465 |

续表

| 城市／县城 | 资料起止时间 | 暴雨强度公式［升／（秒·公顷）］ | 综合雨峰位置系数 |
|---|---|---|---|
| 惠安县 | 1961～2014 年 | $q=\dfrac{1093.368(1+0.893\lg P)}{(t+9.7)^{0.577}}$ | 0.439 |
| 南安市 | 1980～2014 年 | $q=\dfrac{2280.128(1+0.724\lg P)}{(t+13.4)^{0.699}}$ | 0.497 |
| 安溪县 | 1980～2014 年 | $q=\dfrac{1308.612\times(1+0.506\lg P)}{(t+5.5)^{0.562}}$ | 0.433 |
| 永春县 | 1985～2014 年 | $q=\dfrac{2179.167(1+0.763\lg P)}{(t+11.6)^{0.665}}$ | 0.409 |
| 石狮市 | 1980～2014 年 | $q=\dfrac{1517.455(1+0.763\lg P)}{(t+11.3)^{0.612}}$ | 0.465 |
| 德化县 | 1975～2016 年 | $q=\dfrac{3620.560\times(1+0.571\lg P)}{(t+12.8)^{0.812}}$ | 0.350 |
| 厦门主城区 | 1981～2014 年 | $q=\dfrac{928.15\times(1+0.716\lg P)}{(t+4.4)^{0.5348}}$ | 0.448 |
| 同安区 | 1980～2014 年 | $q=\dfrac{3026.708\times(1+0.514\lg P)}{(t+16.9)^{0.714}}$ | 0.483 |
| 漳州主城区 | 1980～2015 年 | $q=\dfrac{2649.205\times(1+0.777\lg P)}{(t+12.6)^{0.737}}$ | 0.401 |
| 龙海区 | 1980～2014 年 | $q=\dfrac{1050.13\times(1+0.92\lg P)}{(t+3.5)^{0.553}}$ | 0.485 |
| 诏安县 | 1980～2014 年 | $q=\dfrac{1009.184\times(1+0.750\lg P)}{(t+7.6)^{0.519}}$ | 0.485 |
| 平和县 | 1980～2015 年 | $q=\dfrac{2081.304\times(1+0.757\lg P)}{(t+11.7)^{0.7}}$ | 0.392 |
| 南靖县 | 1980～2016 年 | $q=\dfrac{4218.921\times(1+0.595\lg P)}{(t+18.3)^{0.812}}$ | 0.376 |
| 长泰区 | 1980～2015 年 | $q=\dfrac{3966.434\times(1+0.553\lg P)}{(t+17.7)^{0.794}}$ | 0.435 |
| 云霄县 | 1980～2015 年 | $q=\dfrac{923.928\times(1+0.779\lg P)}{(t+3.4)^{0.501}}$ | 0.463 |
| 漳浦县 | 1980～2015 年 | $q=\dfrac{1652.298\times(1+0.843\lg P)}{(t+8.0)^{0.622}}$ | 0.466 |

续表

| 城市/县城 | 资料起止时间 | 暴雨强度公式 [升/（秒·公顷）] | 综合雨峰位置系数 |
|---|---|---|---|
| 东山县 | 1980～2016年 | $q=\dfrac{915.494\times(1+0.995\lg P)}{(t+6.0)^{0.502}}$ | 0.514 |
| 华安县 | 1980～2017年 | $q=\dfrac{1670\times(1+0.598\lg P)}{(t+8.5)^{0.642}}$ | 0.398 |
| 龙岩主城区 | 1981～2015年 | $q=\dfrac{3380.915\times(1+0.636\lg P)}{(t+13.9)^{0.805}}$ | 0.345 |
| 上杭县 | 1981～2015年 | $q=\dfrac{2883.589\times(1+0.439\lg P)}{(t+13.0)^{0.74}}$ | 0.349 |
| 永定区 | 1980～2016年 | $q=\dfrac{1413.321\times(1+0.604\lg P)}{(t+6.2)^{0.617}}$ | 0.344 |
| 长汀县 | 1980～2016年 | $q=\dfrac{1634.262\times(1+0.532\lg P)}{(t+7.0)^{0.641}}$ | 0.371 |
| 武平县 | 1980～2017年 | $q=\dfrac{1188.271\times(1+0.508\lg P)}{(t+4.0)^{0.621}}$ | 0.343 |
| 三明主城区 | 1964～2014年 | $q=\dfrac{5453.218\times(1+0.551\lg P)}{(t+19.6)^{0.904}}$ |  |
| 永安市 | 1963～2014年 | $q=\dfrac{3465.584\times(1+0.871\lg P)}{(t+15.2)^{0.843}}$ | 0.348 |
| 泰宁县 | 1981～2017年 | $q=\dfrac{1786.232\times(1+0.617\lg P)}{(t+6.3)^{0.714}}$ | 0.373 |
| 宁化县 | 1981～2017年 | $q=\dfrac{1212.587\times(1+0.577\lg P)}{(t+4.2)^{0.600}}$ | 0.369 |
| 大田县 | 1981～2018年 | $q=\dfrac{2228.448\times(1+0.556\lg P)}{(t+10.5)^{0.720}}$ | 0.364 |
| 清流县 | 1980～2018年 | $q=\dfrac{1137.437\times(1+0.579\lg P)}{(t+3.1)^{0.582}}$ | 0.407 |
| 南平市 | 1980～2015年 | $q=\dfrac{2993.141\times(1+0.738\lg P)}{(t+11.8)^{0.804}}$ | 0.365 |
| 顺昌县 | 1980～2015年 | $q=\dfrac{1726.145\times(1+0.497\lg P)}{(t+6.2)^{0.661}}$ | 0.355 |
| 光泽县 | 1974～2015年 | $q=\dfrac{2156.054\times(1+0.546\lg P)}{(t+12.4)^{0.693}}$ | 0.372 |

续表

| 城市/县城 | 资料起止时间 | 暴雨强度公式 [升/（秒·公顷）] | 综合雨峰位置系数 |
|---|---|---|---|
| 武夷山市 | 1980～2015 年 | $q=\dfrac{1365.041\times(1+0.508\lg P)}{(t+5.5)^{0.623}}$ | 0.462 |
| 政和县 | 1977～2016 年 | $q=\dfrac{2138.268\times(1+0.61\lg P)}{(t+7.1)^{0.753}}$ | 0.356 |
| 建阳区 | 1980～2015 年 | $q=\dfrac{3087.496\times(1+0.635\lg P)}{(t+9.1)^{0.821}}$ | 0.360 |
| 松溪县 | 1981～2016 年 | $q=\dfrac{2027.547\times(1+0.568\lg P)}{(t+7.3)^{0.731}}$ | 0.387 |
| 邵武市 | 1981～2016 年 | $q=\dfrac{2663.65\times(1+0.617\lg P)}{(t+8.6)^{0.786}}$ | 0.370 |
| 建瓯市 | 1981～2016 年 | $q=\dfrac{3537.394\times(1+0.610\lg P)}{(t+13.0)^{0.823}}$ | 0.387 |

### 四、海绵城市设计降水量

海绵城市是指城市能够像海绵一样，在适应环境变化和应对自然灾害等方面具有良好的"弹性"，下雨时吸水、蓄水、渗水、净水，需要时将蓄存的水"释放"并加以利用。海绵城市建设应遵循生态优先等原则，将自然途径与人工措施相结合，在确保城市排水防涝安全的前提下，最大限度地实现雨水在城市区域的积存、渗透和净化，促进雨水资源的利用和生态环境保护。在海绵城市建设过程中，应统筹自然降水、地表水和地下水的系统性，协调给水、排水等水循环利用各环节，并考虑其复杂性和长期性。

海绵城市的建设途径主要有以下三个方面：第一，对城市原有生态系统的保护。最大限度地保护原有的河流、湖泊、湿地、坑塘、沟渠等水生态敏感区，留有足够涵养水源、应对较大强度降雨的林地、草地、湖泊、湿地，维持城市开发前的自然水文特征，这是海绵城市建设的基本要求。第二，生态恢复和修复。对传统粗放式城市建设模式下，已经受到破坏的水体和其他自然环境，运用生态的手段进行恢复和修复，并维持一定比例的生态空间。第三，低影响开发。按照对城市生态环境影响最低的开发建设理念，合理控制开发强度，在城市中保留足够的生态用地，控制城市不透水面积比例，最大限度地减少对城市原有水生态环境的破坏，同时，根据需求适当开挖河湖沟渠、增加水域面积，促进雨水的积存、渗透和净化。海绵城市建设应统筹低影响开发雨水系统、城市雨水管渠系统及超标雨水径流排放系统。低影响开发雨水系统可以通过对雨水的渗透、储存、调节、转输与截污净化等功能，有效控制径流总量、径流峰值和径流污染；城市雨水管渠系统即传统排水系统，应与低影响开发雨水系统共同组织径流雨水的收集、转输与排放。超标雨水径流排放系统，用来应对超过雨水管渠系统设计标准的雨水径流，一般通过综合选择自然水体、多功能调蓄水体、行泄通道、调蓄池、深层隧道等自然途径或人工设施构建。以上3个系统并不是孤立的，也没有严格的界限，三者相互补充、相互依存，是海绵城市建设的重要基础元素。

（一）径流总量控制

海绵城市设计基础是确定年径流总量控制率及其对应的设计降雨量，年径流总量控制率最佳为80%～85%，主要通过控制频率较高的中、小降雨事件来实现（图6.17）。

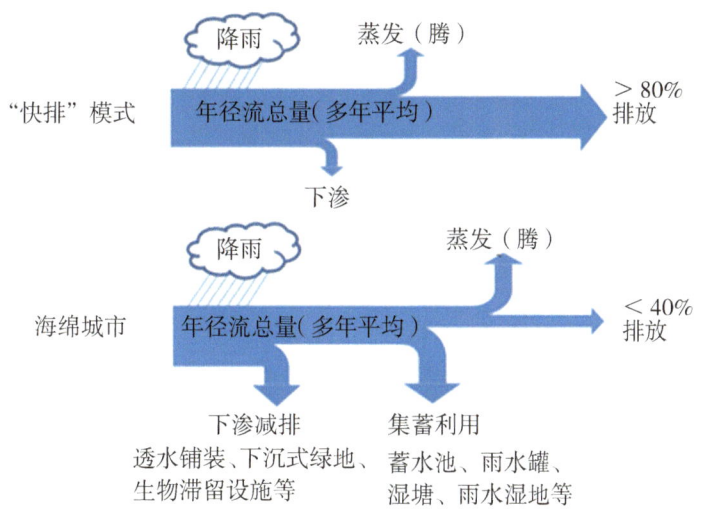

图6.17 年径流总量控制率概念示意图

城市年径流总量控制率对应的设计降雨量值的确定，是通过统计学方法获得的。选取至少近30年（反映长期的降雨规律和近年气候的变化）日降雨（不包括降雪）资料，扣除小于等于2 mm的降雨事件的降雨量，将降雨量日值按雨量由小到大进行排序，统计小于某一降雨量的降雨总量（小于该降雨量的按真实雨量计算出降雨总量，大于该降雨量的按该降雨量计算出降雨总量，两者累计总和）在总降雨量中的比率，此比率（即年径流总量控制率）对应的降雨量（日值）即为设计降雨量。

（二）设计降水量值

设计降雨量是各城市实施年径流总量控制的专有量值，而根据各个城市实测降水量统计获得。表6.18、图6.18列举了几个城市的年径流总量控制率对应的设计降雨量值。

表 6.18　年径流总量控制率对应的设计降雨量值

| 城市 | 不同年径流总量控制率对应的设计降雨量 / mm | | | | | 数据年限 |
| --- | --- | --- | --- | --- | --- | --- |
| | 60% | 70% | 75% | 80% | 85% | |
| 平潭 | 19.7 | 27.8 | 33.3 | 40.5 | 51.1 | 1985～2014 年 |
| 三明 | 14.7 | 19.9 | 23.3 | 27.6 | 33.1 | 1987～2016 年 |
| 福鼎 | 16.5 | 23.0 | 27.6 | 33.6 | 41.8 | 1987～2016 年 |
| 闽清 | 14.1 | 19.1 | 22.4 | 26.6 | 32.3 | 1987～2016 年 |

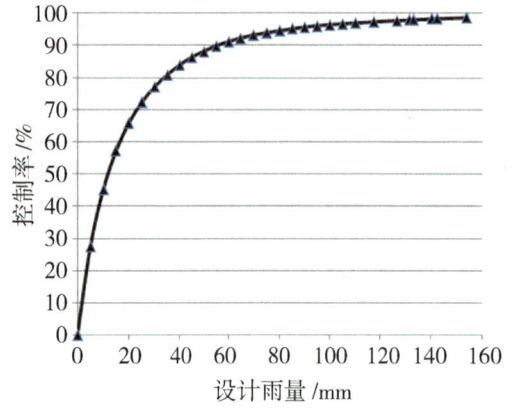 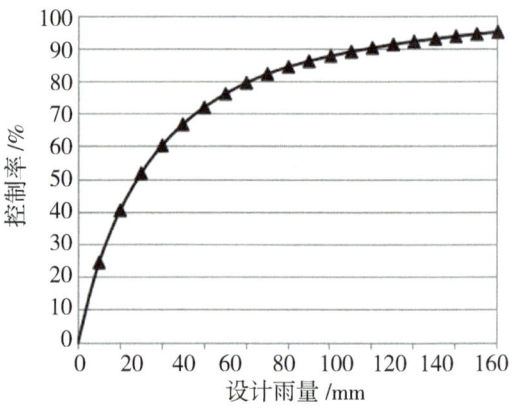

图 6.18　福鼎（左）、平潭（右）设计雨量与年径流总量控制率分布图

## 问答题

（1）产生热岛效应的主要原因是什么？
（2）城市热岛效应的气候特点是什么？
（3）海绵城市建设的意义是什么？
（4）简述暴雨公式的应用。
（5）简述通风廊道的作用。

# 第七章 经济气候

经济气候包括的范围非常广，涵盖的行业也非常多，本章仅介绍福建省曾经开展过的气候应用服务方面的部分内容。主要包括现代农业气象、旅游气候、气候可行性论证等，其中气候可行性论证包含如区域气候可行性论证、气候与电力、气候与交通等方面的内容。

## 第一节 现代农业气象

### 一、设施农业气象

#### （一）设施农业概念

设施农业是指应用工程技术手段，按照动植物生长发育所要求的最佳环境，通过调节和控制设施内的环境、气象要素，进行动植物高效生产的一种现代农业生产方式。

设施农业能在局部范围内改善小气候环境，在一定程度上避免或减轻低温、高温、暴雨和台风等气象灾害对农业生产的不利影响，提高农业抗风险能力，同时能较好地满足动植物对环境、气象条件的要求，获得高产优质的农产品。

#### （二）设施农业概况

近年来，福建省设施农业迅速发展，设施农业种类涵盖设施园艺、设施种植和设施养殖，其中设施园艺的主要类型有小拱棚、遮阳棚、塑料大棚、塑料连栋温室和玻璃连栋温室；设施种植包括设施蔬菜、水果、中药材、花卉和食用菌等；设施养殖包括设施水产和畜牧养殖，设施水产养殖主要包括网箱养殖鱼类、虾蟹类等，设施畜牧养殖主要应用于牛、羊、猪和鸡、鸭、鹅、兔的饲养。"十三五"期间，全省设施农业面积达220多万亩，建成120多个千亩以上设施农业示范基地。

#### （三）设施小气候时空变化规律

1. 不同季节不同天气类型下的温度日变化

在春季、秋季和冬季的晴天、多云、阴天和阴雨天4种不同天气类型下，塑料大棚内温度日变化均呈现单峰型变化趋势，冬春季节8时起不同程度逐渐升温，秋季升温时间略早，13～15时达最大值，随后逐渐降低，至20时棚内温度趋于稳定，夜间温度基本保持不变。

以福清市塑料大棚为例，春季、秋季和冬季的晴天、多云、阴天和阴雨天4种不同天气类型下的温度日变化（图7.1）。可见，不同季节塑料大棚内温度日较差均表现为晴天＞多云＞阴天＞阴雨天，表明太阳辐射是影响塑料大棚内温度变化的主要因素。冬、春两季晴天白天棚内平均温度明显高于阴天和阴雨天，夜间棚内平均温度明显低于其他天气类型，主要原因是晴天白天太阳短波辐射大，塑料大棚内增温明显，而晴朗干燥的夜间，地面有效辐射大，地面降温幅度大。

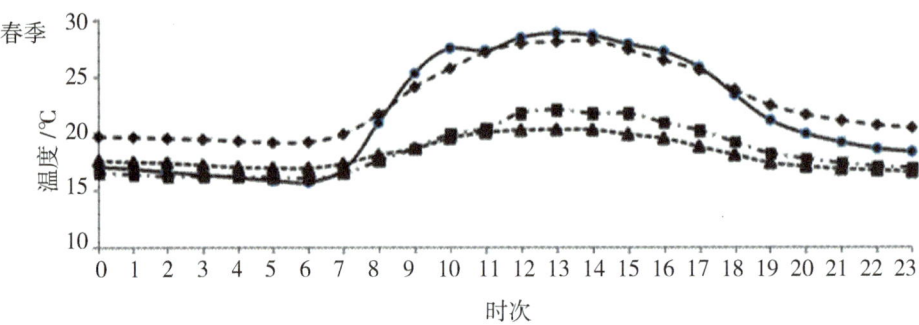

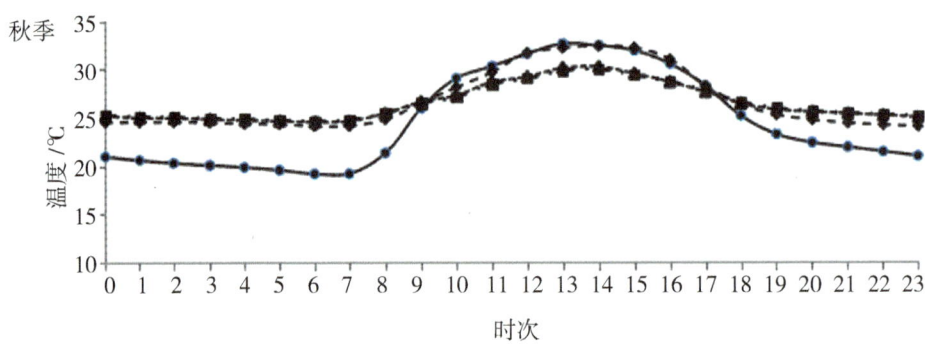

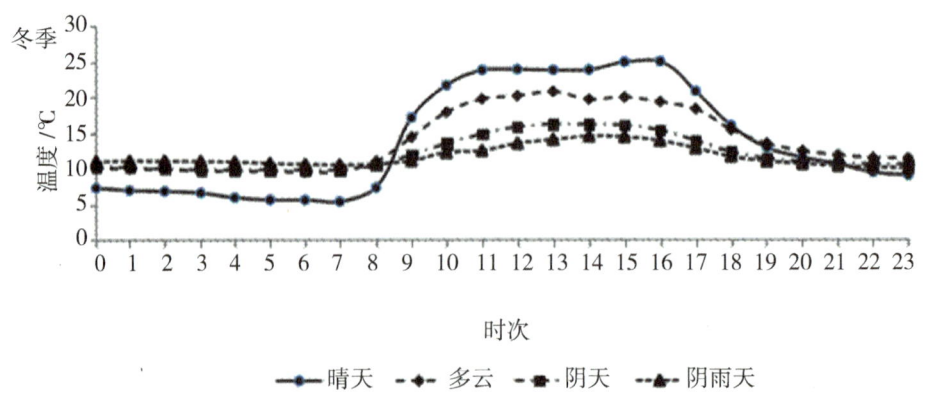

图 7.1　福清市不同季节不同天气类型下塑料大棚内温度日变化

2. 不同季节不同天气类型下的湿度日变化

在春季、秋季和冬季的晴天、多云、阴天和阴雨天 4 种不同天气类型下，塑料大棚内相对湿度日变化均呈现 U 形变化，7 时开始棚内湿度逐步降低，冬季相对湿度降低时间较晚，13～15时棚内相对湿度达最低值，随后逐渐增大，22时至翌日7时棚内相对湿度无明显变化，维持在95%以上。冬、春两季阴天和阴雨天天气条件下，塑料大棚内平均相对湿度变化很小，全天基本维持在95%～100%。同一种天气类型下，春季棚内相对湿度日变幅最大，其次是秋季，冬季日变幅最小。

以福清市塑料大棚为例，春季、秋季和冬季的晴天、多云、阴天和阴雨天4种不同天气类型下的相对湿度日变化（图7.2）。可见，塑料大棚内相对湿度日较差均表现为晴天＞多云＞阴天＞阴雨天，晴天和多云天气条件下，棚内相对湿度随着白天温度的升高而降幅明显，阴天和阴雨天的棚内白天相对湿度降幅较小，维持在较高的湿度范围。

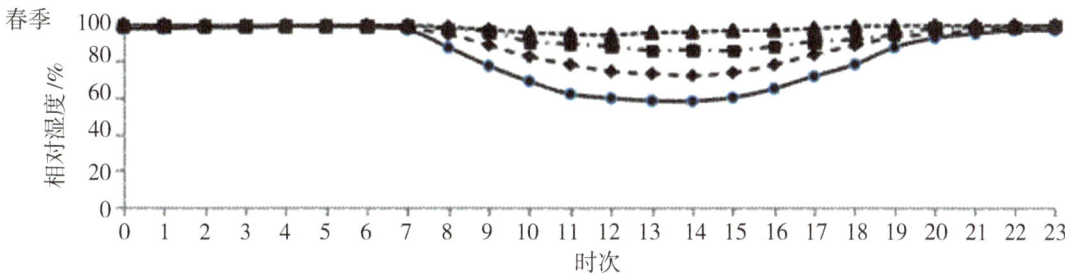

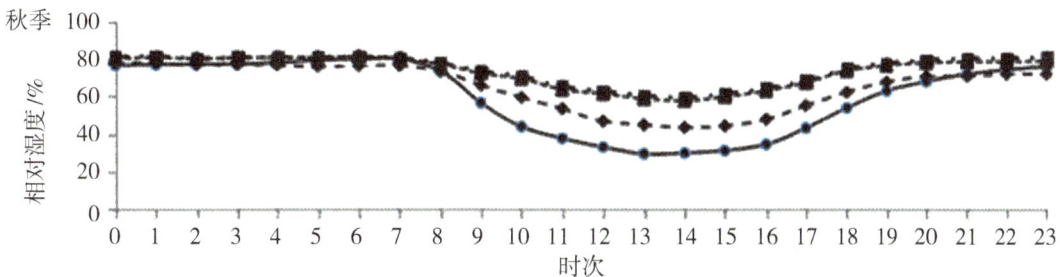

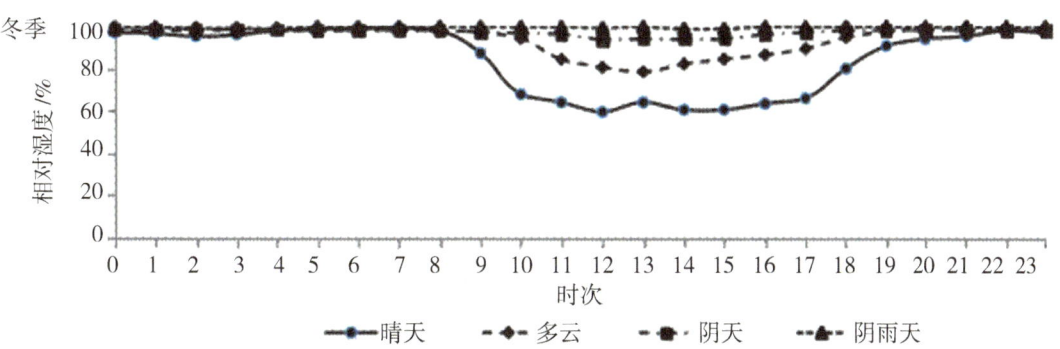

图 7.2 福清市不同季节不同天气类型下塑料大棚内相对湿度日变化

## （四）棚内外气象要素对比

### 1. 不同季节不同天气类型下的温度对比

春、秋、冬三季，白天塑料大棚内温度均高于棚外，其中冬季增温幅度最大，从不同地域来看，南部地区棚内白天温度较棚外高 4～10℃，中部地区高 5～7℃，北部地区高 4～6℃；春季棚内增温幅度次之，南部地区增温 3～6℃，中部地区最大增温约 2℃，北部地区增温 2～4℃；秋季由于温度较高，大棚边缘棚膜敞开，棚内比棚外温度高 2℃左右。夜间塑料大棚的内外温度相差不大（表 7.1），说明大棚设施夜间保温效果不佳，冬、春季应采取双层薄膜覆盖、覆盖地膜、搭小拱棚、加盖覆盖物等措施，提高塑料大棚的保温功能。

表 7.1　福清市不同季节不同天气类型下夜间（19 时～06 时）棚内外温度差

| 季节 | 晴天 | 多云 | 阴天 | 阴雨天 |
| --- | --- | --- | --- | --- |
| 春季 | −0.1～0.3 | −0.1～0.1 | 0.1～0.2 | 0.1～0.4 |
| 秋季 | −0.7～1 | 0～0.8 | −0.2～0.4 | −0.2～0.3 |
| 冬季 | −2.3～0.9 | 0.1～0.9 | 0.3～0.9 | 0.4～0.9 |

就同一季节不同天气类型而言，晴天白天温度高于多云、阴天和阴雨天，而夜间温度明显低于其他 3 种天气类型，尤其是晴天夜间棚内温度常低于棚外，棚内出现"温度逆转"现象，主要是由于夜间地面辐射冷却时，棚外贴地气层可以通过空气的铅直乱流和平流，由上层或其他地方补给热量；而棚内不仅得不到这种热量的补充，反而由于 PE 薄膜的长波透过率高达 80% 的原因，温室辐射冷却时，红外线容易穿过塑料薄膜，使得棚内大量热量通过薄膜以传导、长波辐射的方式迅速向外界散失，导致棚内气温低于棚外。因此，晴天夜间更应做好大棚保温工作，可采用双层薄膜覆盖、地膜覆盖及提早闷棚等方法进行保温。以福清市塑料大棚为例，春季、秋季和冬季在晴天、多云、阴天和阴雨天 4 种不同天气类型下的棚内外温度对比（图 7.3）。

2. 不同季节不同天气类型下的湿度对比

从春、秋、冬三季不同天气类型下塑料大棚内、外相对湿度对比来看，不同季节晴天和多云天气下，白天棚内外相对湿度下降较为明显，冬、春季白天棚内湿度下降幅度小于棚外，秋季白天棚内湿度下降幅度大于棚外，而夜间棚内外湿度则无明显波动且较为接近，湿度均高达 90% 以上；阴天和阴雨天情况下，冬季和春季塑料大棚内外全天维持高湿，湿度接近饱和状态，秋季由于温度较高，塑料大棚边膜处于不同程度敞开状态，白天棚内相对湿度略低于棚外，夜间棚内外湿度接近，同时秋季大棚内相对湿度比冬、春季大棚密闭情况下略低一些。以福清市塑料大棚为例，春季、秋季和冬季在晴天、多云、阴天和阴雨天 4 种不同天气类型下的棚内外湿度对比（图 7.4）。

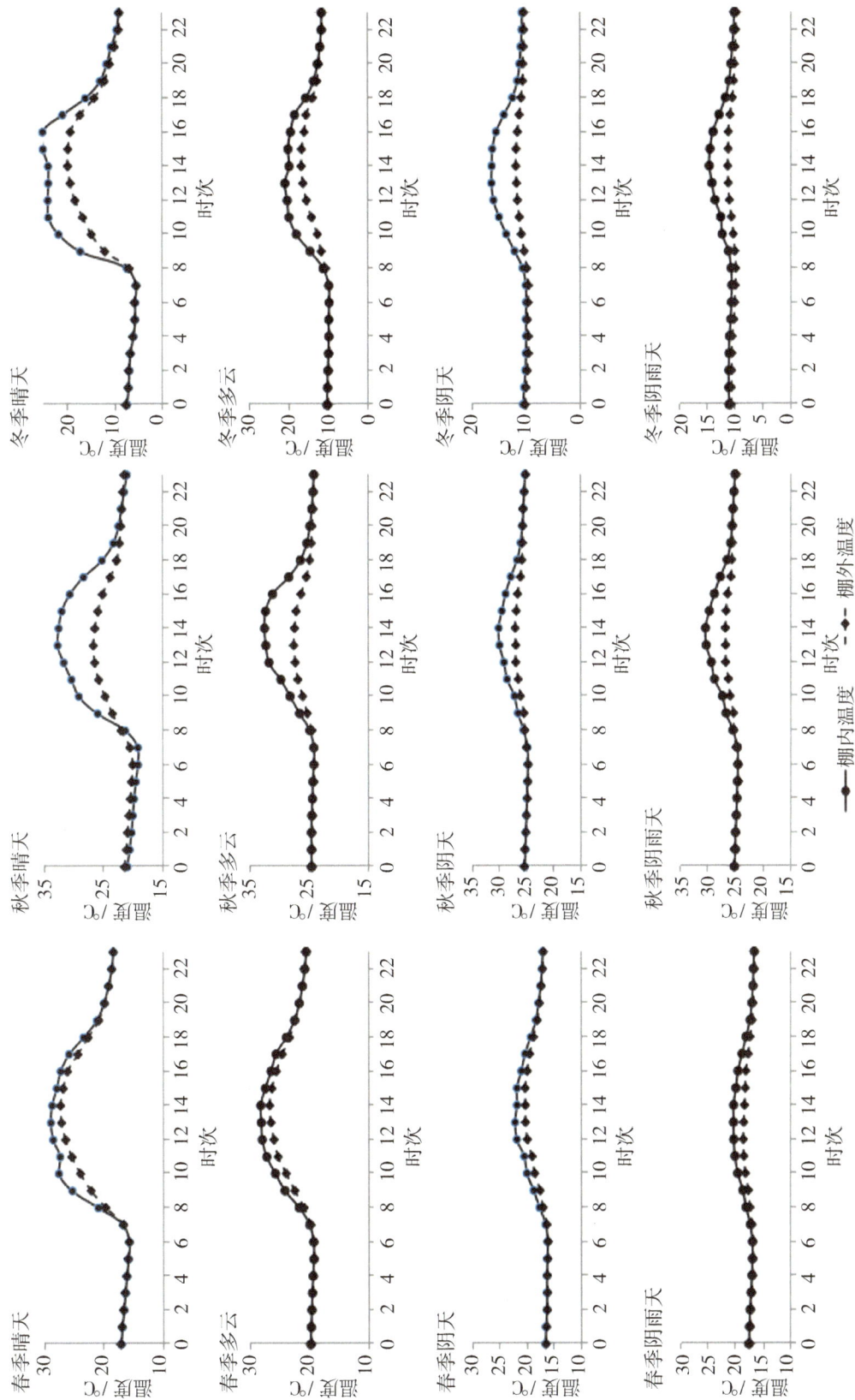

图 7.3 福清市不同季节不同天气类型下塑料大棚内外温度对比

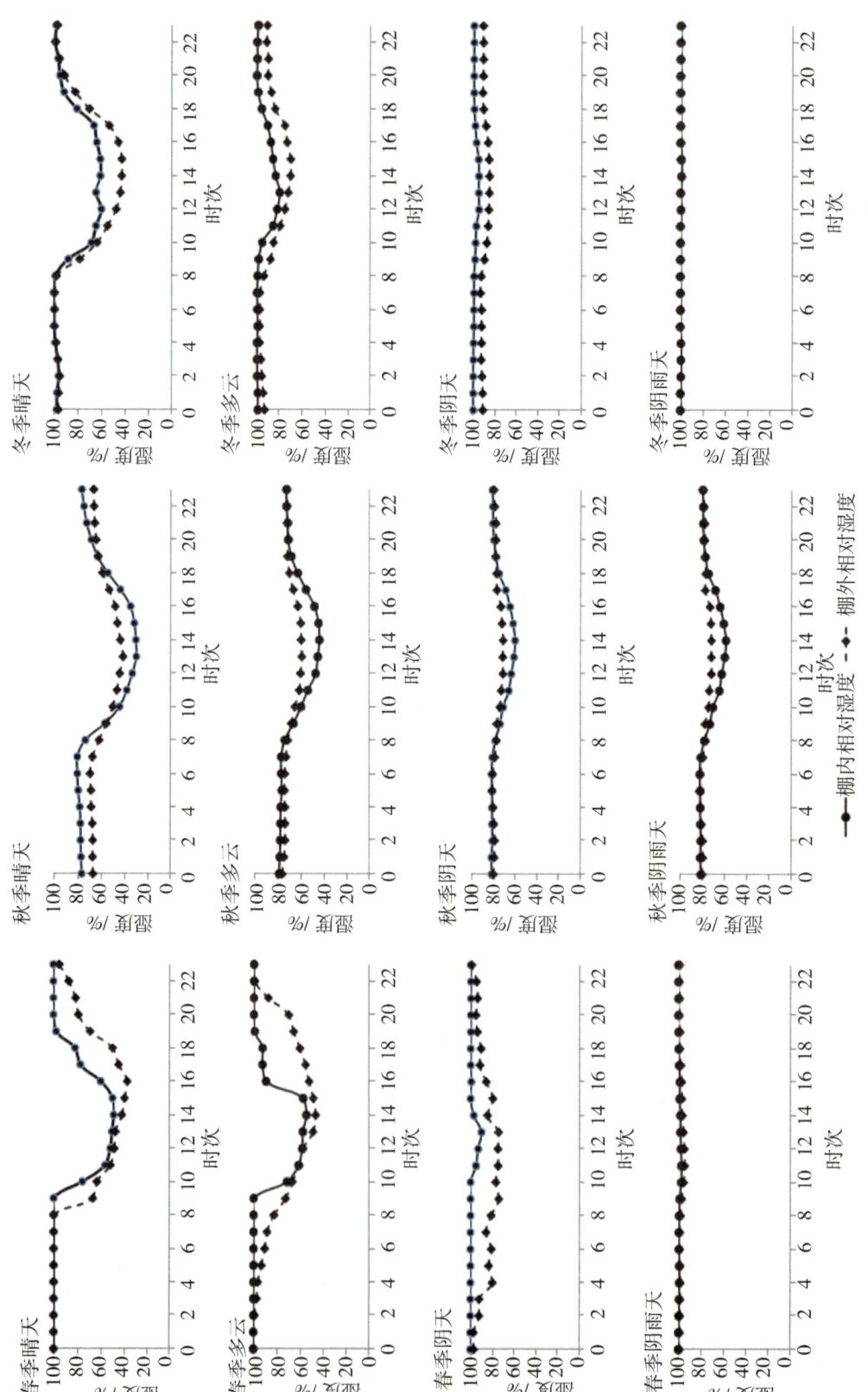

图 7.4 福清市不同季节不同天气类型下塑料大棚内外相对湿度对比

## （五）塑料大棚风害风险

台风及雷雨大风常给塑料大棚造成危害，轻者造成棚膜破损，重者造成大棚倒架。通过开展塑料大棚风害风险区划，结果表明：福建塑料大棚风害风险总体呈现沿海高、内陆低的特点，沿海区域大棚风害总体呈现离海越近风险越高的趋势，内陆区域大棚风害总体呈现海拔越高风险越高的特征（图7.5）。

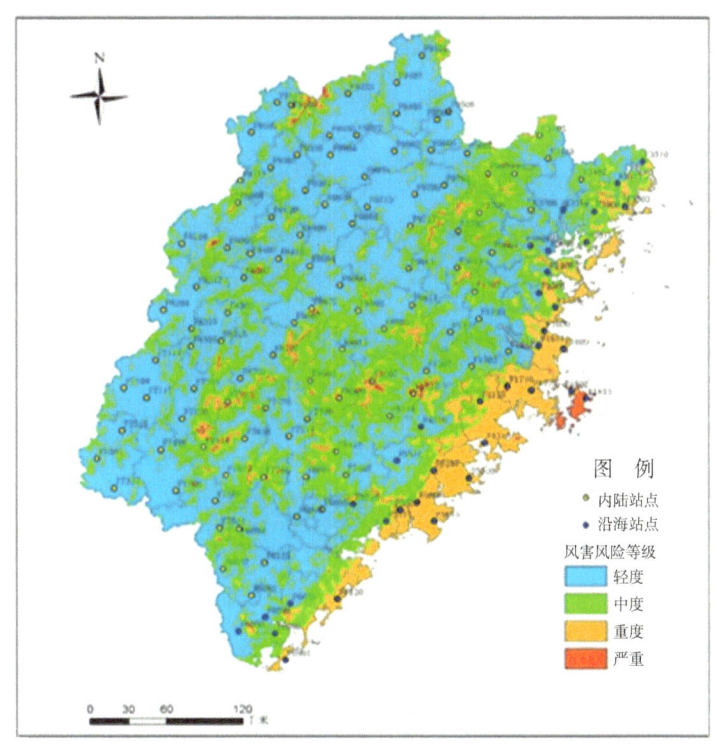

图 7.5 福建省塑料大棚风害风险区划图

① 轻度风险区

轻度风害风险区主要分布在内陆中低海拔地区。该区域大棚风害主要来自春季强对流天气，属局地性影响，大风日数少；同时由于该区域地形复杂，风速和大风日数受地形影响显著，武夷山脉、鹫峰山脉、戴云山脉和博平岭山脉对风的阻挡作用大，登陆或影响的台风受地形影响，很快减弱；秋冬冷空气南下后受地形影响，在内陆区域的风力强度较弱。因此，内陆中低海拔地区塑料大棚较少发生重度以上风害风险，塑料大棚遭受风害的风险较低。

② 中度风险区

中度风害风险区主要分布在内陆较高海拔地区和沿海县市的西部区域。该区域中沿海县市西部区域的大棚风害危险性主要来源于台风大风，由于离海稍远，登陆或影响台风的风力随着沿内陆的延伸会不断减弱，因此，沿海县市西部区域大风发生频次较沿海东部区域偏少；而内陆较高海拔地区大风一般由冬季寒潮大风和春季强对流天气造成，受内陆山脉阻挡等地形影响，年平均大风发生频次相对高海拔地区偏少。因此，内陆中高海拔地区和沿海县市的西部区域的塑料大棚风害风险属中度。

③重度以上风险区

重度风害风险区主要分布在沿海县市的东部近海区域，其中平潭综合实验区和福清市龙高半岛部分有严重风害风险；此外零星分布在内陆高海拔地域也有重度风害风险。该区域的沿海地区大棚风害风险主要来自台风大风和秋冬季的东北大风，虽然台风大风发生频次不多，但风力强，对设施农业会造成毁灭性破坏；而内陆高海拔地域的高山突出部由于直接受到冬季寒潮大风和春季频繁的冷锋、气旋和高空槽的影响，导致大风日数多。因此，沿海县市和内陆高海拔地域风害风险等级高，而沿海县市正是福建塑料大棚分布面积最大的区域，在建造塑料大棚时，必须采用抗风强度更大的大棚材料与设计，避免或减轻台风大风等带来的倒塌风险；对于沿海海岛县市有严重风害风险的地区，建议不发展塑料大棚，而采用较为抗风的玻璃温室大棚。

## 二、农业气象指数保险

### （一）概念

天气指数保险是指把一个或几个气候条件（如气温、降水、风速等）对农作物损害程度指数化，每个指数都有对应的农作物产量和损益，保险合同以这种指数为基础，当指数达到一定水平并对农产品造成一定影响时，投保人就可以获得相应标准的赔偿。

天气指数保险根据现实天气指数和约定天气指数之间的偏差进行标准统一的赔付，是以客观的气象观测资料为依据，以特定的农业气象指标作为触发机制，把天气气候条件对农作物损害程度指数化，每个指数都有对应的农作物产量和损益，是农业保险的一种创新性产品。

### （二）农业气象指数保险优劣点

1. 优势

（1）农业气象指数保险克服了信息不对称问题

农业气象指数保险以客观的气象指数作为赔付依据，与作物产量损失多少无关；且气象信息是公共信息，保险人和投保人都可以获得，减少了逆选择和道德风险问题。

逆选择：投保人利用信息不对称，隐瞒自己真实的危险情况，使保险人相信自己是低危险投保人，从而达到少缴保费而获得较大保障。

道德风险：传统农业保险中，如农户购买保险后，当造成损失时，可以得到赔偿，这会导致农户风险发生时不作为，甚至在损失较小的情况下人为扩大损失；或者出现冒保、替保、虚保和骗保的现象，存在瞒报、谎报甚至制造假现场等问题，隐瞒种养殖面积和数量进行欺诈，将没有投保的作物一并要求保险公司赔付等。

（2）农业气象指数保险降低了保险管理运营成本

传统农业保险以实际灾害损失作为赔付依据，查勘定损成本高；而农业气象指数保险不需要查勘定损，只需从约定的气象监测站获取气象数据，对照事先确定的保险方案，即可确定赔偿，减少了运营成本。

农业气象指数产品和气象数据挂钩，无须保险公司对每个农户或农田核定灾损情况，也不用农民费口舌，只要保险气象指标数据达到或超过约定的理赔标准，就可以马上启动赔付，极大地缩短了理赔时间。

（3）农业气象指数产品透明且通俗易懂

农业气象指数产品依据气象部门权威观测数据作为理赔依据，透明性强；同时产品采用简易设计原则，保户容易理解。

（4）激励农民主动防灾减灾

传统农业保险的赔付依据是灾害造成的最终损失，农户在被保对象风险发生时，若采取有效措施减少灾害损失，其所获得的赔付也相应减少；同时采取措施的成本却得不到补偿，因此，不愿意防灾减灾。

农业气象指数保险是按照触发天气指数理赔，不考虑实际损失多少，因此，保户除了受灾获得理赔之外，还可以通过采取防灾减灾措施减少灾害损失，保住的成果归保户自己所有，这样有利保户主动防灾减灾，取得双重保障。

（5）减少保户与保险公司之间的保险纠纷

依据气象数据理赔，赔付较为客观，能减少保户与保险公司之间的保险纠纷，对于支持农业生产、维护社会稳定有积极作用。

2. 不足

（1）基差风险难以规避

基差风险是指由于气象指数保险造成的接受赔偿的对象与遭受损失的对象不一致、赔偿的金额与损失的程度不匹配的现象。

保险赔付的根据是现实气象指数和约定气象指数之间的偏差，因此，在同一农业保险风险区内，所有的投保人以同样的费率购买保险，当灾害发生时投保人获得相同的赔付。但即使是遭到同样的灾害，村民与村民之间、村与村之间的受灾程度是不一样的，这样就有可能会出现这样一种状况：有的保户没有受灾，也会得到赔偿；有的受灾很严重，但得到的赔偿不足以弥补其灾害损失。

（2）农业气象指数难于精确确定

农业气象指数是保险进行赔付所依据的标准，其准确与否与保险公司的费率厘定及盈余亏损息息相关。

福建省地形复杂，自然环境和气候条件复杂多变，再考虑到区域小气候差异和气象技术局限性，以及历年灾情数据的缺失，要想准确界定与农作物灾损相关的气象指数,难度较大。

(3)并非所有地区、所有种类、所有灾种都适合开展农业气象指数保险。

某些高风险的地域,因为那里的风险不具有可保性,或者说用保险的方式不经济,所以在这些地区用救灾的方式可能更有效。

农业气象指数保险也不适用于某些耕作方式或某种作物,例如灌溉系统十分发达的地域,作物产量或损失变化与干旱气象指数变化的关联度很小,不适合开展作物干旱气象指数保险。

局地性气象灾害如冰雹、雷雨大风等的气象指数难以以点代面,也不适合开展农业气象指数保险。

### (三)农业气象指数保险产品设计

1. 基本原则

农业气象指数保险产品的设计核心是在气象灾害与相关损失之间建立精确的计量模型;评价灾害损失和天气变量指数之间的关系是天气指数保险产品设计的基础。

保险产品设计的基本原则主要包括:

①采取简易化的设计原则。

②尽可能选取受人为因素影响较小的气象要素。

③气象灾害指标能较为准确表征出作物受灾情况,与历史灾害情况较好吻合,波动较小。

④指数相对稳定、简单,便于理解和推广。

2. 技术方法

首先确定保险标的物,选取当地种植规模较大、效益较高、灾害明显的农业对象为保险标的物;再选择保险标的物的主要气象灾害设计指数保险产品,以保险标的物某类气象灾害的危害时段作为保险时段;通过调查研究和收集保险标的物生物学特性资料及前人研究成果,分析其当地种植的主要品种及生长发育期,主要气象灾害的主要致灾时段,确定出标的物气象灾害的表征指标,触发条件及等级范围;通过开展标的物气象灾害风险区划与评估,确定出灾害不同风险区域的致灾风险系数,来修正不同风险区的保险费率,解决不同风险区使用统一费率的问题,实现福建复杂地形下农业保险费率由统一费率到差别费率的厘定;以产量平均损失率作为纯费率,确定不同触发条件下的基准保险费率和区域保险费率;根据标的物生产成本或市场价值等进行测算亩保险金额,进而设计亩保费;根据赔付基差风险最小的原则,设定标的物灾害指数的赔付触发值及赔付标准,同时要求历年平均赔付率达到保险公司对 65%~75% 保险平均赔付率的基本要求;最后制订出包括总则、保险标的、保险责任、保险指数、合同期的所在地气象站监测数据、保险阈值(触发系数)、赔付标准、保险金额、费率、保费以及保险费率明细表等内容的气象指数保险产品。

## (四)福建茶叶寒冻害气象指数保险

### 1. 茶叶寒冻害危险性区划

保险费率设置的合理性是关系到农民投保和保险公司开展业务活动的关键。福建地形复杂,每个县域内茶园的海拔高度差异大,茶叶寒冻害保险产品的设计必须因地制宜,需根据区域内不同风险区设计出对应的指数保险产品,因此,开展茶叶寒冻害危险性区划与评估,确定不同风险区的寒冻害危险性指数,修订区域保险费率显得至关重要。

从图 7.6 福建省茶叶寒冻害危险性区划图可以看出,寒冻害危险性呈现出从东南沿海向西北内陆递增的趋势,海拔越高的茶叶种植区危险性越高。轻度寒冻害危险区分布在长乐区以南沿海海拔 200 m 以下地区,茶叶寒冻害危险性小;中度寒冻害危险区主要集中北部和南部内陆海拔 300～600 m 的地区;重度寒冻害危险性区域主要集中在海拔 600～1000 m 的中高海拔山区;严重寒冻害危险性区域主要分布在武夷山脉、鹫峰山区、戴云山脉、博平岭和玳瑁山海拔 1000 m 以上的地区,其中东北部鹫峰山区的屏南县、周宁县、柘荣县和寿宁县属于寒冻害高危险性区域。

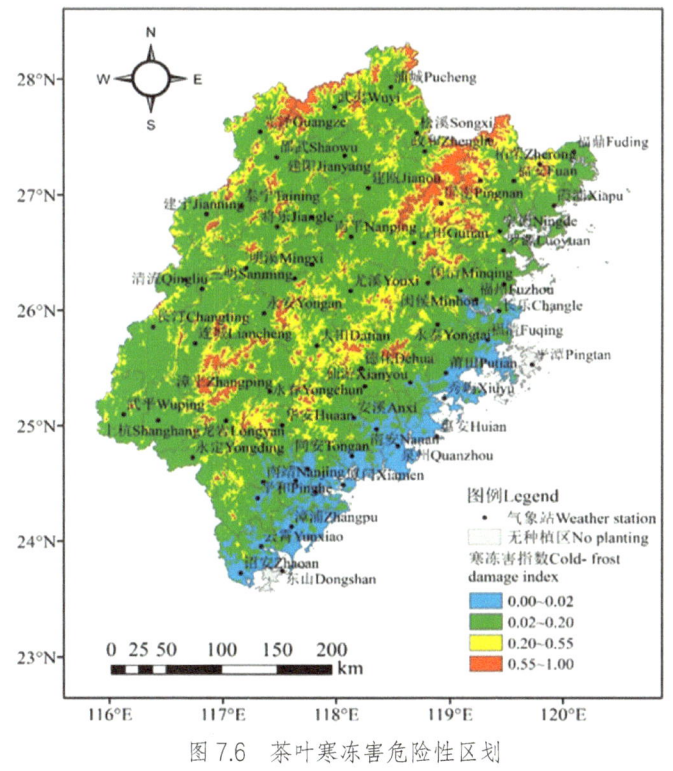

图 7.6 茶叶寒冻害危险性区划

### 2. 不同区域不同触发条件下的区域保险费率

从研究的区域茶叶保险费率(表 7.2)可以看出,不同区域不同海拔高度区域的茶叶寒冻害危险性不同,其厘定的区域保险费率存在较大差异,区域保险费率随着地理位置北移和海拔高度的增加而增加；福建西北部、东北部、西南部和东南部4个区域随着海拔高度的增加，茶叶寒冻害致灾危险性越大，保险费率就越高，同时保险触发的气温越低，保险费率也相应降低；在同一保险触发条件下，保险费率呈现出西北部＞东北部＞西南部＞东南部的规律。福建省茶叶在极端低温4℃以下的保险触发条件下，西北部区域海拔200 m以下、200～600 m、600～900 m、900 m以上地域保险费率分别为1.4%、4.4%、7.2%和10.2%；东北部区域海拔200 m以下、200～600 m、600～900 m、900 m以上的地域保险费率分别为0.9%、2.6%、4.8%和6.4%；西南部区域海拔300 m以下、300～700 m、700～1100 m、1100 m以上的地域保险费率分别为0.5%、2.3%、4.0%和5.5%；东南部区域海拔300m以下、300～700 m、700～1100 m、1100 m以上的地域保险费率分别为0.3%、1.2%、2.4%和3.3%。因此，不同区域不同触发条件不同风险区的费率精算结果，可为科学设计茶叶寒冻害保险产品提供支撑。

表7.2 福建省不同区域不同触发条件下的区域茶叶保险费率（%）

| 区域 | 触发条件/℃ | 海拔高度/m | | | | 区域 | 海拔高度/m | | | |
|---|---|---|---|---|---|---|---|---|---|---|
| | | <200 | 200～600 | 600～900 | >900 | | <300 | 300～700 | 700～1100 | >1100 |
| 西北部 | $T_d \leqslant 4$ | 1.36 | 4.43 | 7.18 | 10.16 | 西南部 | 0.54 | 2.29 | 3.98 | 5.52 |
| | $T_d \leqslant 3$ | 1.24 | 4.02 | 6.51 | 9.22 | | 0.42 | 1.78 | 3.09 | 4.28 |
| | $T_d \leqslant 2$ | 1.08 | 3.52 | 5.71 | 8.08 | | 0.32 | 1.33 | 2.32 | 3.21 |
| | $T_d \leqslant 1$ | 0.85 | 2.76 | 4.48 | 6.33 | | 0.22 | 0.92 | 1.60 | 2.22 |
| | $T_d \leqslant 0$ | 0.64 | 2.07 | 3.35 | 4.74 | | 0.16 | 0.67 | 1.16 | 1.60 |
| | $T_d \leqslant -1$ | 0.41 | 1.32 | 2.15 | 3.04 | | 0.08 | 0.32 | 0.55 | 0.76 |
| | $T_d \leqslant -2$ | 0.25 | 0.83 | 1.34 | 1.90 | | 0.04 | 0.16 | 0.28 | 0.39 |
| 东北部 | $T_d \leqslant 4$ | 0.87 | 2.64 | 4.78 | 6.39 | 东南部 | 0.30 | 1.16 | 2.36 | 3.26 |
| | $T_d \leqslant 3$ | 0.70 | 2.12 | 3.84 | 5.13 | | 0.25 | 0.99 | 2.03 | 2.80 |
| | $T_d \leqslant 2$ | 0.54 | 1.63 | 2.95 | 3.95 | | 0.03 | 0.11 | 0.23 | 0.31 |
| | $T_d \leqslant 1$ | 0.39 | 1.19 | 2.16 | 2.88 | | 0.01 | 0.04 | 0.07 | 0.10 |
| | $T_d \leqslant 0$ | 0.25 | 0.76 | 1.38 | 1.84 | | 0.00 | 0.01 | 0.02 | 0.02 |
| | $T_d \leqslant -1$ | 0.16 | 0.48 | 0.87 | 1.17 | | 0.00 | 0.00 | 0.00 | 0.00 |
| | $T_d \leqslant -2$ | 0.10 | 0.29 | 0.52 | 0.70 | | 0.00 | 0.00 | 0.00 | 0.00 |

### 3. 保费和保险赔偿金

**（1）保费**

首先通过征询茶农有关茶叶生产管理成本和保险公司的意见，综合考虑福建省历年的茶叶产量和价格实际水平以及茶农投入的水肥管理、耕作除草、采摘管理、修剪管理、病虫害防治、防寒防旱养护管理等生产成本，设定茶叶亩保险金额；再结合区域保险费率，确定不同区域不同海拔高度不同触发条件下的亩保费。

**（2）保险赔付比例和赔偿金**

茶叶不同生长阶段发生寒冻害，对茶叶的危害和造成损失程度不同。茶叶刚开始萌芽阶段出现寒冻害，由于萌芽时间有早有晚，或者只是部分开始萌芽，此时出现寒冻害损失会小一些，此外，在春茶大部分已经采摘完毕，就是过了集中采摘期之后，所剩茶青不多，此时发生寒冻害，损失也小，可见在春茶萌芽至采摘结束时间段内，在茶叶展叶和集中采摘期出现寒冻害，损失越大，而在初期和后期所造成的损失会减小。因此，在赔付比例设置时，应充分考虑不同强度极端低温对茶叶的危害程度、茶叶寒冻害历年平均赔付率和茶叶保险时段不同阶段寒冻害对茶叶造成损失的综合情况来综合确定；最后根据赔付比例和保险金额确定出不同区域不同海拔高度不同触发条件下的保险赔偿金。

## 三、农产品气候品质认证

### （一）认证意义和认证等级

2021年3月，福建省委、省政府印发关于《全面推进乡村振兴加快农业农村现代化的实施意见》，提出开展特色农产品气候品质认证，创建一批农产品区域公用品牌和福建名牌农产品，提高"生态福建、绿色农业"品牌影响力和竞争力。通过农产品气候品质认证，让消费者一眼就能看明白，通过认证的这批农产品产自何地，生长期间的天气状况如何，品质的好坏；让消费者与农户无缝对接，促进农产品销售、提升农产品价值，提高农产品的信用度和竞争力；提升农产品的产品附加值，推动农产品从"种得好"向"卖得好"转变。

农产品气候品质认证是指客观评定天气气候对农产品品质影响的优劣等级。通常分为特优、优、良、一般4个等级。

农产品气候品质认证按程序由申请人向所在县市区气象局提出申请，认证通过，由认证单位授予"福建气候优质农产品"认证证书、牌匾、溯源二维码。

### （二）茶叶气候品质

茶区生态气候环境与茶叶品质密切相关。温度、湿度、光照是影响茶树生长的主要因素，它们不同程度地影响着茶叶的内含物含量，其中以氨基酸和茶多酚受气象因子影响最大，咖啡碱和水浸出物受影响相对较小。以肉桂品种为例，分析春茶鲜叶所含氨基酸、茶多酚、咖啡碱和水浸出物4个品质因子与光温水之间的相关性。

### 1. 游离氨基酸

游离氨基酸是茶叶水浸出物中呈游离状态存在的具有 α-氨基的有机酸,含量占干物质重的 2%~5%,以茶氨酸的含量最高,约占茶叶游离氨基酸总量的 60%,影响茶叶的滋味和香气。

氨基酸是茶叶中的主要鲜爽味物质,氨基酸含量高,可以提高茶汤的滋味品质,能够缓解茶汤的苦涩味,提高茶汤鲜爽度,同时对香气品质的提高也有一定的影响。对于不同茶树品种而言,小叶种氨基酸含量高于大叶种,小叶种的细嫩部位含量又高于粗老部分;对同一纬度茶区而言,高海拔地区的鲜叶氨基酸含量高于低海拔地区。

通过肉桂茶鲜叶游离氨基酸检测,2018~2021 年武夷山茶叶基地的春季采摘的肉桂茶历年游离氨基酸含量平均达到 2.2%、2.8%、2.9%、3.4%,以 2021 年春茶为最高。通过春茶鲜叶游离氨基酸含量与气象条件对比分析,表明肉桂茶氨基酸含量与采摘期前 60 天平均湿度呈正相关,说明茶叶萌芽至采摘期间湿度越大,越有利于氨基酸含量的提高;与采摘期前 10 天气温日较差呈显著正相关,说明临近采摘期的温差越大,越有利于氨基酸的累积;与采摘期前 10 天累计日照时数呈显著正相关,说明临近采摘时期多为晴好天气,光照充足,越有利于鲜叶光合作用和氨基酸含量的提高;与采摘期前 40 天有效积温呈负相关,说明适温范围内,鲜叶在较低温度下生长发育,芽叶生长较为缓慢、持嫩性好,有利于氨基酸含量的提高。

### 2. 茶多酚

茶多酚是茶叶中的重要复合物,是茶汤涩味形成的主体物质,由 30 种以上多酚类物质组成,如儿茶素、丙酮、酚酸、茶黄素等,在茶叶中的含量为 20%~30%,其主要物质是多种儿茶素,占茶多酚总量的 60%~80%。

通过肉桂茶鲜叶茶多酚检测,2018~2021 年武夷山茶叶基地的春季采摘的肉桂茶历年茶多酚平均含量达到 15.1%、15.7%、14.9%、16.7%,以 2021 年春茶为最高。通过春茶鲜叶茶多酚含量与气象条件对比分析,表明肉桂茶多酚含量与采摘期前 60 天平均湿度呈弱正相关,说明茶叶萌芽至采摘期间湿度越大,有利于茶多酚含量的提高;此外,肉桂茶多酚含量与萌芽至采摘期间的有效积温、气温日较差和日照时数相关不明显。

### 3. 咖啡碱

咖啡碱是茶树氮素循环、影响滋味的一项重要物质,占茶叶干物质的 2%~5%,约占茶叶生物碱总量的 95% 以上,能够影响茶汤爽口感觉的形成。

通过肉桂茶鲜叶咖啡碱检测,2018~2021 年武夷山茶叶基地的春季采摘的肉桂茶历年咖啡碱平均含量达到 1.99%、2.04%、2.53%、1.95%,以 2020 年为最高。通过肉桂茶鲜叶咖啡碱含量与气象条件对比分析,表明肉桂茶咖啡碱含量与采摘期前 10 天气温日较差呈现显著正相关,说明临近采摘时期温差越大,越有利于咖啡碱的累积;

与采摘期前30天累计日照时数呈显著正相关，说明展叶中后期光照越足，越有利于咖啡碱含量的提高；与采摘期前40天有效积温呈显著负相关，说明生长适温范围内，在较低温度下生长发育，有利于咖啡碱含量的提高。

4. 水浸出物

水浸出物是用沸水浸出的茶叶中的可溶性物质，茶叶的水浸出物中包含多种物质，诸如茶多酚、咖啡碱、可溶性糖、氨基酸、果胶、芳香物质等，是茶汤滋味的综合体，标志着茶汤的厚薄、滋味的浓强程度。

通过肉桂茶鲜叶水浸出物检测，2018～2021年武夷山茶叶基地的春季采摘的肉桂茶历年水浸出物平均含量达到39.7%、37.1%、37.4%、41.3%，以2021年春茶为最高。通过肉桂茶鲜叶水浸出物含量与气象条件对比分析，表明肉桂茶水浸出物含量与采摘期前60天气温日较差呈正相关，说明在萌芽至采摘期，温差越大越有利于水浸出物含量的提高；与采摘期前60天雨日呈负相关、与采摘期前60天日照时数呈正相关，说明萌芽展叶期间，雨日越多，光照不足，水浸出物含量越低；与采摘期前40天有效积温呈弱正相关，温度越高，越有利于水浸出物的生成。

## 第二节 旅游气候

福建山清水秀，人文荟萃，旅游资源丰富。拥有著名的厦门鼓浪屿、武夷山、福州三坊七巷、永定·南靖·华安土楼、福鼎太姥山、泉州清源山、连城冠豸山、永泰青云山、福安白云山、政和佛子山、莆田湄洲岛、泰宁金湖、永安桃源洞、将乐玉华洞、白水洋—鸳鸯溪、永安鳞隐石林、平潭海坛等风景名胜；拥有闽越文化、朱子文化、昙石山文化、船政文化、三坊七巷文化、古田红色文化等历史文化遗产；以及王审知、朱熹、郑成功、林则徐、陈嘉庚等名流英杰的故居遗迹等，都是独具特色的旅游胜地。

福建省有世界文化遗产4个〔"武夷山世界文化与自然遗产"（1992年12月）、"福建土楼世界文化遗产"（2008年7月）、"厦门鼓浪屿：历史国际社区世界文化遗产"（2017年7月）、"泉州：宋元中国的世界海洋商贸中心"（2021年7月）〕、世界自然遗产1个（泰宁的"中国丹霞"），世界自然和地质公园2个（泰宁丹霞、太姥山—白水洋—冰臼）。国家级的旅游度假区2个、风景名胜区19处、地质公园7个、自然保护区12个、森林公园19个、历史文化名城（泉州、福州、漳州、长汀），19处全国重点文物保护单位。以及闽剧、高甲戏、寿山石、漆画种类繁多的民间戏曲和独特工艺品等。

随着人们生活水平的提高，旅游日益成为文化消费的热点，来闽旅游的人数逐年增多。2020年旅游接待5881万人次，旅游总收入685亿元。

福建由于受亚热带海洋性季风气候影响，四季分明，雨量丰沛，光照充足，在地形作用下，立体气候显著，局部地区"有十里不同天"的小气候，气象景观的日变化也相当明显，"东边日出西边雨"并不少见，从而使风景区的气象景观更加丰富多彩。特别是武夷山的云海、太姥山的日出、湄洲岛的海天一色、鸳鸯溪的鸳鸯流泉、九仙山的"宝光"等秀丽的大气、物候景观，与天气气候的关系非常密切。风云变幻，赐予碧水丹山和滨海沙滩得天独厚的旅游气候资源。但雨季山区突发的暴雨、山洪，滨海的台风等直接影响人们的外出旅游。

因此，了解气象景观形成的气象学原理和各旅游点的气候概况，选择适合自己爱好的旅游时间，不仅关系到能否欣赏到云海虹华等风云变幻的大自然景观，也关系到外出旅游的安全和便利。

## 一、气象景观及福建主要风景区

### （一）气象景观

气象景观包括虹、晕、华（峨眉宝光）等发生在云中的光象，还包括朝晚霞、曙暮光、海市蜃景等大气现象，以及高山雾凇、海边蓝眼泪等。

1. 虹和霓

一般出现在雨后初晴的早晚时刻（特别是在夏季的雷雨过后），在太阳对面的天空，常常会出现内红外紫的彩色圆弧形光带，称为虹。与虹颜色排列相反的称为霓。

2. 晕

当日月光穿过卷云时，在日月的周围常常可以看到一些内侧呈淡红色的光环或光弧、光柱、光点，这些现象通称为晕。

3. 华

当太阳、月亮被大片的高积云或层云遮蔽时，常在它们的周围，出现一个或几个外侧呈淡红色的光环，这就是华。一般月华较常见，色彩较分明。

华的形成需要独特的地理环境和天气条件，人们常说的峨眉宝光（或佛光），由于位于太阳相对的一侧，所以，气象上称为反日华。在福建德化县九仙山上，也可以看到宝光。宝光多出现在早晨或傍晚有逆温层，云雾层较稳定时，人背阳光而立，在人的前方的云雾层中，可以看见以人为中心的彩色光环——反日华（宝光）。

4. 云雾

云雾都是由大气中大量的水滴或冰晶组成，云在高空，而雾在近地面的大气层中。在微风吹拂下，漫漫飘荡的朵朵白云（气象学称为积云）可以使蔚蓝的天空变得美丽、蔚蓝；云海（气象学称为层云）可以使高山看日出显得更加壮观；云雾可以使美丽的山川"犹抱琵琶半遮面"显得更加娇媚。云雾多出现在天气变化激烈的季节，尤其是晴朗的清晨，在福建海拔较高的山地，云雾出现的频率比较高，为美丽的景区增添了不少魅力。

5. 海市蜃景

海市蜃景，又有"蓬莱仙境"的美称，其实是一种幻景，有时人们会看到平时空旷的空中，突然出现城廓楼台或湖泊，其持续时间与天气有关，大风一吹，景象就立即消失。海市蜃景主要发生在我国山东沿海和新疆沙漠地区，多出现在平静无风的天气条件下，福建沿海由于风大，尚未有人看见海市蜃景的报道。海市蜃景产生的气象原理是，空气温度反常的垂直分布，引起空气密度异常，使大气层产生与通常不同的折射和反射，将远处真实的城廓等物体的影像折射和反射到另一个地方，从而产生海市蜃景。

6. 雨凇和雾凇

雨凇和雾凇是由空气中过饱和水汽遇冷凝华而成的自然景观，其附着于树枝、电线等地面物体的迎风面上，形成白色或乳白色的不透明冰层。在福建冬季高海拔山区低温、小风、水汽充足的情况下会经常会雨凇和雾凇。

7. 蓝眼泪

蓝眼泪是由海里的浮游生物组成，其体内含有发光腺，受海浪拍打等刺激时，会产生浅蓝色的光，一般出现在6、7月，在合适的水温、天气、涨潮、吹南风等条件下，可沿沙滩呈带状出现，福建平潭出现较多。

### （二）各类旅游区的主要风景区

福建旅游区可大致分为海滨旅游区；内陆山区风景区；武夷山、鹫峰山和戴云山等高山景区和自然保护区。

1. 主要海滨旅游区

海滨旅游区位于沿海地区，海拔多在200 m以下，以海滨风光为主。主要旅游区和旅游点从北到南有：福州鼓山、连江青芝寺、平潭海坛、长乐海滨度假村、莆田湄洲岛、泉州清源山、石狮黄金海岸线、厦门鼓浪屿-万石山海滨风景区、东山风动石等。

在海滨旅游区内集中了包括福州西禅寺和涌泉寺、莆田广化寺、泉州开元寺、漳州南山寺、厦门南普陀寺等名寺古刹，是重点寺院宗教旅游名胜区。

2. 内陆山区风景区

内陆山区风景区海拔多在800 m以下，以山水风光为主。主要风景区有武夷山风景区、南平茫荡山、永安桃源洞-石林、泰宁金湖、将乐玉华洞、宁化天鹅洞、沙县七仙洞、三明瑞云洞、连城冠豸山、龙岩梅花山和龙崆洞、南靖（永定、华安）土楼群、闽侯十八重溪、宁德霍童支提山等，以自然山水风光和喀斯特溶洞观赏为主，包含了世界自然和文化遗产地。

3. 高山风景区和自然保护区

高山风景区和自然保护区海拔多在800 m以上，也以山水风光为主。主要有武夷山自然保护区、太姥山风景区、戴云山自然保护区、鹫峰山区的屏南鸳鸯溪和白水洋、周宁九龙祭、政和洞宫山等。太姥山旅游区则集山水风光和滨海旅游于一体。

## 二、气候舒适度

气候舒适性是影响游客户外旅游活动最重要的环境因素。一个地区旅游气候的舒适性及持续时间的长短,是影响游客目的地选择和旅游季节长短的重要因素。开展气候舒适度评价对于科学指导旅游出行、客观评价城市人居环境等都具有重要的理论价值和实践意义,近年来随着旅游业的蓬勃发展和生活质量的普遍提高,气候舒适度评价愈发成为当前研究的热点问题。

人体舒适度是人类在不同气候条件下舒适感的一项生物气象指标。国内人体舒适度的研究起步于20世纪90年代,在舒适度的预报、旅游气候资源评价以及区域特征研究等方面取得了较多的成果。各地对人体舒适度指数在国外的基础上提出了多种评估公式,如炎热指数、风寒指数、体感温度、气象舒适度指数等,日舒适度预报已作为日常环境气象指数预报的一部分。

### (一) 舒适度指数

目前常用的指数有:

温湿指数:$K=1.8T_a-0.55(1.8T_a-26)(1-RH)-3.2\sqrt{u}+32$

风效指数:$WEI=-(10\sqrt{u}+10.45-u)(33-T_a)+8.55S$

式中$T_a$为环境温度(℃),$RH$为相对湿度,$u$为风速(m/s),$S$为平均日照时数(h/d)。

### (二) 评价指标

由于人体对区域气候的适应性不同,同一指数在不同地区对人体的感觉程度是不同的,因此各地有基于本地区舒适程度的评判标准,同时在不同的季节,人们的感受不尽相同,如经历过寒冷的冬天后,人们御冷的能力大于御热的能力,所以对于同样的指数,在春季人们会觉得温暖,而在深秋人们会觉得有点冷。同理,同样高的指数在伏天之前,大多数人会感到天气炎热,而在经历过三伏天的酷暑后,立秋过后再遇到前面同样的令人感到天气炎热的指数,人们再不会感到天气炎热了,而只是感到天气有点热。

福建省气象服务中心基于福建省气候平均状态,同时参考周边省市的指标,经过专家打分法制订了福建省的舒适度(温湿指数)等级划分评判标准(表7.3、表7.4),在近年来开展的人体舒适度预报与实况的对比分析,以及长期公众调查情况的基础上,认为该标准较符合福建省的特点。

表7.3　10～4月人体舒适度(温湿指数)等级划分

| 等级 | -4 寒冷 | -3 冷 | -2 稍冷 | -1 较舒适 | 0 舒适 | 1 稍热 | 2 热 |
|---|---|---|---|---|---|---|---|
| 10～11月 | 43以下 | 43～50 | 51～60 | 61～65 | 66～75 | 76～80 | 80以上 |
| 12～4月 | 40以下 | 40～47 | 48～55 | 56～59 | 60～70 | 71～75 | 75以上 |

表 7.4　5～9 月人体舒适度（温湿指数）等级划分

| 等级 | -2 稍冷 | -1 较舒适 | 0 舒适 | 1 稍热 | 2 热 | 3 炎热 | 4 酷热 |
|---|---|---|---|---|---|---|---|
| 5～6 月 | 54 以下 | 55～60 | 61～75 | 76～80 | 81～85 | 86～91 | 91 以上 |
| 7～9 月 | | 66 以下 | 66～75 | 76～80 | 81～85 | 86～91 | 91 以上 |

## （三）福建省主要城市气候舒适度

### 1. 福州舒适度

吴滨等基于温湿指数，利用 1961～2012 年福州市逐日平均气温、相对湿度及风速计算了气候舒适度，根据评价指标分析了福州市各月的舒适度情况（表 7.5），各月出现频率最多的舒适度等级分别为，1～2 月冷，3、11、12 月稍冷，4～6 月、8～9 月舒适，7 月稍热，10 月较舒适。其中 5 月份是最舒适的月份，月内 88.8% 的天数舒适，10% 的天数为较舒适，其次是 6 月 80.6% 为舒适，19.2% 的天数为稍热；最冷的月份为 1 月，50.4% 的天数为冷，35.6% 为稍冷；7 月份最热，60.3% 的天数为稍热等级，39.2% 为舒适（图 7.7）。

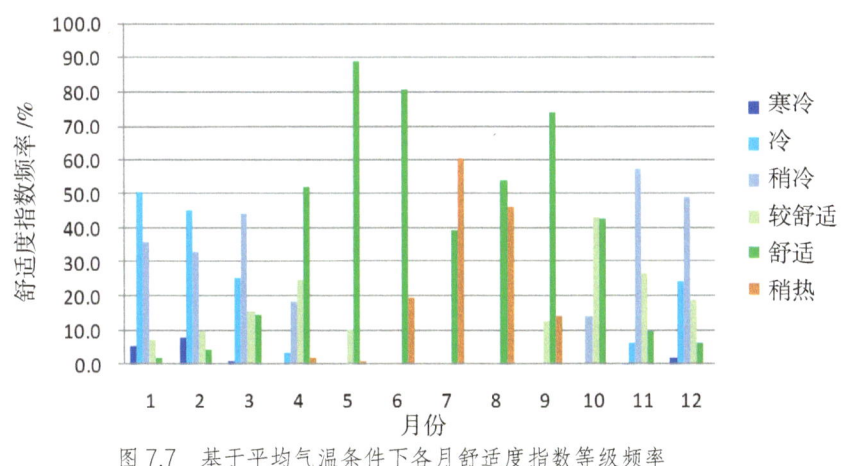

图 7.7　基于平均气温条件下各月舒适度指数等级频率

表 7.5　基于平均气温、最高气温、最低气温条件下各月最多等级舒适度频率

| 月份 | | 1 | 2 | 3 | 4 | 5 | 6 | 7 | 8 | 9 | 10 | 11 | 12 |
|---|---|---|---|---|---|---|---|---|---|---|---|---|---|
| 平均气温 | 频率 | 50.4 | 45.3 | 44.3 | 51.7 | 88.8 | 80.6 | 60.3 | 53.7 | 73.9 | 43.1 | 57.3 | 49.1 |
| | 等级 | 冷 | 冷 | 稍冷 | 舒适 | 舒适 | 舒适 | 稍热 | 舒适 | 舒适 | 较舒适 | 稍冷 | 稍冷 |
| 最高气温 | 频率 | 39.8 | 32.3 | 39.8 | 58.2 | 74.4 | 44.9 | 53.8 | 57.9 | 45.8 | 67.4 | 35.1 | 38.2 |
| | 等级 | 稍冷 | 稍冷 | 舒适 | 舒适 | 舒适 | 稍热 | 稍热 | 稍热 | 舒适 | 舒适 | 较舒适 | 舒适 |
| 最低气温 | 频率 | 51 | 49.7 | 42 | 34.6 | 72.5 | 89.4 | 74.7 | 79.3 | 61.7 | 42.2 | 60.2 | 41.6 |
| | 等级 | 冷 | 冷 | 冷 | 较舒适 | 舒适 | 舒适 | 舒适 | 舒适 | 舒适 | 稍冷 | 稍冷 | 冷 |

1961～2012年福州市逐年的平均舒适度指数介于61.3～64.3，近50多年来指数有增大的趋势，其趋势系数达0.6022，超过0.001的显著性水平，表明增加趋势非常明显（图7.8）。但总体为舒适等级。

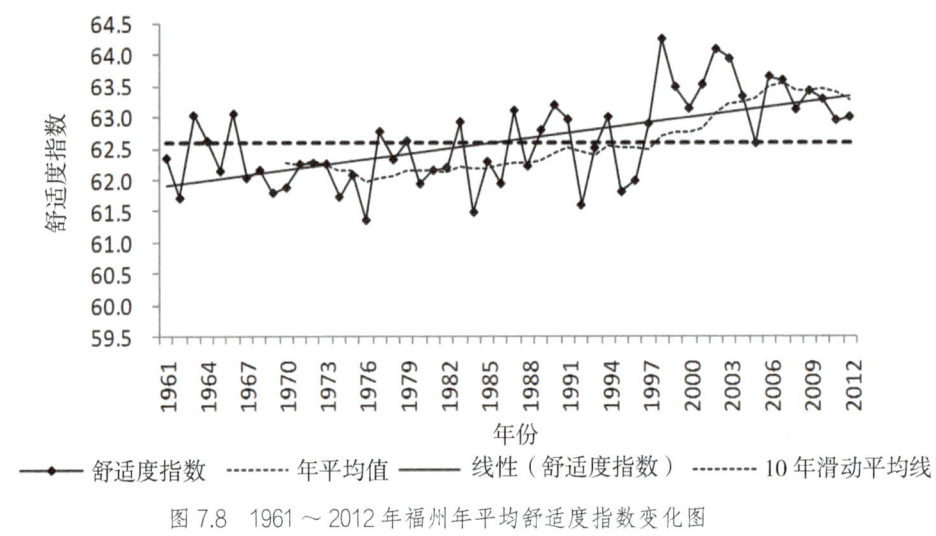

图7.8　1961～2012年福州年平均舒适度指数变化图

2. 厦门舒适度

王彦明利用厦门气象站1981～2017年日平均气温、最高气温、相对湿度、平均风速和日照时数分析了厦门市的气候舒适度。

1981～2017年厦门市的平均舒适天数为144天，最多舒适天数为178天，出现在1997年，最少舒适天数为102天，出现在1983年（图7.9）。厦门舒适度日数呈现增加的趋势，以每10年5.7天的速度增长，通过0.01的显著性检验。从年代变化来看，1997～2015年舒适天数较多，1981～1996年舒适天数较少。各年代的平均舒适度天数分别是：20世纪80年代132天，90年代147天；21世纪00年代151天，

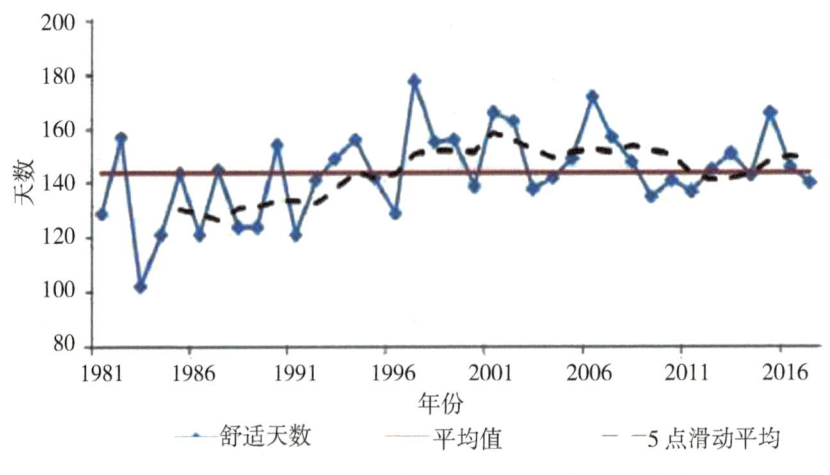

图7.9　1981～2017年厦门市舒适天数的逐年变化

10年代147天。以21世纪00年代为最多，20世纪80年代为最少。

厦门市秋季和春季较为舒适，冬季、夏季为较不舒适的季节。从月际尺度来看，舒适天数较多的月份集中在4～6月和9～11月，其中10月平均舒适天数最多，为25天；1月和2月平均舒适天数最少，仅3天。

### 三、气候福地

气候标志是由独特的气候条件决定的气候宜居、气候生态、气候品质等具有地域特色的优质气候品牌的统称，作为衡量一地气候生态资源综合禀赋的权威认定，有助于开发利用气候资源，挖掘气候生态潜力和价值，保护气候生态环境，满足人民日益增长的美好生活的需要。针对福建独特的气候环境，开发旅游气候资源，开展"天然氧吧"，"清新福建·气候福地"的推荐认定，开发不同类型的旅游气象服务。

#### （一）气候福地指标体系

福建省2019年开始"清新福建·气候福地"评选。面向生态文明的宜居、宜养、宜游的气候资源，挖掘福建优质、特色的气候生态旅游资源，建立"清新福建·气候福地"指标体系。内容涵盖"避暑清凉""滨海休闲度假""气候康养"等多种旅游类型的气候福地认定。

"清新福建·气候福地"避暑清凉福地、滨海休闲度假福地、气候康养福地评价指标，涵盖气候禀赋、气候风险、舒适度、生态环境、旅游服务等多个方面（表7.6～表7.8）。

**表7.6　福建省避暑清凉福地评价指标**

| 一级指标 | 二级指标 | 三级指标 |
| --- | --- | --- |
| 气候禀赋（30分） | 气温 | 气温≤25℃日数所占比例 |
|  | 风 | 平均风速 |
|  | 相对湿度 | 平均相对湿度 |
|  | 日照 | 累积日照时数 |
| 气候条件（40分） | 气候舒适度 | 气候舒适度评价等级达到"舒适"等级日数的占比 |
|  | 气象灾害风险 | 强降水风险指数 |
|  |  | 大风风险指数 |
|  |  | 雷电灾害风险指数 |
| 生态环境（15分） | 环境空气质量 | 环境空气质量优良天数比例 |
|  | 水质 | 地表水环境质量 |
|  | 森林植被 | 森林覆盖率 |

续表

| 一级指标 | 二级指标 | 三级指标 |
|---|---|---|
| 旅游服务（15分） | 人文背景 | 人文背景情况 |
| | 旅游资源条件 | 避暑清凉地旅游资源项目 |
| | | 避暑清凉地旅游资源景观 |
| | | 避暑清凉地旅游资源形象 |
| | 基础设施、服务保障 | 交通旅游接待能力、旅游公共服务设施 |
| | | 住宿条件（10 km 范围内） |
| | | 餐饮条件（3 km 范围内） |
| 加分项（10分） | 旅游与经济发展相关荣誉 | 市级以上颁发的正式证书或文件 |
| | 其他特色 | 智慧气象 |
| 一票否决 | 水质 | 地表水环境质量 |
| | 生态环境 | 生态事件 |
| | 旅游安全保障 | 应对灾害或旅游突发事件的响应、处理能力 |
| | | 安全事件 |

表 7.7　福建省滨海休闲度假福地评价指标

| 一级指标 | 二级指标 | 三级指标 |
|---|---|---|
| 气候禀赋（20分） | 气温 | 极端高温≥35℃日数 |
| | | 平均气温≤27℃日数所占比例 |
| | 风 | 平均风速 |
| | 相对湿度 | 平均相对湿度 |
| | 日照 | 累积日照时数 |
| 舒适度（35分） | 气候舒适度 | 气候舒适度评价等级达到"舒适"等级日数的占比 |
| | 海滨浴场舒适度 | 海滨浴场评价等级达到"舒适"等级日数 |
| | 海滩舒适度 | 海滩舒适度评价 |
| 气候风险（20分） | 气象灾害风险 | 强降水风险指数 |
| | | 台风风险指数 |
| | | 大风风险指数 |
| | | 雷电灾害风险指数 |

续表

| 一级指标 | 二级指标 | 三级指标 |
|---|---|---|
| 生态环境（15分） | 环境空气质量 | 环境空气质量优良天数比例 |
| | 海水质量 | 海水质量评价 |
| 旅游服务（30分） | 发展质量 | 游客接待量 |
| | | 游客满意度 |
| | 休闲活动、娱乐设施 | 休闲活动、娱乐设施配套情况 |
| | 基础设施服务保障 | 距离商业中心距离 |
| | | 交通旅游接待能力、旅游公共服务设施 |
| | | 住宿条件（10 km 范围内） |
| | | 餐饮条件（3 km 范围内） |
| 加分项（10分） | 旅游与经济发展相关荣誉 | 市级以上颁发的正式证书或文件 |
| | 其他特色 | 智慧气象 |
| 一票否决 | 水质 | 海水质量 |
| | 生态环境 | 生态事件 |
| | 旅游安全保障 | 应对灾害或旅游突发事件的响应、处理能力 |
| | | 安全事件 |

表7.8 福建省气候康养福地评价指标

| 一级指标 | 二级指标 | 三级指标 | 单位 |
|---|---|---|---|
| 气候康养禀赋（38分） | 气温（21分） | 年适宜温度（15℃≤T≤25℃）日数 | d |
| | | 夏季平均气温日较差 | ℃ |
| | | 冬季平均气温日较差 | ℃ |
| | | 年高温（Tmax≥37℃）日数 | d |
| | | 年低温（Tmin≤0℃）日数 | d |
| | 湿度（6分） | 冬季平均相对湿度 | % |
| | | 夏季平均相对湿度 | % |
| | 风（5分） | 年平均风速 | m/s |
| | 日照（6分） | 夏季日照时数 | h |
| | | 冬季日照时数 | h |

续表

| 一级指标 | 二级指标 | 三级指标 | 单位 |
|---|---|---|---|
| 气候舒适性（16分） | 人居环境气候舒适度 | 夏半年达舒适以上旬数所占比例 | % |
| | | 冬半年达舒适以上旬数所占比例 | % |
| 气象灾害风险（16分） | 台风(4分) | 台风风险指数 | |
| | 暴雨（4分） | 暴雨风险指数 | |
| | 大风（4分） | 大风风险指数 | |
| | 雷电（4分） | 雷电风险指数 | |
| 气候生态环境（50分） | 大气（30分） | 环境空气质量优良天数比例 | % |
| | | 负氧离子平均浓度 | 个/cm$^3$ |
| | | 大气相对含氧量 | % |
| | 水质（10分） | 地表水环境质量 | |
| | 植被（10分） | 森林覆盖率 | % |

| 康养旅游指标 |||
|---|---|---|
| 一级指标 | 二级指标 | 三级指标 |
| 康养资源禀赋（15分） | 特殊气象景观 | 气象景观多样；最低应具备3项（含3项） |
| | 自然景观 | 自然景观多样性（参照气象景观） |
| | 人文资源 | 人文旅游资源丰富程度（参照气象景观） |
| 康养配套设施（30分） | 医养设施距离县中心 | 必须配备有医师资格证书的医护人员，具有15 min车程之内的乡镇卫生院及以上医疗机构或30 min内到达县医院 |
| | 交通可到达性 | 半小时可到达县商业中心 |
| | 住宿接待能力 | 有旅游专线、城市公交；有高速、普通铁路或高铁直达，或具备便捷的省道、国道等 |
| | 餐饮接待能力 | 有数量充足、不同档次、不同类型的住宿接待 |
| | 其他接待能力 | 有能够满足不同需求的特色餐饮 |
| 康养产业（10分） | 产业丰富 | 在连接交通或景点的醒目位置设有旅游引导标识标牌、有较为充足的旅游厕所、有生态停车场等公共接待能力 |
| | 气候康养服务项目 | 康养主题鲜明、业态丰富、产品多元、有较高知名度和满意度 |
| 整体环境（10分） | | 多样化的气候康养项目 |
| | | 生态环境优美 |
| | | 建筑物富有特色 |
| | | 清洁卫生 |

续表

| 一级指标 | 二级指标 | 三级指标 |
|---|---|---|
| 安全设施（10分） | | 有完善的环境卫生管理制度 |
| | | 有配备消防设施、防灾应急设施 |
| | | 有安全警示标识 |
| | | 有健全的安全管理机构 |
| | | 有健全的安全管理制度 |
| **加分项** | | |
| 气象与灾害预案（10分） | 气象预警信息显示 | 显示当地气象预警信息并及时更新，同时有气象灾害预案及每年有定期的应急演练 |
| | 负氧离子观测 | 有监测站点或设备，开展监测 |
| 相关品牌荣誉（5分） | 与生态、旅游、康养等相关荣誉 | 市级以上颁发的正式证书或文件 |
| 生态旅游品牌宣传（5分） | 媒体宣传次数 | 各级媒体宣传报道 |
| **一票否决** | | |
| 责任事故 | | 环境污染、生态破坏、公共卫生和安全事故事件或触犯国家法律法规事件 |

## （二）气候福地特点

依托避暑清凉福地、滨海休闲度假、气候康养评价指标体系，2019～2020年福建省认定了一批"清新福建·气候福地"（表7.9）。

1. 避暑清凉福地总体特点

①气候禀赋优越。海拔较高，气候舒适度高，6～9月的气温、风速、相对湿度、日照等要素均较适宜。

②气候风险低。高温日数少，灾害性天气少。

③生态环境优美。空气质量清新，水质条件优良，森林覆盖率均超过71%。

④旅游服务好。旅游资源丰富、配套服务完善、应急措施齐备。

2. 滨海休闲度假福地总体特点

①气候禀赋优越，极端高温较低，气候舒适度较高，气候风险较低。

②生态环境优美。空气清新，空气质量优良率均为90.0%以上。

③海水水质好，均达国家Ⅱ类以上标准。海滨浴场舒适度较高，平均海温在23～29℃，达舒适度以上日数较多。

④山海景观独特、人文景观底蕴深厚、休闲娱乐设施完善、交通住宿接待能力强、应急措施完善。

3. 气候康养福地总的特点

①气候康养禀赋优越。人居环境气候舒适度高，气候风险较低。

②气候生态环境好。空气质量优，负氧离子浓度高。

③康养资源禀赋多。具备多样的自然景观、人文资源和特殊的气象景观。

④康养配套设施齐全，产业丰富，整体环境良好，交通方便，适合短期疗养。

表 7.9　"清新福建·气候福地"

| 避暑清凉福地 ||||||| 
|---|---|---|---|---|---|
| 市 | 县 | 乡（镇）、村、景区 | 市 | 县 | 乡（镇）、村、景区 |
| 福州 | 晋安区 | 鼓岭度假区 | 福州 | 永泰县 | 云顶旅游区 |
| 莆田 | 仙游县 | 九鲤湖景区 | 福州 | 闽侯县 | 洋里乡梧溪村 |
| 泉州 | 德化县 | 美湖镇 | 福州 | 罗源县 | 中房镇 |
| 泉州 | 安溪县 | 云岭茶庄园 | 福州 | 连江县 | 长龙镇 |
| 漳州 | 平和县 | 九龙江高峰谷 | 泉州 | 永春县 | 呈祥乡 |
| 漳州 | 华安县 | 高安镇坪水村 | 泉州 | 安溪县 | 湖上乡 |
| 龙岩 | 上杭县 | 古田镇 | 泉州 | 德化县 | 赤水镇 |
| 龙岩 | 上杭县 | 步云乡 | 泉州 | 德化县 | 桂阳乡 |
| 三明 | 大田县 | 济阳乡 | 厦门 | 同安区 | 莲花镇 |
| 南平 | 延平区 | 茫荡镇宝珠村 | 漳州 | 云霄县 | 乌山天池 |
| 南平 | 邵武市 | 桂林乡 | 龙岩 | 新罗区万安镇 | 竹贯村古村落 3A 景区 |
| 宁德 | 柘荣县 | 鸳鸯草场景区 | 三明 | 将乐县 | 玉华洞 |
| 宁德 | 柘荣县 | 东狮山景区 | 三明 | 永安市 | 上坪乡 |
| | | | 南平 | 松溪县 | 龙源绿茶生态休闲景区 |
| | | | 南平 | 浦城县 | 枫溪乡 |
| | | | 宁德 | 周宁县 | 陈峭风景区 |
| 滨海休闲度假福地 ||||||
| 市 | 县 | 乡（镇）、村、景区 | 市 | 县 | 乡（镇）、村、景区 |
| 平潭 | 君山片区 | 北港村 | 漳州 | 东山县 | 马銮湾景区 |
| 平潭 | 金井片区 | 坛南湾景区 | 漳州 | 龙海市 | 白塘湾旅游区 |
| 莆田 | 秀屿区 | 湄洲岛 | 漳州 | 诏安县 | 梅岭镇 |

续表

| 滨海休闲度假福地 | | | | | |
|---|---|---|---|---|---|
| 市 | 县 | 乡（镇）、村、景区 | 市 | 县 | 乡（镇）、村、景区 |
| 泉州 | 晋江市 | 金井镇 | 漳州 | 云霄县 | 陈岱金汤湾 |
| 泉州 | 石狮市 | 永宁镇 | 宁德 | 福鼎市 | 嵛山岛 |
| 泉州 | 惠安县 | 崇武西沙湾 | 宁德 | 霞浦县 | 三沙镇 |
| 气候康养福地 | | | | | |
| 市 | 县 | 乡（镇）、村、景区 | 市 | 县 | 乡（镇）、村、景区 |
| 福州 | 闽清县 | 闽清七叠温泉 | 漳州 | 南靖县 | 南靖土楼景区 |
| 福州 | 福清市 | 南岭镇大山村 | 漳州 | 龙海区 | 鹭凯生态庄园 |
| 厦门 | 同安区 | 汀溪镇顶村村 | 龙岩 | 武平县 | 城厢镇 |
| 厦门 | 海沧区 | 天竺山森林公园 | 龙岩 | 新罗区 | 小池镇培斜村 |
| 莆田 | 仙游县 | 西苑乡 | 龙岩 | 漳平市 | 永福镇 |
| 泉州 | 德化县 | 国宝乡 | 三明 | 大田县 | 屏山乡 |
| 泉州 | 永春县 | 牛姆林生态旅游区 | 三明 | 明溪县 | 夏阳乡 |
| 泉州 | 永春县 | 苏坑镇 | 三明 | 尤溪县 | 古溪星河休闲旅游度假景区 |
| 泉州 | 南安市 | 向阳乡 | 宁德 | 福安市 | 白云山风景名胜区 |
| 南平 | 政和县 | 杨源乡 | 宁德 | 屏南县 | 寿山乡 |
| 南平 | 建阳区 | 黄坑镇 | 宁德 | 古田县 | 泮洋乡 |
| 南平 | 延平区 | 四鹤街道上洋村 | 宁德 | 屏南县 | 熙岭乡龙潭村 |

## 四、代表性景区的气候特点

1. 武夷山

武夷山风景区1982年列为国家级重点风景区，有九曲、三十六峰、七十二景、一百零八洞之奇。登山观水流，临水绕山转，山光水色，瑰丽动人，素有"碧水丹山""奇秀甲于东南"的美誉。武夷山的独特气候，造就了九曲溪两岸苍松翠竹，奇花异草，春见山容，夏见山气，秋见山情，冬见山骨，气候景观十分丰富。

武夷山一年四季的气候都适合旅游。年平均气温18.6℃，极端最高气温41.2℃，平均高温日数29天；极端最低气温-8.1℃。春夏之交，以晴雨相间天气为主，此时，气候温和，雨水丰沛，杜鹃盛开，桃红李白。蓝天白云下，随九曲十八湾可尽览碧水丹山；朦胧细雨中，伴轻纱般的云雾，漫游桃花源，仿佛置身于仙境。到武夷山旅游要提防和避开雨季高峰期，一则山洪暴发，不能畅游九曲溪；二则山洪刚过，溪水混浊。夏秋是游武夷山的黄金季节，昼夜温差较大，但要避开罕见的大旱，否则九曲溪水少，不尽如人意。此外，夏秋季节，山区气温日变化远比沿海地区明显，要注意保暖。

2. 太姥山

被誉为"海山仙都"的太姥山位于福鼎市境内，三面临海，一面倚山，集高山、大海、苍天于一色，具有石奇、洞异、峰险、雾多"四绝"。随着峰回路转而变幻莫测的山峰，宛如大自然的鬼斧神工造就的盆景。

太姥山群峰海拔多在 500～1000 m，由于特殊的地理环境，年雾日 100 多天，春夏之交时节，气候温和，山花盛开，虽然雷阵雨天气较多，但易遇上雨后初晴，山雾弥漫，云海飘荡，群峰时隐时现，时浮时沉，时近时远，游人至此，如入仙境。秋天，多天高气爽，雾日较少，此时游太姥，近倚群峰，远观大海，则心旷神怡；晨起观日出，若遇上云海，更为壮观。冬季，气候寒冷，风大气温低，不是旅游佳期，但若遇上少有的大雪天，一座座石峰银装素裹，仙风傲骨，一片片竹林玉树琼枝，冷艳动人，云雾缠绕下，则另有一番情调，是其他季节所无法比美的。

到太姥山旅游，要注意的天气问题主要是：春夏时节注意带雨具，登山遇雷电时注意防雷；夏季，主要避开台风的影响；冬天，迎着大雪上山，可谓是无限风光在险峰，要注意的是防冻，登山时要结队成行，穿好防滑的登山鞋，务必注意安全。

3. 厦门鼓浪屿

鼓浪屿位于厦门市。厦门是福建第二大城市，也是沿海四个特区之一，更是一座闻名海内外的海滨旅游城市。受海洋影响，气候特点是：夏无酷暑，冬无严寒。素有海上明珠之称的鼓浪屿 1988 年被列为国家级重点风景区，其天然海滨浴场，盛夏季节，泳者云集。年最热月平均气温 28.3℃，最冷月平均气温 13.1℃，平均高温日数 7.3 天，冬季极端最低气温 0.1℃以上，年大风日数 10.7 天，因此，一年四季都是旅游的好季节。

由于厦门本岛到鼓浪屿要乘轮渡，因此影响旅游的主要天气是大风和大雾。外地旅客要到鼓浪屿旅游，关键要避开台风的影响，出发前最好向气象部门了解一下旅游期间是否有台风、大雾、大风的不利影响。

4. 泰宁金湖

金湖位于武夷山南端的泰宁县境内，国家 AAAA 级旅游区、福建省最大人工湖。金湖以水为主体，水域面积 38 km$^2$，蓄水 7 亿多 m$^3$，有"百里金湖"之称。金湖还以丹霞地貌为特征，是国内少有的丹霞地貌与浩瀚湖水相结合的风景区。金湖水深色碧，岛湖相连，湾汊相间，群峰竞秀，洞奇石美，青山绿水间随处可见丹崖悬瀑、古寺险寨、渔舟农舍和古木山花。

金湖年平均气温 17.8℃，极端最高气温 39.9℃，高温日数 20.8 天，极端最低气温 –10.6℃。一年四季皆适宜旅游。但春季到金湖旅游主要注意避开雨季暴雨洪涝集中期。若遇上严重气候干旱，对水上旅游项目会有影响，夏秋冬还是适合寨下大峡谷等其他旅游景点的观光。

### 5. 福建土楼

福建土楼分布在漳州和龙岩两地市，风格奇异的土楼民宅散布在闽西的永定、武平、上杭及闽东南的南靖、平和、华安、漳浦等地。福建土楼产生于11～13世纪（宋元时期），成熟于明末、清代和民国时期，是世界上独一无二的山区大型夯土民居建筑。

福建土楼以生土为主要建筑材料，掺上细沙、石灰、糯米饭、红糖、竹片、木条等，经过反复揉、舂、压建造而成。楼顶覆以火烧瓦盖，经久不损，并不同程度地使用石材。所以，又俗称"生土楼"。又因其大多数为福建客家人所建，故还称为"客家土楼"。

这些土楼以圆形高层建筑为主，规模宏大，结构精巧，服务于家族或村落的聚居需要，或自成主体，或成群落，与当地其他传统低矮民居组合构成或大或小的村落。土楼高可达四五层，供三代或四代人同楼聚居。

土楼以其独特的建筑风格和悠久的历史文化著称于世。其形状有圆形、方形、椭圆形、弧形等。福建土楼产生于宋元时期，依山就势，布局合理，吸收了中国传统建筑规划的"风水"理念，适应聚族而居的生活和防御的要求，巧妙地利用了山间狭小的平地和当地的生土、木材、鹅卵石等建筑材料，是一种自成体系，具有节约、坚固、防御性强特点，又极富美感的生土高层建筑类型。

2008年"福建土楼"被正式列入《世界遗产名录》。"福建土楼"由永定、南靖、华安的"六群四楼"共46座土楼组成，包括永定县的初溪土楼群、洪坑土楼群、高北土楼群、衍香楼、振福楼，南靖县的田螺坑土楼群、河坑土楼群、和贵楼、怀远楼，华安县的大地土楼群。

一年四季皆适宜到土楼旅游。主要要注意山区天气的变化，注意防雨、防晒、防山洪和地质灾害对交通的影响。

### 6. 鸳鸯溪和白水洋

鸳鸯溪和白水洋位于屏南县境内，1992年被定为国家级重点风景区，以目前世界唯一的鸳鸯、猕猴自然保护区为特色，有被称为天然冲浪游泳池的"白水洋"和全国五大水濂洞之首的"百丈祭水帘洞"。由于每年秋分至次年清明，上千对美丽的鸳鸯飞来过冬，因此，要观赏鸳鸯戏水，就要选择这个时节。又由于风景区位处海拔800多米的鹫峰山区，夏季极端最高温度比平地低4～5℃，未出现35.0℃以上的高温。各季雨水丰沛，所以，也是观高山流水，避盛夏酷暑的好去处。同样，到白水洋旅游要避开雨季暴雨集中期，要注意局地强降水天气的影响。其实，转折性天气也会带来新的气象景观。

### 7. 平潭

平潭位于福建中部沿海，是中国大陆距离台湾最近的地方，1994年被定为国家级重点风景名胜区，2016年国务院批复平潭国际旅游岛建设。由于受地质构造和海水侵蚀的影响，造就了雄伟壮观的海蚀地貌，半洋石帆被誉为"天下奇观"。4～6月平潭"蓝眼泪"吸引大批游客前往观赏，长江澳、龙王头、坛南湾等海滩是夏季游玩的好地方。平潭海洋性气候明显，夏无酷热，冬无严寒，最热月（7月）平均气温28.4℃，最冷月（2月）平均气温11.6℃，但大风日数较多。到平潭旅游要注意的气候问题，一是避开台风等大风天气；二是避开大雾，以便观赏海景。

8. 永安桃源洞-鳞隐石林

桃源洞位于永安市北面的燕江畔，桃源洞似洞非洞，拼榈潭十里碧波，清澄如镜，被宋代李纲誉为"水石称为小武夷"；鳞隐石林位于永安市西北部，规模仅次于云南石林，有"福建小桂林"的美称，永安桃源洞—石林1992年被定为国家级重点风景区。到桃源洞和石林，登山观水四季皆宜，但要看水，从气候角度讲，永安冬季较冷，夏季炎热，春季暴雨较多，雾日较多。因此，选择雨季结束后一两星期至盛夏来临前的季节，和秋季来旅游观光较为理想，一是气温宜人，二是江水较多且清澈。如果，时逢雨水频繁的春季或雨季高峰，降水集中使溪水比较混浊。

9. 周宁九龙祭

周宁九龙祭1987年被评为省级风景区，位于鹫峰山区的周宁县城东南13 km处，海拔800多米。由于鹫峰山区是福建雨水最多的山区，如周宁县平均年雨量达2081.9 mm，为九龙祭提供了充足的水源。这里，最热月（7月）平均气温只有24.4℃，高温日数很少，但雾日多达72.2天，气温日变化大，也是夏季避暑的好地方。又由于初夏，雨季刚结束，正是瀑布的丰水期，是观赏有"福建第一""华东第二"之称的九龙祭瀑布的好时机。

九龙祭瀑布流程长达1000 m，由9个不同落差组成，穿过峡谷，总落差达300多米，形成奇绝的飞瀑深潭。瀑布形成的水雾，弥漫山谷，若逢斜阳映照，幻成横空彩虹，景色更为壮观。

## 第三节 气候可行性论证

气候可行性论证是指对与气候条件密切相关的规划和建设项目进行气候适宜性、风险性以及可能对局地气候产生影响的分析、评估活动。论证目的是充分利用气候资源、规避气候风险、保护气候环境。一方面强调如何利用好气候，充分利用气候资源；另一方面强调开发项目对气候的影响。气候可行性论证是科学应对气候变化、科学合理地防灾和投资的最有效的具体行动。

### 一、气候可行性论证范围

论证范围包括与气候条件密切相关的规划和建设项目，具体如下。

①城乡规划、重点领域或者区域发展建设规划。
②重大基础设施、公共工程和大型工程建设项目。
③重大区域性经济开发、区域农（牧）业结构调整建设项目。
④大型太阳能、风能等气候资源开发利用建设项目。

## 二、区域气候可行性论证

### （一）论证范围及分类

论证区域包括各类开发区、工业园区和其他有条件的区域。开发区、工业园区为国家或地区为吸引外部生产要素、促进自身发展而划出一定范围并在其中实施特殊政策和管理手段的特定区域。根据《中国开发区审核公告目录》（2018年版），国务院批准设立的开发区主要包括经济技术开发区、高新技术产业开发区、海关特殊监管区域、边境/跨境经济合作区、旅游度假区等类型；省（自治区、直辖市）人民政府批准设立的开发区主要有两种类型，一类是经济开发区，功能类似于国家级经济技术开发区；一类是工业园区（产业园区），功能以发展各类工业项目为主。另外还有各部委批准设立的开发区。

根据我国对产业的分类标准，可以划分为第一、第二和第三产业，其中第一产业通常指大农业，包括农、林、牧、渔等；第二产业通常指工业，包括采矿业、制造业等，高新技术研发也属于此类；第三产业通常指服务业，包括交通运输业、旅游休闲、金融业等非物质生产行业。

根据开发区的主导产业类别（第一、第二或第三产业）、开发区的经济发展特点等，将开发区主导产业分为以下6类：

①电子信息、生物科技等高新技术类。
②汽车、新能源、装备制造等产业经济类。
③石化、医药化工、煤化工、盐化工等危险化工类。
④商贸物流、仓储物流、港口物流等物流运输类。
⑤边境旅游、文化旅游、滨海休闲、休闲旅游等特色旅游类。
⑥农业生物、农业服务、农产品加工、绿色食品加工等农业开发类。

### （二）区域气候可行性论证内容

区域气候可行性论证工作流程：现场踏勘、资料收集、工作大纲编制、计算分析、论证报告编制、报告评审与修改。

1. 现场踏勘

对论证区域进行现场踏勘、调研，搜集园区基本情况，包括论证区域地理位置、地形特点、类型、边界范围、面积；了解论证区域主导产业、产业特点、总体规划或控制性详细规划，公共设施及企业分布情况；搜集论证区域及周边地区历史上与气象相关的灾情及次生灾害，列出重点企业、气象敏感企业及存在有毒有害危险源、易燃易爆风险的企业清单；根据表7.10确定论证范围、论证区域分类及气象敏感因子。

表7.10　论证区域分类及气象敏感因子一览表

| 类别 | 名称 | 所包含的功能区 | 主要特点 | 气象敏感因子 |
| --- | --- | --- | --- | --- |
| 一 | 高新技术类（第二产业） | 国家高新技术产业开发区<br>国家自主创新示范区<br>大学科技园区<br>创新科技园区 | 园区范围大、研发人员多、配套设施完整、创新性强（光电子软件机器人），部分园区也有车间等 | 台风、强降水（暴雨）、雷电、大风、高温、大雾、干旱等 |
| 二 | 产业经济类（第二产业） | 经济技术开发区<br>工业园区<br>海关特殊监管区<br>特色产业园区 | 具有厂房车间、产品加工流水线、经常性技改升级，大部分都有仓库 | 台风、强降水（暴雨）、雷电、大风、高温、大雾等 |
| 三 | 危险化工类（第二产业） | 石油化工园区<br>盐化工园区<br>涉及危险化学品重大风险功能区 | 具有化学危险性，对暴雨、雷电最敏感，对干湿、高低温都敏感 | 台风、雷电（爆炸）、高温（火灾）、强冷空气（凝冻）、强降水、干旱、大风、大雾等 |
| 四 | 物流运输类（第三产业） | 交通物流园区<br>电子商务区<br>自由贸易（港）区 | 具有大型仓库、交通量大 | 台风、强降水（尤其是山洪、风暴潮）、大雾、潮湿、雷电、大风、高温、低温冰冻等 |
| 五 | 旅游、休闲、体育特色类（第三产业） | 旅游观光区<br>度假休闲区<br>特色小镇<br>体育设施、场馆 | 具有对气候敏感的气候景观、林木物候，游客、居民安全，大型体育场馆 | 台风、强降水（尤其是山洪、风暴潮）、雷电、大风、寒潮、低温冰冻、低温连阴雨、高温、干旱等 |
| 六 | 农业生产类（第一产业） | 农业科技园区<br>农业采摘园区<br>农业生产园区 | 具有对气候敏感的农作物、林果，工作人员和游客安全 | 台风、强降水（尤其是山洪、风暴潮）、雷电、大风、寒潮、低温冰冻、低温连阴雨、高温、干旱等 |

2.气象资料收集

收集园区及周边国家长期气象站和自动气象站观测资料，气象灾害资料，确定论证重点。其中参证气象站应至少收集最近30年的气象资料，区域气象站应收集建站以来的气象资料。气象灾害收集应包括园区及周边区域有记录以来的各种气象灾害及灾情描述。

3.工作大纲编制

根据现场踏勘、收集的气象和园区资料，编制工作大纲，明确评估范围、选取的参证气象站、评估内容、论证重点等。

4.计算分析与论证报告编制

对气象资料进行处理和质量控制及计算分析,针对园区入驻企业的特点,开展气候特征分析;高影响天气分析;关键气象参数计算;园区规划设计、建设及运营三个阶段的对策建议,编制气候可行性论证报告,给出论证结果及适用性说明。

表7.11综合给出了论证内容及相关的参考标准。

### 表7.11 计算分析与论证内容一览表

| 论证内容 | 论证项目 | 计算分析内容 | 参考相关标准 |
|---|---|---|---|
| 气候背景 | 基本气候特征 | 气象要素值的年、季、月、日变化 | QX/T 423—2018、DB35/T 1590—2016 |
| 高影响天气 | 台风 | 台风路径、频数、强度、月季节分布、风雨极值、典型个例等 | GB/T 19201—2006、DB35/T 1413—2014 |
| | 大风、暴雨、雷电、大雾、干旱、冰雹、高温等 | 日数的年、月变化及特征值、典型个例 | QX/T 423—2018 |
| 关键气象参数 | 强降水 | 暴雨强度公式及设计暴雨雨型 | GB 50014—2006 |
| | 雷电 | 雷电风险评估 | QX/T 85—2018、GB 21714.2—2015、QX/T 405—2017 |
| | 抗风参数计算 | 设计风速、风压 | GB 50009—2012、QX/T 436—2018 |
| | 极端高温、极端低温 | 气温极值推算 | GB 50009—2012 |
| | 采暖通风与空气调节设计参数 | 室外计算温度、室外计算相对湿度等 | GB 50019—2015 |
| 人体健康 | 城市热岛 | 城市热岛强度 | QX/T 242—2014 |
| | 舒适度 | 人体舒适度 | |
| | 逆温 | 逆温强度、频次、厚度 | |
| | 混合层 | 混合层高度 | |
| | 通风廊道 | 通风环境,风频分布或风玫瑰图、通风系数、或CFD(计算流体力学)模拟 | |

注:人体健康为非必须项,根据园区的特点选做。

## （三）设计参数计算方法

在开展区域气候可行性论证中需计算极端气象设计参数，如风压、极端气温等重现期极值，涉及极值计算方法，如耿贝尔–I型极值法和皮尔逊Ⅲ法等。

1. 耿贝尔（Gumbel）–I型极值法

Gumbel分布的分布函数由下式表达：

$$F(x) = \exp(-e^{-a(x-u)}) \qquad a > 0, -\infty < u < \infty \qquad (7.3.1)$$

其超过保证率函数为：

$$P(x) = 1 - \exp(-e^{-a(x-u)}) \qquad (7.3.2)$$

超过保证率$P$对应的重现期风速为：

$$x_p = -\frac{1}{a}\ln[-\ln(1-P)] + u \qquad (7.3.3)$$

参数$a$及$u$的估计按《建筑结构荷载规范》推荐采用耿贝尔法：

假定最大风速有序列：$x_1 \leq x_2 \leq \cdots \leq x_n$，则经验分布函数为：

$$F^*(x_i) = \frac{i}{n+1} \qquad i=1, 2, \cdots, n \qquad (7.3.4)$$

取序列：$y_i = -\ln(-\ln(F^*(x_i))) \qquad i=1, 2, \cdots, n \qquad (7.3.5)$

可得：

$$a = \frac{\sigma(y)}{\sigma(x)} \qquad u = E(x) - \frac{E(y)}{a} \qquad (7.3.6)$$

在实际计算中可用有限样本容量的均值和标准差作为$E(x)$和$\sigma(x)$的估计值。

2. P-Ⅲ法

P-Ⅲ分布，即皮尔逊–Ⅲ分布，具有广泛的概括和模拟能力，在气象上常用来拟合年、月的最大风速和最大日降水量等极值分布。它的保证率分布函数见公式（7.3.7）：

$$y = P(x) = \frac{\beta_a}{\Gamma(\alpha)}(x-a_0)^{a-1}e^{-\beta(x-a_0)} \qquad (7.3.7)$$

式中：$\alpha$、$\beta$、$a_0$经适当换算，可以用3个统计参数$\bar{x}$、$C_s$、$C_v$来表示，见公式（7.3.8）：

$$a = \frac{4}{c_s^2}; \quad \beta = \frac{2}{mc_v c_s} = \frac{2}{\sigma c_s}; \quad a_0 = \bar{x}\left(1 - \frac{2c_v}{c_s}\right) \qquad (7.3.8)$$

式中：$P(x)$为保证率分布函数；$\bar{x}$为均值；$c_s$为偏态系数；$c_v$为变差系数。

$\alpha$主要依赖于偏度系数，确定其曲线形状，在$\alpha$一定的前提下，$\beta$则主要取决于数列的均方差$\sigma$，因而它确定了变量取值的尺度（分散度）。

3. 基本风压

风压是垂直于风向的单位面积平面上所受到的压强。

根据《建筑结构荷载规范》（GB 50009-2012）的要求，"基本风压系以当地比较空旷平坦地面上离地10 m高统计所得的50年一遇10 min平均最大风速$v_0$（m/s）为标准计算得到"。基本风压公式为：

$$W_0 = \frac{1}{2}\rho v_0^2 \tag{7.3.9}$$

式中：$W_0$ 为风压（kN/m²），$\rho$ 为空气密度（t/m³），$v_0$ 为重现期10min平均最大风速（m/s）。

$\rho$ 的值根据所在地的气温、气压、水汽压按下述公式确定空气密度：

$$\rho = \frac{0.001276}{1+0.00366t} \cdot \frac{p-0.378e}{1000} \tag{7.3.10}$$

式中：$P$ 为气压（hPa）；$t$ 为气温（℃）；$e$ 为水汽压（hPa）。

也可按下式近似估计空气密度：$\rho = 0.00125e^{-0.0001z}$

式中：$z$ 为气象台站的海拔高度，单位为 m。

4. 风速垂直廓线

基本风压中的高度是10m，而高层建筑、桥梁、风机等需要几百米以下各高度上的风速，这就要求了解风随高度变化的规律。

在近地层中，风速随高度变化符合幂指数变化规律，即：

$$\frac{v_n}{v_1} = \left(\frac{z_n}{z_1}\right)^\alpha \tag{7.3.11}$$

式中：$v_n$ 为 $z_n$ 高度处的风速，$v_1$ 为 $z_1$ 高度处的风速，$\alpha$ 为幂指数。

$\alpha$ 值与地面粗糙度有关，《建筑结构荷载规范》将 $\alpha$ 分为 4 类。A 类 $\alpha=0.12$，指的是近海海面、海岛、海岸、湖岸及沙漠地区；B 类 $\alpha=0.15$，指田野、乡村、丛林、丘陵及房屋比较稀疏的乡镇和城市郊区；C 类 $\alpha=0.22$，指有密集建筑物群的城市市区；D 类 $\alpha=0.3$，指有密集建筑物群且房屋较高的城市市区。

由于地面粗糙度对 $\alpha$ 值的影响很大，随着近年来低空探测技术的发展，$\alpha$ 值建议以实测值为主，辅以规范建议的值综合考虑。

## 三、电力行业气候可行性论证

气候对电力影响是多方面的，包括建设前的可行性论证、工程参数设计、运行管理等各阶段。水力发电和降水量的总量和年际分布关系密切；风力发电和风的关系密切。电力输送需要在野外架设线路，与极端气温、风速、冰雪，以及暴雨关系密切。就是火电和核电，也和气象灾害关系密切，大气污染扩散条件、台风、龙卷风等极端天气不仅决定建设的可行性和工程参数设计，而且对运行管理也有影响。

在经济社会发展对电力需求增长和应对气候变化节能减排的背景下，福建省电力总体上呈上升趋势，但在各类能源增长趋势中，水电发展相对缓慢，并趋于饱和；火电发展较水电迅速，2001年火电装机容量超过了水电；核电和风电发展异军突起。风能已经向海上、内陆高山开发拓展。

### （一）气候与风电

风力发电是利用自然风通过发电机将其转变成电能的过程。风能实际上是太阳能的一种形式，太阳光对地球表面不均衡的加热，造成大气层中温度和压力的差别而产生了风，大的气压梯度和山口为风能的积聚创造了有利的自然条件。

衡量风能资源的大小，通常以有效风速时数和有效风能密度来表示。目前风机的工作的风速范围是 3～25 m/s，高于 25 m/s 就要关机，以免风机遭受损坏，而低于 3 m/s 风机则无法启动，因而这一风速被称为有效风速。台湾海峡是我国有效风速时数最多和有效风能密度最大的地区，受海峡影响，福建岛区风能储藏量也极为丰富，湾外岛屿全年有效风速时数均在 6500 h 以上，平均每天可利用 18～22 h，湾内岛屿的有效风速时数也有 3000～5000 h，平均每天可利用 8～14 h。有效风速时数（有效风能密度）以秋季最多（大），在冬转夏季节里最少（小）。

为有效地开发风能资源，不仅要了解该地风的气候特征，还要考虑风机选址问题。因为即便在风能丰富的区域内，也必须选定风能较为集中的风口区，才能较大规模地开发风能，即使在风能不甚丰富的地区，处于山口的地方也可能有较多的风能可以开发。

此外，开发风电还需考虑气象灾害风险，尤其是台风风险，台风对风电的开发利弊兼有，夏季海上风速较小，强度较弱的台风对风力发电非常有利，可以大大增加发电量，但强度强的台风则会造成较大损失，因此福建省海上风电场风机的选型需考虑抗台风型风机。

因此气候对风电而言，需至少开展两方面的工作：一是风电场风资源评估，二是气象灾害风险评估。

1. 福建省陆上风能资源评估

福建省气候中心利用 mm5+CALMET 模式模拟得到福建省 30 年平均风能资源空间分布，并与沿海 18 座梯度测风塔实测数据进行对比订正，结合 GIS 空间分析，得到福建省陆上风能资源分布特征及技术开发量。

（1）各高度年平均风速、风功率密度分布规律

福建省的风能资源主要集中在沿海地区，内陆地区除高海拔山地外，大多数地区风能资源比较贫乏。福建省沿海地区地形地貌复杂，山地、平原、岛屿一应俱全。北部沿海以山地为主，山地直逼海岸线，海拔高度较高；中南部沿海为狭窄的平原，海拔一般较低，地形相对平坦，地面粗糙度相对北部沿海为小；海岸岛屿、半岛众多，半岛地区和大部分海岛充分暴露于海面，下垫面粗糙度小，地形一般较平坦。综观图 7.10，沿海地区年平均风速随高度的增加而增大，8 m/s 以上的区域随高度扩大，并向内陆延伸，其中在闽江口以北沿海局部地形复杂的山地，50 m 高度风速最大，50 m 以上高度风速变化不大，甚至略呈减小趋势。

年平均风功率密度的分布类似于风速（图 7.11），除北部局部山地受地形影响，风功率密度随高度减小外，其余区域都是随高度增加。

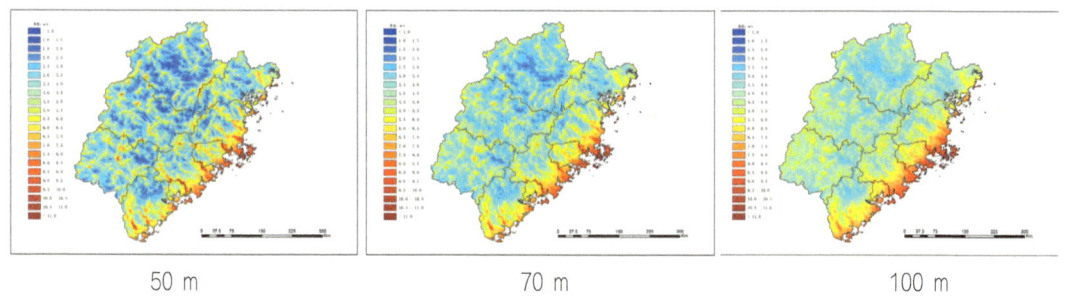

图 7.10　福建省各高度长期数值模拟年平均风速

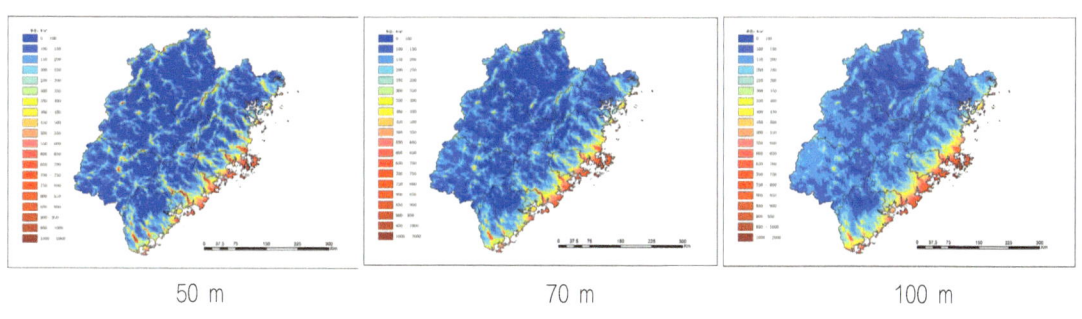

图 7.11　福建省各高度长期数值模拟年平均风功率密度

（2）各高度各季平均风速、风功率密度分布规律

春季（3～5月）平均风速稍大于夏季，70 m 高度平均风速，中部沿海 8～9 m/s，南部沿海 6～7 m/s，北部沿海 5～6 m/s，大风主要是冷空气或强对流天气造成的。

夏季（6～8月）平均风速最小，70 m 高度 8 m/s 左右的风速集中在长乐至莆田沿海及北部的半岛和岛屿，大风主要是由台风引起的。

秋季（9～11月）是福建省大风季节，大风生成的原因主要是冷空气或冷空气与台风共同作用的结果。北部地区风随高度减小，其余地区增加，地形影响较明显。中部沿海 70 m 高度平均风速可以超过 11 m/s，南部沿海约为 9 m/s，北部沿海的岛屿和半岛突出部约为 8 m/s。

冬季（12～2月）由于冷空气南下影响，沿海平均风速较大，盛行偏北风，风速随高度增加非常迅速，70 m 高度平均风速超过 11 m/s，且自北向南随高度都是呈增加的态势，局地地形影响大为减弱，明显不同于年的分布。

季节平均风功率密度类似于平均风速的变化，不再复述。

（3）福建沿海风能潜力

福建沿海风能潜在技术开发量和面积如表 7.12 所示。

表 7.12　福建沿海风能潜在技术开发量和面积

| 要素 | ≥ 400 W/m² | | ≥ 300 W/m² | | ≥ 250 W/m² | | ≥ 200 W/m² | |
|---|---|---|---|---|---|---|---|---|
| | 开发量/MW | 开发面积/km² | 开发量/MW | 开发面积/km² | 开发量/MW | 开发面积/km² | 开发量/MW | 开发面积/km² |
| 70 m | 6560 | 1825 | 9550 | 2664 | 10910 | 3058 | 13410 | 3780 |

（4）沿海风能资源综合评估

①福建沿海风能资源十分丰富，70 m 高度平均风功率密度 ≥ 200 W/m² 的技术开发量为 13410 MW，可开发面积 3780 km²；≥ 250 W/m² 的技术开发量为 10910 MW，可开发面积 3058 km²；≥ 300 W/m² 的技术开发量为 9550 MW，可开发面积为 2664 km²；≥ 400 W/m² 的技术开发量为 6560 MW，可开发面积为 1825 km²。

②福建沿海风能资源空间分布特点是：中部沿海最丰富，南部沿海次之，北部沿海再次，具有由沿海向内陆迅速递减的特点。根据 GB/T18710-2002 风功率密度等级划分标准，中部沿海（包括福州中南部沿海、莆田沿海和泉州沿海）为 4 级（好）～ 7 级（很好），其中平潭岛和龙高半岛部分地区可达最高级 7 级；南部沿海（包括厦门漳浦沿海和东山诏安沿海）和北部沿海（闽江口以北沿海）为 2 ～ 5 级（很好），但南部可开发面积大于北部。

③福建沿海风能资源时间分布特点是：平均风功率密度与平均风速遵循同样的变化规律，季节变化特点是秋季最大，冬季次之，夏季最小；日变化特点是凌晨最小，然后逐渐增大，午后至傍晚达最大，而后再逐渐减小。风能方向频率非常集中，主导风向为 NE 或 NNE，NNE—ENE 三个风向的频率之和达 60% ～ 70%，夏季的主导风向为 SW 或 SSW，S—SW 三个风向的频率之和为 25% 左右。

④其他风能资源参数的特征：福建沿海风速随高度的变化基本符合幂指数规律，风切变指数介于 0.07 ～ 0.2，平坦空旷的地区小于下垫面复杂的地区；平均湍流强度 0.1 ～ 0.3，风速 15 m/s 的湍流强度在 0.1 左右，但台风影响期间湍流强度会明显增大；风频曲线均满足威布尔分布，尺度参数 A 介于 4.43 ～ 11.43 m/s，形状参数 K 为 1.75 ～ 2.33；70 m 高度 50 年一遇最大风速 40 ～ 53 m/s，呈现中部沿海小，南部和北部沿海大的分布特点。

2. 福建省海上风能资源评估

采用数值模拟方法对福建省海域风能资源进行模拟，并利用海上已有的 11 座测风塔实测资料对模拟结果进行订正，得到福建省海域 1 km 分辨率风能资源分布特征。

（1）数值模拟方法

基本思路是先用 WRF 模式进行 9 km 分辨率的模拟，然后将模拟的结果作为

CALMET 的初始场，进行降尺度诊断，得到 1 km 分辨率的风资源分布结果。

在大气边界层动力学和热力学基础上，考虑到近地层风速分布是天气系统与局地地形作用的结果，风速分布的变化是由天气系统运动与变化引起的，大气边界层存在着明显的日变化，日最大混合层厚度与天气系统的性质有关。因此，依据不受局地地形摩擦影响高度上（850 hPa 或 700 hPa）的风向、风速和每日最大混合层高度，将福建省海域历史上出现过的天气进行分类，然后从各天气类型中随机抽取 5% 的样本作为风能资源数值模拟的典型日，之后分别对每个典型日进行数值模拟，并逐时输出；最后根据各类天气类型出现的频率，统计分析得到风能资源的气候平均分布。

（2）天气类型分类与典型日筛选法

根据每日 08 时探空得到的 850 hPa 或 700 hPa 风向和风速以及每日最大混合层高度进行分类，850 hPa 或 700 hPa 的风速代表了不受下垫面影响的天气背景风速，每日最大混合层厚度体现大尺度天气在局地地形条件下动力与热力综合作用的结果。将风向平均地分为 8 个方向；风速按大小分为 8 档，0～2 m/s，2～5 m/s，5～10 m/s，10～15 m/s，15～20 m/s，20～25 m/s，25～30 m/s，大于 30 m/s；每日最大混合层高度分为 4 档，0～150 m，150～500 m，500～800 m，大于 800 m。因此，最大可能的分类数为 256 类。

（3）数值模式系统

福建省近海风能资源评估中采用的中、小尺度数值模拟系统分别为 WRF（Weather Research Forecast）和 CALMET。WRF 模式系统是由许多美国研究部门及大学的科学家共同参与进行开发研究的新一代中尺度预报模式和同化系统。CALMET 模式是美国环境保护署推荐的一个网格化的复杂地形风场动力诊断模式。它利用质量守恒原理对风场进行动力诊断，主要考虑了地形对近地层大气的动力效应、斜坡气流产生和阻碍物阻挡效应，并采用三维无辐散处理消除插值产生的虚假波动。

模式模拟初始资料采用美国近 20～30 年全球大气环流模式 NCEP/NCAR 再分析资料和常规气象站观测资料。

（4）福建省海域风能资源评价

福建省海域广阔，海岸线长。全省海域面积 13.6 万 $km^2$。福建沿海受季风气候影响，风能资源十分丰富。从福建海域年平均风速分布图（图 7.12）上可以看出：

东北—西南向上，受台湾海峡"狭管效应"的影响，福建海域风能资源呈现出自海峡中部向南北两侧递减的特征。海峡中部风能资源最为丰富，年平均风速在 10 m/s 以上。海峡南侧和北侧风能资源较为丰富，年平均风速一般在 8 m/s 以上。

西北—东南向上，风能资源自海峡中部向东西两侧（陆地侧）递减。以莆田沿海为例，90 m 高度海岸线附近年平均风速在 8.5 m/s 左右，随着离岸距离的增大，年平均风速呈现出增大后减小的趋势。最大值出现在离岸 100 km 左右（该区域年平均风

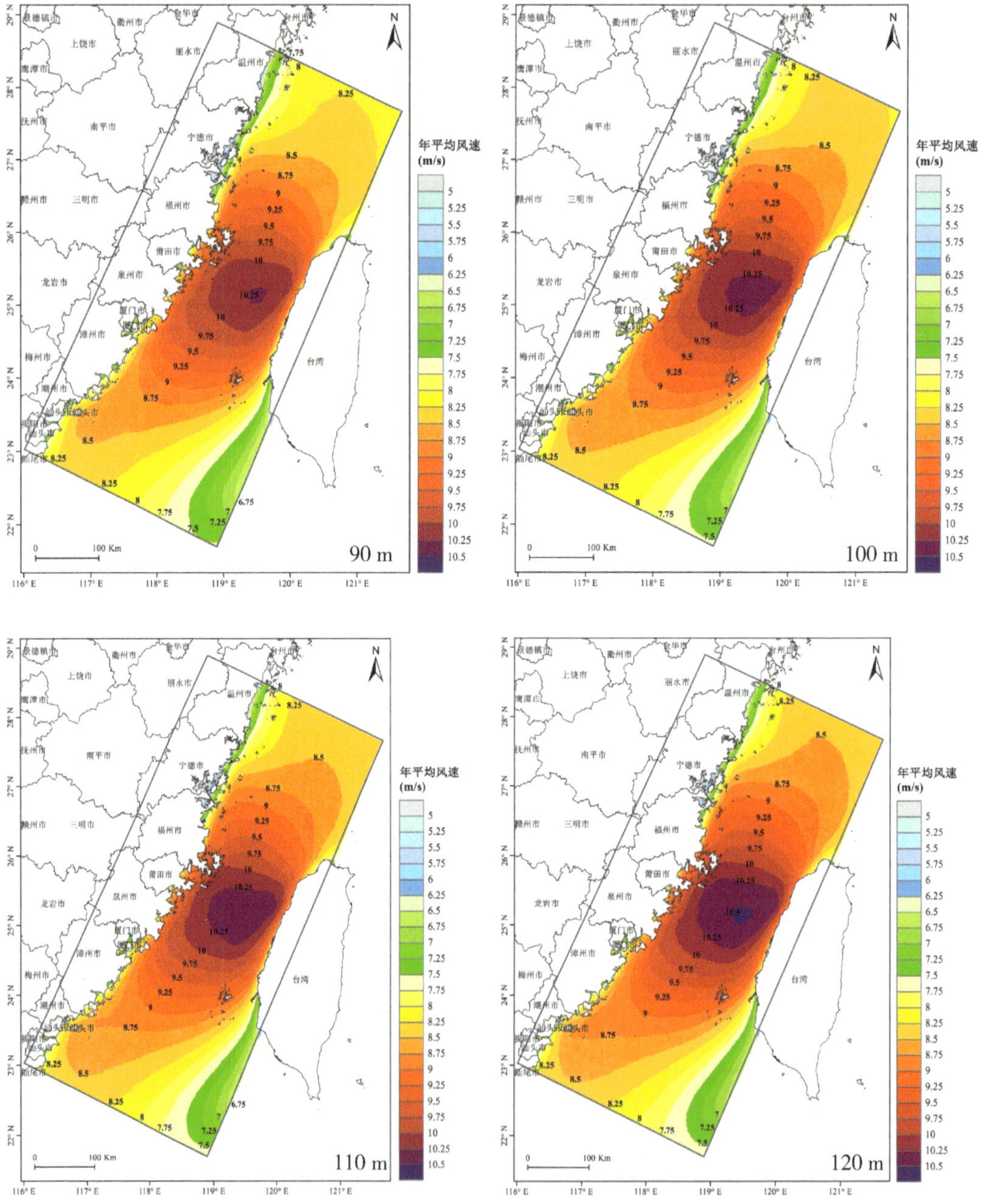

图 7.12　台海海峡 90 m、100 m、110 m、120 m 高度年平均风速空间分布

速在 10.25 m/s 左右）。靠近台湾一侧，年平均风速又减小到 8.5 m/s 左右。

（5）风切变指数分布特征

利用模式模拟风切变指数分布图（图 7.13）可以看出，福建省海域风切变指数大部分在 0.04～0.16。风切变指数自海岸线附近向海峡中部递减。福建海岸线附近海域风切变指数普遍在 0.12 以上，个别地区超过 0.16（如宁德市近海海域、福州市近海海域等）。海上风切变自北向南递减。泉州以北大部分海域风切变指数大于 0.08。

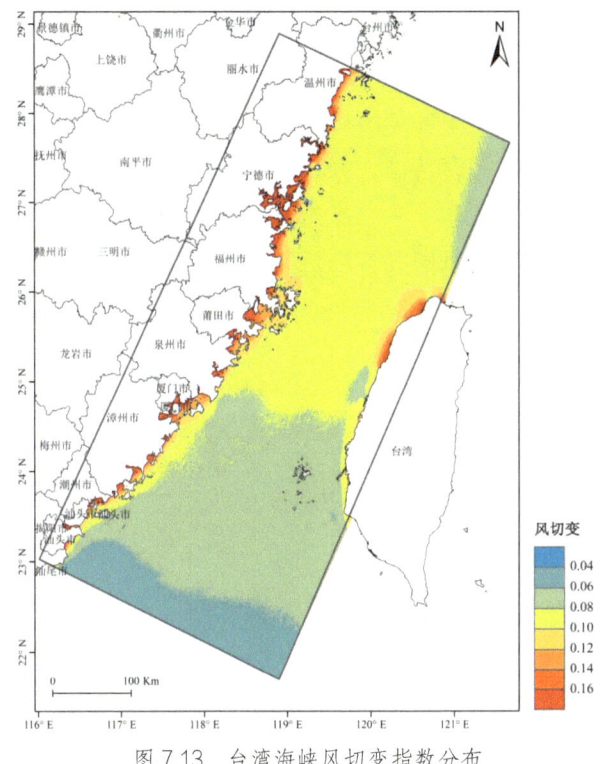

图 7.13 台湾海峡风切变指数分布

泉州至漳州大部分海域风切变指数介于 0.06～0.08。漳州以南大部分海域风切变指数小于 0.06。

3. 风电场风能资源评估

风电场设计的前提是建立在场址区域风能资源评估基础上的，评估结果作为该风电场是否可以开发风能及经济效益的依据。

风电场风能资源评估内容主要包括：气象数据、测风数据的收集；场址区域基本气候特征分析；气象灾害特征分析；风资源评估；50 年一遇最大风速计算等。具体工作流程如下。

（1）资料收集及场址梯度风观测

评估之前需详细了解场址区域的地理位置、地形特征、海拔高度等，开展现场踏勘。

收集场址周边长期气象观测站连续 30 年的气象要素数据及气象灾害记录，对风观测的历史沿革进行考察。

在场址区域建设至少 1 座 70～90 m 高度的梯度测风塔，开展至少 4 层（10 m、30 m、50 m、70 m、90 m 等或根据风机轮毂高度确定）的梯度风观测，获取连续 1 年完整的风场逐小时测风数据。

对梯度测风塔观测数据进行质量审核，有效数据的完整率达 90% 以上，并与周边气象观测站数据进行相关分析，确定风电场代表性气象站。

（2）风电场址基本气候特征及气象灾害分析

分析风电场址的基本气候特征，包括气压、气温、降水、湿度、能见度、风向、风速等气候要素的平均、最高（多）、最低（少）值、极端值，月、季、年的特征等。分析对风电场高影响的气象灾害特征，如热带气旋、暴雨、大风、雾、雷暴、冰冻等。

（3）风能资源评估参数

风电场风能资源评估主要包括以下参数。

①空气密度：空气密度直接影响风能的大小，在同等风速条件下，空气密度越大风能越大。空气密度计算可见公式（7.3.10）。

②平均风功率密度由下式计算。

$$D_{WP}=\frac{1}{2n}\sum_{i=1}^{n}\rho v_i^3 \qquad (7.3.12)$$

式中：$D_{WP}$ 为设定时段的平均风功率密度（W/m²）；$n$ 为设定时段内的记录数；$v_i$ 为第 $i$ 个记录风速（m/s）值，$\rho$ 为空气密度（kg/m³）。

根据 GB/T18710—2002 风功率密度等级划分标准，以 50m 高度的平均风功率密度值为标准（表 7.13）。

表 7.13 风功率密度等级划分标准

| 高度 | 10 m | | 30 m | | 50 m | | |
|---|---|---|---|---|---|---|---|
| 风功率密度等级 | 风功率密度(w/m²) | 年平均风速参考值(m/s) | 风功率密度(w/m²) | 年平均风速参考值(m/s) | 风功率密度(w/m²) | 年平均风速参考值(m/s) | 应用于并网风力发电 |
| 1 | <100 | 4.4 | <160 | 5.1 | <200 | 5.6 | |
| 2 | 100~150 | 5.1 | 160~240 | 5.9 | 200~300 | 6.4 | |
| 3 | 150~200 | 5.6 | 240~320 | 6.5 | 300~400 | 7.0 | 较好 |
| 4 | 200~250 | 6.0 | 320~400 | 7.0 | 400~500 | 7.5 | 好 |
| 5 | 250~300 | 6.4 | 400~480 | 7.4 | 500~600 | 8.0 | 很好 |
| 6 | 300~400 | 7.0 | 480~640 | 8.2 | 600~800 | 8.8 | 很好 |
| 7 | 400~1000 | 9.4 | 640~1600 | 11.0 | 800~2000 | 11.9 | 很好 |

注：不同高度的年平均风速参考值是按风切变指数为 1/7 推算的。
　　与风功率密度上限值对应的年平均风速参考值，按海平面标准大气压并符合瑞利风速频率分布推算。

③风向和风能密度分布：以 16 方位各风向频率描述风的方向分布特征。风向频率指设定时段各方位风出现的次数占全方位风向出现总次数的百分比。

风能密度计算公式为：

$$D_{WE} = \frac{1}{2} \sum_{i=1}^{n} \rho \cdot v_i^3 t_i \qquad (7.3.13)$$

式中：$D_{WE}$ 为风能密度（W.h/m²），$n$ 为风速区间数目，$\rho$ 为空气密度（kg/m³），$v_i^3$ 为第 $i$ 个风速区间的风速（m/s）值的立方，$t_i$ 为某扇区或全方位第 $i$ 个风速区间的风速发生的时间（h）。

④风速垂直切变：近地层风速的垂直分布主要取决于地表粗糙度和低层大气的层结状态。在中性大气层结下，对数和幂指数方程都可以较好地描述风速的垂直廓线，实测数据检验结果表明，在福建省幂指数公式比对数公式可以更精确地拟合风速的垂直廓线，我国新修订的《建筑结构设计规范》也推荐使用幂指数公式，其表达式如下。

$$v_2 = v_1 \left(\frac{z_2}{z_1}\right)^\alpha \qquad (7.3.14)$$

式中：$V_2$ 为高度 $Z_2$ 处的风速（m/s）；$V_1$ 为高度 $Z_1$ 处的风速（m/s），$Z_1$ 一般取 10 m 高度；$\alpha$ 为风切变指数，其值的大小表明了风速垂直切变的强度。

⑤湍流强度：湍流强度表示瞬时风速偏离平均风速的程度，是评价气流稳定程度的指标。湍流强度与地理位置、地形、地表粗糙度和天气系统类型等因素有关，其计算公式如下。

$$I = \frac{\sigma_v}{V} \qquad (7.3.15)$$

式中：$V$ 为 10 min 平均风速（m/s），$\sigma_v$ 为 10 min 内瞬时风速相对平均风速的标准差。观测计算表明，下垫面比较复杂的地形，风速小，湍流强度强；风速大且地形相对简单的区域，湍流强度小。

⑥风频曲线及威布尔分布参数：风频曲线拟合采用威布尔分布，其二参数概率密度函数用下式表示。

$$f(x) = \frac{K}{A} \left(\frac{x}{A}\right)^{K-1} \exp\left[-\left(\frac{x}{A}\right)^K\right] \qquad (7.3.16)$$

式中：$f(x)$ 为概率密度函数，$A$ 为尺度参数，$K$ 为形状参数。

（4）风能资源评估内容：

在测风塔资料审核、订正、插补完整的基础上（方法可参考 GB/T 18710-2002），分析风电场所在地上述所列的相关参数的年风况和月风况，包括风速、风功率密度的日、月变化，风向和风能玫瑰图等；分析代表性气象站风况，并利用代表站与测风塔同期观测数据进行相关分析后，将风场短期测风数据订正为代表年风况数据，即长年代（一般 10 年以上）平均风况数据。

利用代表性气象站长期最大风速观测序列计算 50 年一遇最大风速，并将结果订正至风电场址区域。

### 4. 海上风电场热带气旋风险评估

台湾海峡是全国海上风能资源最丰富的地区，但也是热带气旋等气象灾害频繁影响的地区，热带气旋对海上风电影响具有两面性，一方面强度弱的热带气旋可以大大增加发电量，另一方面强的热带气旋对风电场的安全运行造成重大威胁。因此开展热带气旋等气象灾害风险评估对海上风电场风机设计及机组选型、安全高效运营具有重大意义。同样评估也适合沿海的陆上风电场。

海上风电场热带气旋风险评估内容主要包括：风险评估区域内热带气旋统计特征；风电机组选型及设计载荷工况参数计算；工程区域不同重现期最大风速及 WTGS 等级风速超越概率计算；风电机组选型及安全风险评估；热带气旋发电效益评估等。

具体包括：

（1）资料收集与处理

收集至少 3 个方面的资料，一是评估区域内至少 30 年气象站观测资料，以测风数据为主；二是海上测风塔至少 1 年的观测数据；三是评估区域内至少 30 年的热带气旋最佳路径数据集。对数据进行审核、订正等。

（2）热带气旋风险评估

确定风险评估区域，一般以工程区域边界线外扩 50 ～ 100 km 为评估区域。

对热带气旋中心经过风险评估区域的频数、路径、强度以及造成的风雨极值的年、月特征进行统计分析。统计热带气旋中心经过风险评估区域的超过风力发电机组（WTGS）等级风速的频数和频率。（WTGS Ⅰ、Ⅱ、Ⅲ等级风速分别为 50 m/s、42.50 m/s、37.5 m/s）。

（3）风电机组选型及设计载荷工况参数计算

以观测到的热带气旋实测数据为基础，分析热带气旋进入评估区域时的相关参数如下：

①风电机组选型参数包括：50 年一遇最大风速、50 年一遇极大风速和参考湍流强度（风速在 14.5 ～ 15.5 m/s 区间的湍流强度参考值）。参考湍流强度应同时考虑热带气旋眼壁区湍流强度。

②风电机组设计载荷工况参数包括：风向变差角、入流角、湍流强度、风切变指数、阵风系数，以及极端运行阵风、极端风向变化和方向变化的极端相干阵风等极端工况参数。

（4）工程区域不同重现期最大风速及 WTGS 等级风速超越概率计算

计算风电场代表性气象站不同重现期最大风速，并利用与现场观测数据的比值系数或回归系数，将代表性气象站不同重现期最大风速推算到工程区域轮毂高度处，同时计算工程区域标准空气密度下轮毂高度处不同重现期最大风速。

将 WTGS 等级风速换算为工程区域空气密度下 10 m 高度的风速，根据极值 Ⅰ 型概率分布函数或泊松－耿贝尔（Poisson-Gumbel）概率分布函数，计算工程区域标准空气密度下 10m 高度风速对应的频率。

（5）风电机组选型及安全风险评估

结合标准空气密度下轮毂高度处 50 年一遇最大风速、WTGS 等级风速超越概率、参考湍流强度、热带气旋眼壁区湍流强度等，评估风电机组选型风险及安全等级。

判别风机工况参数是否满足风机性能指标和参数要求，评估风电机组选型风险。风机工况参数是否满足 IEC61400-1：2019 标准中规定的各种工况的参数要求，评估热带气旋条件下风电机组安全风险。

（6）热带气旋发电效益评估

利用热带气旋发电效益评估区域内（以工程区域边界线外扩 130～500 km）至少 30 年的热带气旋数据，评估平均年景、最好年景和最差年景的热带气旋发电效益。

平均年景：热带气旋外围影响的年平均等效满负荷运行小时数。

最好年景：热带气旋外围影响最多或时段最长的年份的等效满负荷运行小时数。

最差年景：热带气旋外围影响最少或时段最短的年份的等效满负荷运行小时数。

## （二）气候与输电线路

福建省地形地貌复杂，山地、平原、岛屿、河海一应俱全，但总的特征是山地为主，沿海平原狭窄，海岸带半岛、岛屿众多。随着电网的发展延伸，通过复杂地形及恶劣气候条件地区的输电线路日益增多。输电线路的工程设计要充分了解架设线路沿线的气候状况，尤其是威胁电力安全输送的高影响天气如雷暴、闪电、龙卷风、大风、暴雨、冰雹、结冰、高温等。

1. 雷电对输电线路的危害

雷电对线路的危害有机械的、热力的和电磁的三种。雷电直接击中木质电杆，毁坏电杆，这是机械作用。雷电击中比较细的电线，强大的雷电流产生高温可将电线熔化，这是热力作用，还会引起火灾。电磁作用是指雷电直接击中电线，或雷电的电磁感应电线使之产生超过正常的电压，引起电线闪络，或击穿绝缘物。本省雷暴较多，年日数超过 60 天的地方基本上分布于地形复杂的山区丘陵地带，并向沿海锐减至 40 天左右。雷暴多出现于 3～9 月，以夏季 7、8 月最多，冬季 1、12 月最少。雷电是造成线路事故的重要原因之一。据统计，每年因雷击造成的输电事故占输电总事故的 20% 左右。

2. 风对输电线路的危害

对于架空输电线路，风是第一安全因素，风对架空输电线路的影响及危害主要如下。

风偏闪络：风偏是指输电线受风的作用偏离其垂直位置的现象，其容易造成运行线路导线对杆塔（塔身、横担）、边坡、树木或其他物体放电，进而导致线路跳闸。

强风、风偏角设计得不合理是造成风偏的重要原因。

大风倒塔：风力超过杆塔的机械强度而发生的杆塔倾斜或歪倒等，电力塔在结构设计中需考虑抗风设计，我国对大跨度的输电杆塔抗风设计的重现期为 50 年一遇，普通的高压输电杆塔采用 30 年一遇为设计标准。台风大风是造成杆塔倒塔的重要因素，台风期间沿海最大风速可达 30～50 m/s，内陆也在 10～25 m/s。如 1614 号台风"莫兰蒂"（超强台风级），2016 年 9 月 15 日 3 时 05 分在厦门翔安沿海登陆，登陆时中心附近最大风力 15 级（48 m/s，强台风级），中心最低气压 945 hPa。厦门附近出现超过 17 级的阵风，500kV 线路多个倒塔，厦门电网遭到重创，全城电力供应基本瘫痪，造成大量变电站停运，泉州、漳州亦大面积停电，经济损失极为严重。根据线路沿线的大风特点科学、合理地设计抗风参数是防止输电线路倒塔的重要前提。

微风振动：是在风速不大的情况下产生的垂直平面内的高频低辐的振动现象，悬垂线夹处的导线长期处于这种反复波折的状态，容易引起导线的耐受疲劳强度降低，导致断线、金具磨损、部件损坏等。在平坦开阔的地面，气流平稳均匀，若风与电线的交角大，电线易于发生微风振动；相反的，在树林或受建筑物屏蔽的地方，气流被扰动，就不易引起微风振动，如电线在林带下风方 5～10 m 通过，很少振动。

舞动：是指由水平方向的风非对称截面线条所产生的升力而引起的一种低频、大振幅的自激振动，电线的舞动是由阵风激发的，风速 8～18 m/s 的阵风，最易引起电线作椭圆形舞动，若地面崎岖，风与电线的交角大，气层不稳定时舞动较强。舞动使杆塔产生很大的动荷载，危及杆塔和导线的安全，或引起各个部件的松动、跳闸等。

3. 强对流天气对输电线路的危害

强对流天气多表现为春夏季雷阵雨、降雹、龙卷风、飑线过境等天气。由于具有突发性，过程时间短，范围小的特点，时常预防不及，造成很大损失。如 1982 年 3 月 5 日，急行冷锋南下，飑线经过柘荣而后向东南方向移动，飑线过境时，柘荣风力达 12 级以上，并有暴雨，局部还降雹（大如鸡蛋），电杆倒断 479 根；1973 年 4 月 1 日，漳州飑线过境，伴有降雹，局部龙卷，风力 10 级，80% 的电讯线路中断；又如 2005 年 5 月 5 日下午福州、泉州、莆田等地市遭受到了罕见的"飑线"狂风袭击，风力最大达到 12 级，造成水莆线 A 相故障跳闸。

从上几个灾情例子可知，这几种天气现象时常相伴出现。福建年均降雹日数 7 天以下，各月均可降雹，以 3～4 月为最多，丘陵山区多于沿海平原。飑线大多出现于春季，当前期回暖非常显著时，若北方有较强的冷空气南下，在冷空气前缘附近就会出现飑线，有时也会发生于热带系统（东风波等）中。

4. 低温雨雪冰冻对输电线路的危害

低温凝冻使电线上常常覆盖着一层冻结物，其重量造成电线拉伸、变形，遇风振荡程度加大，电线扭曲，杆塔倾倒，线路闪络等，最终引起停电事故。低温寒冷是覆冰形成的前提；有雨、湿度大是基础；风速较小风向稳定是覆冰易于增长的重要条件。覆冰现象需有大的环流形势和天气系统背景，又具有显著的微气候特征，表现出明显的局地性和随机性。

概括观测事实，有利雨凇形成的气象要素组合是：气温在 –3～0℃，风速小于 5 m/s，有小到中雨，湿度在 90% 以上。雾凇形成的气温多在 –3～–10℃，风速小于 10 m/s，湿度近于饱和。

南方的成冰地带，覆冰较为常见和严重的地方，往往具有 3 个特点：一是造成雨凇的天气系统活动概率较高，如"南岭静止峰""昆明静止峰"；二是海拔较高的地带；三是山脉的迎风坡。

电线覆冰不但可压断电线，还会出现电线舞动，一般气温在 0～7℃，风速 5～15 m/s，冬季及早春，地处风口或开阔的平原地带，风向与线路轴向夹角为 45°～90°，则容易出现舞动现象。

福建省由电线结冰引发的输电线路事故举例如下：

1975 年 12 月中旬，福建省除南部沿海 15 个县市外，均有 1～4 天的降雪过程，最大积雪深度达 32 cm（屏南），雪后出现大范围霜和结冰。据不完全统计，大田至德化经戴云山脉的电杆断倒 400 多根，通信中断约一星期，晋江电线结冰直径达 10 cm 以上，由于线路冰凌负荷过重，且晚间有 8 级大风，刮倒、折断大量树木并压倒线路 260 多根，使 11.5 km 的杆线受到毁灭性的破坏。上杭石机头电站 11 wV 高压输电线折断 2 根，水泥电杆倒杆，供电中断。

2008 年 1 月下旬至 2 月上旬，受不断南下的冷空气和西南暖湿气流的影响，福建省出现大范围持续低温阴冷天气，西部、北部遭受罕见的低温雨雪冰冻灾害，建宁雨凇多达 11 天（平本县历史记录，且并列全省第三多）。南平市的浦城、光泽、武夷山、邵武、松溪；三明市的建宁、宁化、泰宁、将乐、明溪；龙岩市的长汀、武平、上杭、连城等县（市）电网因电力线路覆冰及高山毛竹树木覆冰倾压电力线路相继出现输电线路跳闸，据不完全统计，220 kV 线路跳闸 2 条；110 kV 线路跳闸 9 条；35 kV 变电站停运 12 座，线路跳闸 35 条，倒杆 339 基；10 kV 线路跳闸 521 条，线路受损 3012.2 km，倒杆 16424 基；0.4 kV 线路受损 2629.3 km，倒杆 18105 基，受灾行政村 1829 个，乡镇 212 个、停电用户 611729 户。

福建省高海拔的地区以及山脉之间的隘道、哑口等特殊的地形会出现严重的冰冻灾害。福建的积雪、雨凇和雾凇多发生于武夷山区、鹫峰山区等高海拔的地区。福建省气候中心依据实测及模型拟合福建省覆冰厚度随海拔高度的变化情况，表明冰厚随海拔高度呈指数关系，中冰区以上的分布主要集中在两大山脉的高海拔地区，武夷山脉的覆冰现象比鹫峰山区偏重，北部比南部重。

30 年一遇冰区分布特征是：对于西、北部地区 800 m 以下海拔高度均属轻冰区（标准冰厚≤10 mm），中冰区（标准冰厚10～20 mm）在800～1200m海拔高度区域，重冰区在1200 m以上；中南部地区1150 m以下属轻冰区，中冰区在1150～1500 m海拔高度区域，重冰区（标准冰厚20 mm以上）在中南部海拔1500 m以上。

50年一遇冰区分布特征是：对于西、北部地区600 m以下海拔高度均属轻冰区，中冰区在600～1150 m海拔高度区域，重冰区在1150 m高度以上；中南部地区轻冰区的海拔高度在1000 m以下，中冰区在1000～1400 m海拔高度区域，重冰区在海拔1400 m高度以上。

100年一遇冰区分布特征是：对于西、北部地区500 m以下海拔高度均属轻冰区，中冰区在500～1100 m海拔高度区域，重冰区在海拔1100 m以上；中南部地区轻冰区在海拔900 m以下，中冰区在900～1300 m海拔高度区域，重冰区在海拔1300 m以上。

5. 暴雨对输电线路的危害

雨季和台风季的暴雨时常引起山洪暴发，有时会引发山体滑坡，导致电杆倒塌，线路中断。例如1998年6月，闽北经历了一次百年一遇的特大暴雨天气过程，21日20时至22日08时光泽县12h降水量就达250 mm，实属历史罕见，23日闽江竹岐水位高达16.9 m，破1934年建站以来的极值。通讯、铁路、公路交通全部中断，直接经济损失达82.76亿元。

6. 高温对输电线路的危害

两杆塔间张拉的电线因自重及荷重而有弧垂，最大弧垂出现在气温较高的时段，通过最高气温，可以求算杆塔间的最佳距离，杆塔的高度和电线的最大弧垂，保证对地的安全，防止风吹电线偏离平衡位置所造成的闪络、放电现象，减少额外的损耗。

7月是全年最热的月份，全省极端最高气温以1967年福安的43.2℃为最高，其次是闽清1945年的43.1℃，热区分布于河谷盆地带，如华安、建阳等。日最高气温≥35℃最多，时间最长的地区是南平、闽清、永安、漳平，年平均高温日数40天以上，而且每年大约有3次连续5天极高气温≥35℃。尽管该要素对电线的影响没有风和低温凝冻严重，但在这几个热区还是要特别考虑高温的作用。

（三）气候与核电

核电厂的兴建是一项系统工程，需众多专业与学科的评估和严密的论证，以确保工程安全。气象条件的保障与服务贯穿于核电厂从选址—设计—建造—调试—运行—退役的全过程，核电厂勘划设计是核电厂建设的重点环节。其中，核电工程的气象条件论证与评估是核电建设可行性论证的重要组成部分，主要包括以下几个部分。

1. 厂址查勘

对核电厂厂址查勘阶段提出的几个预选厂址的气候条件、极端气象现象进行初步评定，排除颠覆性气象因素后，提出2～3个备选厂址。

## 2. 初步可行性研究——选址专题分析论证

核电厂选址，重点是放在当地污染气象因素与极端气象事件的分析与评价。核电厂安全导则的要求是"气象条件应有利于核电站排出物的稀释弥散，主导风向显著偏离附近集中居民区，即厂区应位于集中居民区主导风向的下风向，并应避开强台风、龙卷风地区"。

初步可行性研究的任务是对备选厂址作择优论证，内容包括厂址所在区域的气候特征；代表站、参证站各气象要素的统计特征与相关参数；极端气象现象的分析与详述（即当地的主要灾害天气调查）。具体工作内容与要求"核电厂气象规范"有明确规定。

另外，初步可行性研究还要做大气扩散试验工作，以掌握气载放射性物质在大气中迁移、扩散的基本规律。内容包括：

①大气边界层特征的观测与分析。
②湍流测量与扩散参数计算。
③中小尺度风场与输送规律。
④野外示踪试验。
⑤大气扩散数值模拟。

自 20 世纪 90 年代以来，福建省气候中心参与了 14 次核电选址论证工作，3 次属内陆厂址（南平、三明、龙岩地区），9 次为沿海厂址。比较而言，沿海突出部的核电厂址虽有台风影响的因素，但从扩散气象学背景和大气弥散条件，以及冷却水的供应条件来看，远优于内陆厂址。

## 3. 可行性研究——现场气象观测

厂址的现场气象观测主要工作内容是在已初步确定的厂址附近建立 1 座 100 m 气象观测塔和 1 个地面气象观测专用站，进行为期至少一年的气象观测，为厂址的项目可行性研究提供基础资料。

气象专用站应具有区域代表性，其选址应结合核电厂址的地形、地貌，选择在厂址附近代表性较好的地点。预选场址能够较好地反映本地较大范围气象要素特点，既能满足大气边界层观测的选址要求，又能代表核电厂建成后的厂址及其附近地区的风场、温度场和大气弥散条件的气象特征。观测场的规格一般为 25 m（东西向）× 25 m（南北向）的平整场地，如果场地受限，可适当缩小，但最小范围不小于 16 m（东西向）× 16 m（南北向）。

地面气象站观测要素包括基本观测要素、间接观测要素和非器测观测要素。基本观测要素包括可完全实现自动观测的气温、气压、相对湿度、风速、风向、蒸发量、日照、降水量、总辐射和净辐射等要素。间接观测要素包括自动观测技术尚不够成熟或人工观测成本较高，但可通过相关规范规定的理论或经验公式进行准确换算的要素，如：湿球温度、露点温度、水汽压等要素可采用现场观测的温度、湿度资料进行可靠换算。非器测观测要素指目前尚采用人工目测、耳闻的观测项目，如云量、雾、雨凇、雾凇、冰雹、雷暴、闪电、龙卷风、飑线等气象要素和天气现象。考虑非器测观测要素均为大尺度天气现象或者小概率天气事件，国家气象站的区域一致性和代表性较好，可选用临近或气候背景相似的国家气象站的同期观测资料代替。

气象观测塔高度不低于 100 m；观测要素不少于 4 层，必设的关键层为 10 m、30 m、100 m 和有效释放点高度层附近，各层均需设置风向和风速、温度和湿度观测设备。

4.可行性研究——设计基准气象现象与设计基准气象参数

（1）热带气旋设计基准评价

设计基准热带气旋就是给出核电厂址区域可能出现的最大热带气旋。据核安全导则《核电厂设计基准热带气旋》HAD101/11，所谓"可能最大热带气旋是指一种假想的平稳的热带气旋，它是根据可以在特定海岸地区发生最大持续风速所选择的气象参数值的组合"。

设计基准热带气旋的程序，以核电厂址为中心，300～400 km 范围内通过的所有台风为样本，首先是估算可能最大热带气旋中心气压 $P_0$ 而后根据 $P_0$ 结合相关参数确定可能最大热带气旋的风场。

设计基准热带气旋的计算一般采用概率论和确定论两种计算方法，综合比较确定设计参数。概率论方法计算可能最大热带气旋中心气压和最大风速，采用耿贝尔–I型极值法和P–Ⅲ法综合考虑；确定论方法是根据大气热力学和流体动力学原理，通过大气静力学方程计算热带气旋的海平面气压（$P_0$）。根据《核电厂工程气象技术规范》建议，"设计基准热带气旋最低中心气压应采用概率论法计算，重现期应采用千年一遇"。

据福建省气候中心对福建北部、中部、南部三个在建和拟建核电厂设计基准热带气旋的分析评估报告：登陆福建台风中心最低气压 $P_0$ 千年一遇值为 896～924 hPa；登陆时最大 10 min 平均风速，百年一遇值为 50～55 m/s，千年一遇值为 62～65 m/s。

（2）龙卷风设计基准评价

设计基准龙卷风就是给出核电厂址区域每年 $10^{-7}$ 概率的龙卷风最大风速。按照核安全导则（HAD101/10）的规定和要求，以核电厂址为中心，纬度3度宽度，经度3度长度正方形所包括的范围，开展龙卷风的调查与评价。设计基准龙卷风和龙卷风风险度计算的基础是龙卷风出现的频数与强度的基本事实，因此需要分析区域内龙卷风的统计特征，时空分布规律等。在龙卷风样本较多时，可将整个区域分成若干子区，分别统计不同强度龙卷风的频次，以偏保守的区作为设计基准龙卷风的样本来源，若整个区域内龙卷风样本较少时，可以不分子区开展分析。

龙卷风评价的基础是对龙卷风逐个进行评级，目前采用导则推荐的富士达强度分类法（见表3.28）对区域内发生的龙卷风进行评级。

龙卷风的设计基准要求给出如下三个特征参数：一是最大风速（设计基准概率值每年 $10^{-7}$ 来进行评价）；二是总压力降；三是压降速率。

龙卷风最大风速是按龙卷风风险度评价模型的计算方法进行，包括：

①龙卷风破坏面积与强度的关系。

②龙卷风事件与强度的关系。

③龙卷风的风速概率关系。

④风速大于某个给定阈值的概率。

龙卷风的设计基准概率值，以年机遇 $10^{-7}$ 为准。

设计基准龙卷风的压降速率和总压力降通过龙卷风的平移速度，最大旋转速度，最大风速以及最大旋转风速半径、空气密度等参数公式推算所得。

福建省气候中心以记录以来100余次龙卷风调查样本，计算得出的福建北部、中部、南部沿海地区的设计基准龙卷风：最大风速为 67～77 m/s，相当于皮尔森龙卷风等级 F2 的上限至 F3 的下限，总压力降约在 30～39 hPa；压降速率为 8～11 hPa/s。

（3）可能最大降水（PMP）

可能最大降水（PMP）是指一年的某个时期，在特定的某设计流域，在一定的历时内，物理上可能发生近似上限的降水，其概率为万年一遇。

核电厂设计通常要求提供 5 min、10 min、30 min、1 h、6 h、12 h、24 h 等不同历时的可能最大降水。出发点是考虑短促强降水可能引发的洪涝及其对核电厂的威胁。

该工作首先要有不同历时的长序列降水历史资料，据"规范"的要求以概率论方法和确定论方法，作可能最大降水推算与评价。

概率论方法通常采用耿贝尔–Ⅰ型极值法和 P–Ⅲ型法。确定论方法，一般采用如下四种具体方法：当设计流域有特大暴雨资料时，可用当地暴雨放大法，包括水汽放大法、水汽风速联合放大法等；如临近地区有特大暴雨资料时，可用暴雨移置法；当流域面积大，设计历时长时，可用暴雨组合法；当设计流域及气候一致区有较多特大暴雨资料时，可用暴雨时面深概化法。综合比较概率论和确定论计算结果，最终推荐不同历时的可能最大降水量。

福建省气候中心曾开展漳州核电厂可能最大降水评价，收集到的历史资料中，厂址区域最大 24 h 降水极值为 711 mm，万年一遇可能最大 24 h 降水计算结果：当地暴雨放大法估算的可能最大 24h 雨量为 1231.7 mm，移置法估算的雨量介于 1148～1175 mm，小于放大法，概率论计算结果 915.1 mm，小于确定论计算结果。根据多种结果的对比分析，从核电厂安全角度考虑，本次成果推荐 1230 mm 作为厂址可能最大降水（PMP）的估算成果。

（4）极端风设计基准评价

核电厂厂址极端风评价的核心是采用周边实测风资料，求取当地各重现期最大风速与极大风速。具体方法是利用厂址周边多个气象站有记录以来风速观测资料,构建最大风速样本序列,采用概率论方法即耿贝尔-Ⅰ型极值法和P-Ⅲ型法计算不同重现期最大风速,并通过阵风系数和幂指数的选取,得到不同高度不同重现期最大、极大风速设计基准值。

重现期一般取50年、100年、1000年;阵风系数由周边气象站有最大风速和极大风速观测值以来大风样本求取,一般在1.2～1.6,如果地形复杂,可能会超过1.6;幂指数通过厂址专用气象梯度塔及周边有观测记录的梯度塔实测资料求取。

(5)采暖通风与空气调节

采暖通风与空气调节工程是核电厂建设不可缺少的组成部分,它对改善劳动条件、提高生活质量、节能减排、保护环境、提高劳动生产率有重要意义。

据《工业建筑采暖通风与空气调节设计规范》(GB50019—2015)室外空气计算参数的要求,计算相关参数(共25个参数);核岛空气调节系统气象设计参数;不同核电机组特定的气象参数如华龙一号核电机组等。

福建省气候中心近年曾为已投产运营的福清核电厂、宁德核电厂及在建的漳州核电厂、霞浦核电厂承担过此项任务,提出了相应的参数设计值。

5.施工图设计至核电厂运行前,气象专业的后续工作

对初步设计阶段尚未确定的气象参数和厂址附近气象条件新发生的特殊变化,应补充相应的气象分析,提出相应的气象复核分析报告。

### 四、气候与交通

气候对交通影响很大,不同类型的天气气候对不同的交通工具和运输体制有着不同的影响。但有一个共同的特点是,随着交通建设的发展和安全生产的要求日益重视,气候对交通影响的重要性和敏感性日益显著。近十几年,福建交通网发展迅速,截至2019年底全省公路通车里程达11万km,铁路3509 km,全社会机动车拥有量达1119万辆。2020年福建省高速公路通车里程突破6000 km,乡镇覆盖率达到80.3%,路网密度居中国第三,"三纵八横"高速公路主骨架网基本形成。随着村村通工程的实施,高速公路、高速铁路的建设和开通,车流量显著扩大,天气气候对交通的影响日趋显著。

福建省影响交通的气候因素主要有暴雨洪涝、低温冰冻、高温热浪、大雾或低能见度、台风、降雪等。不同的气候因素对于陆上、海上、航空交通的影响也是各有不同的,有调查认为,降雨、雾霾、闪电或雷暴、高温、台风等天气对福建省高速公路运营的影响较大。

春季是福建阴湿多雨的季节,早春季阴雨连绵,雾日数较多,能见度较低,尤其沙土路面泥泞打滑,容易引起交通阻塞和撞车事故。雨季多暴雨,洪汛最为频繁,易出现山洪暴发、塌方滑坡、公路被淹、桥梁被毁,阻塞交通。而且,春季气候逐渐转暖,

午后驾驶员精神容易疲劳,易打瞌睡而酿成交通事故。

夏季,晴热多台。台风带来的强风暴雨往往会造成严重的损失,风力8级以上,公路上易出现倒杆、倒树,阻塞交通,甚至翻车,而暴雨以上降水易冲毁公路桥涵,使交通中断。另外,由于夏季气温高,天气炎热,驾驶员体力消耗大,容易因疲劳驾驶而引发事故。

秋季,天高云淡,气候凉爽,由于天气原因引起的交通事故明显减少。

在气候与交通方面主要考虑气候对公路、铁路、桥梁及机场等影响,尤其是大雾、暴雨、台风、强对流等高敏感天气在交通设计、施工、运营期间的气象保障。

(一)气候与陆地交通

1. 高影响天气对陆地交通的影响

(1)热带气旋对交通的影响

热带气旋带来的强风暴雨会造成交通运输的严重损失。例如2005年"龙王"台风带来的局地山洪,冲毁一小段高速公路,结果造成长达数天的交通瘫痪,并造成持续数月的严重堵车。2007年受超强台风"圣帕"的影响,峰福线发生"8·18"货物列车脱轨的重大事故。2010年受"鲇鱼"台风登陆影响,沈海及漳龙高速临时管制;全省1651个道路客运班次停运。

(2)暴雨对交通的影响

除台风暴雨外,雨季的暴雨洪涝亦是陆地交通最为突出的气象灾害。连日暴雨可造成山洪暴发,山体滑坡,引发泥石流,毁坏公路、桥涵,致使交通中断,甚至引起人员伤亡。1988年5月19~24日,建阳地区连日暴雨,山洪暴发,致使崇安、建阳、浦城、松溪、政和等县公路阻断,水毁严重,省属建阳运输公司21~23日货车停256车日,客车停开478班,严重影响公路运输计划的完成。又比如,1989年雨季的两场暴雨洪涝造成了不同程度的损失。"5·16"暴雨致使邵武公路塌方,5月17~19日客运停开66班次,减少收入2万元,至于货运受影响的损失难以统计;建瓯县"6·19"暴雨造成公路180处塌方,大水冲松路基,一辆运木材的货车因此冲出路面落入溪中,造成2人遇难。

20世纪90年代,铁路水害较为严重的就有4年,即1990、1992、1994和1997年。1994年,因雨季两场特大暴雨和夏季多个台风的影响,在铁路防洪期3月1日至9月30日期间,水害中断行车84次,累计中断时间254小时,总损失9800万元,为历史上铁路线路毁坏最为严重的年份。进入21世纪,由于2002、2005、2006和2010年雨季出现较强的降水过程,水害危害也比较明显。2010年雨季出现异常的持续性暴雨过程,全年共发生大小水害2414处1257次,影响行车水害413处/68次,正(站)线累计中断行车1284小时,累计停运旅客列车1900列、折返129列、迂回运行885列。水害断道造成多趟旅客列车途中滞留,共滞留旅客2920人;造成路基边坡坍塌总量

70余万方，水害损坏线路路基 170.1 km，桥梁附属设备 51 座处、隧道附属设备 45 座处、涵渠附属设备 54 座处，路堑溜坍掩埋线路和车站 189 处、钢轨悬空 35 处，山体滑坡 15 处；直接损失 12.9 亿元。

（3）雾对公路交通的影响

雾也是引起公路交通障碍的主要原因之一。轻雾会使能见度降低，车速受限，行车时间延长；而大雾，特别是浓雾，会严重影响视程，造成车辆判别不清方向，以致相撞。图 7.14 是福建不同地区雾日数的年变化曲线，由图中可以看出，福建北部山区雾日数较多，浦城平均年雾日 46 天，东部和西部较少，宁德平均年雾日 10 天，长汀平均年雾日 17 天。由于地域不同，雾日数的季节分布也不同，北部山区雾日数以秋冬季最多，其余地区以冬春季节最多。

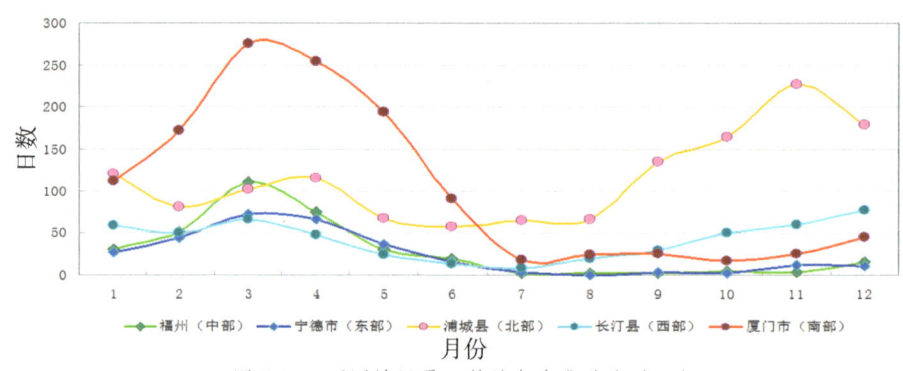

图 7.14  不同地区雾日数的年变化曲线（天）

（4）雷暴对铁路交通的影响

雷暴可能危及铁路通讯的信号。这是由于铁路通讯信号大多是通过路轨低频低电压传输的，电流电压冲击值若过低，易遭雷击，高了会造成浪费。而电气化铁路的电线遭雷击时，会使电力机车失去动力，自动沿路轨滑行造成事故。而且通信线路中断，指挥失灵，将使铁路系统陷入瘫痪。因此，雷暴强度、频度、波形等参数直接决定着通信信号电流电压值的确定，也关系到铁路沿线避雷装置的使用。

（5）极端温度及冰雪灾害对交通的影响

福建的冬季晴冷少雨，虽无北方常见的冰天雪地的景象，但每年也总有几次强冷空气或寒潮过程的侵袭。若出现大雪天气，会使交通中断。晴冷霜冻在闽北、闽西北等内陆山区也常有出现，由于冰凌及路面冻结使路面摩擦力大减，汽车不易刹车和调整方向，容易形成严重车祸。特别是在山区或有一定坡度的公路上，行车更为危险。

例如，1983 年末的大雪，迫使宁德和建阳两地区 10 多个县公路无法行车，上千辆客货车停驶，寿宁等地交通受阻长达 6 天之久。如 1993 年 1 月 13 日起受强冷空气影响，闽东、闽北和闽西出现降雪，这场大雪时逢春节来临之前的春运大忙之时，闽东、闽北等山区公路因积雪、结冰，路滑，加上公路自身的弯多、坡陡、路窄，交通被迫中断1～3天，部分乘客途中被困，饱受饥寒之苦。2008年1月10日至2月2日春运高峰期间，全省高速公路因受冰冻雨雪影响，共封闭16次，省内205、316、303等国道、省道共封闭22次。

反之，当气温较高时，即日平均气温在30℃以上或日最高气温超过35℃，由于空气膨胀密度小，气缸内混合气体含油过多，不易点燃，汽车启动难。此外，由于气温高，司机易疲劳，是安全行驶的隐患。

2. 陆地交通工程气候可行性论证

陆地交通一般包括公路、铁路、桥梁等，在设计阶段需开展气候可行性论证，论证内容包括：线路沿线现场踏勘情况、沿线基本气候特征、高影响气象因子及气象灾害的收集与分析、气象参数设计等。具体工作流程如下。

（1）现场踏勘及资料收集

评估之前需详细了解工程线路设计情况，沿线的地形特征、海拔高度等，开展现场踏勘；收集沿线周边气象站观测资料及气象灾害记录等。

（2）基本气候特征分析

分析线路沿线的基本气候特征，包括气压、气温、降水、湿度、能见度、风向、风速、日照等气候要素的平均、最高（多）、最低（少）值、极端值，月、季、年的特征等。风要素还需分析季(代表月)、年各风向平均风速、风向频率，绘制季、年风向玫瑰图等。

（3）高影响气象因子分析

根据工程项目的特点，如公路、铁路、桥梁等，依据表7.14分析交通工程高影响气象因子特征，包括年、季、月、日频数特征、极端值、历史灾害记录等。

表7.14 气候与交通高影响气象因子及设计参数

| 项目 | | 高影响气象因子 | 设计参数 |
| --- | --- | --- | --- |
| 公路、铁路工程 | 内陆地区 | 暴雨、雾、霜冻、雷电、结冰、路面温度、横风 | 暴雨气象设计参数 |
| | 沿海地区 | 热带气旋、大风、暴雨、雾、雷电、横风 | 极端风设计参数<br>暴雨气象设计参数 |
| 桥梁工程 | | 热带气旋、大风、暴雨、雾、雷电 | 不同高度极端风设计参数 |
| 机场工程 | | 热带气旋、大风、暴雨、雾、雷电、闪电、结冰、能见度、云高、云量、湍流、低空风切变 | |

（4）交通设计气象参数

在交通气象参数设计中，极端风和暴雨重现期设计是重要的参数，需计算公路、铁路沿线不同地形条件下的重现期设计值，极端风参数一般采用耿贝尔-Ⅰ型极值法计算，并给出风压值；暴雨重现期设计一般采用P-Ⅲ法计算，降水历时考虑1小时和24小时或根据设计需求增加历时。

风压计算以重现期50年一遇为基准,桥梁设计极端风参数以100年一遇最大风速为设计依据,由于桥梁有一定的高度要求,故需提供不同高度不同重现期最大风速的设计值,同时沿海桥梁受大风通行能力的影响,还需分析每年6级以上不同级别大风日数。

### (二)气候与航空

#### 1. 气候条件对飞行的影响

影响飞机起飞着陆的气象条件有视程障碍现象(雾、烟雾、雨、雪)、低云、侧风、阵风、风的垂直切变以及跑道积冰、积水、积雪等。其中以视程障碍现象和低云对起飞着陆的影响最大,此外是风,当飞机起飞时,逆风滑跑会在较短的时间内达到离陆速度而缩短滑跑距离;反之,顺风滑跑会延长滑跑距离。当飞机着陆时,逆风下降会减小对机体的冲击,并缩短滑跑距离;反之,顺风着陆会因机身产生跳跃而损伤机体,并延长滑跑距离。当风与跑道形成某一角度时,飞机因侧风作用会增加起飞着陆的困难,飞机有滑行出跑道或倾斜的危险。飞机所能承受的侧风的临界值约为 $9 \sim 12$ m/s。因此,机场跑道应与盛行风向一致。

影响飞机飞行的气象条件主要有云、乱流、雷雨、积冰、台风等。云对飞行的影响主要有:云中、云外的气流升降会造成飞机颠簸;云中能见度差,影响飞行;云中的过冷却水滴会使飞机机体积冰;云中雷电可损坏机身和仪器等等。为了避免云对飞机的危害,保证安全,飞机飞行时应避开移动很快的高云附近的高空急流,不在温度过低的中云中长时间飞行,远离并不得进入积雨云内,以防止积冰和强烈的颠簸。乱流对飞行的影响分为:热力乱流是由于大气层结不稳定及地表面的热特性不同形成的,动力乱流则是因为地表附近的空气遇到建筑物或起伏的地形产生扰动形成的。造成飞机颠簸,甚至使机翼或尾翼变形、折断的乱流,往往是热力和动力这两种以上乱流共同作用的结果。因此对航线上的等压面的风和气温的预报是很重要的,与高空急流相伴的晴空乱流易出现的集中区域及山区的背风面,更应特别注意。此外,雷雨、冰雹、积冰等恶劣天气,不仅使能见度降低、飞行困难,而且还会对机身及仪器造成较大的损伤,因此对航线上雷雨云的移动、发展的预报,以及锋面和台风的预报应给予高度重视。

#### 2. 机场设计气候可行性论证

除了基本气候特征及气象灾害收集与分析外,影响机场最主要的气象参数是风、低空风切变、能见度、云、雷暴等。

(1)风及风切变

对于风要素,需详细分析全年及各月的盛行风向及不同风向频率,平均风速、最大风速变化情况;不同等级风速的风向频率分布等。低空风垂直切变需在机场拟建区开展短期低空风廓线观测,并分析季节(代表月)低空风垂直切变的强度时空分布特征；不同等级强度低空风垂直切变出现频率等。

风切变计算公式如下：在需要考虑低空风两层风向差异因素时

$$\beta=\sqrt{u_1^2+u_2^2-2\times u_1\times u_2\times \cos\theta}$$

式中：$\beta$ 为风切变指数（强度）；$u_1$ 为下层空间点的风速；$u_2$ 为上层空间点的风速。$\theta$ 为上下层两个空间点之间的风向差。

在不需要考虑风向时（或者两点风向一致时），计算公式如下：

$$\beta=|u_2-u_1|$$

式中：$\beta$ 为风切变指数（强度）；$u_1$ 为下层空间点的风速；$u_2$ 为上层空间点的风速。其中空气层垂直厚度取 30 m，用于计算的风观测资料取 2 min 平均值。

（2）能见度

分析能见度的日变化、年变化特征；重点分析小于 1000 m 的能见度出现日数和频率；各级能见度频率的分布规律；引起低能见度的主要天气现象；各级能见度不同持续时间的出现次数，低能见度现象持续最长时间等。

依据《民用运输机场选址规范》（MH/T 5037—2019）规定，各级能见度一般分为 ≤50 m、≤200 m、≤400 m、≤800 m、≤1500 m、≤3000 m、≤5000 m 等。

（3）云

分析云量、云状和云高。云量包括：总云量、低云量的日变化、年变化和年际变化特征；云状：积雨云、浓积云和其他低云的日变化、年变化和年际变化特征；云高：低云云高的日变化、年变化和年际变化特征，包括各种云状的云底高度和变化特点，着重分析低于机场开放条件的云高的变化特征。

依据《民用运输机场选址规范》（MH/T 5037—2019）规定，云高的规定值一般为 ≤30 m、≤60 m、≤90 m、≤150 m、≤300 m、≤450 m、≤600 m、≤800 m 等。可利用云高自动观测仪开展观测并统计分析。

（4）雷暴

雷暴对飞行的安全具有很大影响，因此需分析雷暴日的年变化、初、终期、日变化、持续时间及伴随的主要天气现象等。

### 问答题

（1）简述气候可行性论证范围。
（2）简述区域气候可行性论证工作流程及论证内容。
（3）核电极端气象参数有哪些？
（4）极值计算一般用什么方法？

# 第八章 气候变化

气候变化是一个包含众多时间尺度的自然变化和人为变化相互叠加的极其复杂的动力时变系统,既有长期的气候趋势,也有较短的气候阶段。气候变化指气候平均值或距平出现显著变化,气候平均值的升降,表明气候平均状态的变化;气候距平值增大,表明气候状态不稳定性增加,气候异常愈明显。当前国际社会最关注的是10~100年的气候变化。

气候变化包括两部分:一是自然的波动;二是人为的影响(包括温室气体排放的效应与下垫面状态改变和人为热释放的影响)。

## 第一节 气候变化背景

### 一、全球气候变化

工业化革命以来,随着矿物燃料的广泛开发和应用,大气温室气体浓度持续增加,在气候系统中观测到了前所未有的变化,如大气和海洋变暖、冰雪消融等,其产生的不利影响将会危及人类社会未来的生存与发展。因此,以气候变暖为主的气候变化问题受到了世界各国的关注,相应地气候变化研究也被推到了世界科学的前沿,并得到了前所未有的发展。

1988年世界气象组织与联合国环境规划署联合建立了政府间气候变化专门委员会(IPCC),并先后于1990(FAR)、1995(SAR)、2001(TAR)、2007(AR4)和2014年(AR5)发布了5次评估报告(图8.1)。IPCC评估报告是国际社会认知气候变化的权威、主流、共识性文件,也是国际社会建立应对气候变化制度、采取应对气候变化行动的重要科学依据。2016~2022年是IPCC AR6的工作周期,在2018~2019年间陆续发布了《1.5℃特别报告》(SR15)、《气候变化和土地》(SRCCL)以及《气候变化中的海洋和冰冻圈》(SROCC)三份特别报告,并且在2021年8月发布了第一工作组报告《气候变化2021:自然科学基础》,2022年3月发布了第二工作组报告《气候变化2022:影响、适应和脆弱性》,2022年4月发布了第三工作组报告《气候变化2022:减缓气候变化》,2023年3月20日发布综合报告《气候变化2023》。

IPCC第六次评估报告(AR6)给出了观测到的气候系统变化,具体如下。

1. 当代气候系统变化范围广、速度快,有些变化数千年未有

相对于工业化前(1850~1900年),2001~2020年这20年平均的全球地

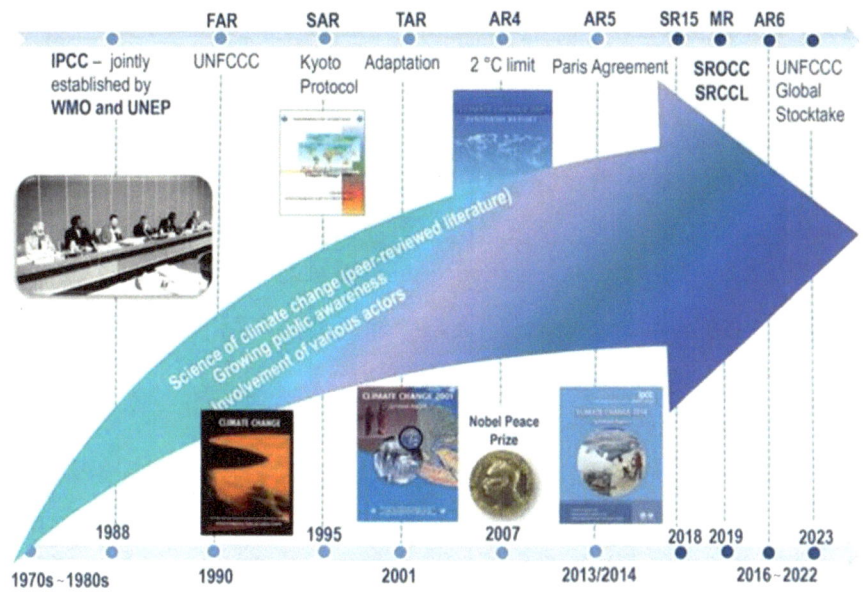

图 8.1 IPCC 报告的发展历史

表温度升高了 0.99℃，2011～2020 年 10 年平均的全球地表温度上升约 1.09℃，2016～2020 年是 1850 年以来最暖的 5 年。20 世纪 70 年代以来，地球气候处于快速增暖期，升温趋势十分明显，在 50 年时间尺度上，1970 年代以来的全球变暖在近 2000 年历史上比任何时期都要快（图 8.2）。

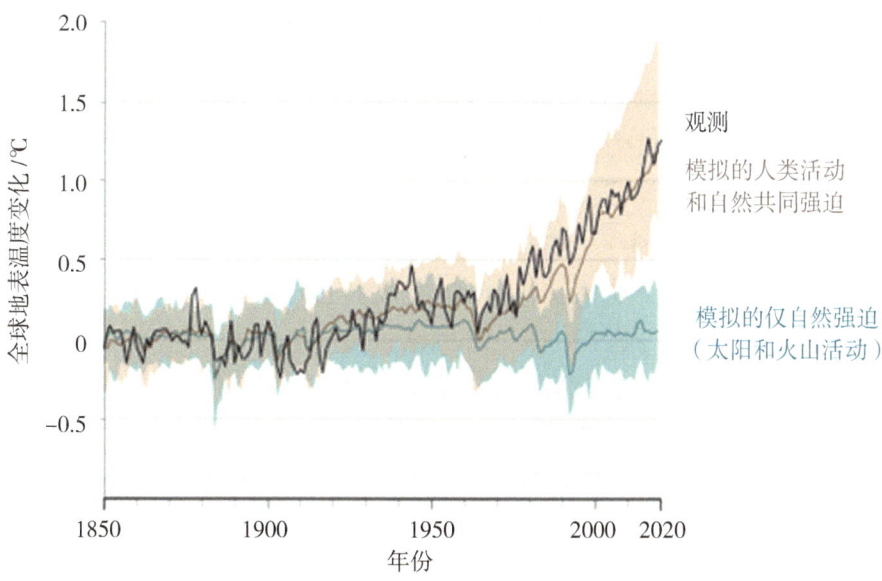

图 8.2 1850～2020 年间全球地表温度相对于 1850～1900 年观测到的变化（黑色线条）、模拟的人类活动与自然因子共同强迫（浅褐色线条及阴影）以及仅有自然因子强迫（绿色线条和阴影）引起的变化

除此外,从海洋和冰冻圈的变化来看,2011～2020年间全球平均海洋表面温度(SST)较工业化前升高了0.88℃;平均北极海冰面积达到1850年以来最小;1950年代以来全球冰川退缩至少在过去2000年未曾发生;工业化以来的全球平均海平面上升在近3000年的历史上比任何一个世纪的都要快。

**2. 极端事件更加频繁更为严重**

气候变化已经影响到全球各个区域的许多极端天气气候事件(简称为极端事件),包括极端温度、强降水、干旱、热带气旋、复合事件等。

极端温度:1950年代以来,全球绝大部分地区极端高温事件的频率和强度在增加,极端低温事件的频率和强度在下降。内陆半干旱和干旱地区以及冰雪覆盖的高纬度和高海拔地区是极端温度变化最剧烈的区域。

强降水:全球气温每上升1℃,大气水汽增加约7%,从而导致极端降水增加。1950年代以来,强降水事件的频次和强度在大部分有观测资料的区域均呈现增加趋势。

干旱:气候变暖使得大气蒸发潜力增加,大部分区域的农业生态干旱加重。

热带气旋:1980年代以来,全球强台风(飓风)占比增加,西北太平洋热带气旋达到峰值强度的纬度向北有所移动。

复合事件:AR6首次对复合事件①进行了评估。1950年代以来,热浪和干旱复合事件、利于野火发生的复合天气事件(炎热、干燥、大风的组合)以及沿海和河口地区的洪涝复合事件(极端降水、风暴潮、河流流量等多种因素共同导致的洪涝事件)等在全球多个地区变得更加频繁。

**3. 人类活动的影响毋庸置疑**

人类活动是工业化以来大气、海洋和陆地变化的主要影响因子。图8.2给出的3条不同颜色的温度变化曲线可以看出,模拟的自然变率(包括太阳活动和火山活动)造成的气温变化是较为平稳的,不会超过0.3℃;而模拟的人类活动+自然变率造成的温度变化与观测到的平均温度变化是较为吻合的。这说明,现在的全球增温主要归因于人类活动燃烧化石燃料和土地利用造成的温室气体的排放。除此外,在气候系统的不同圈层也均可检测到人类活动的影响,这些影响与模式模拟和基于物理机制预期的理解相一致。

相比AR5,AR6给出了更确凿的人为影响结论,并且用以评估人类活动贡献的变量更多、涵盖面更大、时空范围更广。

一是归因信度提升。气候系统许多方面的变化,包括全球地表温度升温、大尺度降水变化、冰川退缩、海洋上层热含量增加等,其归因的信度均得到了提高。

---

①复合事件指的是两个或两个以上同时发生或者连续先后发生或者同时出现在不同地方的天气气候事件的组合,其影响要大于单个事件造成影响的总和。

二是评估变量更多。新增了包括季风、急流等大气环流,海洋中的大西洋经向翻转环流和南大洋环流,生物圈中的陆地碳循环,以及太平洋、大西洋年代际变率等气候系统内部模态等评估变量,为人类活动对整个气候系统变化的贡献提供更多证据支持。

三是评估的时空范围更广。时间上有所延长,变暖归因从20世纪中叶提早到1850年,明确指出自工业革命以来的气候变化主要是由人类活动造成的;空间上有所细化,例如揭示了人类活动的影响已经延伸到深海。

四是评估重点进一步延伸。从全球尺度向区域乃至更小范围尺度的延伸,以及更加关注近年来更多更强、影响范围及危害程度更大的极端天气气候事件的归因,指出人类活动造成的气候变化已经影响到全球每个区域的很多天气和气候极端事件。

4. 气候变化未来预估

AR6采用参与国际耦合模式比较计划第六阶段(CMIP6)的气候模式和共享社会经济路径(SSPs)对未来气候系统变化进行预估。共设置了5种未来排放情景,按照人为辐射强迫值由低到高分别是SSP1-1.9、SSP1-2.6、SSP2-4.5、SSP3-7.0和SSP5-8.5[①]。结果显示,不管在哪个排放情景下,至少到21世纪中期全球地表温度都将继续上升。如果采取强有力的减排措施,在2050年前后实现二氧化碳净零排放的话(SSP1-1.9),本世纪末温升可能控制在1.5℃以内。如果能在全球范围内大幅减排(SSP1-2.6),本世纪内温升有可能限制低于2℃。而在无强势减排的SSP3-7.0和

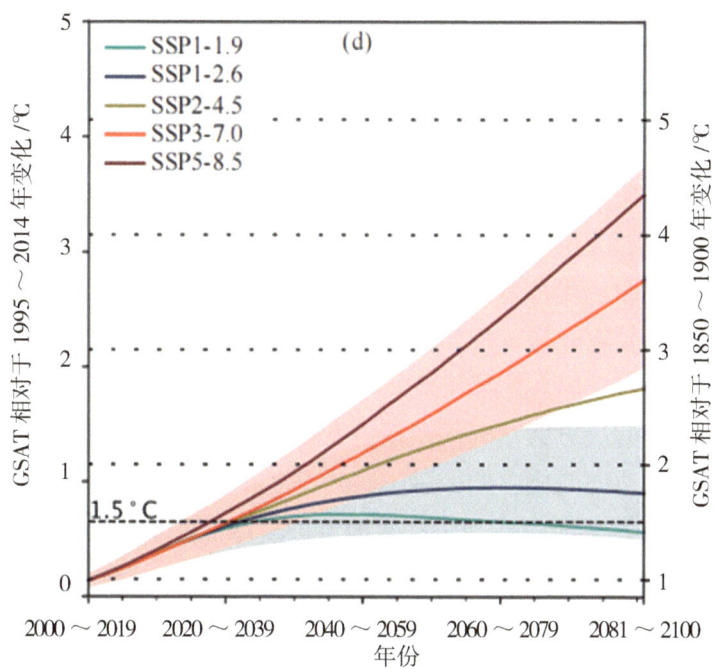

图8.3 多种约束条件下5个排放情景预估2081~2100年全球地表平均气温(GSAT)的变化

① SSP后的第一个数字表示假设的共享社会经济路径,第二个数字表示到2100年的近似全球有效辐射强迫值。

SSP5-8.5情景下,温升将接近甚至突破4℃(图8.3)。在未来全球增温的背景下,21世纪陆地平均降水也将增加,但随季节和区域而异,同时变率将增大。到21世纪末,北冰洋可能出现无冰期;全球海洋会继续酸化,平均海平面将持续上升。

AR6还首次加入综合观测和气候敏感度最佳估计值等多种约束条件,减少了气候变化预估结果的不确定性。

5. 当前和未来气候变化的影响和风险

人类活动引起的气候变化,已经对自然界和人类社会造成了广泛的不利影响。大约有33到36亿人生活在极易受到气候变化影响的环境中;气候变化威胁着物种和整个生态系统,上千种物种已经被迫迁移到了纬度和海拔更高的地区;气候变化对人体健康、城市运转、基础设施等带来的负面影响也愈发凸显。

持续升温将进一步增加气候变化风险,一旦升温幅度超过1.5℃,可能会造成更严重且不可逆的影响,例如更强的风暴、更久的热浪和干旱和更极端的降水,海冰和冰山融化可能对极地和高山区造成不可逆影响,海平面上升可能对沿海生态系统造成不可逆影响等。

同时,多种灾害复合并发且影响多个系统,多种风险相互作用并跨系统、跨区域传导等,都将使得气候变化风险变得日益复杂和难以管理。

6. 应对气候变化

面对气候变化带来的风险,需要采用"适应"和"减缓"积极应对。

(1)气候变化的适应

当前气候变化的适应是通过调整现有系统来降低气候风险和脆弱性,然而目前的适应措施多为小尺度、碎片化、增量型,且多关注当下或近期的气候风险,减少了转型适应的机会,很难应对长期风险。气候适应的有效性还会随着温升幅度的增加而降低,例如全球变暖超过1.5℃,那些依赖冰川和融雪的居住区居民将面临无法以适应手段解决的水资源短缺。而且适应措施实施过程中还可能产生不良适应,会造成脆弱性、暴露度和风险的锁定效应,例如海堤在短期内可以有效减轻人类受到的影响,但从长期尺度来看也可能增加人类对气候风险的暴露度并形成锁定效应。

AR6提供了一种解决方案"气候恢复力发展"(CRD)。这种全面、有效和创新的应对措施可以利用协同效应,减少适应和减缓之间的制约,从而推动可持续发展。保护生物多样性和生态系统,特别是有效地保护全球面积约30%至50%的土地、淡水和海洋,对于推动气候恢复力发展至关重要。此外,城市是解决方案的关键部分,城市可为气候行动提供机遇,包括绿色建筑、清洁水资源和可再生能源供应等。

(2)气候变化的减缓

2010~2019年,全球温室气体排放量持续增加,但增速放缓,平均增速已低于上一个十年(2000~2009年)。在未来情景中,要将全球变暖温升水平控制在不超过工业化前 1.5℃以内，需要全球温室气体排放在 2025 年前达到峰值，并在 2030 年前减少 43%，在本世纪 50 年代初达到净零排放；与此同时，甲烷等非二氧化碳温室气体也需要减少约三分之一。

这需要实施全行业，包括能源、工业、建筑、交通等多部门、城市和城市地区、农业、林业和其他土地利用方式的深度减排。由于能源部门约占全球排放量的四分之一，因此能源系统减排十分迫切与重要，要进行重大转型，包括大幅减少化石燃料的使用、使用低排放能源、转向替代能源载体以及提高能源效率和节约能源。

### 二、中国气候变化

中国高度重视气候变化及其应对，于 2007、2011 和 2015 年发布 3 次《气候变化国家评估报告》。其中，《第三次气候变化国家评估报告》（以下称"第三次国家报告"）描述了中国气候变化的事实、归因和未来趋势，气候变化的影响与适应问题，减缓气候变化措施，气候变化的经济社会影响评估，以及政策、行动及国际合作等 5 个部分。

第三次国家报告得出 13 个主要结论如下。

第一，最新的百年器测气温序列显示，近百年（1909～2011 年）来中国陆地区域平均增温 0.9～1.5℃。近 15 年来气温上升趋缓，但仍然处在近百年来气温最高的阶段。

第二，近百年和近 60 年全国平均年降水量均未见显著的趋势性变化，但具有明显的区域分布差异，西部干旱和半干旱地区近 30 年变湿，降水呈持续增加趋势。1980～2012 年，我国沿海海平面上升速率为每年 2.9 mm，高于全球平均速率。20 世纪 70 年代至 21 世纪初，冰川面积退缩约 10.1%，冻土面积减少约 18.6%。

第三，未来，中国区域气温将继续上升。到 21 世纪末，可能增温 1.3～5.0℃，全国降水平均增幅为 2%～5%，北方降水可能增加 5%～15%，华南降水变化不显著。未来极端事件增加，暴雨、强风暴潮、大范围干旱等发生的频次和强度增加，洪涝灾害的强度呈上升趋势。海平面将继续上升。

第四，气候变化对我国影响利弊共存，总体上弊大于利。

① 目前观测到的有利影响包括农业光热资源增加、部分作物种植面积扩大和森林等生态系统受益。

② 对粮食产量与品质、水资源、海洋环境与生态、城市等为不利影响。

③ 对未来时段的预估显示，进一步的增暖将主要造成不利影响。

第五，我国自然灾害风险等级处于全球较高水平，对气候变化敏感性高，气候变化不利影响呈现向经济社会系统深入的显著趋势。

① 在我国各类自然风险中，与极端天气和气候事件有关的灾害占 70% 以上，灾害损失呈上升趋势，灾害风险具有明显区域差异，风险等级东部高于西部。

②气候变化对农业、城市、交通、基础设施、南水北调工程、电网等能源设施的不利影响愈发明显，未来水资源量可能总体减少5%，粮食安全指数呈先降后升趋势，水安全、生态安全、粮食安全、能源安全等在气候变化影响下进一步交织和复杂化。

第六，伴随经济快速发展，我国能源活动二氧化碳排放不断增长，单位GDP二氧化碳排放强度持续下降。2013年二氧化碳排放强度比2005年下降了28.5%，经过进一步努力，2020年可实现二氧化碳排放强度下降40%～45%的上线目标。

第七，尽管三次产业结构调整缓慢，但是技术升级、产品价值提升、第二产业内部的行业结构和产品结构调整与优化对节能减碳的效益贡献较大。产业结构和能源结构调整对未来控制温室气体排放至关重要。

第八，各行业部门均具有较大的温室气体减排潜力，林业碳汇是当前和未来重要的增加碳汇途径，减排与增汇应并举。

① 2030年，能源供应部门二氧化碳减排潜力可达45亿t左右，工业生产过程减排潜力7.7亿t，造林和森林经营减排增汇潜力为4.92亿～8.11亿t。

②二氧化碳捕集、利用与封存技术具有深度减排潜力，虽然当前总体处于研发示范阶段，但2030年仍有望达到每年数亿吨的减排潜力。

③煤炭清洁利用对我国意义重大，清洁煤技术可将当前38%的发电效率提高4%～7%，替代现有机组可在2030年实现减排4.2亿～7亿t。

④能源供应部门、工业部门等均有大量负成本减排技术，可以通过提高技术标准等措施推动这些技术广泛应用。

第九，技术进步对我国节能减碳发挥了重要作用，能源密集型产品的单产能耗显著下降，技术节能效果明显，火电煤耗、水泥和钢铁能耗下降30%～50%，技术节能在全社会节能量中比重较大。未来需要继续依靠科技进步，推动常规适用技术扩散应用，并积极部署电动汽车、碳捕集利用与封存、先进核能等重大战略技术研发示范。

第十，2030年左右我国基本完成工业化与城镇化，为二氧化碳排放达到峰值提供了条件。目前峰值研究有不同结论，但多数研究表明中国化石燃料燃烧的二氧化碳排放可能在2030年左右达到峰值，但发展方式、政策导向和科技创新等都将对峰值时间和水平带来不确定性。

第十一，我国采取了一系列政策和行动积极应对气候变化，取得显著成效，相关政策和行动仍有进一步大幅优化完善的空间。

①我国现有的减缓气候变化政策具有较强的实施性，控制温室气体排放取得显著成效。未来，减缓政策应更多从转变发展模式入手，探索行政手段、市场机制、财税政策等综合政策措施，以有效降低减缓难度和成本。

②与减缓相比，适应气候变化的政策和行动都很不够，需要进一步充实和完善，特别是提高政策目标与资源匹配的一致性、强化适应气候变化决策科学基础、提高各

层面适应意识和能力、提高基础设施标准和防灾减灾能力等。

第十二，我国易受气候变化不利影响，基础设施建设和城镇化尚未完成，在发展过程中就需要妥善应对气候变化问题，挑战与机遇并存。

①我国当前发展阶段、资源环境禀赋增加了我国应对气候变化的难度，成本相对较高。

②积极应对气候变化契合我国经济社会发展要求，能够为转方式、调结构、促就业、助创新提供新的动力。

③要统筹协调好发展、适应、减缓之间的关系，坚持适应与减缓并重，为生态文明建设和经济社会又好又快发展奠定坚实基础。

第十三，随着世界经济和排放格局的变化，我国参与应对气候变化国际治理角色的重要性不断增强，应统筹国际国内两个大局，扎实走出一条既符合中国国情、又能适应全球挑战的可持续发展道路。

### 三、华东区域气候变化

华东区域包括上海、山东、江苏、安徽、江西、浙江和福建六省一市，是我国经济最发达、城市化进程最迅猛的区域之一，同时，其海岸线长、海洋经济发达、自然生态环境相对脆弱。未来气候变化可能引发更多、更强的极端天气气候事件，对区域社会经济可持续发展带来很大影响。

华东区域 2012 年完成了第一次《华东区域气候变化区域评估报告》，2019 年启动第二次评估报告编写。其初步结论如下。

#### （一）基本气象要素

1. 气温升高

1961～2017 年，华东区域各地气温均呈显著增加趋势，平均增温速率每 10 年 0.24℃，高于 1951～2007 年的每 10 年 0.14℃的增温速率。北部增温高于南部。四季气温均显著增加，冬季增温最明显。

2. 降水增多

1961～2017 年，降水量冬夏略增、春秋略减，年总降水量增加显著（每 10 年 29.1 mm），1980 年代后暖湿特征明显。空间上北部减少、中部沿江和南部沿海地区增加显著。

3. 平均风速减小

年平均风速每 10 年减少 0.20 m/s，1990 年代以后风速减少趋缓，春季减少最明显。大部分地区风速一致性显著减小，北部减小速率快于南部地区；高山地区风速亦呈明显减少趋势。

4. 日照时数减少

夏秋冬三季和年总日照时数显著减少，年减少速率每 10 年 61.3 h；高山地区日照时数也呈减少趋势。

### （二）极端天气气候事件

高温日数显著增多。华东区域平均高温日数每10年增加1.14天；高温初日显著提前、终日显著推后；极端最高气温2000年以后屡破历史极值；长三角东部和福建沿海地区高温日数增加最多，每10年增加3天以上。

低温日数显著减少。华东区域平均低温日数每10年减少3.31天，1990年代以后减少速率趋缓；空间上北部减少更明显。极端最低气温一致升高，沿江以北地区升高最明显，但低温雨雪冰冻天气仍时有出现。

暴雨极端性增加。华东区域平均暴雨日数、最大日降水量和1 h最大降水量均显著增多，增速分别为每10年0.21天、2.06 mm和0.85 mm；空间上暴雨日数、最大日降水量和1 h最大降水量均呈北部减少、中南部增加趋势。1961～2017年无降水日数每10年增加2.81天，江西和福建北部增加30天以上，干旱概率增大。

热带气旋影响频数显著增加，登陆时最大强度显著增强，导致的强降水显著增加，风速显著减小。影响华东区域的热带气旋频数以每10年0.61个显著增加，但登陆华东区域热带气旋频数没有显著变化；登陆华东区域时的最大强度（中心最低气压）以每10年2.0 hPa显著增强。热带气旋导致的强降水以每10年0.37 mm的速率显著增加，风速以每10年0.42 m/s的速率显著减小。

### （三）气候变化的影响及应对

#### 1. 近海海洋和海洋经济

气候变化导致海温升高、盐度上升和海洋酸化等海洋生态环境问题日益严重，海平面上升、风暴潮和有害藻华等海洋灾害加剧，给华东海洋经济发展带来了巨大的威胁。应该提高近海海洋适应气候变化能力，拓展海洋气象应用服务能力。

#### 2. 湿地和森林生产力

华东区域极端天气气候事件频发，自然生态系统受到诸多影响，湿地生态环境总体呈轻度脆弱状态，气候变化对华东森林生态系统生产力的影响总体上是正效应，但是极端事件的影响仍然不能忽略。应该强化湿地和森林的监测、评估和预警能力。

## 第二节　福建省气候变化[①]

### 一、百年台站的气候变化特征

福建省有2个百年以上气象观测站，分别为福州站和厦门站。由于战乱、观测站迁移、观测环境变迁、观测仪器、观测方法的变更等因素的影响，两站气温和降水资料均存在不同程度的缺测（表8.1）。

---

①本节所采用的气候平均值为1981～2010年。

表 8.1 百年站气温和降水的序列信息

| 站名 | 要素 | 序列长度 | 缺测年份 | 迁站次数 |
|---|---|---|---|---|
| 福州 | 气温 | 1903年至2017年（115年） | 1941~1942、1944~1945，共4年 | 3 |
| 福州 | 降水 | 1893年至2017年（125年） | 1894~1895、1897~1899、1906、1941、1944~1945，共9年 | 3 |
| 厦门 | 气温 | 1906年至2017年（112年） | 1912、1924、1943~1946，共6年 | 3 |
| 厦门 | 降水 | 1906年至2017年（112年） | 1898、1943~1946，共5年 | 3 |

## （一）气温

通过临近站和海拔高度对迁站的百年气温序列进行订正。观测资料显示，百年气候呈现显著增温趋势，增温率大致均为每10年0.15℃。低通滤波和距平分析显示（图8.4）百年来，气温经历了"冷—暖—冷—暖"4个阶段：1940年代之前和1950~1980年代分别为两个"冷时段"，1940年代和1990年代以后分别为两个"暖"时段。

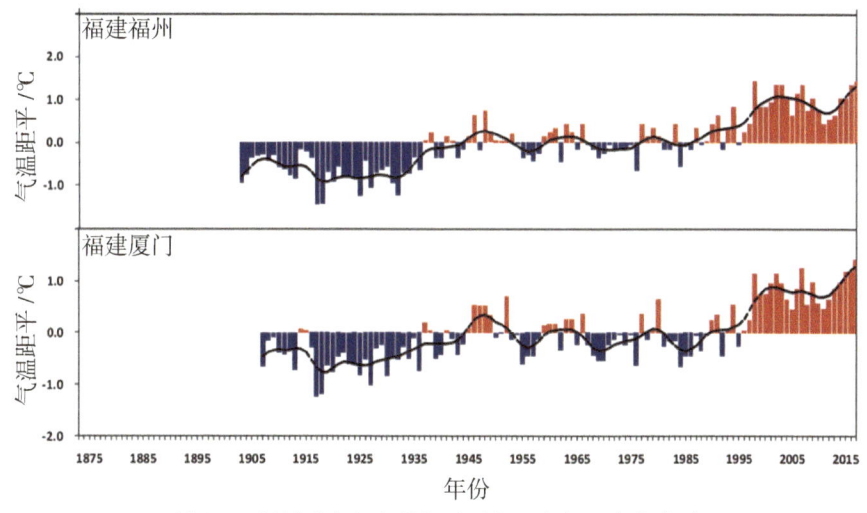

图 8.4 福州（上）和厦门（下）百年气温变化序列

## （二）降水

百年来，福州和厦门2站降水均呈现"湿—干—湿"的变化特征（图8.5）。1941~1980年基本呈现变干的趋势，在此之前与之后均呈现变湿趋势。最近30年是福州、厦门百年来降水增加最多的30年，尤其是21世纪以来，气温和降水增加显著，福州、厦门百年站呈现暖湿特征。

根据世界气象组织（WMO）的规定，序列中偏离2倍标准差的事件定义为异常事件，因此以偏离2倍标准差定义旱涝年。厦门站百年间共出现4个涝年（1990年、1931年、2006年、2016年）和一个旱年（1910年）；福州站共出现5个涝年（1906年、1914年、

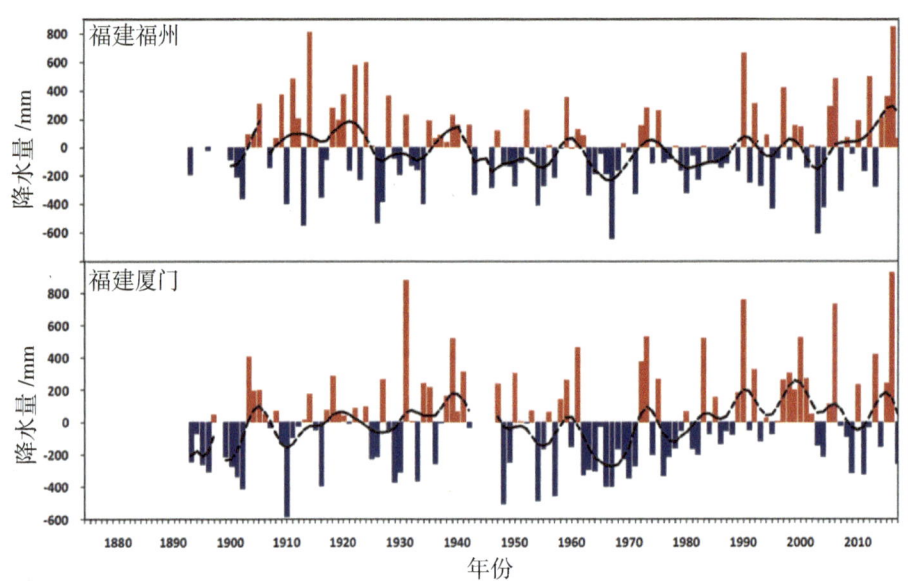

图 8.5　福州（上）和厦门（下）站百年降水变化序列

1924 年、1990 年和 2016 年）和 2 个旱年（1967 年和 2003 年）。可见，福州、厦门百年来降水呈现偏态分布，涝年年份显著多于旱年。

## 二、近 60 年主要气象要素变化特征

1. 气温显著上升

1961～2020 年，福建省年平均气温呈现显著升高趋势，升高速率为每 10 年 0.2℃。其中，1961～1980 年平均气温变化平稳，且多数年份低于平均值。20 世纪 80 年代中期以来增温明显，尤其 20 世纪 90 年代末以来多数年份高于平均值，近十年，全省年平均气温明显偏高（图 8.6）。

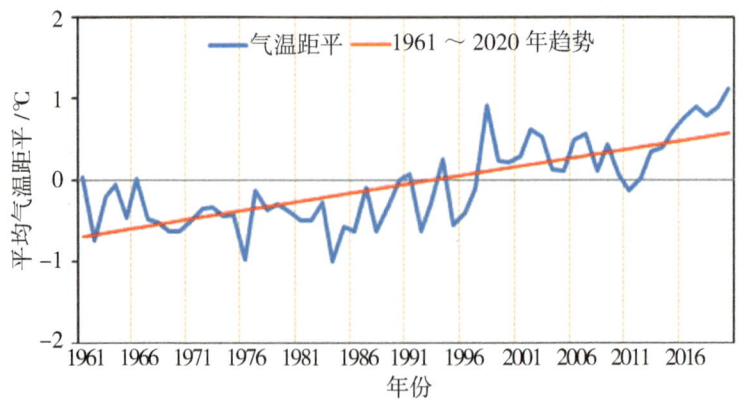

图 8.6　1961～2020 年福建省年平均气温距平变化

年平均最高气温和年平均最低气温同样呈显著升高趋势，升温速率分别为每 10 年 0.2℃和 0.3℃。

## 2. 降水量增多、日数减少、强度增强

1961～2020年，福建省平均年降水量总体呈略微增多趋势，平均每10年增多1.4 mm。20世纪90年代之前降水量以偏少为主，21世纪后，降水年际波动较大（图8.7）。

全省降水日数呈明显减少趋势，减少速率为每10年4.8天。20世纪60年代至90年代，以降水日数偏多为主，21世纪以后出现明显转折，降水日数多偏少。

全省降水强度有明显增强的趋势，增强速率为每10年0.4 mm/d。

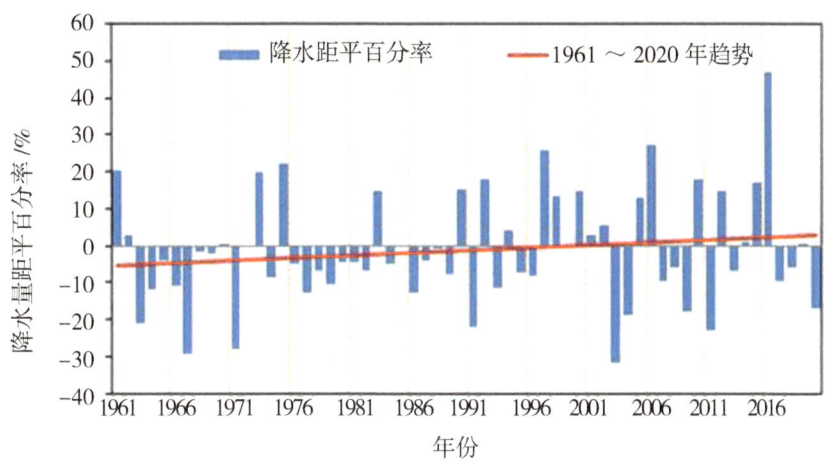

图8.7　1961～2020年福建省年降水量距平变化

## 3. 日照时数和平均风速减小

1961～2020年，福建省平均年日照时数呈现明显减少趋势，减少速率为每10年49.1 h。20世纪60～70年代较常年总体偏多，80～90年代较常年总体偏少，21世纪以来以年际波动变化为主（图8.8）。

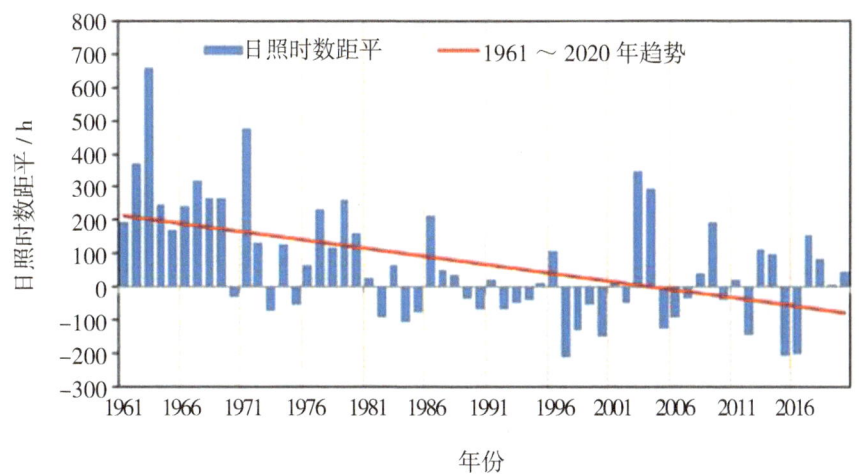

图8.8　1961～2020年福建省年日照时数距平变化

全省平均风速整体呈显著减小趋势，减小速率为每 10 年 0.1 m/s。从平均风速变化可看出，80 年代风速明显下降，可能原因是受城市化影响所致；2004 年风速突增，可能原因为测风仪器变更（图 8.9）。

图 8.9　1961～2020 年福建省年平均风速距平变化

### 三、高影响天气变化事实

1. 台风变化

福建省登陆台风数平均为 1.7 个，最多为 5 个，出现在 1990 年和 2010 年，1964、1968、1979、1986、1988、1991、1993、1995、2002 年无台风登陆福建。1961～2020 年福建省登陆台风个数略微呈上升趋势，上升率为每 10 年 0.04 个（图 8.10）。

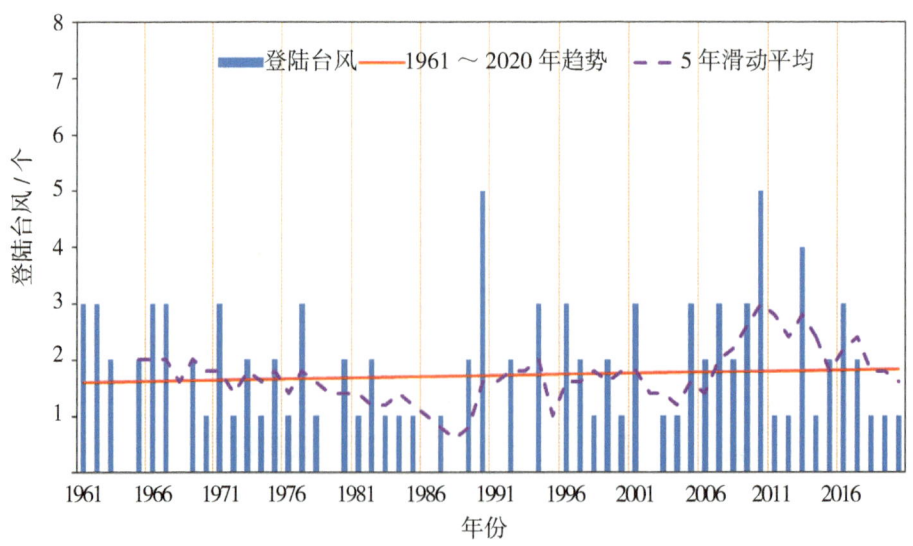

图 8.10　1961～2020 年登陆福建台风个数变化

## 2. 冷暖事件

### （1）暖事件

1961～2020年，福建省平均高温日数和极端高温均呈现显著增加趋势（图8.11），增加速率分别为每10年2.0天和0.2℃，其中20世纪60至90年代总体较常年偏少（低），21世纪后转为偏多（高）。

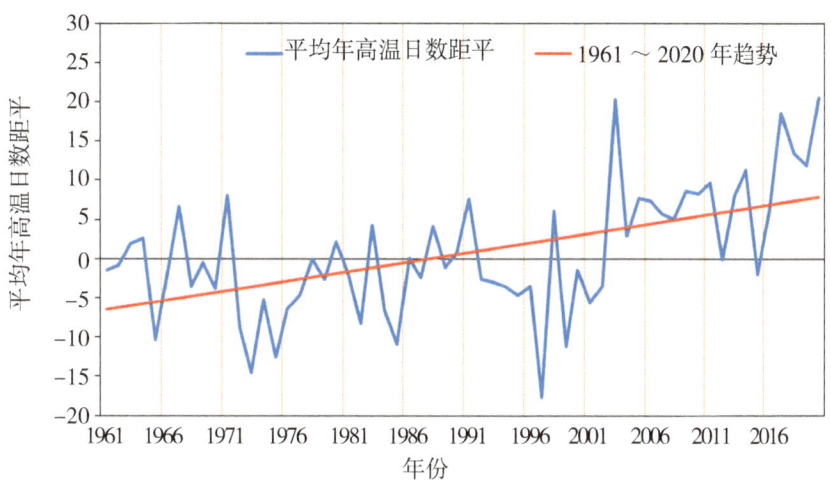

图8.11　1961～2020年福建省平均高温日数距平变化

### （2）冷事件

1961～2020年，全省平均霜冻日数呈现显著减少趋势（图8.12），平均每10年减少1.8天；极端最低气温呈现显著增加趋势，平均每10年增加0.3℃。从年代际变化来看，霜冻日数（极端低温）20世纪60～80年代总体较常年偏多（低），90年代开始以年际波动变化为主。

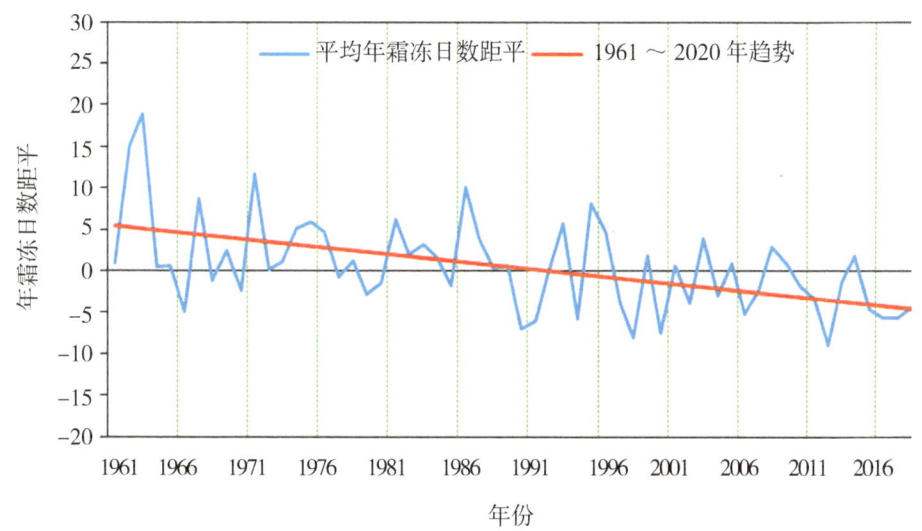

图8.12　1961～2020年福建省平均霜冻日数距平变化

3. 旱涝事件

（1）涝事件

1961～2020年，全省平均年暴雨日数呈显著增多趋势（图8.13），平均每10年增多0.2天，主要表现为年际波动特征，其中21世纪以后年际波动剧烈。极端强降水同样呈现增强趋势，全省平均1小时最大降水量、1天最大降水量的变化趋势分别为每10年2.1 mm、1.9 mm。

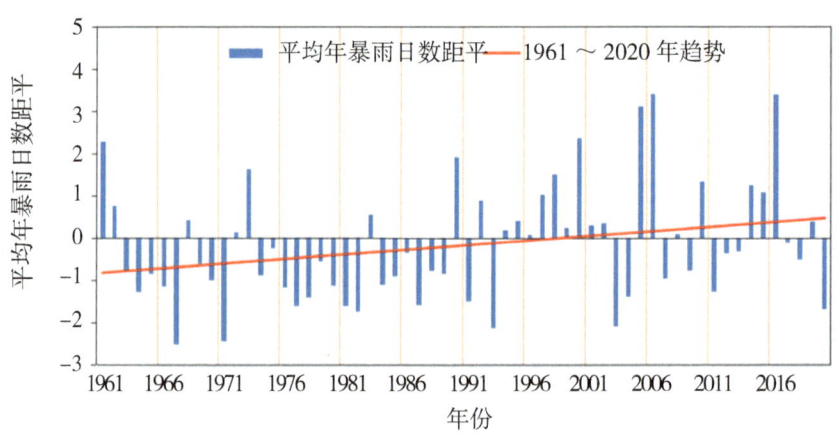

图 8.13　1961～2017 年福建省平均年暴雨日数距平变化

（2）旱事件

福建省平均气象干旱日数总体变化趋势不显著（图8.14），但具有阶段性变化特征。气象干旱日数60年代较长，70年代较少较短，80～90年代相对平稳，2000年以后波动幅度较大，且近两年再度增多增长。

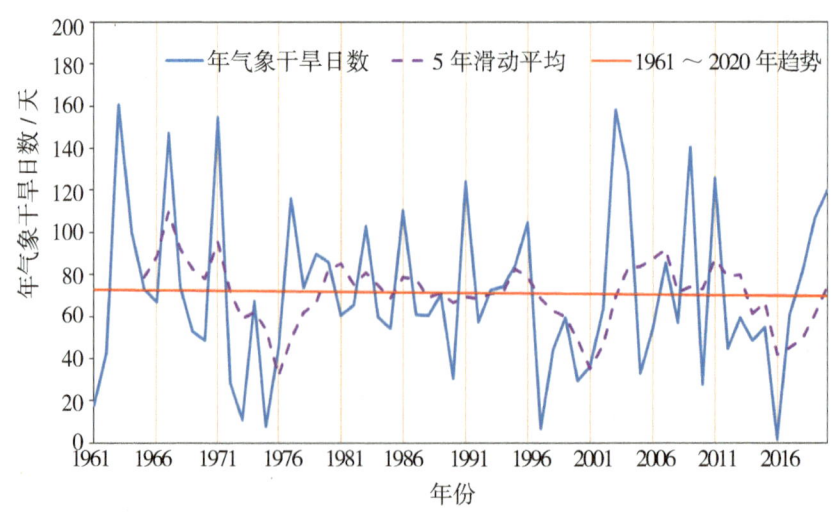

图 8.14　1961～2020 年福建省平均气象干旱日数变化

## 第三节 气候变化的应对

气候变化是人类面临的最严峻挑战之一。为了促进人类社会的可持续发展，必须积极应对气候变化。前文已提到，应对气候变化的途径主要有两类，即减缓和适应。减缓，是指温室气体的减排与增汇，是解决气候变化问题的根本出路。适应，是自然或人类系统在实际或预期的气候变化刺激下做出的一种调整反映，这种调整能够使气候变化的不利影响得到减缓或能够充分利用气候变化带来的各种有利条件。

我国秉承人与自然和谐相处、人类命运体的理念和应对气候变化共同但有区别的责任原则，积极应对气候变化，积极参与国际合作，积极采取更加有力的政策和措施应对气候变化。

### 一、中国应对气候变化的减缓目标

#### （一）碳达峰、碳中和目标

碳达峰和碳中和是温室气体减排的两个重要目标，可以设定在全球、国家、城市、企业活动等不同层面。"碳达峰"，是指二氧化碳排放量达到历史最高值，由增转降的历史拐点。"碳中和"，是指通过植树造林、节能减排等途径，抵消自身所产生的二氧化碳排放，即实现人为排放源与人为吸收汇的平衡。

中国把碳达峰和碳中和纳入生态文明建设总体规划。2020年9月22日，习近平主席在联合国一般性辩论时提出了我国的"碳达峰"和"碳中和"目标，二氧化碳排放力争于2030年前达到峰值，努力争取2060年前实现碳中和。2020年12月12日，习近平主席在气候雄心峰会上进一步宣布了中国国家自主贡献新举措，包括：到2030年，单位国内生产总值二氧化碳排放将比2005年下降65%以上，非化石能源占一次能源消费比重将达到25%左右，森林蓄积量将比2005年增加60亿$m^3$，风能、太阳能发电总装机容量将达到12亿kW以上。

#### （二）碳达峰

目前，我国碳排放仍呈增长态势，尚未达峰。但通过前期积极实施应对气候变化国家战略，采取调整产业结构、优化能源结构、节能提高能效、推进碳市场建设、增加森林碳汇等一系列措施，单位国内生产总值二氧化碳排放持续下降，碳排放增速放缓，这为我国实现碳达峰目标奠定了坚实的基础。

"十四五"是实现我国碳排放达峰的攻坚期和关键期，要抓紧制定国家碳达峰行动计划，广泛深入开展碳达峰行动，支持有条件的地方和重点行业、重点企业率先达峰。

地方是落实国家碳达峰任务的责任主体。我国幅员辽阔，不同地区在发展阶段、经济实力、资源禀赋等方面有较大差距，应坚持共同而有区别的责任原则，在国家层面加强统筹协调，提出不同区域分阶段达峰路线图，明确各地达峰时限和重点任务。

经济发展水平高、绿色发展基础好、生态文明创建积极性高的地区应争当"领头羊",率先实现碳达峰。目前,上海、海南、江苏、广东等地均提出将率先实现碳排放达峰的目标。

全球温室气体排放中,超过70%源自能源消费,其中38%来自能源供给部门,35%来自建筑、交通、工业等能源消费部门。在我国,工业是二氧化碳排放的主要领域,占全国总排放量的80%左右,交通和建筑也是二氧化碳排放的重要领域。因此实现重点行业尽早达峰并快速跨过平台期是保证全国2030年达峰的关键。生态环境部在2021年1月印发的《关于统筹和加强应对气候变化与生态环境保护相关工作的指导意见》中明确提出要鼓励能源、工业、交通、建筑等重点领域制定达峰专项计划;推动钢铁、建材、有色、化工、石化、电力、煤炭等重点行业提出明确的达峰目标并制定达峰行动方案。目前已有部分重点行业和企业宣布了各自的达峰目标。重点行业和大型龙头企业率先承诺,能发挥示范引领作用,并将积累的良好经验在更大范围内复制推广。

(三)碳中和

中国作为世界最大的发展中国家,在2060年前实现碳中和目标时间紧、任务重。从排放总量看,我国二氧化碳排放量大,约占全球的28%,分别是美国、欧盟的2倍和3倍;从发展阶段看,我国当前尚处于工业化发展阶段,能源需求旺盛,能源消耗量及碳排放量仍处于"双上升"阶段;从碳排放发展趋势看,我国从2030年前碳排放达峰到2060年前实现碳中和的时间跨度只有30年,远低于发达国家普遍50~70年的过渡期;从重点行业和领域看,我国能源结构以煤为主,高碳化石能源占比达85%,产业结构以工业与制造业为主,导致单位GDP能耗较高,为世界平均水平的1.4倍。面对这些严峻的挑战,一方面要控制好温室气体的排放,另一方面要增加温室气体汇,多措并举地推动碳中和目标的实现。

一般来说,控制温室气体排放的途径主要有:第一,调整优化产业结构。严格控制高耗能、高碳行业新增产能;推动传统产业高端化、智能化、绿色化转型升级;积极发展绿色环保战略性新兴产业,提升现代服务业和数值经济发展水平,打造增长新引擎;构建以绿色低碳产业为主导的产业体系。第二,大力调整能源结构。从能源供给侧上,控制化石能源的使用,大力推进风能、太阳能等可再生能源、核能等非化石能源的快速发展;从能源消费侧上,提高终端用能部门(重点是工业、建筑、交通)电气化水平,减少化石能源消费。第三,节能和提高能效。严格实行能源消费强度和总量双控,健全能耗双控管理措施,推动能源资源高效配置、高效利用。第四,加速低碳技术研发推广。坚持以市场为导向,更大力度推进节能低碳技术研发推广应用,加快推进规模化储能、氢能、碳捕集利用与封存等技术发展。第五,健全低碳发展体制机制。加快完善有利于绿色低碳发展的价格、财税、金融等经济政策,推动合同能源管理、污染第三方治理、环境托管等服务模式创新发展。增加温室气体汇的途径主要是提升生态系统碳汇能力。稳定和优化森林碳汇，加强森林资源培育，开展国土绿化行动，不断增加森林面积和蓄积量；加强生态保护修复，增强草原、绿地、湖泊、湿地等自然生态系统固碳能力；发展海洋低碳技术，发挥海洋固碳作用。

实现碳中和不仅需要政府和企业行动起来，还需要社会公众一起行动起来。第一，加强对碳达峰、碳中和目标的认知和意识，并自觉与日常生活联系起来；第二。努力获取信息，了解自己的直接和间接排放，了解所购买产品的能耗和排放信息；第三，基于信息作出更好的消费选择，尽可能降低消费产生的碳排放和环境影响；第四，为高质量、低排放的产品付出更高的价格；第五，积极宣传，帮助他人提高减排意识并作出更好地选择。消费者的选择可以影响到生产者，促进生产企业作出改变，从而为双碳目标作出重要的贡献。

## 二、中国应对气候变化的行动措施

根据《中国应对气候变化的政策与行动2020年度报告》，我国应对气候变化的措施主要包括强化顶层设计、减缓气候变化、适应气候变化、完善制度建设、加强基础能力、全社会广泛参与，以及开展国际交流与合作等方面。具体措施有以下8个方面。

①调整产业结构：加快产业绿色低碳转型、支持战略性新兴产业发展。

②节能提高能效：推动工业、建筑、交通和信息化、公共机构领域的节能，推广节能技术与产品。

③优化能源结构：实施能源消费总量和强度双控，推动化石能源清洁化利用，推进清洁取暖，大力发展风、光、核和水、生物质等非化石能源。

④控制非二氧化碳温室气体排放：在农业领域，推进化肥减量增效，减少甲烷等排放；在废弃物领域，推行垃圾分类，无害处理和再生资源处理；工业领域，突进绿色制造体系建设。

⑤增加生态系统碳汇：保护生态环境，加强人工造林，提高森林、草原、湿地、农田土壤等碳汇能力。

⑥加强温室气体与大气污染物系统控制。

⑦持续推进低碳试点示范工作，加强低碳技术研发应用。

⑧开展全民行动，加强生态文明建设，倡导绿色发展，环境保护、绿水青山就是金山银山和绿色低碳生产生活的理念，开展相关科普宣传和教育培训，提高全社会应对气候变化的共识和低碳生活的意识和习俗。

## 三、福建应对气候变化的主要措施

2021年福建省政府工作报告提出，将制定实施二氧化碳排放达峰行动方案，支持厦门、南平等地率先达峰，推进低碳城市、低碳园区、低碳社区试点。

①严格控制温室气体排放：把降碳作为促进经济社会发展全面绿色转型的总抓手，深入推进产业、能源、工业、建筑、交通等领域绿色低碳转型，有效控制非二氧化碳温室气体排放，增加自然生态系统碳汇，形成绿色低碳生产生活方式。

②开展二氧化碳排放达峰行动：把碳达峰、碳中和纳入生态文明建设整体布局和生态省建设布局，推动全省、九市一区、重点领域和行业、企业编制和实施二氧化碳排放达峰专项行动，在推进碳达峰、碳中和工作中走前头。

③主动适应气候变化：加强适应气候变化工作，协同推进美丽河湖、美丽海湾建设，推动适应气候变化与生态保护修复工作融合，重视运用基于自然的解决方案减缓和适应气候变化，强化适应型基础设施建设，强化自然生态和经济社会领域气候韧性，做好气候变化影响及风险评估、预测预警和防灾减灾工作，增强适应气候变化能力。

④推进应对气候变化治理体系和治理能力现代化：加强应对气候变化治理体系和治理能力现代化建设，建立健全应对气候变化的法规制度标准体系，提升温室气体排放统计核算能力，打牢基础支撑，统筹协调应对气候变化和生态环境保护相关工作，突出协同增效，全面提高应对气候变化认识和能力水平。

⑤实施试点示范和重大工程：发挥试点示范的引领作用和重大工程的支撑作用，深化和推进低碳城市、低碳园区、低碳社区（乡村）试点示范，协同推进美丽城市、美丽乡村、美丽园区建设，实施重点行业低碳化改造，开展近零碳排放与碳中和试点、气候投融资试点和适应气候变化试点，及时总结、复制、推广有效的经验和做法。

### 问答题

（1）简述气候变暖的主要人为原因。
（2）简述全球气候变暖的主要影响。
（3）简述福建近60年来气温变化的主要特征。
（4）简述福建近60年来降水变化的主要特点。
（5）如何应对气候变化？
（6）简述"碳达峰"和"碳中和"的实现年份。
（7）如何理解"碳达峰"和生态文明建设的关系？
（8）我国应对气候变化的主要措施有哪些？

# 参考文献

本书基于《福建气候》（第 2 版），进一步参考但不局限于以下文献。此处文献按章节顺序罗列。我们谨向所有的参考文献的作者致敬，并表示感谢；对遗漏的参考文献的作者深表歉意，恳请指正。

[1] 刘芸芸，李维京，艾子兑秀，等. 月尺度西太平洋副热带高压指数的重建与应用[J]. 应用气象学报，2012，23（4）：414-423.

[2] 袁为，杨海军. Madden-Julian 振荡对中国东南部冬季降水的调制[J]. 北京大学学报（自然科学版），2010，46（2）：207-214.

[3] 梅双丽，李勇，马杰. 热带季节内振荡在延伸期预报中的应用进展[J]. 地球科学进展，2020，35（12）：1222-1231.

[4] 章丽娜，林鹏飞，熊喆，等. 热带大气季节内振荡对华南前汛期降水的影响[J]. 大气科学，2011，35（3）：560-570.

[5] 登陆和影响福建热带气旋. 福建省地方标准 DB35/T 1413-2014[S]. 福建省质量技术监督局，2014.

[6] 林新彬，刘爱鸣，林毅，等. 福建省天气预报技术手册[M]. 北京：气象出版社，2013：89-91.

[7] 林小红，吴幸毓，陈淼，等. 台湾海峡西岸台风大风特征及极端大风典型个例分析[J]. 气象与环境学报，2019，35(6)：93－100.

[8] 赵玉春，王叶红，陈健康，等. "莫兰蒂"台风（2016）登陆前后精细结构及其引发福建特大暴雨的模拟研究[J]. 暴雨灾害，2018，37(2)：135-148.

[9] 陈汶江，王伟. 2016 年 14 号台风"莫兰蒂"特征分析[J]. 成都信息工程大学学报，2019，34（4）：435-442.

[10] 张容焱，徐宗焕，游立军，等. 福建热带气旋风雨空间分布特征及风险评估[J]. 应用气象学报，2012，23(6)：672-682.

[11] 林昕，张容焱，杨林，等. 2016 年莫兰蒂台风灾害和防御行为效益评估[C]. 第二届海峡气象科技研讨会暨"莫兰蒂"台风专题研讨会会议论文集.

[12] 张容焱，徐宗焕，刘爱鸣. 福建省热带气旋灾害防御区划探讨. 第十四届全国热带气旋科学讨论会论文摘要集. 2007：453-459.

[13] 林昕，张容焱，邱洪华，等. 基于回归统计法的福建省热带气旋灾害评估模型研究[C]. 福建省气象学会 2007 年学术年会文集. 2007：7-12.

［14］游立军.利用GIS的福建热带气旋灾情评估模型设计研究.福建气象［J］.2008：36-38.

［15］郑新江,卢乃锰,罗敬宁,等."96.8.8"福建成灾暴雨水汽图像特征分析［J］.海洋预报,1997,14(4)：52-59.

［16］朱婧,陆逸,李国平,等.基于县级分辨率的福建省台风灾害风险评估［J］.灾害学,2017,32(3)：204-209.

［17］庄瑶,鲍瑞娟,张容焱,等.福建热带气旋灾害精细化危险性评估［J］.应用气象学报,2022,33(3)：319-328.

［18］姚玉碧,张存杰,邓振镛,等.气象农业干旱指标综述［J］.干旱地区农业研究,2007,25(1)：185-189.

［19］张调风,张勃,王小敏,等.基于综合气象干旱指数(CI)的干旱时空动态格局分析——以甘肃省黄土高原区为例［J］.生态环境学报,2012,21(2)：12-20.

［20］王劲松,李耀辉,王润元,等.我国气象干旱研究进展评述［J］.干旱气象,2012,30(4)：497-508.

［21］王春林,陈慧华,唐立生,等.基于前期降水指数的气象干旱指标及其应用［J］.气候变化研究进展,2012,8(3)：157-163.

［22］高西宁,徐庆喆,丛俊霞,等.基于标准化降水指数的辽宁省近54年干旱时空规律分析［J］.生态环境学报,2015,24(11)：1851-1857.

［23］杨帆,陈波,张超,等.新气象干旱综合监测指数(MCI)在黔东南本地化应用［J］.高原山地气象研究,2015,35(3)：56-61.

［24］廖要明,张存杰.基于MCI的中国干旱时空分布及灾情变化特征［J］.气象,2017,43(11)：1402-1409.

［25］张存杰,刘海波,宋艳玲,等.GB/T 20481-2017 中华人民共和国国家标准——气象干旱等级［M］.北京：中国气象出版社,2017.

［26］廖要明,张存杰,邹旭恺,等.2021.QX/T 597-2021 中华人民共和国气象行业标准——区域性干旱过程监测评估方法［S］.北京：气象出版社,2021.

［27］宋德众,蔡诗树.中国气象灾害大典福建卷［M］.北京：气象出版社,2007.

［28］赖军,等.福建水旱灾害［M］.福州：福建省人民政府防汛和抗旱指挥部办公室,2017.

［29］张容焱,庄瑶,薛峰,等.福建气象干旱风险监测预警和评估技术［J］.灾害学,2019,34(3)：114-122.

［30］郑成洋,方精云.福建黄岗山东南坡气温的垂直变化［J］.气象学报,2004,62(2)：251-255.

[31] 谢庆梓. 福建山地气候生态特征及其宜茶气候带的划分 [J]. 茶叶通讯, 1993, 4: 5-8.

[32] 赵永. 基于GIS技术的福建地区降水空间分布模型研究 [D]. 福州: 福建师范大学, 2008.

[33] 鹿世瑾. 武夷山的地性因子及其对气候的影响. 武夷山区农业气候资源论文集 [M]. 北京: 气象出版社, 1987.

[34] 吴滨, 林长城, 文明章, 等. 福建沿海地区海陆风的时空分布特征 [J]. 应用海洋学学报, 2013, 32(1): 125-132.

[35] 宋德众. 福建海岛气候 [M]. 北京: 气象出版社, 1996: 34-44.

[36] 荀爱萍, 黄惠镕, 陈德花. 厦门地区海陆风环流观测及特征分析 [J]. 海峡科学, 2017(12).

[37] 张伟, 陈思学, 陈德花. 台湾海峡西岸海陆风气候特征及其环流形势分析 [J]. 海洋预报, 2015, 32(6): 58-65.

[38] 林长城, 吴滨, 陈彬彬, 等. 海峡西岸海陆风特征及对大气污染物浓度影响 [J]. 环境科学与技术, 2015, 38(6P): 56-60.

[39] 李昀英, 王汉杰. 台湾海峡地区雾形成的天气类型分析 [J]. 热带海洋, 2000, 19(4): 65-70.

[40] 韩美, 高珊, 曾瑾瑜, 等. 台湾海峡西岸海雾研究现状与未来发展方向 [J]. 气象科技, 2016, 44(6): 928-955.

[41] 吴滨, 游立军, 白龙. 福建沿海大风状态下不同历时风速的关系 [J]. 自然灾害学报, 2014, 23(5): 225-230.

[42] 詹庆明, 欧阳婉璐, 金志诚等. 基于RS和GIS的城市通风潜力研究与规划指引 [J]. 规划师, 2015, 31(11).

[43] 城市总体规划气候可行性论证技术指南, 中国气象局.

[44] 城市热岛效应评估技术指南, 中国气象局.

[45] 陶红超, 陈家金, 陈志彪, 等. 基于危险性评估的福建省茶叶寒冻害保险费率厘定 [J]. 中国生态农业学报: 中英文, 2020, 28(11): 1778-1788.

[46] 吴滨, 杨丽慧, 刘京雄. 基于不同温湿条件下福州市人体舒适度变化的研究 [J]. 气象科技, 2015, Vol.43, No.6.

[47] 马丽君, 孙根年, 王洁洁. 中国东部沿海沿边城市旅游气候舒适度评价 [J]. 地理科学进展, 2009, Vol.28, No.5.

[48] 翟盘茂, 周佰铨, 陈阳, 等. 气候变化科学方面的几个最新认知 [J]. 气候变化研究进展, 2021, 17 (6): 629-635.

[49] 周波涛, 钱进. IPCC AR6报告解读: 极端天气气候事件变化 [J]. 气候变

化研究进展，2021，17 (6)：713-718.

［50］胡婷，孙颖. IPCC AR6 报告解读：人类活动对气候系统的影响［J］. 气候变化研究进展，2021，17 (6)：644-651.

［51］周天军，陈梓明，陈晓龙，等. IPCC AR6 报告解读：未来的全球气候——基于情景的预估和近期信息［J］. 气候变化研究进展，2021，17 (6)：652-663.

［52］IPCC 官网［OL］. https：//www.ipcc.ch/

［53］The IPCC and the Sixth Assessment cycle［M/OL］. https：//archive.ipcc.ch/pdf/ar6_material/AC6_brochure_en.pdf

［54］IPCC 第六次评估报告第一工作组报告系列解读［M/OL］. http：//www.zgqxb.com.cn/zt/2021zt/20211115/

［55］IPCC 第六次评估报告第二工作组报告系列解读（一）［M/OL］. http：//www.cma.gov.cn/2011xwzx/2011xqxxw/202204/t20220408_4743589.html

［56］IPCC 第六次评估报告第二工作组报告系列解读（二）［M/OL］. http：//www.cma.gov.cn/2011xwzx/2011xqxxw/zwfw/202204/t20220408_4743816.html

［57］IPCC 第六次评估报告第三工作组报告发布［R/OL］. http：//www.cma.gov.cn/2011xwzx/2011xqxxw/zwfw/202204/t20220408_4743833.html

［58］陈迎，巢清尘，等. 碳达峰、碳中和 100 问［M］. 北京：人民日报出版社，2021.

［59］中国气象局气候变化中心. 中国气候变化蓝皮书2021[M].北京:科学出版社，2021.

# 附录 1　福建省 10 市（区）主要气象要素统计表

### 附表 1　1991～2020 年平均气温（0.1℃）

| 站名 | 1月 | 2月 | 3月 | 4月 | 5月 | 6月 | 7月 | 8月 | 9月 | 10月 | 11月 | 12月 | 年 |
| --- | --- | --- | --- | --- | --- | --- | --- | --- | --- | --- | --- | --- | --- |
| 福州市 | 114 | 120 | 144 | 190 | 231 | 266 | 294 | 289 | 267 | 226 | 185 | 137 | 205 |
| 平潭区 | 117 | 116 | 138 | 181 | 224 | 261 | 284 | 284 | 268 | 230 | 190 | 143 | 203 |
| 宁德市 | 106 | 111 | 136 | 182 | 226 | 263 | 294 | 289 | 265 | 223 | 178 | 128 | 200 |
| 南平市 | 102 | 121 | 150 | 199 | 237 | 265 | 291 | 287 | 263 | 218 | 168 | 116 | 201 |
| 三明市 | 103 | 122 | 152 | 199 | 235 | 263 | 285 | 280 | 257 | 214 | 166 | 115 | 199 |
| 龙岩市 | 121 | 138 | 164 | 205 | 237 | 260 | 274 | 269 | 255 | 221 | 179 | 132 | 205 |
| 莆田市 | 125 | 129 | 151 | 195 | 234 | 267 | 290 | 287 | 271 | 234 | 197 | 150 | 211 |
| 泉州市[①] | 129 | 132 | 155 | 198 | 236 | 267 | 288 | 286 | 271 | 236 | 198 | 152 | 212 |
| 厦门市 | 131 | 134 | 156 | 197 | 234 | 264 | 283 | 280 | 267 | 235 | 198 | 153 | 211 |
| 漳州市 | 141 | 147 | 170 | 212 | 248 | 276 | 294 | 289 | 276 | 243 | 205 | 160 | 222 |

### 附表 2　1991～2020 年高温日数（0.1 d）

| 站名 | 1月 | 2月 | 3月 | 4月 | 5月 | 6月 | 7月 | 8月 | 9月 | 10月 | 11月 | 12月 | 年 |
| --- | --- | --- | --- | --- | --- | --- | --- | --- | --- | --- | --- | --- | --- |
| 福州市 | 0 | 0 | 0 | 0 | 8 | 52 | 157 | 115 | 30 | 1 | 0 | 0 | 363 |
| 平潭区 | 0 | 0 | 0 | 0 | 0 | 0 | 0 | 0 | 0 | 0 | 0 | 0 | 1 |
| 宁德市 | 0 | 0 | 0 | 0 | 3 | 39 | 89 | 51 | 7 | 0 | 0 | 0 | 189 |
| 南平市 | 0 | 0 | 0 | 1 | 12 | 57 | 184 | 148 | 55 | 3 | 0 | 0 | 461 |
| 三明市 | 0 | 0 | 0 | 2 | 13 | 53 | 167 | 131 | 40 | 3 | 0 | 0 | 409 |
| 龙岩市 | 0 | 0 | 0 | 0 | 5 | 18 | 74 | 63 | 19 | 2 | 0 | 0 | 182 |
| 莆田市 | 0 | 0 | 0 | 0 | 0 | 10 | 52 | 35 | 9 | 0 | 0 | 0 | 106 |
| 泉州市 | 0 | 0 | 0 | 0 | 0 | 1 | 37 | 25 | 9 | 1 | 0 | 0 | 74 |
| 厦门市 | 0 | 0 | 0 | 0 | 1 | 8 | 34 | 24 | 5 | 1 | 0 | 0 | 73 |
| 漳州市 | 0 | 0 | 0 | 2 | 16 | 51 | 142 | 131 | 43 | 2 | 0 | 0 | 387 |

①泉州市气象要素值为晋江气象站统计值，下同。

附表3　1951～2020年极端最高气温（0.1℃）

| 站名 | 1月 | 2月 | 3月 | 4月 | 5月 | 6月 | 7月 | 8月 | 9月 | 10月 | 11月 | 12月 | 年 |
|---|---|---|---|---|---|---|---|---|---|---|---|---|---|
| 福州市（最高） | 273 | 299 | 326 | 357 | 375 | 387 | 417 | 406 | 396 | 371 | 332 | 298 | 417 |
| 福州市（年日） | 2 d | 1996 14 | 2015 31 | 2011 27 | 1991 26 | 2000 03 | 2003 26 | 2013 08 | 1995 08 | 2017 02 | 2005 06 | 1952 01 | 2003 0726 |
| 平潭区（最高） | 264 | 279 | 286 | 309 | 332 | 344 | 356 | 374 | 345 | 332 | 293 | 278 | 374 |
| 平潭区（年日） | 1998 08 | 2009 25 | 2000 28 | 1964 21 | 1963 27 | 2001 30 | 2002 04 | 1966 16 | 2006 02 | 2019 01 | 1972 02 | 1968 04 | 1966 0816 |
| 宁德市（最高） | 269 | 292 | 362 | 344 | 386 | 398 | 402 | 389 | 379 | 344 | 324 | 272 | 402 |
| 宁德市（年日） | 2020 07 | 1979 22 | 1988 14 | 1987 25 | 1991 25 | 2020 17 | 2005 11 | 2019 11 | 2017 27 | 2019 01 | 2005 06 | 2018 04 | 2005 0711 |
| 南平市（最高） | 293 | 334 | 342 | 369 | 377 | 383 | 418 | 413 | 387 | 367 | 335 | 299 | 418 |
| 南平市（年日） | 2008 11 | 2009 25 | 1988 14 | 2015 05 | 1963 21 | 1951 20 | 2003 30 | 2003 02 | 1951 09 | 1996 19 | 1968 01 | 2003 2 d | 2003 0730 |
| 三明市（最高） | 294 | 344 | 347 | 373 | 384 | 390 | 414 | 410 | 399 | 374 | 341 | 310 | 414 |
| 三明市（年日） | 1972 24 | 2009 25 | 1988 14 | 2015 05 | 2018 16 | 1961 18 | 2003 30 | 2003 02 | 1963 02 | 2019 02 | 1996 01 | 1968 03 | 2003 0730 |
| 龙岩市（最高） | 283 | 315 | 325 | 348 | 370 | 380 | 390 | 384 | 378 | 358 | 346 | 286 | 390 |
| 龙岩市（年日） | 1959 27 | 2009 25 | 2015 19 | 2015 05 | 2018 2 d | 1967 29 | 1988 18 | 2010 04 | 2017 28 | 2017 02 | 1996 01 | 3 d | 1988 0718 |
| 莆田市（最高） | 277 | 311 | 304 | 341 | 345 | 369 | 380 | 394 | 373 | 360 | 322 | 291 | 394 |
| 莆田市（年日） | 1966 12 | 2009 25 | 1966 07 | 2 d | 1991 22 | 1960 22 | 2 d | 1962 09 | 2017 26 | 1962 02 | 1966 13 | 1975 06 | 1962 0809 |
| 泉州市（最高） | 280 | 289 | 308 | 338 | 350 | 359 | 378 | 387 | 392 | 363 | 324 | 304 | 392 |
| 泉州市（年日） | 1998 08 | 2009 25 | 2000 28 | 2015 06 | 1970 31 | 2020 19 | 2002 04 | 2 d | 2020 01 | 2017 01 | 2015 08 | 2018 04 | 2020 0901 |
| 厦门市（最高） | 284 | 290 | 309 | 336 | 359 | 377 | 392 | 396 | 366 | 360 | 318 | 294 | 396 |
| 厦门市（年日） | 2008 12 | 2020 26 | 1960 09 | 2001 30 | 2018 26 | 2011 25 | 2007 20 | 2019 09 | 2014 19 | 1994 10 | 2011 05 | 2018 04 | 2019 0809 |
| 漳州市（最高） | 305 | 316 | 337 | 360 | 379 | 393 | 403 | 390 | 391 | 371 | 352 | 304 | 403 |
| 漳州市（年日） | 1959 29 | 2009 25 | 2 d | 2011 27 | 2018 26 | 1961 17 | 2003 15 | 2019 10 | 2017 27 | 2019 02 | 1996 01 | 2018 04 | 200307 15 |

附表4 1951～2020年极端最低气温（0.1℃）

| 站名 | 1月 | 2月 | 3月 | 4月 | 5月 | 6月 | 7月 | 8月 | 9月 | 10月 | 11月 | 12月 | 年 |
|---|---|---|---|---|---|---|---|---|---|---|---|---|---|
| 福州市（最低） | -19 | -8 | 11 | 52 | 111 | 154 | 190 | 204 | 150 | 96 | 31 | -17 | -19 |
| 福州市（年日） | 2016 25 | 1957 12 | 1972 01 | 1957 04 | 1953 01 | 1981 02 | 1951 17 | 2 d | 1966 28 | 1978 30 | 1975 24 | 1991 29 | 2016 0125 |
| 平潭区（最低） | 9 | 16 | 19 | 54 | 112 | 161 | 205 | 217 | 168 | 132 | 85 | 30 | 9 |
| 平潭区（年日） | 1977 31 | 1957 11 | 1954 06 | 1974 02 | 1981 04 | 1981 02 | 1982 02 | 1977 24 | 1997 28 | 1958 27 | 1975 24 | 2010 17 | 1977 0131 |
| 宁德市（最低） | -24 | -6 | 8 | 52 | 106 | 157 | 204 | 194 | 138 | 72 | 20 | -18 | -24 |
| 宁德市（年日） | 1963 08 | 1984 08 | 1986 02 | 1974 03 | 1981 04 | 1982 05 | 2 d | 1968 31 | 1966 25 | 1978 30 | 1975 24 | 1973 26 | 1963 0108 |
| 南平市（最低） | -58 | -36 | -12 | 35 | 90 | 151 | 205 | 185 | 105 | 47 | -10 | -51 | -58 |
| 南平市（年日） | 2 d | 1961 02 | 1986 03 | 1969 06 | 1961 05 | 1987 09 | 2 d | 3 d | 1966 26 | 1958 27 | 2 d | 1973 26 | 2 d |
| 三明市（最低） | -55 | -36 | -18 | 30 | 95 | 139 | 200 | 167 | 105 | 42 | -4 | -58 | -58 |
| 三明市（年日） | 1963 27 | 1961 02 | 1986 02 | 1969 06 | 1965 03 | 1964 05 | 1992 07 | 1965 23 | 1966 26 | 1978 30 | 1979 19 | 1999 23 | 1999 1223 |
| 龙岩市（最低） | -56 | -31 | -9 | 45 | 97 | 142 | 194 | 176 | 108 | 59 | 3 | -34 | -56 |
| 龙岩市（年日） | 1955 12 | 1961 02 | 1986 03 | 1969 06 | 1965 03 | 2000 14 | 1992 08 | 1965 23 | 1966 26 | 1958 31 | 2013 30 | 1999 24 | 1955 0112 |
| 莆田市（最低） | -23 | -8 | 9 | 59 | 121 | 140 | 211 | 207 | 147 | 97 | 47 | -2 | -23 |
| 莆田市（年日） | 1963 27 | 1961 02 | 1972 02 | 1969 06 | 1981 04 | 1982 05 | 1992 08 | 1974 2 d | 1966 27 | 1979 31 | 1975 24 | 1973 31 | 1963 0127 |
| 泉州市（最低） | 1 | 14 | 23 | 65 | 123 | 156 | 211 | 207 | 160 | 108 | 50 | 4 | 1 |
| 泉州市（年日） | 2 d | 2018 06 | 1986 01 | 1969 06 | 1981 04 | 2000 13 | 1972 2 d | 1962 24 | 1966 26 | 1978 30 | 1979 19 | 1991 29 | 2 d |
| 厦门市（最低） | 1 | 20 | 25 | 64 | 120 | 163 | 207 | 214 | 165 | 128 | 75 | 15 | 1 |
| 厦门市（年日） | 2016 25 | 1957 12 | 1986 01 | 1996 03 | 2014 06 | 2000 13 | 1992 09 | 1985 22 | 1966 27 | 1978 30 | 2 d | 1991 29 | 2016 0125 |
| 漳州市（最低） | -21 | 4 | 30 | 64 | 123 | 170 | 210 | 213 | 151 | 76 | 38 | -1 | -21 |
| 漳州市（年日） | 1955 12 | 1957 12 | 2 d | 1957 04 | 1991 03 | 1982 05 | 1992 08 | 2 d | 1966 28 | 1978 30 | 1956 26 | 1973 26 | 195501 12 |

附表5　1991～2020年平均降水量（0.1 mm）

| 月份 | 1月 | 2月 | 3月 | 4月 | 5月 | 6月 | 7月 | 8月 | 9月 | 10月 | 11月 | 12月 | 年 |
|---|---|---|---|---|---|---|---|---|---|---|---|---|---|
| 福州市 | 563 | 786 | 1299 | 1398 | 1893 | 2287 | 1501 | 1934 | 1330 | 487 | 510 | 433 | 14422 |
| 平潭区 | 513 | 713 | 1055 | 1100 | 1625 | 2383 | 1365 | 1446 | 1209 | 367 | 521 | 453 | 12750 |
| 宁德市 | 819 | 1016 | 1664 | 1472 | 2172 | 2976 | 2075 | 3230 | 2130 | 855 | 894 | 744 | 20045 |
| 南平市 | 655 | 978 | 1956 | 1954 | 2564 | 3221 | 1417 | 1588 | 882 | 627 | 656 | 500 | 16998 |
| 三明市 | 694 | 1066 | 1859 | 1920 | 2646 | 2722 | 1479 | 1817 | 982 | 504 | 639 | 530 | 16858 |
| 龙岩市 | 685 | 956 | 1774 | 1906 | 2604 | 3310 | 1792 | 2357 | 1342 | 468 | 453 | 480 | 18127 |
| 莆田市 | 471 | 732 | 1163 | 1239 | 1996 | 2740 | 1831 | 2513 | 1458 | 573 | 427 | 373 | 15515 |
| 泉州市 | 442 | 727 | 967 | 1064 | 1809 | 2062 | 1268 | 1931 | 1200 | 484 | 422 | 435 | 12809 |
| 厦门市 | 420 | 702 | 985 | 1201 | 1710 | 2032 | 1305 | 2156 | 1217 | 490 | 367 | 427 | 13011 |
| 漳州市 | 463 | 708 | 1069 | 1283 | 1992 | 2701 | 1985 | 2638 | 1755 | 560 | 420 | 468 | 16041 |

附表6　1991～2020年平均降水日数（0.1 d）

| 站名 | 1月 | 2月 | 3月 | 4月 | 5月 | 6月 | 7月 | 8月 | 9月 | 10月 | 11月 | 12月 | 年 |
|---|---|---|---|---|---|---|---|---|---|---|---|---|---|
| 福州市 | 100 | 131 | 163 | 153 | 169 | 159 | 103 | 134 | 104 | 62 | 77 | 88 | 1441 |
| 平潭区 | 86 | 111 | 147 | 134 | 137 | 126 | 62 | 83 | 94 | 60 | 78 | 83 | 1202 |
| 宁德市 | 135 | 151 | 185 | 163 | 180 | 176 | 131 | 162 | 146 | 90 | 113 | 115 | 1746 |
| 南平市 | 109 | 132 | 175 | 166 | 180 | 176 | 125 | 140 | 99 | 70 | 78 | 87 | 1537 |
| 三明市 | 115 | 135 | 176 | 169 | 186 | 175 | 133 | 155 | 108 | 76 | 78 | 89 | 1595 |
| 龙岩市 | 89 | 119 | 172 | 166 | 180 | 194 | 155 | 176 | 120 | 57 | 62 | 71 | 1562 |
| 莆田市 | 80 | 106 | 151 | 143 | 158 | 156 | 99 | 133 | 88 | 49 | 58 | 69 | 1289 |
| 泉州市 | 69 | 97 | 134 | 129 | 145 | 138 | 88 | 111 | 81 | 36 | 49 | 63 | 1142 |
| 厦门市 | 71 | 93 | 128 | 122 | 145 | 147 | 95 | 115 | 87 | 32 | 46 | 57 | 1139 |
| 漳州市 | 76 | 101 | 135 | 131 | 158 | 180 | 118 | 149 | 107 | 44 | 52 | 63 | 1314 |

附表7　1991～2020年平均暴雨日数（0.1 d）

| 站名 | 1月 | 2月 | 3月 | 4月 | 5月 | 6月 | 7月 | 8月 | 9月 | 10月 | 11月 | 12月 | 年 |
|---|---|---|---|---|---|---|---|---|---|---|---|---|---|
| 福州市 | 0 | 1 | 3 | 2 | 7 | 9 | 8 | 9 | 6 | 1 | 1 | 0 | 46 |
| 平潭区 | 0 | 0 | 1 | 2 | 6 | 12 | 8 | 9 | 6 | 1 | 2 | 1 | 49 |
| 宁德市 | 1 | 1 | 2 | 2 | 7 | 16 | 13 | 18 | 11 | 3 | 2 | 1 | 76 |
| 南平市 | 0 | 1 | 4 | 5 | 10 | 17 | 4 | 5 | 2 | 2 | 2 | 0 | 53 |
| 三明市 | 0 | 2 | 4 | 4 | 11 | 12 | 6 | 8 | 4 | 1 | 2 | 0 | 55 |
| 龙岩市 | 2 | 1 | 5 | 5 | 12 | 17 | 7 | 9 | 4 | 2 | 2 | 1 | 67 |
| 莆田市 | 1 | 0 | 1 | 2 | 8 | 14 | 10 | 16 | 9 | 3 | 1 | 1 | 65 |
| 泉州市 | 0 | 2 | 1 | 1 | 7 | 8 | 7 | 11 | 7 | 2 | 1 | 1 | 49 |
| 厦门市 | 0 | 1 | 3 | 2 | 6 | 7 | 8 | 12 | 7 | 3 | 1 | 1 | 52 |
| 漳州市 | 1 | 1 | 2 | 2 | 5 | 10 | 10 | 12 | 8 | 3 | 2 | 1 | 56 |

附表8　1951～2020年一日最大降水量（0.1 mm）

| 站名 | 1月 | 2月 | 3月 | 4月 | 5月 | 6月 | 7月 | 8月 | 9月 | 10月 | 11月 | 12月 | 年 |
|---|---|---|---|---|---|---|---|---|---|---|---|---|---|
| 福州市（最大） | 499 | 681 | 734 | 1092 | 1325 | 1676 | 1875 | 2444 | 2412 | 1956 | 930 | 595 | 2444 |
| 福州市（年日） | 197527 | 200517 | 198614 | 197303 | 196429 | 197205 | 200616 | 201508 | 201628 | 200503 | 198616 | 199707 | 20150808 |
| 平潭区（最大） | 923 | 790 | 685 | 783 | 1671 | 2970 | 2517 | 2403 | 2741 | 1596 | 1158 | 671 | 2970 |
| 平潭区（年日） | 201808 | 198302 | 201710 | 197303 | 200509 | 197422 | 196317 | 197210 | 200410 | 200707 | 198616 | 201622 | 19740622 |
| 宁德市（最大） | 734 | 741 | 911 | 918 | 1587 | 1933 | 1836 | 2664 | 2376 | 1288 | 956 | 600 | 2664 |
| 宁德市（年日） | 200125 | 200517 | 198620 | 198106 | 196120 | 196010 | 200519 | 201130 | 201628 | 197310 | 199610 | 199425 | 20110830 |
| 南平市（最大） | 708 | 797 | 810 | 1129 | 1391 | 1931 | 1592 | 960 | 1010 | 986 | 834 | 590 | 1931 |
| 南平市（年日） | 200125 | 200517 | 199631 | 200313 | 198431 | 201018 | 199206 | 201330 | 201326 | 200004 | 201620 | 197011 | 20100618 |
| 三明市（最大） | 581 | 947 | 1121 | 1040 | 2304 | 1745 | 1466 | 1292 | 1379 | 839 | 671 | 671 | 2304 |
| 三明市（年日） | 200125 | 199817 | 198630 | 197303 | 201916 | 200215 | 199206 | 199710 | 201628 | 200218 | 201230 | 201316 | 20190516 |
| 龙岩市（最大） | 729 | 784 | 1028 | 1505 | 1702 | 1668 | 3220 | 1283 | 1307 | 979 | 773 | 710 | 3220 |
| 龙岩市（年日） | 201808 | 195919 | 199631 | 197303 | 196724 | 200513 | 196528 | 200321 | 202004 | 200503 | 197410 | 201509 | 19650728 |
| 莆田市（最大） | 824 | 518 | 676 | 1330 | 2432 | 2146 | 2350 | 1407 | 3661 | 1866 | 1253 | 717 | 3661 |

续表

| 站名 | 1月 | 2月 | 3月 | 4月 | 5月 | 6月 | 7月 | 8月 | 9月 | 10月 | 11月 | 12月 | 年 |
|---|---|---|---|---|---|---|---|---|---|---|---|---|---|
| 莆田市（年日） | 201808 | 201409 | 198616 | 197323 | 199706 | 199125 | 196318 | 200206 | 201101 | 199909 | 198616 | 201622 | 20110901 |
| 泉州市（最大） | 616 | 593 | 686 | 1259 | 1344 | 1908 | 2398 | 3388 | 2325 | 2677 | 1628 | 999 | 3388 |
| 泉州市（年日） | 201808 | 199817 | 198315 | 197323 | 200515 | 198319 | 197303 | 200305 | 198922 | 199909 | 198616 | 201509 | 20030805 |
| 厦门市（最大） | 578 | 820 | 1136 | 2397 | 2122 | 3157 | 2100 | 2076 | 1867 | 2080 | 1177 | 1132 | 3157 |
| 厦门市（年日） | 201808 | 200021 | 198312 | 197323 | 200618 | 200018 | 195817 | 199003 | 198922 | 199909 | 198616 | 201509 | 20000618 |
| 漳州市（最大） | 709 | 686 | 1104 | 904 | 2099 | 2019 | 2561 | 1579 | 1561 | 1940 | 889 | 886 | 2561 |
| 漳州市（年日） | 201807 | 200021 | 198528 | 198316 | 199707 | 196317 | 200616 | 199702 | 201002 | 199827 | 197410 | 201509 | 20060716 |

附表9  1951～2020年最多降水量（0.1 mm）

| 站名 | 1月 | 2月 | 3月 | 4月 | 5月 | 6月 | 7月 | 8月 | 9月 | 10月 | 11月 | 12月 | 年 |
|---|---|---|---|---|---|---|---|---|---|---|---|---|---|
| 福州市（最大） | 2024 | 3016 | 3256 | 3262 | 3791 | 4776 | 4087 | 6131 | 6546 | 2632 | 1582 | 1574 | 22634 |
| 福州市（年份） | 1964 | 1959 | 1986 | 2010 | 1955 | 2017 | 2006 | 1990 | 2016 | 2005 | 2012 | 2015 | 2016 |
| 平潭区（最大） | 2133 | 2654 | 3190 | 2832 | 4634 | 7105 | 4932 | 5569 | 6912 | 2095 | 2458 | 1656 | 19147 |
| 平潭区（年份） | 2018 | 1983 | 1983 | 1973 | 2005 | 1968 | 2002 | 1972 | 2004 | 2007 | 2011 | 2015 | 2002 |
| 宁德市（最大） | 2473 | 2953 | 3338 | 4034 | 5256 | 5862 | 5495 | 8331 | 6217 | 2803 | 2537 | 2599 | 28484 |
| 宁德市（年份） | 1969 | 1998 | 1992 | 1973 | 1961 | 2017 | 2006 | 1990 | 2016 | 2016 | 2012 | 1994 | 1973 |
| 南平市（最大） | 1978 | 3056 | 5002 | 4495 | 5643 | 7214 | 4074 | 3609 | 3313 | 1986 | 2865 | 1651 | 25167 |
| 南平市（年份） | 1969 | 1998 | 1992 | 1980 | 1955 | 2010 | 1952 | 2014 | 2016 | 1976 | 2012 | 2015 | 2016 |
| 三明市（最大） | 2391 | 3436 | 4269 | 4392 | 7319 | 5929 | 2912 | 4161 | 3169 | 2842 | 2887 | 1641 | 24606 |
| 三明市（年份） | 2016 | 1998 | 1992 | 1981 | 2005 | 1962 | 1999 | 1997 | 2016 | 2002 | 2012 | 2015 | 2016 |
| 龙岩市（最大） | 3274 | 3876 | 5712 | 4902 | 6186 | 6879 | 4984 | 4697 | 4255 | 1810 | 2332 | 1766 | 28754 |
| 龙岩市（年份） | 2016 | 1959 | 1983 | 1973 | 2014 | 2019 | 1965 | 1996 | 1961 | 1964 | 2012 | 2015 | 2016 |

续表

| 站名 | 1月 | 2月 | 3月 | 4月 | 5月 | 6月 | 7月 | 8月 | 9月 | 10月 | 11月 | 12月 | 年 |
|---|---|---|---|---|---|---|---|---|---|---|---|---|---|
| 莆田市（最大） | 2139 | 2543 | 3310 | 4614 | 4203 | 4885 | 5403 | 7268 | 4939 | 2642 | 1990 | 1550 | 26032 |
| 莆田市（年份） | 1964 | 1998 | 1983 | 1973 | 2005 | 2000 | 1973 | 2018 | 1988 | 1998 | 2011 | 2015 | 2016 |
| 泉州市（最大） | 2096 | 2654 | 4034 | 3444 | 3925 | 4912 | 5073 | 5213 | 4732 | 2698 | 2806 | 1930 | 20885 |
| 泉州市（年份） | 2016 | 1985 | 1983 | 1973 | 1960 | 2000 | 1963 | 2003 | 2004 | 1999 | 2011 | 2015 | 1983 |
| 厦门市（最大） | 1833 | 3404 | 4403 | 4945 | 5122 | 5241 | 7028 | 5526 | 4815 | 3456 | 2070 | 2029 | 21682 |
| 厦门市（年份） | 2016 | 1959 | 1983 | 1973 | 2006 | 2000 | 1958 | 1990 | 2016 | 1998 | 2011 | 2015 | 2016 |
| 漳州市（最大） | 2075 | 3093 | 4311 | 3690 | 5652 | 5855 | 6504 | 5230 | 4920 | 3392 | 1961 | 1979 | 23856 |
| 漳州市（年份） | 2016 | 1983 | 1983 | 1990 | 2006 | 2000 | 2006 | 1997 | 2010 | 1998 | 2011 | 2015 | 1997 |

附表 10　1951～2020 年最少降水量（0.1 mm）

| 站名 | 1月 | 2月 | 3月 | 4月 | 5月 | 6月 | 7月 | 8月 | 9月 | 10月 | 11月 | 12月 | 年 |
|---|---|---|---|---|---|---|---|---|---|---|---|---|---|
| 福州市（最小） | 7 | 2 | 231 | 128 | 357 | 160 | 46 | 136 | 70 | 0 | 1 | 2 | 7758 |
| 福州市（年份） | 1963 | 1960 | 1972 | 1964 | 2000 | 1980 | 1978 | 1987 | 1978 | 1979 | 1964 | 1973 | 1967 |
| 平潭区（最小） | 0 | 6 | 126 | 279 | 50 | 45 | 0 | 45 | 19 | 0 | 0 | 0 | 7519 |
| 平潭区（年份） | 2014 | 1960 | 1971 | 1995 | 1963 | 1980 | 2007 | 1971 | 2013 | 1955 | 1971 | 2003 | 2003 |
| 宁德市（最小） | 13 | 89 | 418 | 479 | 398 | 928 | 247 | 598 | 205 | 0 | 26 | 7 | 10949 |
| 宁德市（年份） | 1963 | 1960 | 1972 | 2020 | 2000 | 1967 | 2003 | 1987 | 1995 | 1979 | 1964 | 1973 | 2003 |
| 南平市（最小） | 11 | 46 | 324 | 224 | 704 | 678 | 30 | 335 | 27 | 0 | 1 | 10 | 9210 |
| 南平市（年份） | 1963 | 1960 | 1972 | 2011 | 2007 | 1967 | 2003 | 1977 | 2008 | 1955 | 1971 | 1973 | 1971 |
| 三明市（最小） | 24 | 65 | 423 | 351 | 718 | 432 | 2 | 226 | 165 | 0 | 0 | 12 | 9718 |
| 三明市（年份） | 1963 | 1960 | 1972 | 2011 | 1963 | 1980 | 2003 | 1993 | 1992 | 1979 | 1971 | 1973 | 1967 |

续表

| 站名 | 1月 | 2月 | 3月 | 4月 | 5月 | 6月 | 7月 | 8月 | 9月 | 10月 | 11月 | 12月 | 年 |
|---|---|---|---|---|---|---|---|---|---|---|---|---|---|
| 龙岩市（最小） | 2 | 5 | 114 | 394 | 559 | 908 | 310 | 272 | 163 | 0 | 0 | 0 | 11737 |
| 龙岩市（年份） | 1987 | 1960 | 1972 | 2018 | 1963 | 1988 | 1957 | 1986 | 1995 | 1955 | 1964 | 2003 | 1958 |
| 莆田市（最小） | 0 | 2 | 113 | 318 | 237 | 65 | 2 | 303 | 24 | 0 | 0 | 1 | 9419 |
| 莆田市（年份） | 1963 | 1960 | 1971 | 1964 | 2000 | 1980 | 2003 | 1981 | 1978 | 1979 | 1964 | 1973 | 1977 |
| 泉州市（最小） | 0 | 0 | 59 | 242 | 252 | 104 | 0 | 125 | 41 | 0 | 0 | 0 | 6729 |
| 泉州市（年份） | 2013 | 1960 | 1972 | 2018 | 1963 | 1980 | 1964 | 1987 | 1965 | 1961 | 1964 | 1973 | 2020 |
| 厦门市（最小） | 0 | 2 | 86 | 146 | 106 | 385 | 20 | 32 | 10 | 0 | 0 | 0 | 5670 |
| 厦门市（年份） | 2013 | 1999 | 1972 | 2018 | 2000 | 1980 | 2007 | 1987 | 1955 | 1954 | 1959 | 2003 | 2020 |
| 漳州市（最小） | 0 | 0 | 126 | 264 | 443 | 476 | 43 | 230 | 128 | 0 | 0 | 0 | 9602 |
| 漳州市（年份） | 2013 | 1960 | 1971 | 2002 | 2000 | 1961 | 2003 | 1965 | 1968 | 1955 | 1968 | 2003 | 2009 |

附表11　1991～2020年平均日照时数（0.1 h）

| 站名 | 1月 | 2月 | 3月 | 4月 | 5月 | 6月 | 7月 | 8月 | 9月 | 10月 | 11月 | 12月 | 年 |
|---|---|---|---|---|---|---|---|---|---|---|---|---|---|
| 福州市 | 914 | 823 | 967 | 1128 | 1195 | 1320 | 2156 | 1824 | 1451 | 1422 | 1053 | 1018 | 15272 |
| 平潭区 | 868 | 833 | 996 | 1126 | 1189 | 1484 | 2476 | 2254 | 1807 | 1444 | 885 | 905 | 16265 |
| 宁德市 | 922 | 835 | 954 | 1148 | 1216 | 1286 | 2091 | 1804 | 1511 | 1527 | 1074 | 1059 | 15426 |
| 南平市 | 973 | 948 | 989 | 1221 | 1410 | 1469 | 2418 | 2172 | 1838 | 1712 | 1290 | 1175 | 17615 |
| 三明市 | 918 | 870 | 867 | 1074 | 1204 | 1304 | 2124 | 1907 | 1610 | 1573 | 1219 | 1126 | 15796 |
| 龙岩市 | 1225 | 980 | 923 | 1074 | 1186 | 1297 | 2025 | 1840 | 1700 | 1766 | 1566 | 1453 | 17033 |
| 莆田市 | 1215 | 1019 | 1164 | 1309 | 1371 | 1535 | 2432 | 2137 | 1825 | 1790 | 1408 | 1358 | 18562 |
| 泉州市 | 1380 | 1130 | 1244 | 1427 | 1563 | 1805 | 2648 | 2293 | 2025 | 1994 | 1572 | 1467 | 20547 |
| 厦门市 | 1309 | 1065 | 1089 | 1266 | 1371 | 1603 | 2413 | 2059 | 1819 | 1893 | 1571 | 1452 | 18911 |
| 漳州市 | 1304 | 1015 | 1028 | 1183 | 1311 | 1471 | 2196 | 1954 | 1789 | 1820 | 1569 | 1468 | 18107 |

附表12　1991～2020年平均风速（0.1 m/s）

| 站名 | 1月 | 2月 | 3月 | 4月 | 5月 | 6月 | 7月 | 8月 | 9月 | 10月 | 11月 | 12月 | 年 |
|---|---|---|---|---|---|---|---|---|---|---|---|---|---|
| 福州市 | 23 | 23 | 23 | 24 | 23 | 26 | 29 | 28 | 27 | 26 | 26 | 25 | 25 |
| 平潭区 | 43 | 41 | 36 | 34 | 33 | 38 | 39 | 36 | 38 | 47 | 47 | 46 | 40 |
| 宁德市 | 8 | 9 | 9 | 10 | 10 | 10 | 13 | 13 | 11 | 10 | 9 | 8 | 10 |
| 南平市 | 12 | 12 | 12 | 11 | 12 | 12 | 13 | 13 | 13 | 12 | 11 | 11 | 12 |
| 三明市 | 18 | 18 | 18 | 17 | 16 | 16 | 16 | 17 | 17 | 17 | 17 | 18 | 17 |
| 龙岩市 | 15 | 15 | 15 | 16 | 15 | 16 | 16 | 15 | 16 | 17 | 16 | 16 | 16 |
| 莆田市 | 21 | 20 | 18 | 18 | 17 | 19 | 22 | 22 | 24 | 28 | 26 | 24 | 22 |
| 泉州市 | 28 | 28 | 27 | 26 | 25 | 29 | 30 | 27 | 28 | 33 | 31 | 30 | 29 |
| 厦门市 | 26 | 26 | 25 | 24 | 23 | 26 | 26 | 26 | 28 | 32 | 30 | 29 | 27 |
| 漳州市 | 14 | 15 | 15 | 15 | 15 | 15 | 16 | 17 | 16 | 16 | 15 | 14 | 15 |

附表13　1951～2020年最大风速（0.1 m/s）

| 站名 | YS | 1月 | 2月 | 3月 | 4月 | 5月 | 6月 | 7月 | 8月 | 9月 | 10月 | 11月 | 12月 | 年 |
|---|---|---|---|---|---|---|---|---|---|---|---|---|---|---|
| 福州市 | 风速 | 233 | 294 | 230 | 224 | 235 | 248 | 270 | 334 | 277 | 183 | 210 | 187 | 334 |
| | 风向 | NW | WNW | NE | WNW | WNW | NNW | NW | NE | ESE | WNW | WNW | WNW | NE |
| | 年日 | 1954 4 | 1955 19 | 1958 26 | 1958 2 | 1994 14 | 1956 18 | 1955 4 | 1954 28 | 1956 23 | 1985 4 | 1955 20 | 1955 26 | 1954 0828 |
| 平潭区 | 风速 | 180 | 160 | 180 | 160 | 153 | 177 | 265 | 250 | 290 | 225 | 183 | 180 | 290 |
| | 风向 | NNE | NNE | ENE | NNE | SSW | SSE | NE | S | N | NNE | NNE | NNE | N |
| | 年日 | 2N | 1978 15 | 1972 31 | 1972 1 | 1983 30 | 2001 24 | 1971 26 | 1985 24 | 1971 22 | 1973 8 | 1977 14 | 1973 25 | 1971 0922 |
| 宁德市 | 风速 | 73 | 85 | 80 | 150 | 100 | 97 | 123 | 143 | 133 | 101 | 73 | 80 | 150 |
| | 风向 | 2G | ESE | SSE | ESE | S | NW | SE | NW | | WNW | NW | WNW | ESE |
| | 年日 | 2N | 1972 17 | 1972 30 | 1972 9 | 1986 20 | 1991 6 | 1973 4 | 1997 18 | 2002 7 | 2013 7 | 1992 9 | 1986 19 | 1972 0409 |
| 南平市 | 风速 | 83 | 94 | 142 | 120 | 107 | 113 | 134 | 130 | 147 | 97 | 83 | 80 | 147 |
| | 风向 | 2G | WSW | WSW | NE | SW | WSW | WSW | SSW | W | NNE | NNE | NE | W |
| | 年日 | 2N | 2009 13 | 2014 28 | 1985 23 | 1991 27 | 2016 30 | 2014 15 | 1971 16 | 2014 2 | 1973 8 | 1984 19 | 1982 6 | 2014 0902 |

续表

| 站名 | YS | 1月 | 2月 | 3月 | 4月 | 5月 | 6月 | 7月 | 8月 | 9月 | 10月 | 11月 | 12月 | 年 |
|---|---|---|---|---|---|---|---|---|---|---|---|---|---|---|
| 三明市 | 风速 | 100 | 123 | 127 | 130 | 139 | 173 | 180 | 162 | 140 | 111 | 100 | 90 | 180 |
| | 风向 | SW | ENE | WSW | NNE | WNW | WSW | SSE | SSW | NNE | NE | WSW | | SSE |
| | 日期 | 1978 28 | 1975 4 | 1988 15 | 2N | 2005 1 | 1976 22 | 1975 22 | 1976 17 | 1986 11 | 2005 3 | 2004 11 | 1988 2T | 1975 0722 |
| 龙岩市 | 风速 | 95 | 93 | 140 | 133 | 117 | 118 | 122 | 140 | 133 | 96 | 120 | 96 | 140 |
| | 风向 | NNE | WNW | WNW | WNW | S | WNW | WNW | ENE | ENE | WNW | WNW | | WNWENE |
| | 日期 | 2011 15 | 1977 27 | 1981 14 | 2007 2 | 1982 31 | 2013 2 | 2016 29 | 1980 22 | 1980 7 | 2007 6 | 2012 10 | 2005 4 | 2次 |
| 莆田市 | 风速 | 180 | 137 | 133 | 130 | 160 | 243 | 207 | 240 | 173 | 178 | 177 | 163 | 243 |
| | 风向 | NNW | NW | NW | NW | SSE | NW | 2G | NW | NNE | NW | NNW | ENE | NW |
| | 日期 | 2003 23 | 2000 25 | 2002 6 | 2004 24 | 1980 24 | 2001 24 | 2N | 1985 24 | 2001 26 | 2007 7 | 2000 20 | 1979 13 | 2001 0624 |
| 泉州市 | 风速 | 139 | 141 | 136 | 134 | 180 | 171 | 163 | 230 | 188 | 180 | 168 | 141 | 230 |
| | 风向 | NE | NE | NE | SSW | SSE | SSW | 2G | NNE | NE | SE | NE | NE | NNE |
| | 日期 | 2017 30 | 2017 7 | 2018 6 | 2017 10 | 1980 24 | 2018 19 | 2N | 2004 26 | 2018 15 | 1999 9 | 2018 1 | 2017 25 | 2004 0826 |
| 厦门市 | 风速 | 137 | 160 | 160 | 190 | 210 | 227 | 287 | 380 | 364 | 272 | 170 | 133 | 380 |
| | 风向 | ENE | ESE | 2G | WNW | ESE | SE | WSW | ESE | W | NNW | ENE | N | ESE |
| | 日期 | 1981 26 | 1981 17 | 2N | 1984 5 | 1980 24 | 1990 30 | 1973 3 | 1959 23 | 2016 15 | 1973 10 | 1974 9 | 1987 6 | 1959 0823 |
| 漳州市 | 风速 | 90 | 100 | 93 | 128 | 140 | 110 | 170 | 115 | 121 | 157 | 90 | 90 | 170 |
| | 风向 | NW | ESE | ESE | NW | ESE | NW | ENE | SSE | N | NNW | NNW | NNW | ENE |
| | 日期 | 2N | 1971 23 | 2N | 1973 26 | 1980 24 | 1977 12 | 1983 25 | 2020 11 | 2017 28 | 1999 9 | 1979 18 | 2N | 19830725 |

附表 14　1951～2020 年极大风速（0.1 m/s）

| 站名 | YS | 1月 | 2月 | 3月 | 4月 | 5月 | 6月 | 7月 | 8月 | 9月 | 10月 | 11月 | 12月 | 年 |
|---|---|---|---|---|---|---|---|---|---|---|---|---|---|---|
| 福州市 | 风速 | 209 | 257 | 346 | 332 | 356 | 376 | 387 | 344 | 407 | 266 | 221 | 205 | 407 |
|  | 风向 | WNW | NW | W | 2G | SSW | NW | WSW | NE | ENE | ENE | W | NW | ENE |
|  | 日期 | 1959 29 | 1959 14 | 1982 5 | 2N | 2005 5 | 1989 28 | 1970 4 | 2000 23 | 1969 27 | 1973 10 | 1993 21 | 1986 18 | 1969 0927 |
| 平潭区 | 风速 | 201 | 176 | 194 | 178 | 187 | 194 | 327 | 363 | 355 | 298 | 213 | 213 | 363 |
|  | 风向 | NNE | N | N | SSW | NNE | NE | NNE | N | NNE | NNW | NE | NNW | N |
|  | 日期 | 2018 26 | 2006 27 | 2020 5 | 2005 30 | 2006 18 | 2003 17 | 2005 18 | 2015 8 | 2016 28 | 2007 7 | 2017 4 | 2020 1 | 2015 0808 |
| 宁德市 | 风速 | 119 | 121 | 105 | 151 | 189 | 150 | 286 | 250 | 214 | 200 | 150 | 100 | 286 |
|  | 风向 | NW | W | SE | N | NW | WNW | WNW | WNW | NW | NW | W | WNW | WNW |
|  | 日期 | 2016 24 | 2017 20 | 2004 17 | 2006 22 | 2005 5 | 2015 11 | 2018 11 | 2019 10 | 2007 19 | 2013 7 | 2009 10 | 2004 4 | 2018 0711 |
| 南平市 | 风速 | 131 | 157 | 245 | 202 | 202 | 206 | 240 | 221 | 220 | 150 | 153 | 124 | 245 |
|  | 风向 | WNW | W | WNW | W | WNW | WSW | WSW | NNE | WNW | NW | NW | W | WNW |
|  | 日期 | 2016 24 | 2005 15 | 2018 5 | 2016 9 | 2013 31 | 2020 5 | 2014 15 | 2015 9 | 2014 2 | 2019 12 | 2008 27 | 2005 21 | 2018 0305 |
| 三明市 | 风速 | 105 | 129 | 221 | 212 | 310 | 211 | 236 | 203 | 191 | 186 | 143 | 110 | 310 |
|  | 风向 | SSW | WSW | W | WSW | WNW | SSW | SE | SE | NE | NNE | NNE | W | WNW |
|  | 日期 | 2018 8 | 2006 16 | 2010 5 | 2012 25 | 2005 1 | 2006 27 | 2010 22 | 2011 2 | 2019 1 | 2005 3 | 2009 2 | 2009 15 | 2005 0501 |
| 龙岩市 | 风速 | 146 | 126 | 258 | 222 | 188 | 182 | 180 | 203 | 174 | 141 | 195 | 158 | 258 |
|  | 风向 | NE | NNW | W | NW | NW | NW | W | WNW | NNE | WNW | WNW | NW | W |
|  | 日期 | 2011 15 | 2006 16 | 2005 22 | 2015 20 | 2008 9 | 2013 2 | 2011 24 | 2013 10 | 2013 22 | 2007 7 | 2012 10 | 2005 4 | 2005 0322 |
| 莆田市 | 风速 | 166 | 146 | 198 | 220 | 313 | 200 | 268 | 270 | 272 | 264 | 168 | 186 | 313 |
|  | 风向 | NW | NW | WSW | WNW | W | WSW | NW | NW | SSE | NW | NNW | NNW | W |
|  | 日期 | 2005 1 | 2005 19 | 2005 22 | 2019 30 | 2018 30 | 2007 24 | 2008 25 | 2006 30 | 2005 1 | 2007 7 | 2005 21 | 2005 22 | 2018 0530 |
| 泉州市 | 风速 | 211 | 202 | 221 | 189 | 225 | 249 | 238 | 298 | 291 | 256 | 250 | 220 | 298 |
|  | 风向 | NE | NE | NE | W | NNE | SSW | NW | NE | NE | NE | NNE | NE | NE |
|  | 日期 | 2017 31 | 2017 21 | 2018 6 | 2019 30 | 2019 7 | 2018 19 | 2019 27 | 2019 24 | 2019 15 | 2018 14 | 2017 1 | 2018 13 | 2019 0824 |

续表

| 站名 | YS | 1月 | 2月 | 3月 | 4月 | 5月 | 6月 | 7月 | 8月 | 9月 | 10月 | 11月 | 12月 | 年 |
|---|---|---|---|---|---|---|---|---|---|---|---|---|---|---|
| 厦门市 | 风速 | 217 | 218 | 257 | 456 | 324 | 402 | 420 | 600 | 549 | 471 | 252 | 217 | 600 |
| | 风向 | NNE | ENE | WNW | WNW | SE | SE | WSW | ESE | W | SSE | NE | 2G | ESE |
| | 日期 | 19772 6 | 1974 23 | 1983 20 | 1984 5 | 1980 24 | 1990 29 | 1973 3 | 1959 23 | 2016 15 | 1999 9 | 1974 9 | 2N | 1959 0823 |
| 漳州市 | 风速 | 138 | 124 | 138 | 140 | 186 | 160 | 204 | 274 | 231 | 145 | 119 | 131 | 274 |
| | 风向 | NNW | SE | SE | SSW | WSW | NW | NW | SW | NE | ESE | N | NW | SW |
| | 日期 | 2003 27 | 2007 14 | 2016 9 | 2019 30 | 2005 5 | 2009 21 | 2016 28 | 2018 2 | 2017 28 | 2016 21 | 2008 27 | 2005 21 | 2018 0802 |

说明：

℃：摄氏度（气温单位）

mm：毫米（降水量和蒸发量单位）

m/s：米/秒（风速单位）

h：小时（时间单位）

d：天（天数单位）

# 附录 2　福建省气象之最

### 附表 15　福建省气象之最汇总表（1961～2020 年）

| 类别 | 要素 | 数值 | 单位 | 时间 | 地点 |
| --- | --- | --- | --- | --- | --- |
| 气温 | 极端最高气温 | 43.2 | ℃ | 1967 年 7 月 17 日 | 福安 |
| | 极端最低气温 | -12.8 | ℃ | 1991 年 12 月 29 日 | 建宁 |
| | 最多高温日数 | 79 | d | 2020 年 | 沙县、龙海 |
| | 最长连续高温日数 | 37 | d | | 闽清等 7 地 |
| 降水 | 最大日降水量 | 472.5 | mm | 2005 年 7 月 19 日 | 柘荣 |
| | 最大连续降水量 | 1087.6 | mm | 1998 年 6 月 8～28 日 | 武夷山 |
| | 最长连续降水日数 | 53 | d | 1977 年 5 月 7 日～6 月 28 日<br>1978 年 3 月 3 日～4 月 24 日 | 周宁<br>建宁 |
| | 最长连续无降水日数 | 122 | d | 2003 年 9 月 22 日～2004 年 1 月 21 日 | 东山 |
| 综合类 | 雨季最早开始 | | | 1986 年 4 月 19 日 | |
| | 雨季最迟开始 | | | 2019 年 7 月 14 日 | |
| | 雨季最长天数 | 77 | d | 1982 年 4 月 22 日～7 月 7 日 | |
| | 最早登陆台风 | | | 1977 年 1 号台风（6 月 6 日） | 惠安 |
| | 最晚登陆台风 | | | 2010 年 13 号台风"鲇鱼"（10 月 23 日） | 漳浦 |

# 附录3  福建省雨季序列一览表

### 附表16  福建省雨季序列一览表

| 年份 | 开始日期 | 结束日期 | 历时/d | 总降水量/mm | 距平百分率/% | 雨强/mm/d |
|---|---|---|---|---|---|---|
| 1961 | 5月12日 | 6月13日 | 33 | 443.1 | −22 | 13.4 |
| 1962 | 5月3日 | 7月3日 | 62 | 784.0 | 38 | 12.6 |
| 1963 | 5月15日 | 6月18日 | 35 | 296.3 | −48 | 8.5 |
| 1964 | 4月23日 | 6月27日 | 66 | 616.8 | 9 | 9.3 |
| 1965 | 5月10日 | 7月1日 | 53 | 526.4 | −7 | 9.9 |
| 1966 | 4月26日 | 7月5日 | 71 | 654.7 | 16 | 9.2 |
| 1967 | 4月23日 | 6月23日 | 62 | 428.1 | −24 | 6.9 |
| 1968 | 5月8日 | 7月12日 | 66 | 798.8 | 41 | 12.1 |
| 1969 | 5月13日 | 7月1日 | 50 | 472.9 | −17 | 9.5 |
| 1970 | 4月30日 | 6月29日 | 61 | 513.4 | −9 | 8.4 |
| 1971 | 4月30日 | 6月11日 | 43 | 348.7 | −38 | 8.1 |
| 1972 | 4月29日 | 6月18日 | 51 | 496.5 | −12 | 9.7 |
| 1973 | 4月20日 | 6月29日 | 71 | 712.8 | 26 | 10.0 |
| 1974 | 5月1日 | 6月3日 | 34 | 271.6 | −52 | 8.0 |
| 1975 | 4月28日 | 6月19日 | 53 | 630.2 | 11 | 11.9 |
| 1976 | 5月16日 | 7月13日 | 59 | 609.8 | 8 | 10.3 |
| 1977 | 5月9日 | 6月28日 | 51 | 611.1 | 8 | 12.0 |
| 1978 | 4月21日 | 6月24日 | 65 | 545.3 | −4 | 8.4 |
| 1979 | 5月1日 | 7月2日 | 63 | 500.4 | −12 | 7.9 |
| 1980 | 4月20日 | 6月14日 | 56 | 497.6 | −12 | 8.9 |
| 1981 | 5月3日 | 6月14日 | 43 | 386.9 | −32 | 9.0 |
| 1982 | 4月22日 | 7月7日 | 77 | 678.0 | 20 | 8.8 |

续表

| 年份 | 开始日期 | 结束日期 | 历时 /d | 总降水量 /mm | 距平百分率 /% | 雨强 /mm/d |
|---|---|---|---|---|---|---|
| 1983 | 5月12日 | 6月23日 | 43 | 437.5 | -23 | 10.2 |
| 1984 | 4月27日 | 6月19日 | 54 | 496.8 | -12 | 9.2 |
| 1985 | 4月28日 | 6月14日 | 48 | 254.1 | -55 | 5.3 |
| 1986 | 4月19日 | 6月21日 | 64 | 502.0 | -11 | 7.8 |
| 1987 | 5月3日 | 7月2日 | 61 | 454.8 | -20 | 7.5 |
| 1988 | 5月4日 | 6月28日 | 56 | 433.5 | -24 | 7.7 |
| 1989 | 5月2日 | 7月5日 | 65 | 559.8 | -1 | 8.6 |
| 1990 | 5月3日 | 6月14日 | 43 | 309.0 | -45 | 7.2 |
| 1991 | 4月30日 | 6月28日 | 60 | 394.4 | -30 | 6.6 |
| 1992 | 4月26日 | 7月9日 | 75 | 698.3 | 23 | 9.3 |
| 1993 | 4月28日 | 6月26日 | 60 | 610.8 | 8 | 10.2 |
| 1994 | 4月23日 | 6月24日 | 63 | 649.7 | 15 | 10.3 |
| 1995 | 4月30日 | 7月6日 | 68 | 617.0 | 9 | 9.1 |
| 1996 | 5月5日 | 6月27日 | 54 | 367.5 | -35 | 6.8 |
| 1997 | 5月6日 | 7月13日 | 69 | 740.7 | 31 | 10.7 |
| 1998 | 4月26日 | 6月27日 | 63 | 658.7 | 16 | 10.5 |
| 1999 | 4月21日 | 6月24日 | 65 | 533.3 | -6 | 8.2 |
| 2000 | 4月24日 | 6月24日 | 62 | 615.4 | 9 | 9.9 |
| 2001 | 4月20日 | 6月27日 | 69 | 621.7 | 10 | 9.0 |
| 2002 | 4月24日 | 6月28日 | 66 | 458.1 | -19 | 6.9 |
| 2003 | 5月8日 | 6月28日 | 52 | 372.7 | -34 | 7.2 |
| 2004 | 4月24日 | 6月24日 | 62 | 328.7 | -42 | 5.3 |
| 2005 | 4月23日 | 6月26日 | 65 | 791.5 | 40 | 12.2 |
| 2006 | 4月25日 | 6月19日 | 56 | 810.8 | 43 | 14.5 |
| 2007 | 4月22日 | 6月26日 | 66 | 538.1 | -5 | 8.2 |

续表

| 年份 | 开始日期 | 结束日期 | 历时/d | 总降水量/mm | 距平百分率/% | 雨强/mm/d |
|---|---|---|---|---|---|---|
| 2008 | 5月5日 | 6月29日 | 56 | 504.1 | −11 | 9.0 |
| 2009 | 5月18日 | 7月4日 | 48 | 445.2 | −21 | 9.3 |
| 2010 | 4月22日 | 6月28日 | 68 | 738.2 | 30 | 10.9 |
| 2011 | 5月1日 | 6月14日 | 45 | 340.5 | −40 | 7.6 |
| 2012 | 4月25日 | 6月25日 | 62 | 604.5 | 7 | 9.8 |
| 2013 | 4月30日 | 6月14日 | 46 | 473.4 | −16 | 10.3 |
| 2014 | 4月22日 | 6月25日 | 65 | 734.3 | 30 | 11.3 |
| 2015 | 5月9日 | 6月20日 | 43 | 410.7 | −28 | 9.6 |
| 2016 | 4月23日 | 6月19日 | 58 | 598.6 | 6 | 10.3 |
| 2017 | 4月21日 | 7月2日 | 73 | 648.3 | 14 | 8.9 |
| 2018 | 5月1日 | 6月24日 | 55 | 401.4 | −29 | 7.3 |
| 2019 | 4月30日 | 7月14日 | 76 | 834.0 | 47 | 11.0 |
| 2020 | 5月6日 | 7月10日 | 66 | 463.8 | −18 | 7.0 |
| 气候态 | 4月28日 | 6月27日 | 61 | 566.8 | / | / |

说明：

气候态：1991～2020年

雨强 = 雨季总雨量/历时

# 附录 4　福建省 1961～2020 年气候年景评价

附表 17　福建省 1961～2020 年气候年景评价表

| 年份 | 低温年景等级 | 高温年景等级 | 干旱年景等级 | 雨涝年景等级 | 气候年景等级 | 气候年景评价 | 年份 | 低温年景等级 | 高温年景等级 | 干旱年景等级 | 雨涝年景等级 | 气候年景等级 | 气候年景评价 |
|---|---|---|---|---|---|---|---|---|---|---|---|---|---|
| 1961 | 3 | 2 | 1 | 4 | 2 | 较好 | 1985 | 4 | 2 | 3 | 3 | 3 | 一般 |
| 1962 | 5 | 3 | 2 | 3 | 5 | 差 | 1986 | 4 | 4 | 5 | 1 | 4 | 较差 |
| 1963 | 5 | 4 | 5 | 3 | 5 | 差 | 1987 | 3 | 3 | 3 | 2 | 2 | 较好 |
| 1964 | 2 | 5 | 4 | 3 | 3 | 一般 | 1988 | 4 | 4 | 4 | 3 | 3 | 一般 |
| 1965 | 3 | 2 | 2 | 4 | 3 | 一般 | 1989 | 3 | 3 | 3 | 2 | 1 | 好 |
| 1966 | 1 | 3 | 3 | 3 | 2 | 较好 | 1990 | 2 | 3 | 2 | 5 | 4 | 较差 |
| 1967 | 5 | 4 | 3 | 2 | 4 | 较差 | 1991 | 2 | 4 | 5 | 3 | 3 | 一般 |
| 1968 | 3 | 3 | 3 | 4 | 3 | 一般 | 1992 | 3 | 3 | 3 | 3 | 2 | 较好 |
| 1969 | 4 | 4 | 1 | 3 | 3 | 一般 | 1993 | 4 | 3 | 3 | 1 | 3 | 一般 |
| 1970 | 4 | 3 | 2 | 1 | 3 | 一般 | 1994 | 2 | 2 | 3 | 4 | 3 | 一般 |
| 1971 | 4 | 4 | 4 | 3 | 3 | 一般 | 1995 | 4 | 3 | 4 | 3 | 3 | 一般 |
| 1972 | 3 | 1 | 2 | 4 | 3 | 一般 | 1996 | 5 | 2 | 4 | 4 | 5 | 差 |
| 1973 | 2 | 1 | 2 | 3 | 2 | 较好 | 1997 | 1 | 1 | 1 | 3 | 3 | 一般 |
| 1974 | 3 | 3 | 3 | 3 | 2 | 较好 | 1998 | 1 | 3 | 3 | 5 | 4 | 较差 |
| 1975 | 3 | 3 | 1 | 3 | 2 | 较好 | 1999 | 3 | 1 | 3 | 3 | 2 | 较好 |
| 1976 | 4 | 2 | 3 | 2 | 3 | 一般 | 2000 | 1 | 2 | 2 | 4 | 3 | 一般 |
| 1977 | 3 | 3 | 4 | 2 | 1 | 好 | 2001 | 2 | 2 | 2 | 2 | 1 | 好 |
| 1978 | 3 | 4 | 3 | 1 | 3 | 一般 | 2002 | 1 | 1 | 4 | 5 | 4 | 较差 |
| 1979 | 2 | 3 | 3 | 1 | 2 | 较好 | 2003 | 3 | 5 | 5 | 3 | 5 | 差 |
| 1980 | 3 | 3 | 2 | 2 | 1 | 好 | 2004 | 3 | 3 | 5 | 3 | 3 | 一般 |
| 1981 | 2 | 3 | 3 | 2 | 1 | 好 | 2005 | 4 | 4 | 3 | 5 | 5 | 差 |
| 1982 | 3 | 2 | 3 | 2 | 2 | 较好 | 2006 | 2 | 3 | 3 | 5 | 4 | 较差 |
| 1983 | 3 | 5 | 4 | 4 | 4 | 较差 | 2007 | 2 | 3 | 4 | 4 | 3 | 一般 |
| 1984 | 5 | 2 | 2 | 2 | 4 | 较差 | 2008 | 3 | 4 | 3 | 3 | 3 | 一般 |

续表

| 年份 | 低温年景等级 | 高温年景等级 | 干旱年景等级 | 雨涝年景等级 | 气候年景等级 | 气候年景评价 | 年份 | 低温年景等级 | 高温年景等级 | 干旱年景等级 | 雨涝年景等级 | 气候年景等级 | 气候年景评价 |
|---|---|---|---|---|---|---|---|---|---|---|---|---|---|
| 2009 | 3 | 5 | 4 | 3 | 4 | 较差 | 2015 | 2 | 1 | 2 | 5 | 3 | 一般 |
| 2010 | 3 | 5 | 1 | 4 | 4 | 较差 | 2016 | 2 | 3 | 1 | 5 | 4 | 较差 |
| 2011 | 3 | 4 | 5 | 3 | 4 | 较差 | 2017 | 1 | 5 | 3 | 3 | 4 | 较差 |
| 2012 | 1 | 3 | 3 | 2 | 1 | 好 | 2018 | 1 | 4 | 3 | 3 | 3 | 一般 |
| 2013 | 2 | 4 | 3 | 3 | 2 | 较好 | 2019 | 1 | 5 | 4 | 3 | 3 | 一般 |
| 2014 | 4 | 5 | 3 | 4 | 4 | 较差 | 2020 | 1 | 5 | 5 | 2 | 3 | 一般 |

说明：

根据气候年景评估方法（GB/T 33670-2017）评价。附表如下：

**不同百分位（$P$）与（气候）年景等级及评价结果对应表**

| 百分位范围 | 气候年景等级 | 气候年景评价结果 |
|---|---|---|
| $P \leqslant 10\%$ | 1 | 好 |
| $10\% < P \leqslant 30\%$ | 2 | 较好 |
| $30\% < P \leqslant 70\%$ | 3 | 一般 |
| $70\% < P \leqslant 90\%$ | 4 | 较差 |
| $P > 90\%$ | 5 | 差 |

# 附录5　福建省2011～2020年主要气象灾害大事记

### ▼ 2011年

雨寒害明显，台风影响小，11月强降水过程少见。

寒害：年内出现3次寒潮，以及倒春寒、五月寒和秋寒三寒齐现的现象。3月下旬宁德、三明、福州和龙岩多个县（市）出现持续日数达5～11天倒春寒天气，霞浦、古田、连江和罗源的持续日数创1961年以来历史新纪录。

暴雨：年内出现12次暴雨过程，强度偏弱，局地受灾。11月7～9日和18～19日先后出现大范围暴雨过程，多个县（市）日雨量刷新本站历史同期纪录，其中，11月7～9日的暴雨过程的强度和暴雨站数均位居1961年以来历史同期第二，暴雨过程解除了前期闽北、闽东沿海和中南部沿海的持续干旱，其影响总体利大于弊。

台风：年内仅1个登陆热带气旋（"南玛都"），此外还有6个影响福建省的热带气旋。"南玛都"于8月31日2时20分在福建省晋江市登陆，莆田市出现严重内涝。受热带气旋"莎莉嘉"影响，龙岩、泉州和南平共有10个县（市、区）5.2万人受灾，因灾死亡7人，直接经济损失1.3亿元。

干旱：春季气象干旱持续时间长，范围广，强度强，致灾较重，部分地区居民出现饮水困难，水库蓄水不足，对福建省农业和水电业等造成不利影响。入夏之后，中北部内陆大部分县（市）和沿海地区气象干旱明显，内陆多个县（市）出现特旱。

高温：高温过程主要有3次，范围最大的高温日出现在7月24日，共19个县（市）最高气温超过38℃；持续时间最长的是8月16～22日的高温过程，建宁、沙县、将乐等多个县（市）的极端最高气温或高温持续天数为历史少见。

冰雹：年内强对流天气较少，局地受灾。8月18～19日，三明市的永安、清流、尤溪、泰宁、明溪5个县（市）和福州的永泰县遭受风、雹袭击，清流县出现35.3 m/s大风；清流、明溪出现最大直径6～10 mm的冰雹，明溪县受灾人口达1785人，农作物受灾面积达536 hm$^2$，直接经济损失315万元。永泰县盘谷乡遭受冰雹袭击，冰雹最大直径达20～30 mm，时间持续近1 h；全乡农作物受灾总面积约200亩，直接经济损失达150多万元。

雷电：6月25日下午18时，平潭县岚城乡中南村遭雷击，造成100台家用电器损坏，直接经济损失近100万元。其中一村民家屋顶削去一角，屋内照明线路、3台电视机和1辆正在充电的电动车均遭到不同程度损坏。

## 2012 年

气象灾害总体偏轻,直接经济损失 49.06 亿元。

寒害:2012 年冬季冷空气影响频繁,出现多次寒潮、降雪、低温阴雨过程。受 1 月的冷空气过程影响,南平大部、三明西北部和宁德西部北部共 18 个县(市)出现小到中雪,局部出现大雪,并出现结冰或积雪,以邵武积雪深度 7 cm 为最大。

强对流:4 月份强对流天气频繁,4 月 14～21 日,三明市沙县、清流、永安、尤溪等地部分乡镇再次出现冰雹。闽清县金沙镇宝峰村遭受近百年罕见的龙卷风袭击,几秒钟内大树被连根拔起,倒在路中间;电线杆被拦腰截断,电线坠落地上;多户人家的屋顶被掀飞、窗户玻璃破碎,最严重就是一座三层楼高的砖块房顶层被 180° 掀翻到田间。4 月 24～25 日,南平、三明、龙岩、福州等地出现强雷电和大风天气,宁化县城南工业园区出现瞬时 11 级大风(极大风速为 30.3 m/s)。据统计,因灾倒塌房屋 426 间,损房 8837 间,农作物受灾 16.73 km$^2$,直接经济损失 10 亿元以上。

暴雨:年内共出现 20 次暴雨过程,暴雨过程出现早,结束迟。2 月 24 日浦城、尤溪、连城、沙县、龙岩等县(市)出现少见的冬季暴雨,永安市青水畲族乡出现超过 100 mm 的大暴雨,百岂坵畲族村一农户后山塌方造成 3 人死亡,2 间房屋倒塌。雨季暴雨首尾强,共出现 9 场暴雨过程,其中 4 月 29 日～5 月 1 日的暴雨过程造成长乐、福州等地严重内涝;6 月 22～24 日端午节前后的强降水也引发了福建省局地内涝和地质灾害,直接经济总损失 7.77 亿元。晚秋多场暴雨历史罕见,宁化、明溪、古田、三明等县(市)日降水量打破当地 11 月历史一日最大降水量纪录。据报道 11 月 22 日上午 9 时,沈海高速福鼎段大挂车失控雨中连撞 4 车,致 5 死 2 伤;11 月 22 日上午 10 时 33 分,湾坞路段,一辆宁德开往福安的客车落入 10 m 多深的路基,造成 9 人死亡,另有 27 人受伤。

台风:年内共 8 个热带气旋登陆影响,其中仅 1 个登陆(强台风"苏拉")。其特点是影响时段集中,4 个集中在 8 月份;结对来,路径怪,3 次出现了"双台"现象,分别是"苏拉"和"达维"、"天秤"和"布拉万"、"杰拉华"和"艾云尼"。全省台风灾害直接经济损失 15.6 亿元。

干旱:年内出现冬旱、春旱、夏旱和夏秋连旱,但整体气象干旱灾情偏轻。

高温:年内出现 5 次高温过程,7 月的高温过程具有以下特点。高温范围广——福建省 9 个设区市均出现 ≥ 37℃ 的高温天气;高温日数多——全省 ≥ 37℃ 的高温日数达 13 天,与 1961 年以来历史同期(7 月上半月)相比,偏多 9 天;极端高温高——宁德市 7 月 10 日极端最高气温达 40.1℃,为本年全省最高。

雷电:年内共发生雷灾 285 起,主要集中在 4 月和 7～8 月,因雷击造成死亡 8 人,受伤 5 人。2 月 27 日晚,三明市大田县新泉包装有限公司遭雷击厂房火灾。7 月 17 日 10 时,漳浦县前亭镇两村民在香蕉树下躲雨时遭雷击,伤亡各一。

## 2013 年

气象灾害总体较重,台风为主、加上冬季低温雨雪、春季强对流天气、雨季暴雨洪涝等造成直接经济损失 120.6 亿元。

寒害:出现 8 次低温阴雨(雪)天气过程,其中 6 次为寒潮天气过程。全年低温灾害共导致 4.65 万人受灾,受灾面积达 7.71 km²,直接经济损失 3711.80 万元,其中农业损失为 3055.80 万元。

强对流:共出现 5 次强对流天气过程,造成 24.67 万人受灾,因灾死亡 16 人,直接经济损失 5.87 亿元。3 月 20 日上午,南平市延平区境内遭遇突发强对流天气袭击,市区境内昼如黑夜,瞬间狂风暴雨,"闽南平渡 4195"号渡船被暴风掀翻,15 人遇难。

暴雨:共出现 24 次暴雨过程,其中雨季两场大范围暴雨过程造成全省直接经济损失 12 亿元。12 月 15～17 日出现罕见强降水,因灾死亡 11 人,直接经济损失 9.65 亿元。

台风:共有 11 个台风影响,其中 4 个台风登陆造成直接经济损失 103.6 亿元。

干旱:气象干旱共造成 26.95 万人受灾,受灾面积达 31.88 km²,造成直接经济损失 1.10 亿元。2 月 21 日～4 月 5 日中南部冬春连旱;7 月 30 日～8 月 21 日,中北部夏旱;9 月中旬至 11 月初,中南部小至中旱,闽北局部出现气象特旱。

高温:共出现 9 次高温过程,6 月 27 日～7 月 5 日出现持续性高温过程;8 月 4～13 日再次出现持续性高温过程,综合高温强度位列 1961 年以来的第 4 位,福州市最高气温 40.6℃。

雷电:共发生雷灾 226 起,主要集中在 3 月和 8 月。雷击造成直接经济损失 534.54 万元。

## 2014 年

气象灾害总体较轻,以雨季暴雨灾害为主的气象灾害直接经济损失约 44.7 亿元。

寒害:共受 9 次强冷空气过程影响,其中 6 次为寒潮过程。2 月 9 日下午至 11 日上午,南平、宁德、三明、龙岩有 23 个县(市)的气象站观测到雨夹雪或雪,部分县(市)出现积雪。据省民政厅统计,此次雪灾造成建宁县 4300 人受灾,烟叶、毛竹等农作物受灾面积 1231 公顷,直接经济损失约 93 万元。

强对流:共出现 5 次强对流天气过程。3 月 19 日 18～21 时,建阳、武夷山、福鼎三个县(市)先后出现冰雹。3 月 26～29 日中北部部分乡镇遭受雹灾,内陆多地出现冰雹,建瓯玉山最大冰雹直径达 5～6 cm;28 日午后至夜里,内陆及其他地区出现 8 级、局部 11～12 级的雷雨大风,清流局地出现强龙卷风。

暴雨:共出现 22 次暴雨过程,其中 4 次为持续性强降水过程,雨季暴雨强度大,闽北多地受重灾为近五年来少见,直接经济损失 27.4 亿元。5 月 11～23 日持续性强降水过程北部及闽西局部有17个县（市）过程雨量位居1961年以来历史同期第1位，直接经济损失9.2亿元。6月15～24日持续性强降水过程，直接经济损失7.8亿元。8月8～20日出现罕见非台风引起的持续性强降水过程，直接经济总损失6.3亿元。

台风：共有6个台风登陆或影响福建省，其中1个登陆，直接经济损失为16.5亿元。

干旱：福建省气象干旱过程主要有3次，其中，春旱偏轻、夏秋连旱较重。

高温：共出现8次高温过程，其中7月6～15日和7月30日～8月2日两次高温过程的高温范围广、持续天数多、高温日出现频率高。

雷电：福建省发生雷灾超过149起，主要集中在6～8月。雷击造成14人死亡。3月28日南平市延平区福建南平铝业有限公司遭雷击，击坏80台操控箱。直接经济损失80万元。6月28日永安市半罗山煤矿遭雷击，击坏20个监控摄像头、2台监控主机、10台电脑。直接经济损失22万元。

雾霾：冬季福建省霾出现频率较常年偏高，共出现10次大范围霾天气过程。其中1月26日，受北方污染物输送影响，福建省出现轻微至轻度霾天气，局部出现重度霾，多地空气质量在短时间内从优变成重度污染。

### ▼ 2015年

暴雨灾害严重，2个登陆台风对福建省造成较严重影响，尤其是"苏迪罗"对福州城市建设造成严重危害。

台风：共有6个台风登陆或影响福建省，其中2个台风登陆。第13号台风"苏迪罗"8月8日22时10分在莆田市秀屿区沿海登陆，福州城区严重受淹，历时38 h，最大水深1.2 m，7万多株树木受损，继2005年"龙王"台风后福州城区建设再次遭遇重创，直接经济损失76.34亿元。

暴雨：共出现27场暴雨过程，出现早、结束迟，直接经济损失100.4375亿元，龙岩、三明、南平三市受灾相对较重。暴雨致灾直接经济损失占全年气象灾害总损失的53.2%。5月18～20日暴雨过程，清流县日降水量367.9 mm破本站历史极值，沙溪安砂水库发生建库以来最大洪水，三明市清流县、宁化县和龙岩市长汀县部分城区、乡镇进水受淹，最大水深超2 m，受淹长达10多个小时。7月20～22日暴雨过程，造成龙岩、漳州、三明、南平4市，直接经济损失40.02亿元，其中仅连城县直接经济损失就达34.27亿元。8月12～15日暴雨过程，福鼎市8月13日傍晚起突降大暴雨，2 h降水量达109.7 mm，引发山洪，袭击城区南部，导致严重内涝。

强对流：共出现7次强对流天气过程。5月15～16日过程福州市区和闽侯县的局部还出现了近年来少见的冰雹，个头如鸡蛋般大小。

寒害：共出现4次寒潮过程，1月12日，福建省南平、三明、宁德、泉州等地的高海拔地区出现降雪；4月中旬，西北部高海拔山区出现有气象记录以来最迟晚霜，导致福建省茶园普遍受冻减产。

干旱：主要气象干旱过程有2次，其中春旱严重，夏旱较重。

高温：共出现5次高温过程。高温出现早，4月5日即出现首个高温过程。

雷电：共发生雷电灾害33起，主要集中在5～7月。

雾霾：1月5日，受静稳天气影响，外来污染物输送加上本地污染源排放，全省多地出现轻微至轻度霾天气；6日上午全省34个气象站观测到霾，宁德、福州出现轻度污染；南平、三明、莆田、泉州、漳州出现中度污染；厦门出现重度污染，10时厦门湖里单站$PM_{2.5}$浓度达226 μg/m³，泉州、厦门和漳州大部分地区能见度不足2 km，大范围雾霾天气给交通出行和市民健康带来不利影响。

## ▼ 2016年

寒害和台风灾害严重，"尼伯特"台风重创闽清县，"莫兰蒂"台风袭击厦门市。

台风：共有7个台风影响福建省。其中3个台风登陆，共造成福建省直接经济损失为433.70亿元。其中3个登陆台风均对福建省造成严重影响，以"尼伯特""莫兰蒂"灾害最为严重。"尼伯特"7月8日在泉州石狮登陆，闽清县日降水量217.0 mm破本站历史极值，闽清梅溪和金沙溪、永泰清凉溪和富泉溪、闽侯穆源溪等山洪暴发严重，梅溪中游的全国最大古民居单体建筑宏琳厝被冲毁。全省直接经济损失达124.4亿元。"莫兰蒂"9月15日在厦门翔安登陆，厦门全城电力供应基本瘫痪、全面停水，泉州、漳州大面积停电。全省直接经济总损失261.9亿元。"鲇鱼"9月28日在惠安县沿海登陆，9月28～30日，出现大范围大暴雨至特大暴雨，寿宁273.5 mm、屏南208.7 mm刷新本站有气象记录以来日降水量历史极值，柘荣县28日降水量434.4 mm为1961年以来全省日降水量第二大值，全省直接经济损失达44.3亿元。

暴雨：共出现33场暴雨过程，以9月28～30日过程（台风"鲇鱼"影响）为最强，9月15～17日过程（台风"莫兰蒂""马勒卡"影响）次之。洪涝灾害共导致福建省84.40万人受灾，农作物受灾面积49.95 km²，直接经济损失38.39亿元。5月5～10日出现较大范围暴雨过程，泰宁县池潭水电厂扩建工程工地突发泥石流灾害、南平建阳小湖镇下乾村发生山体滑坡，均造成人员伤亡，直接经济损失24.60亿元。

强对流：共经历24次强对流天气。5月4～7日南平、连城、永泰、闽清、松溪5个气象站极大风速≥17.2 m/s，泰宁县朱口镇出现39.8 m/s（14级）大风。南靖、延平区、闽清、屏南、尤溪、长汀、永泰、龙岩等地部分乡镇出现冰雹，烟叶受损严重。

寒害：福建省共出现6次寒潮过程。1月22～26日出现大范围低温雨（雪）天气，东山、厦门、屏南、长乐、安溪、福州6个县（市）25日最低气温跌破本站1961年以来历史极值，导致春茶、香蕉、枇杷、龙眼等果树和蔬菜冻害严重，全省直接经济损失22.2亿元。

高温：共出现8次高温过程。7月21～30日：此次过程范围广，50个县（市）出现高温天气，为1961年以来第三广；持续时间长，过程历时10天，并列历史第七长。过程最强出现在28日，共38个县（市）日最高气温超过37.0℃，以福安39.7℃为最高；长乐、平和、长泰和漳州4个县（市）日最高气温位居当地7月历史前三位；长乐38.0℃并列当地7月历史最高。

雷电：全省发生雷电灾害60起，主要集中在4～7月，共造成3人死亡，4人受伤，直接经济损失435.56万元。

### ▼ 2017年

气候年景较好，干旱明显，高温天气突出。

台风：共有8个台风影响，其中2个台风登陆。第9号台风"纳沙"7月30日6时、第10号台风"海棠"于31日2时50分先后登陆福清，相隔两个24小时，登陆同一地点，为历史未见。

暴雨：共出现19场暴雨过程，强度偏弱。5月7日东南部沿海出现短时强降水，厦门突发局地特大暴雨，最大3h雨量达274.0 mm，厦门思明区严重积涝。6月18～23日持续性强降水过程，福州、厦门和泉州等沿海城市发生城市内涝。

强对流：共出现14次强对流天气。

寒害：2月23～24日，南平、武夷山等地降雪。

干旱：四季皆有气象干旱，其中夏秋季连旱范围广，旱区接近全省范围。8月下旬至11月中旬，全省共13个县（市）达到气象重旱，2个特旱，作物受旱面积达60.25万亩，受灾面积25.35万亩，因旱居民饮水困难8.19万人，因旱直接经济损失7.93亿元。

高温：共出现12次高温过程，与2009年并列1961年以来历史最多；全年极端最高温度达40.4℃（福安、闽清），多个县（市）突破当地高温纪录。7月19～29日，福建省出现2017年第二个持续性高温过程。此次过程长达11天，持续时间为2008年以来最长；高温站数多达49个，范围为1961年以来第四大；日极端最高气温超过38℃的区域主要位于福建省中部和西北部；过程极端最高气温40.4℃，出现在福安和闽清，长乐（38.2℃）突破当地7月同期极值。10月1～3日，福建省出现历史同期少见的高温天气，7个县（市）极端最高气温≥37℃，34个县（市）最高气温创本地10月同期纪录。

雷电：共发生雷电灾害17起，主要集中在7～9月。9月20日14时00分，龙岩市连城县隔川乡新营村多处遭受雷击，共击毁3处暗线墙面，击坏25台电视机、20台电冰箱、18个漏电开关，直接经济损失20万元。

## 2018 年

气候年景较好,雨季偏弱,主要气象灾害是台风。

台风:共有 9 个影响,其中 8 号台风"玛莉亚"7 月 11 日在连江县登陆,为 1949 年以来 7 月首登福建最强的台风,造成直接经济总损失 31.24 亿元,占全年气象灾害总损失的 82%。

暴雨:共出现 19 场暴雨过程,汛期平稳,暴雨洪涝灾害总体偏轻。5 月 7 日厦门 3 h 雨量达 274.0 mm,思明区严重积涝。6 月 18~23 日受短时强降水影响,福州、厦门和泉州等沿海城市发生城市内涝。

强对流:共出现 8 次强对流天气过程,3 月 4~5 日,武夷山极大风速 26.1 m/s 超当地历史极值,泰宁、永泰、福清、闽侯、长乐雷雨大风伴随密集冰雹,最大雹径 20 mm。5 月 18~24 日寿宁、古田、南平、顺昌、政和、建阳、建瓯、三明、大田、永安、龙岩、闽清、华安、平和局地降雹。

寒害:1 月 9~13 日和 1 月 28 日~2 月 8 日,持续性低温过程给福建省带来了一定程度的低温雨雪冰冻灾害,屏南、宁化、福州等 18 个县(市)城区出现小雪,城区降雪最南端抵达泉州。4 月 6~9 日冷空气过程强度强,14 个县(市)出现寒潮,南平、宁德、三明、泉州等地茶区遭受较严重冻害。

干旱:春夏连旱为重,干旱过程开始于 3 月下旬,结束于 8 月下旬,为近 15 年来最强气象干旱,全省超过 2/3 县(市)出现气象特旱。南部沿海和内陆地区水库水位下降和农田受旱,粮食作物受灾程度较重。

高温:共出现 11 次高温过程,与 2013 年、1991 年和 1971 年并列历史第三多。平均≥35℃高温日数 35.0 d,较常年同期偏多 13.6 天,位居历史第三位。另外,高温过程出现早,5 月出现少有的 2 次大范围高温天气,全省近 2/3 县(市)城区最高气温突破当地历史 5 月极值。

## 2019 年

气候年景偏差,雨季结束异常偏迟,以暴雨洪涝灾害为重,风雹、气象干旱灾害次之。

台风:共有 7 个台风影响,其中 11 号台风"白鹿"登陆东山县,台风危害较轻。

暴雨:全年共出现 20 场暴雨过程,雨季 7 月 14 日结束为历史最迟,持续 76 天接近历史最长,平均降水量 833.0 mm 为近 50 年最多。7 月 2~10 日闽西北持续性暴雨过程的出现时段、持续天数和降水强度均为历史同期罕见,浦城日降水量破历史极值,12 个县市出现城市内涝、山洪、地质灾害。

强对流:共出现 5 次强对流天气,其中 4 月 24~26 日过程范围大、强度强,三明、南平、宁德和福州部分地区均发生冰雹灾害。

寒害：主要有4次强冷空气过程，其中12月3～5日过程达寒潮标准，德化九仙山、石牛山出现积雪和雨雾凇，柘荣、周宁、寿宁等地迎来降雪。

干旱：以夏秋连旱为重。7月中旬起全省持续温高雨少，大部分地区出现较严重的夏秋气象干旱，逾半数县（市）连旱日数超过46天，其中，惠安、南平、松溪三县（市）连旱日数超过100天。

高温：共出现10次高温过程，以8月8～15日过程为最强，8月26～29日过程次之。

雷电：共发生雷电灾害8起，直接经济损失59.11万元。2019年5月16日：当日20时12分，漳州市漳浦县石榴镇胜利村村民张镇林一块鲌鱼塘遭雷击，直接经济损失40万元。

## ▼ 2020年

气候年景一般，暖冬突出，汛期平稳，气象灾害以暴雨为主，直接经济损失37.1亿元。

台风：共有6个台风影响，其中登陆台风1个为6号台风"米克拉"。台风影响程度较轻，灾害也较轻。

暴雨：共出现22场暴雨过程，强度偏弱。6月4～9日，出现大范围暴雨至特大暴雨，全省直接经济损失3.3亿元。

强对流：共经历10次强对流天气。首场强对流天气发生在2月13日，明显早于常年。5月出现4次冰雹天气，6日8个地市35个县（市、区）出现冰雹，为有气象记录以来单日降雹范围最广，冰雹直径普遍在5～20 mm，最大30～50 mm。

寒害：共有8次冷空气过程，2020年12月30日～2021年1月2日，全省58个县（市）达寒潮标准，寒潮范围为1961年以来第三大，多地出现降雪。

干旱：夏秋冬气象连旱持续到2020年初，主要分布在龙岩和三明。

高温：春夏秋共出现3次高温过程，为1961年以来次数最多，其中，6月出现4次，历史罕见。7月11～24日高温过程持续时间长，高温范围广，多地出现高温极端事件。过程持续14天，为1961年以来同期第三长；日最高气温≥40℃的县（市）达10个，为历史同期第二多，闽侯24日41.1℃为全省极端最高气温；南安、永春、平和、南靖日最高气温破本站历史纪录。

雷电：共发生雷电灾害9起。

## 附录6　蒲福风力等级表

附表18　蒲福风力等级表

| 风力级数 | 名称 | 海面状况 | | 海岸船只征象 | 陆地地面征象 | 相当于空旷平地上标准高度10 m处的风速 | | |
|---|---|---|---|---|---|---|---|---|
| | | 海浪 | | | | nmile/h | m/s | km/h |
| | | 一般/m | 最高/m | | | | | |
| 0 | 静风 | — | — | 静 | 静，烟直上 | 小于1 | 0～0.2 | 小于1 |
| 1 | 软风 | 0.1 | 0.1 | 平常渔船略觉摇动 | 烟能表示风向，但风向标不能动 | 1～3 | 0.3～1.5 | 1～5 |
| 2 | 轻风 | 0.2 | 0.3 | 渔船张帆时，每小时可随风移行2～3 km | 人面感觉有风，树叶微响，风向标能转动 | 4～6 | 1.6～3.3 | 6～11 |
| 3 | 微风 | 0.6 | 1.0 | 渔船渐觉颠簸，每小时可随风移行5～6 km | 树叶及微枝摇动不息，旌旗展开 | 7～10 | 3.4～5.4 | 12～19 |
| 4 | 和风 | 1.0 | 1.5 | 渔船满帆时，可使船身倾向一侧 | 能吹起地面灰尘和纸张，树的小枝摇动 | 11～16 | 5.5～7.9 | 20～28 |
| 5 | 清劲风 | 2.0 | 2.5 | 渔船缩帆（即收去帆之一部） | 有叶的小树摇摆，内陆的水面有小波 | 17～21 | 8.0～10.7 | 29～38 |
| 6 | 强风 | 3.0 | 4.0 | 渔船加倍缩帆，捕鱼须注意风险 | 大树枝摇动，电线呼呼有声，举伞困难 | 22～27 | 10.8～13.8 | 39～49 |
| 7 | 疾风 | 4.0 | 5.5 | 渔船停泊港中，在海者下锚 | 全树摇动，迎风步行感觉不便 | 28～33 | 13.9～17.1 | 50～61 |
| 8 | 大风 | 5.5 | 7.5 | 进港的渔船皆停留不出 | 微枝折毁，人行向前感觉阻力甚大 | 34～40 | 17.2～20.7 | 62～74 |
| 9 | 烈风 | 7.0 | 10.0 | 汽船航行困难 | 建筑物有小损（烟囱顶部及平屋摇动） | 41～47 | 20.8～24.4 | 75～88 |
| 10 | 狂风 | 9.0 | 12.5 | 汽船航行颇危险 | 陆上少见，见时可使树木拔起或使建筑物损坏严重 | 48～55 | 24.5～28.4 | 89～102 |
| 11 | 暴风 | 11.5 | 16.0 | 汽船遇之极危险 | 陆上很少见，有则必有广泛损坏 | 56～63 | 28.5～32.6 | 103～117 |
| 12 | 飓风 | 14.0 | — | 海浪滔天 | 陆上绝少见，摧毁力极大 | 64～71 | 32.7～36.9 | 118～133 |
| 13 | — | — | — | — | — | 72～80 | 37.0～41.4 | 134～149 |

# 附录7 问答题参考答案

## 第一章

（1）气候系统由几大圈组成？

气候系统由大气圈、水圈、冰雪圈、岩石圈（陆面）和生物圈组成。

（2）福建气候特点及四季气候特征是什么？

福建气候有两个突出特点：一是气候资源丰富，总体表现为气候温和，雨水充沛，兼有立体气候明显、海陆差异显著的基本特点。二是气象灾害多发，具有灾害性天气种类多、范围大、频次高、危害大等的特点。

四季气候特征：春季多雨寡照，冷暖无常，强对流天气活跃，暴雨洪涝比较频繁。夏季是福建省气候最炎热、台风活动最频繁的季节。秋季风和日丽，秋高气爽，气候宜人的季节。冬季是福建省气温最低、降水量很少的季节。

（3）福建地形特征是什么？

第一，地势西北高，东南低，横剖面近似马鞍形。

第二，山丘多、平原少，俗称"八山一水一分田"。

第三，海岸曲折，港湾众多，滩涂丰富，海域辽阔。

（4）影响福建气候的主要天气系统有哪些？

影响福建气候的主要高空天气系统有副高、东亚大槽、中高纬西风槽、南支西风槽、西南低涡、低空急流、切变线、台风、东风波、热带辐合带（ITCZ）和热带云团。

影响福建气候的主要地面天气系统有：锋面（冷锋、静止锋、武夷山锢囚锋），台风，台湾地形槽，台湾东部海面气旋和江淮气旋。

（5）副高对福建气候的影响有哪些？

副高的南北进退，是福建自然天气季节更替的标志。各季节的特色天气多与副高的季节变化有密切关系，比如，早春季副高西伸，有利暖湿气流的输送，福建上空的锋区明显于常年，春雨比较活跃，而副高偏东则春雨偏弱、雨量偏少；在副高第一次北跳和第二次北跳之间（多年平均日期是6月28日和7月20日），福建在副高笼罩下，是气候上常见的初夏少雨期；副高偏强年，福建往往为暖冬，偏弱年，多对应冷冬。副高不但有季节变化，更多见的是几天至十几天的周期变化，位置和强度对福建的天气，特别是晴雨、降水强度、台风路径等都至关重要。

（6）ENSO对福建气候的影响有哪些？

ENSO对季节降水有影响：如强-超强厄尔尼诺事件发生的次年，福建雨季降水均偏多；中部型拉尼娜事件的次年，雨季降水也以偏多为主。ENSO对季节气温有影响：厄尔尼诺发生年的冬季气温偏高概率大，拉尼娜发生年的冬季，气温往往易于偏低（但随着全球变暖的加剧，20世纪末的拉尼娜年也会出现冬季气温偏高的情况）。

ENSO影响福建干旱：ENSO发生和结束时间的不同，影响干旱发生的概率和强度。

ENSO与福建台风：厄尔尼诺的当年与次年，福建均以台风偏少居优势；拉尼娜的当年与次年，福建均以台风偏多为主。

（7）为什么春季多阴雨绵绵，秋季多秋高气爽？

春季的极涡已明显减弱、东亚大槽变得比较平浅，西风带上的槽脊尺度也比冬季减小，移速相应加快，而南支波动和低纬暖湿气流已相当活跃。冷、暖空气势均力敌，二者形成锋区降水，雨势相对小，比较稳定均匀，造成春雨绵绵。

秋季的的大气环流已初具冬令特征，极涡开始增强，高空西风带明显南压，东亚大槽相应加深，副高进一步南落，脊线已退至22°N；地面两大活动中心蒙古高压、阿留申低压已经形成，地面冷高压楔已伸向华南沿海，影响福建的冷空气开始活跃，而低纬暖湿气流明显减弱，造成降水显著减少，秋高气爽。

### 第二章

（1）太阳辐射和日照时数的时空分布特征是什么？

福建省太阳辐射自东南沿海向内陆递减，大值区位于中部以南沿海地区、鹫峰山脉和武夷山脉之间的闽江上游河谷盆地区域，武夷山、鹫峰山、戴云山、玳瑁山和博平岭海拔较高的区域以及北部沿海为全省太阳辐射低值区。夏季是全年太阳辐射量最高的季节，其次是雨季，早春季、秋季和冬季辐射量相对较小。

福建省日照时数总体呈中南部沿海多、西北部内陆少的空间分布特征，大值区位于中部以南沿海地区、鹫峰山脉和武夷山脉之间的闽江上游河谷盆地区域。夏季是全年日照时数最多的季节，其次是秋季，春季再次，冬季最少。

（2）平均气温的时空分布特征是什么？

福建省年平均气温分布随着纬度差异而自西北向东南递增，纬度25°N以南漳州、厦门、莆田、泉州等地为高值区，鹫峰山脉附近的周宁、寿宁、柘荣、屏南等高海拔山区是相对低值区。平均气温1～7月逐渐升高，7～12月逐渐降低，1月为全年南北温差最大、气温最低月份，7月为南北温差最小、气温最高月份。

（3）从积温分布看，福建热量资源分布特征是什么？

福建地处亚热带地区，≥10℃积温及天数的多少及其分布是衡量全省热量资源的重要指标。因此从积温分布看，福建热量资源自西北向东南递增，南部以及中部沿海为高值区，是福建省热量资源最丰富的区域，低值区位于鹫峰山区。

（4）降水的时空分布特征是什么？

福建省降水量由西北向东南递减，北部武夷山区和鹫峰山区为主要的多雨区，南部戴云山脉的德化、永春和博平岭山脉的龙岩、南靖、平和、云霄为次多雨区，沿海为相对少雨地区。全年降水主要集中在春夏两季，其中，春季（3～6月）是一年中降水最多的季节，夏季（7～9月）是降水量时空分布最悬殊的季节；秋季（10～11月）是一年中雨量最少的季节，但个别年份受台风影响降水偏多，甚至会出现大暴雨；冬季（12～2月）降水相对较少。

（5）极端降水和强降水一般出现在哪些季节和地方？

沿海、武夷山脉至杉岭山脉东侧迎风坡，以及鹫峰山脉、戴云山脉、博平岭山脉组成的山系东侧区域为极端降水和强降水常发生的区域，并且一般出现在雨季和夏季。

（6）主要由哪些天气系统导致极端降水？

极端降水主要是由雨季锋面系统和台风系统导致。

（7）福建多雨中心主要在哪些山脉？

福建多雨中心主要在武夷山、鹫峰山、戴云山、博平岭四个山脉附近。

（8）福建沿海降水量月际分布为什么会出现"双峰型"特征？

这是由于沿海县市分别受雨季锋面系统和台风系统共同影响。1～6月降水量逐渐增多，雨季锋面降水造成了第一个高峰，落在5、6月份。之后夏季初（7月）全省处于副高控制，台风盛期尚未到来，降水量减少。直到夏季台风盛行，沿海县市多受台风影响，出现第二个降水高峰月（8月）。

（9）如何从气温、降水和风向的季节性变化上认识福建的亚热带海洋性季风气候特点？

福建属亚热带海洋性季风气候，由于季风起主导作用，体现在气温四季分明，夏热冬温；降水干湿季明显，春夏季降水量充沛；风向呈季节性变化，冬季盛行东北风，夏季盛行西南风。

（10）如何从气温和降水的时空分布上认识福建气候的优越性？

福建省气候舒适度高，全年气温舒适，雨量充沛，日照充足。春季多雨寡照，冷暖变化频繁；夏季高温，台风频繁带来降水；秋季为夏季向冬季转变的过渡季，气温舒适，降水较少；冬季晴冷少雨，全年温度最低，冷空气活动频繁。

### 第三章

（1）气象灾害的致灾因子有哪些？

气象灾害的致灾因子有灾害性天气、极端天气和高影响天气。灾害性天气如台风、暴雨、大风、冰雹、雷电、沙尘暴、高温、寒潮、干旱等。

（2）福建省气象灾害的主要特点有哪些？

福建气象灾害具有灾害种类多、时空范围广、活动频率高、持续时间长、群发比率高、灾情危害重等六个特点。

（3）福建的台风暴雨发生与哪些因素有关？

台风暴雨是环流雨与地形雨的叠加，因此台风暴雨的发生与台风强度、台风路径、移动速度以及地形有关。

（4）台风致灾因子危险性空间分布特征有哪些？

沿海县市为较高危险以上，其中中部沿海高危险性区域小，沿海两头高危险性区域大；较高危险区由沿海向内陆延伸有一个狭长的中等危险性区域，同时龙岩北部有一个较高危险区；鹫峰山—戴云山—博平岭山脉连线的西坡（相当于正面登陆台风的背风坡）基本上属于较低危险区。

（5）区域性暴雨灾害高危险性区域分布在哪里？

区域性暴雨灾害高危险性区域主要分布在沿海、南平和三明西部。

（6）区域性高温过程的定义是什么？

福建气象部门规定全省有 $\geq 5$ 个国家级气象观测站日最高气温 $\geq 37.0℃$ 的高温日持续天数 $\geq 1$ 天的过程，为区域性高温过程。

（7）福建气象干旱的季节特征有哪些？

福建气象干旱以单季旱为多，其中以夏旱为最多，冬旱为次；两季连旱中以秋冬旱为多，夏秋旱次之，冬春旱最少；三季连旱出现频率最少，且都为夏秋冬连旱。

（8）福建气象干旱致灾因子危险性空间分布特征有哪些？

沿海地区危险性高于内陆，其中闽江中下游、九龙江流域、宁德沿海和龙岩西南部，属于较高等级以上危险区，且闽江和九龙江两大水系的高危险区，有沿河谷向内陆延伸的走势，危险性最大中心在九龙江流域；鹫峰山和武夷山区域危险性低。

（9）福建省寒潮发生的地域和时间特征有哪些？

北部地区寒潮多于南部，也早于南部，西北部地区寒潮天气多，东南部沿海地区寒潮天气比较少。寒潮主要多发于秋冬转换和冬春变化季节即11月、12月和2月，最冷的严冬季节倒不容易出现寒潮。

（10）冰雹灾害的主要致灾因子有哪些？

冰雹大小、持续时间、降雹频次和伴随极大风速。

（11）雷电地闪密度的时空分布特征有哪些？

地闪活动覆盖全年12个月，但主要从4月开始加强，至9月开始减弱，7～9月份最为频繁，主要集中在中部和东南沿海地区。从全省分布来看，福建省中部、南部地区地闪活动较强，闽北和闽西南地闪活动相对较弱。

（12）气象灾害风险预警的目标是什么？

气象灾害风险预警的目标是提高气象预警的先导性和针对性，树立立体多维度的气象灾害风险理念，全面建立严格科学的防灾减灾措施，由灾后救助向注重灾前预防转变，促进防灾减灾关口前移，全面提升社会抵御气象灾害的综合防治能力。气象灾害风险预警不仅为省政府及各部门有效开展气象灾害防御和防治工作提供科学决策依据，也对提升灾害全链条防灾减灾能力有重要意义。

（13）如何认识灾害性天气与气候资源和气象灾害的关系？

灾害性天气和极端天气是造成气象灾害的主要致灾因子，而气象灾害是气候资源开发利用的限制因子和国民经济发展的制约因素，因此顺应气候规律，防灾减灾的同时，科学合理利用气候资源转换为经济价值，促进社会发展。

## 第四章

（1）福建山区气温直减率是多少？各地一样吗？沿海与内陆的差异如何？

福建山区气温直减率一般在0.6℃/100 m左右。由于地理环境的不同，各地区的气温直减率有明显的差异。

福建省山地的气温直减率由沿海向内陆减小。如地处沿海鹫峰山区（福安）的气温直减率是地处内陆武夷山地区的气温直减率的1.6倍。这是因为，沿海地区受海洋的影响，地面及山体下部的气温较高，从而加大了这一地区的气温直减率。相反，武夷山位于福建西北腹地，山区谷地气流不畅，夜间低层大气辐射降温强烈，气温低，山体上下部温差小，气温直减率也相应较小。

（2）坡向与海拔高度对气温直减率有何影响？

由于高大山体能够阻止冷空气南下，山坡南麓的气温必然高于北麓，使得山体南坡的气温直减率比北坡大。气温直减率随海拔高度的变化是非线性的，即使在同一山体的同一坡向上，气温直减率也并非常数。一般说来，气温直减率随海拔高度的增高而增大，即山体上部的气温直减率大于山体下部。

（3）山区暖带的高度南、北坡分别是多少？

武夷山南、北坡的暖带高度，南坡在400～700 m，北坡在260～600 m。根据国内其他地区观测的结果，不同山区、不同坡向，山区暖带所在高度差别是比较大的。

（4）简述海拔高度与降水的关系。

降水量一般随海拔高度的增加而增加，雨量分布的多寡受地形、地势的影响非常明显，因水汽含量的垂直分布等方面的原因，山区降水量随高度的增加是有一定限度的。总是存在这样一个高度，在这个高度以下，降水量随高度的增加而增加，超过这一高度，降水量反而随高度的增加而减少，这一高度称为山区最大降水高度。迎风坡雨量多，背风坡雨量少。

（5）简述海拔高度与日照时数的关系。

日照随海拔高度的增加而减少，其原因是，山体上部云雾多，高度越高，云雾笼罩的机会就越多。各季比较，夏季高海拔地区日照显著偏少，冬季略高。

（6）简述山谷风的日变化特征。

山谷风的日变化基本与当地气温的日变化相应匹配。通常上午8～10时谷风开始出现，风速逐渐增大，14～15时风速达到最大，然后风速逐步减小，日落以后山风开始。

### 第五章

（1）简述福建海陆风的空间分布特点。

福建海陆风南北两地均多于中部沿海。中部沿海由于受台湾海峡"狭管效应"的影响，常年风速较南北两地大，其系统风加之摩擦风为绝对主导风向，因此海陆风分量的表现不如南北两地明显。

（2）简述海陆风的转换时间特点。

通常上午8～10时海风开始出现，风速逐渐增大，14～15时风速达到最大，然后，风速逐步减小，日落以后海风消退，转而陆风开始，海风的历时长于陆风。

海陆风出现当日，当海风以偏北风为主时，其上午风向顺时针偏转，由陆风变海风，傍晚逆时针偏转，由海风变陆风；当海风以偏南风为主时，正好相反，上午风向逆时针偏转，由陆风变海风，傍晚顺时针偏转，由海风变陆风。

（3）举例说明海雾的时间及空间分布特征。

福建年平均海雾日数南部沿海为20～40天，中、北部沿海10～20天。南部沿海的雾日数最多，其中厦门年均达38.3天。

春季和冬季是雾日较多的季节，夏、秋季雾日最少。从北至南的霞浦、平潭、崇武、厦门、东山5个站的四季平均雾日分布可以看出：春季（3～6月）平均占65.9%；夏季（7～9月）平均占4.1%；秋季（10～11月）平均占2.8%；冬季（12～2月）平均占26.5%。年内海雾最多的月份是3月或4月，最少的月份是10月。

（4）简述海上大风的特征。

受"狭管效应"的影响，台湾海峡中部是海上大风最多的区域，年平均大风日数为120天左右，此处为台湾海峡最狭窄的部位，其次为海峡南部区域，年平均大风日数为109天左右。北部海域受"狭管效应"影响最小，大风日数最少，年平均大风日数 64 天左右。

秋冬季是大风日数最多的季节，受冷空气南下的影响，从 10 月至次年 2 月，每个月均有半个月左右出现大风天气，12 月则 20 多天，其间的大风日数占全年的 70% 左右。春夏季的大风日数占全年的 30% 左右，夏季的大风日数取决于热带气旋的多寡。

虽然海上大风主要集中在秋冬季，但大风极值则出现在台风季，观测到的极大风速出现在宁德地区。有记录到的极大风速北部为 2006 年超强台风"桑美"所致，福鼎合掌岩测站（海拔高度 700 m 左右）的观测资料，极大风速达 75.8 m/s。南部为 2016 年超强台风"莫兰蒂"所致，厦门湖里区滨海街道极大风速 66.1 m/s。

### 第六章

（1）产生热岛效应的主要原因是什么？

城市热岛效应的产生主要是城市化过程中城市规模扩大（如城区土地利用面积的增大）与改变和城市人口不断增加（如人为热源增多等）造成的。

（2）城市热岛效应的气候特点是什么？

夏季热岛效应比较明显，"较强热岛"面积大于其他季节。城区范围内，白天热岛强度大于夜间，因为白天城区地表温度更高，导致城郊差也增大，白天热岛分布与土地覆盖中"人造地表"分布基本一致。城区植被较少，不透水面较大，相较于自然地表，混凝土等不透水材质的比热容小，导热率大，导致白天城市地表温度快速升高，地表温度高于郊区，热岛强度较大。

（3）海绵城市建设的意义是什么？

海绵城市是指城市能够像海绵一样，在适应环境变化和应对自然灾害等方面具有良好"弹性"，下雨时吸水、蓄水、渗水、净水，需要时将蓄存的水"释放"并加以利用。其建设的意义为在确保城市排水防涝安全的前提下，最大限度地实现雨水在城市区域的积存、渗透和净化，促进雨水资源的利用和生态环境保护。

（4）简述暴雨公式的应用。

暴雨强度公式主要用于城市排水工程规划和排水工程设计，它为市政建设、水务、规划等部门提供科学的理论依据和准确的设计参数。根据相关规范规定，在进行城市排水工程设计时，设计雨水量应通过当地的暴雨强度公式进行计算，合理编制当地的暴雨强度公式是提高城市防灾减灾和排洪防涝能力的现实需要。

（5）简述通风廊道的作用。

城市通风廊道的构建是提升城市空气流通能力、缓解城市热岛、改善人体舒适度、降低建筑物能耗的有效措施，对局地气候环境的改善有着重要的作用。

### 第七章

（1）简述气候可行性论证范围。

气候可行性论证范围包括与气候条件密切相关的规划和建设项目，具体如下：①城乡规划、重点领域或者区域发展建设规划。②重大基础设施、公共工程和大型工程建设项目。③重大区域性经济开发、区域农（牧）业结构调整建设项目。④大型太阳能、风能等气候资源开发利用建设项目。

（2）简述区域气候可行性论证工作流程及论证内容。

区域气候可行性论证工作流程包括现场踏勘、资料收集、工作大纲编制、计算分析、论证报告编制、报告评审与修改。

论证内容包括：区域气候特征分析；高影响天气分析；关键气象参数计算；区域规划设计、建设及运营三个阶段的对策建议等。

（3）核电极端气象参数有哪些？

①热带气旋设计基准，估算可能最大热带气旋中心气压P0（千年一遇）。根据P0结合相关参数确定不同重现期可能最大热带气旋的风场。

②龙卷风设计基准，给出核电厂址区域每年$10^{-7}$概率的龙卷风最大风速，总压力降和压降速率。

③可能最大降水（PMP），指一年的某个时期，在特定的某设计流域，在一定的历时内，物理上可能发生近似上限的降水，其概率为万年一遇。通常要求提供5 min、10 min、30 min、1 h、6 h、12 h、24 h等不同历时的可能最大降水。

④极端风设计基准，采用周边实测风资料，求取当地各重现期最大风速与极大风速，重现期一般取50年、100年、1000年。

⑤采暖通风与空气调节参数，依据《工业建筑采暖通风与空气调节设计规范》（GB50019）室外空气计算参数的要求，计算相关参数（共25个参数）；核岛空气调节系统气象设计参数；不同核电机组特定的气象参数如华龙一号核电机组等。

（4）极值计算一般用什么方法？

极值计算采用最多的方法为耿贝尔-I型极值法和P-Ⅲ法。

### 第八章

（1）简述气候变暖的主要人为原因。

人类活动燃烧化石燃料和土地利用造成的温室气体的排放效应，以及下垫面状态改变和人为热释放的影响。

（2）简述全球气候变暖的主要影响。

①全球平均海平面上升速度加快。②极端事件如极端温度、强降水、干旱、热带气旋、复合事件发生的更加频繁更为严重。③威胁到物种和整个生态系统，上千

种物种迁移到了纬度和海拔更高的地区。④给人体健康、城市运转、基础设施等带来负面影响。

（3）简述福建近60年来气温变化的主要特征。

福建近60年来气温显著上升。20世纪80年代中期以来增温明显，尤其20世纪90年代末以来多数年份高于平均值，近十年，全省年平均气温明显偏高，升高速率显著。

（4）简述福建近60年来降水变化的主要特点。

福建近60年来年降水量总体呈略微增多趋势，20世纪90年代之前降水量以偏少为主，21世纪后，降水年际波动较大；降水日数呈明显减少趋势，降水强度明显增强。

（5）如何应对气候变化？

应对气候变化的途径主要有两类，减缓和适应。减缓，是指温室气体的减排与增汇，是解决气候变化问题的根本出路。适应，是自然或人类系统在实际或预期的气候变化刺激下做出的一种调整反映，这种调整能够使气候变化的不利影响得到减缓或能够充分利用气候变化带来的各种有利条件。

（6）简述"碳达峰"和"碳中和"的实现年份。

"碳达峰"力争于2030年前实现，"碳中和"力争于2060年前实现。

（7）如何理解"碳达峰"和生态文明建设的关系？

中国把"碳达峰"纳入生态文明建设总体规划中，"碳达峰"可以促进能源结构转型升级和推动绿色低碳发展，由于"碳达峰"的目标要求，因而加强推进生态文明建设，促进生态环境的保护和修复，进而促进生态文明建设全面发展。

（8）我国应对气候变化的主要措施有哪些？

我国应对气候变化的措施主要包括强化顶层设计、减缓气候变化、适应气候变化、完善制度建设、加强基础能力、全社会广泛参与，以及开展国际交流与合作等方面。